量子信息的多角度解析

许　丽　著

中国农业大学出版社
· 北京 ·

内 容 简 介

本书对量子信息技术各个热点研究分支的发展进行了介绍，涉及量子密码、量子通信、量子计算、量子模拟、量子度量学等各个领域。此外，也讨论了腔量子电动力学和金刚石 NV 色心系统在量子信息技术中的应用和发展。本书的特色是对量子信息技术做一个总体性的介绍，在阐述各个学科方向的历史以及国际发展动态的同时，展现中国近年来量子信息科学技术发展的概貌，提炼了近年来中国量子信息科学技术在国际上取得的成就。

本书内容深入浅出，层次分明，参考文献丰富，适合具有物理学、信息科学、数学等不同学科背景的读者阅读参考，了解量子信息技术的相关知识。

图书在版编目(CIP)数据

量子信息的多角度解析/许丽著．—北京：中国农业大学出版社，2018.5

ISBN 978-7-5655-2040-2

Ⅰ.①量…　Ⅱ.①许…　Ⅲ.①量子力学-信息技术　Ⅳ.①O413.1

中国版本图书馆 CIP 数据核字(2018)第 113439 号

书　　名　量子信息的多角度解析

作　　者　许　丽　著

策划编辑　赵　中　李卫峰　　**责任编辑**　韩元凤

封面设计　郑　川

出版发行　中国农业大学出版社

社　　址　北京市海淀区圆明园西路 2 号　　**邮政编码**　100193

电　　话　发行部 010-62818525，8625　　读者服务部 010-62732336

编辑部 010-62732617，2618　　出　版　部 010-62733440

网　　址　http://www.caupress.cn　　**E-mail** cbsszs @ cau.edu.cn

经　　销　新华书店

印　　刷　北京时代华都印刷有限公司

版　　次　2018 年 10 月第 1 版　　2018 年 10 月第 1 次印刷

规　　格　787×1 092　　16 开本　　18.5 印张　　340 千字

定　　价　58.00 元

前　言

量子信息科学，以量子计算研究为开篇，以量子力学规律来改造经典信息的表征，向人们展示出一幅奇妙的未来信息技术的图景。经过近 30 年的发展，人们调控微观世界的能力获得了显著的提高。这一领域在理论和技术方面获得突飞猛进发展的同时，依然展示着勃勃的生机。虽然迄今为止，人们距离制造出一台可实用化的、超越当前经典计算极限的量子计算机的目标依然遥远，有若干瓶颈技术仍需克服，但毋庸置疑的是，人们调控微观世界的能力获得了显著的提高：量子密码技术已经接近实用化；长程量子通信的原理性验证也不存在原则上的障碍；量子模拟技术快速发展，已经接近经典计算机可以模拟的极限；量子计量学也获得了快速的发展。这些都酝酿并孕育着崭新的量子信息时代。而尤为可喜的是，中国的研究人员在这一领域已经跟上了世界的步伐，成为量子信息世界版图中一股不可或缺的力量。

本书的主要目的是对量子信息技术做一个总体性的介绍，在阐述各个学科方向的历史以及国际发展动态的同时，展现中国近年来量子信息科学技术发展的概貌，提炼了近年来中国量子信息科学技术在国际上取得的成就。本书主要对量子信息技术各个热点研究分支的发展进行了介绍，涉及量子密码、量子通信、量子计算、量子模拟、量子度量学等各个领域。此外，也讨论了腔量子电动力学和金刚石 NV 色心系统在量子信息技术中的应用和发展。

第 1 章量子信息基础，主要介绍了量子信息的数学基础和量子力学基础，介绍了量子纠缠相关概念、密度算符与约化密度矩阵、常见的量子操作和常见的量子技术。

第 2 章量子密码学，详述了量子密码相关技术的理论研究状况，包括量子密钥分配、量子认证、量子签名、量子秘密共享和量子加解密等方面的进展，介绍了量子保密通信系统和量子密码分析技术的相关理论。

第 3 章量子通信，介绍量子安全直接通信和量子机密共享以及其中涉及的几个重要原理、方案。

第 4 章量子计算，简要介绍了量子计算发展史、基本概念，并对几个主要实验体系进行简单的介绍，还介绍了几个重要的量子计算模式。

第 5 章量子模拟，介绍了量子模拟的具体定义、分类以及物理系统和具体应用。其中量子模拟可能的物理系统介绍了冷原子系统、微腔系统、离子阱系统和核磁共振系统。

第 6 章量子度量学，就是使用量子系统或利用量子力学特性来进行参数估计的过程。本章主要介绍了量子度量学概况、量子 Fisher 信息、Cramér-Rao 不等式和 Mach-Zehnder 干涉仪。

第 7 章量子克隆，是量子信息学的一个重要分支。本章主要介绍了量子克隆、纯态量子克隆和混合态量子克隆。

第 8 章两个常用的物理系统，主要介绍了腔量子电动力学和金刚石 NV 色心这两个常用的物理系统。分别介绍了腔量子电动力学和 Jaynes-Cummings 模型，以及腔量子电动力学实验系统；而金刚石 NV 色心中则介绍了金刚石 NV 色心的研究历史、性质与制备、研究进展和能级理论研究。

量子信息学涉及经典信息论、计算机科学和量子物理学等诸多方面，其中还用到了数学知识，涉及面甚广，再加上该领域发展非常迅速，使本书不能将所有论题都深度展开，请大家谅解。

参考文献列出书中引用的大部分文献，同时向由于疏漏而未被引用的作者表示歉意。

山西工程技术学院为本书的出版和相关研究工作提供了资金支持。

特别强调的是，量子信息技术尚未成熟，且是一个发展迅速的领域，要概括出它的全貌，对于作者来说实在是一件十分困难的任务，加之作者水平有限，不妥之处在所难免，殷切期待给予批评指正。

许　丽

2017 年 8 月

目　录

第1章　量子信息基础

量子信息从物理本质来讲，是利用了量子力学中的一些特殊的原理来完成经典信息无法完成的事情。因而，对量子信息的理解，首先需要对一些量子力学的基本原理和一些特殊的量子特性和量子效应有一个大体的了解。当然，量子信息是一个不断发展的交叉学科，在自身的发展过程中，也会不断地涌现出一些新的量子技术。本章主要介绍在量子信息中常用的部分量子力学原理和量子门；也将介绍部分量子技术，譬如量子离物传态（quantum teleportation）、量子纠缠转移（quantum entanglement swapping）、量子密集编码（quantum dense coding）等。

1.1　预备知识

1.1.1　数学基础

1. 向量空间与希尔伯特空间

微观粒子的运动是在一定的时空中进行的，为了更好地描述和分析其运动状态，需要在向量空间内研究量子力学问题。而线性代数是研究向量空间和线性算子的，因而线性代数是研究量子力学的重要基础。通常，在由 n 元复数构成的向量空间内研究量子力学问题。

在数学领域，希尔伯特空间是欧几里得空间的推广，不再局限于有限维的情形，即希尔伯特空间是无穷维的欧几里得空间。在量子力学中经常使用希尔伯特空间，而在量子计算与量子信息中遇到的有限维复向量空间类中，希尔伯特空间和内积空间是完全相同的，无穷维希尔伯特空间需要在内积空间基础上附加一些限制条件，在此不考虑这种情况。

2. 狄拉克符号

量子力学中的一个量子态可以用希尔伯特空间中的一个矢量来标记，而力学量对应线性厄米算符。也就是说，量子态这个物理概念用数学中的矢量描述，而力学量这个物理概念用数学中的一个算符描述。狄拉克首先使用符号“$|\rangle$”来标记量子态，称为右矢。

3. 内积、外积、张量积

(1)内积

内积是向量空间上的二元复函数，两个向量$|v\rangle$和$|w\rangle$的内积在量子力学中的标准符号写成$\langle v|w\rangle$，符号$\langle v|$表示向量$|v\rangle$的对偶向量。将带有内积的向量空间称为内积空间。

若$|v\rangle=[x_1,\cdots,x_n]^{\mathrm{T}}$，$|w\rangle=[y_1,\cdots,y_n]^{\mathrm{T}}$，则$\langle v|w\rangle$表示$C^n$中的一个内积，即$\langle v|w\rangle=[x_1,\cdots,x_n][y_1,\cdots,y_n]^{\mathrm{T}}$。

如果向量$|v\rangle$和$|w\rangle$的内积为0，则称它们正交。向量$|v\rangle$的范数定义为$\||v\rangle\|=\sqrt{\langle v|v\rangle}$。如果$\||v\rangle\|=1$，则称$|v\rangle$为归一化的；任意非零向量除以其范数，则称为向量的归一化。不难看出，两个向量内积的结果应该是一个数。

(2)外积

两个向量$|v\rangle$和$|w\rangle$的外积在量子力学中的标准符号写成$|v\rangle\langle w|$，表示C^n中的一个外积，即$|v\rangle\langle w|=[x_1,\cdots,x_n]^{\mathrm{T}}[y_1,\cdots,y_n]$。

不难看出，两个向量$|v\rangle$和$|w\rangle$的外积$|v\rangle\langle w|$是内积定义$\langle v|w\rangle$中左矢变为右矢、右矢变为左矢的结果，因此，两个向量外积的结果应该是一个算符。设为$|i\rangle$向量空间C^n的任意标准正交基，对任意向量$|v\rangle$可写为$|v\rangle=\sum\limits_i v_i|i\rangle$。式中，$v_i$是一组复数(为基本状态$|i\rangle$的概率幅)，取$|i\rangle=\Big[\overbrace{0,\cdots,0}^{i-1个0},1,\overbrace{0,\cdots,0}^{n-i个0}\Big]^{\mathrm{T}}$，$|v\rangle=[v_1,\cdots,v_i,\cdots,v_n]^{\mathrm{T}}$，由内积定义可得$\langle i|v\rangle=v_i$，于是$\left(\sum\limits_i|i\rangle\langle i|\right)|v\rangle=\sum\limits_i|i\rangle\langle i|v\rangle=\sum\limits_i v_i|i\rangle=|v\rangle$，而$\sum\limits_i|i\rangle\langle i|=I$，称为向量空间$C^n$的标准正交基的完备性关系，由该完备关系可以把任意算子表示成外积形式。

(3)张量积

为了用数学方法描述微观粒子在一定时空中的运动规律，必须建立空间坐标系。描述同一运动规律的方程在不同坐标系中的形式不同，这种形式上的差异严重阻碍了人们对运动规律的理解。张量理论体系的建立，把坐标系对描述运动方程形式的影响减小到了最低程度。于是，需要借助张量积的方法，将向量空间结合在一起构成更大向量空间，以便于更好地分析和理解量子力学多粒子系统。

设 V 和 W 分别是 m 和 n 维的向量空间，并假设 V 和 W 是希尔伯特空间，称 $V\otimes W$ 是 V 和 W 的张量积，它是一个 mn 维向量空间，$V\otimes W$ 的元素是 V 的元素 $|v\rangle$ 和 W 的元素 $|w\rangle$ 的张量积 $V\otimes W$ 的线性组合。特别的，若 $|i\rangle$ 和 $|j\rangle$ 是 V 和 W 的标准正交基，则 $|i\rangle\otimes|j\rangle$ 是 $V\otimes W$ 的一个基，通常用缩写符号 $|v\rangle|w\rangle$、$|v,w\rangle$ 或 $|vw\rangle$ 来表示张量积 $V\otimes W$。例如，若 V 是以 $|0\rangle$、$|1\rangle$ 为基向量的二维向量空间，则 $|0\rangle\otimes|0\rangle+|1\rangle\otimes|1\rangle$ 是张量积 $V\otimes W$ 的一个元素。

1.1.2 测量基

以偏振（或称之为极化）的单光子为例对测量基进行简要的说明。假设用方解石来区分水平与垂直方向偏振的光子，如图 1-1 所示。图 1-1(a)表示沿水平方向偏振的光子垂直方解石表面入射通过方解石后传播方向不变；图 1-1(b)表示沿垂直方向偏振的光子垂直方解石表面入射通过方解石后传播方向发生偏转，即出射光子相对于入射光子在传播方向上发生一定的向下平移；图 1-1(c)表示斜向 45°方向偏振的光子垂直方解石表面入射通过方解石后，光子的传播方向可能发生偏转，也可能不发生偏转，二者的发生概率各占 50%。由于图 1-1 所示放置的方解石对于水平和垂直偏振方向的光子通过后方向是否发生偏转是完全确定的，即水平偏振不偏转，垂直偏振发生偏转，将这样的测量装置称为水平垂直测量基，简称为水平垂直基，用符号⊕标识。如果把方解石沿光子水平偏振方向和传播方向组成的平面旋转 45°，这样的装置称之为 45°与 135°基，用符号⊗标识，如图 1-2 所示。用⊗基去测量 45°或 135°方向偏振的光子可以得到一个完全确定的结果，即 45°方向偏振的光子通过后不发生偏转，135°方向偏振的光子通过后发生偏转。用⊕基去测量 45°或 135°方向偏振的光子，以及用⊗基去测量水平或垂直方向偏振的光子均无法事先得到确定的结果，即是否偏转是完全随机的。在量子通信中，通常用测量基来标识一个力学量，譬如对于电子的自旋，可以将⊕和⊗分别对应电子沿 z 与 x 方向的自旋 σ_z 与 σ_x。从量子力学的角度上看，测量基就是将要对量子系统进行测量的某一个物理量。

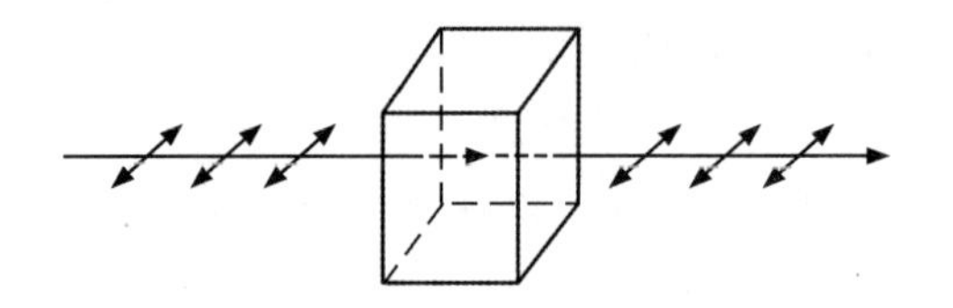

(a)水平偏振的光子直接通过方解石晶体

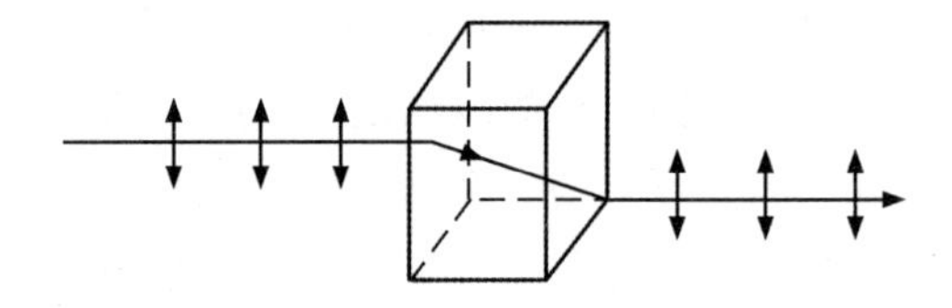

(b)垂直偏振的光子通过方解石晶体后要发生偏转

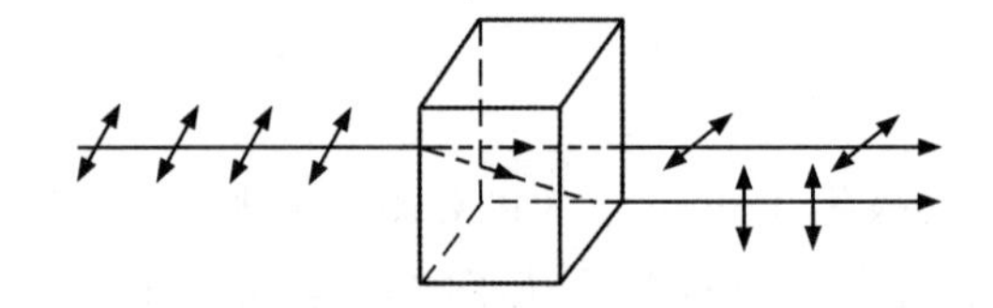

(c)斜偏振(45°)的光子通过方解石晶体后可能发生偏转,也可能不发生偏转

图 1-1　不同偏振方向的光子通过方解石得到不同结果示意图

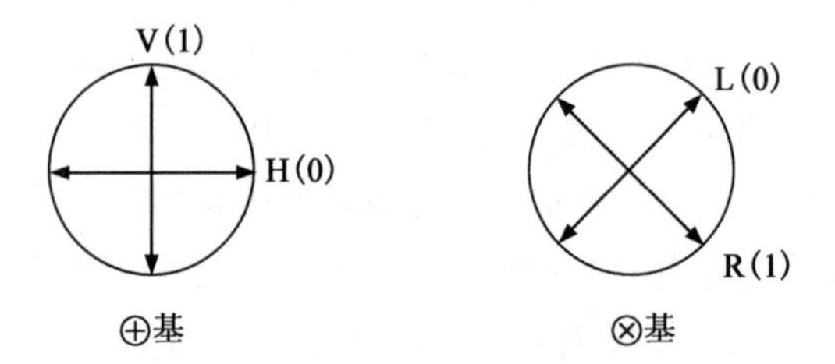

图 1-2　不同的测量基及其编码

1.1.3　量子比特

比特(bit)是经典计算和经典信息的基本概念,量子计算与量子信息建立在类似的概念——量子比特[1](quantum bit 或 qubit)的基础上。就像经典比特有一个状态:0 或 1,量子比特也有一个状态:$|0\rangle$或$|1\rangle$。符号“$|\ \rangle$”称为狄拉克符号,在量子力学中表示状态。

1.1.4　多量子比特

对于两个经典比特而言，共有四种可能状态：00，01，10，11。相应的，一个双量子比特有四个基态，记作$|00\rangle$，$|01\rangle$，$|10\rangle$，$|11\rangle$。一对量子比特也可以处于这四个基态的叠加，因而双量子比特的量子状态包含相应基态的复系数，称为幅度(概率幅 amplitude)。描述双量子比特的状态向量为：

$$|\Psi\rangle = \alpha_{00}|00\rangle + \alpha_{01}|01\rangle + \alpha_{10}|10\rangle + \alpha_{11}|11\rangle \tag{1-1}$$

类似于单量子比特情形，测量结果 x(=00，01，10 或 11)出现的概率是$|\alpha_x|^2$，测量后，量子比特处于$|x\rangle$状态。概率之和为 1，归一化条件可表示为：

$$\sum_{x\in\{0,1\}^2} |\alpha_x|^2 = 1 \tag{1-2}$$

其中$\{0,1\}^2$ 表示长度为 2，每个字母从 0 和 1 中任取的字符串的集合。对于一个双量子比特系统，只测量其中一个量子比特，例如，单独测量第一个量子比特，得到 0 的概率为$|\alpha_{00}|^2+|\alpha_{01}|^2$，而测量后的状态为：

$$|\Psi'\rangle = \frac{\alpha_{00}|00\rangle + \alpha_{01}|01\rangle}{\sqrt{|\alpha_{00}|^2+|\alpha_{01}|^2}} \tag{1-3}$$

注意，测后状态被因子$\sqrt{|\alpha_{00}|^2+|\alpha_{01}|^2}$重新归一化后，仍满足归一化条件。

考虑 n 量子比特系统。这个系统的基态形如：$|x_1x_2x_3\cdots x_n\rangle$，并且量子状态由 2^n 个幅度所确定。$n=500$ 时，这数就已超过了整个宇宙原子的估算总数，在传统计算机上存储所有这些复数是不可想象的。量子力学具有超越经典系统的信息处理能力。

1.2　量子信息的量子力学基础

量子信息以量子力学为基础，是量子力学与信息科学相结合的交叉学科，因此在介绍量子信息前有必要简要地介绍一些量子力学的基本原理。

1.2.1　量子力学的基本假设

量子力学是研究微观粒子系统运动变化规律的理论。它是一门相当成熟的学科，它的全部内容可以从少数几个基本原理出发，用逻辑推理的方法推演出来。可以将这些原理大体上归纳为五个基本假设[2]：

①微观量子系统的物理状态可以用 Hilbert 空间的一个态矢量 $|\Psi(t)\rangle$ 来描述。

②微观量子系统的每一个力学量对应 Hilbert 空间中的一个线性厄米算符，力学量的取值是相应算符的本征值。

③微观系统的状态 $|\Psi(t)\rangle$ 随时间演化的动力学方程为 schrödinger 方程：

$$i\hbar \frac{\partial}{\partial t}\Psi(t) = \hat{H}\Psi(t) \tag{1-4}$$

式中 $\hat{H} = H(\hat{X}, P, t)$ 是系统的哈密顿算符。

④测量与塌缩：假定力学量算符 A 的本征值为 a_1 和 a_2，对应的本征态分别为 ϕ_1 和 ϕ_2；如果微观体系处于 A 算符的两本征态 ϕ_1 和 ϕ_2 的叠加态 $\Psi = c_1\phi_1 + c_2\phi_2$，那么对微观体系的力学量 A 进行测量，将以 $|c_1|^2$ 的概率获得结果 a_1，以 $|c_2|^2$ 的概率获得结果 a_2；测量后，体系的量子态塌缩到测量所得本征值对应的本征态。

⑤描写全同粒子系统的态矢量，对于任意一对粒子的交换，是对称的或反对称的；服从前者的粒子称为玻色子，服从后者的粒子称为费米子。

1.2.2 量子态叠加原理

量子信息中使用的量子态与经典信息中使用的经典物理态有一些不同的地方。可以说，经典物理态是量子态的一个子集，是量子态的一类特例。对经典物理态的测量，其结果通常是确定的；而对量子态的测量并不一定是完全确定的，即可能是某一些测量结果的概率分布。这是因为量子态可以是测量算符的一些本征态的叠加[2]。

从逻辑上讲，态叠加原理可以由量子力学的第一条基本假设推演出来，因此通常人们并不把它作为量子力学的基本假设。态叠加原理[2]的内容为：如果 $|\Psi_1\rangle$，$|\Psi_2\rangle$，$|\Psi_3\rangle$，…，$|\Psi_n\rangle$ 是量子系统的可能的态，那么它们的任意线性叠加态：

$$|\Psi\rangle = \sum_i c_i |\Psi_i\rangle, (i = 1, 2, \cdots, n) \tag{1-5}$$

也是系统的一个可能的态。

量子力学中的态叠加原理在量子信息中有着广泛的应用，也给量子信息赋予了与经典信息截然不同的丰富内容。当然，这也体现了量子力学中的态叠加原理与经典物理中的叠加原理的不同：两个相同的态的叠加在经典物理中代表一个新的态，但在量子物理中仅表示同一个态；经典物理中的叠加是概率的叠加，而量子物理中的叠加是概率幅的叠加。

1.2.3 测不准原理与非克隆定理

根据量子力学的基本假设，微观体系的一个力学量用一个线性厄米算符表示。处于某一给定状态 $\Psi(t)$ 的量子系统，其各力学量并不总是取确定值[2]。例如力学量 A，假设其本征值为 a_i，对应的本征态为 $|a_i\rangle$，

$$A|a_i\rangle = a_i|a_i\rangle \tag{1-6}$$

则在 $|\Psi(t)\rangle$ 态下对力学量 A 进行测量得到取值 a_i 的概率是 $|\langle a_i|\Psi(t)\rangle|^2$。

定义力学量 A 在态 $\Psi(t)$ 中的平均值 $\overline{A}$：

$$\overline{A} = \langle\Psi(t)|A|\Psi(t)\rangle \tag{1-7}$$

力学量 A 在态 $\Psi(t)$ 中的不确定度定义为 ΔA，满足[2]

$$\begin{aligned}
(\Delta A)^2 &= \overline{(a_i - \overline{A})^2} \\
&= \sum_i \langle\Psi(t) \mid (a_i - \overline{A})^2 \mid a_i\rangle\langle a_i \mid \Psi(t)\rangle \\
&= \sum_i \langle\Psi(t) \mid [(a_i^2 - 2a_i\overline{A} + (\overline{A})^2] \mid a_i\rangle\langle a_i \mid \Psi(t)\rangle \\
&= \langle\Psi(t) \mid [A^2 - (\overline{A})^2] \mid \Psi(t)\rangle \\
&= \overline{A^2 - (\overline{A})^2}
\end{aligned} \tag{1-8}$$

定义力学量算符 A 与 B 的对易子 $[A,B] = AB - BA$，则力学量 A 和 B 在同一量子态 $\Psi(t)$ 下的不确定度关系为：

$$\Delta A \Delta B \geqslant \frac{1}{2}\overline{|[A,B]|} \tag{1-9}$$

这就是测不准原理，或测不准关系。

非克隆定理[3]可以看作是测不准原理的一个推论。非克隆定理的内容为：一个未知的量子态不能被完全拷贝。事实上，正是因为未知的量子态可能来自不对易算符的本征态，而由某一个确定的算符去测量量子系统，可能会导致不完备的测量，从而得不到量子态的全部信息。

当然，根据 Hilbert 空间是一个线性空间的特点，不难证明非克隆定理，用反证法证明如下。

假设存在一个克隆机，它能克隆任意一个量子态。用一个幺正算符 U_c 来表

示它，即

$$U_c(|\Psi\rangle|0\rangle)=|\Psi\rangle|\Psi\rangle$$

对于$|\Psi\rangle=|0\rangle$，有$U_c(|0\rangle|0\rangle)=|0\rangle|0\rangle$；对于$|\Psi\rangle=|1\rangle$，有$U_c(|1\rangle|0\rangle)=|1\rangle|1\rangle$；对于叠加态$|\Psi\rangle=\frac{1}{\sqrt{2}}(|0\rangle+|1\rangle)$：

一方面，根据克隆机的克隆效果有

$$\begin{aligned}U_c\left[\frac{1}{\sqrt{2}}(|0\rangle+|1\rangle)|0\rangle\right]&=\frac{1}{\sqrt{2}}(|0\rangle+|1\rangle)-\frac{1}{\sqrt{2}}(|0\rangle+|1\rangle)\\&=\frac{1}{\sqrt{2}}(|00\rangle+|11\rangle+|01\rangle+|10\rangle)\end{aligned}\tag{1-10}$$

另一方面，根据 Hilbert 空间的线性性质，有

$$\begin{aligned}U_c\left[\frac{1}{\sqrt{2}}(|0\rangle+|1\rangle)|0\rangle\right]&=\frac{1}{\sqrt{2}}[U_c(|0\rangle|0\rangle)+U_c(|1\rangle|1\rangle)]\\&=\frac{1}{\sqrt{2}}(|00\rangle+|11\rangle)\end{aligned}\tag{1-11}$$

显然，式(1-10)与式(1-11)是不相等的。由此可见，假设是错误的，即不存在克隆机U_c能克隆一个未知的态。

测不准原理和非克隆定理在量子信息，特别是量子通信中起着很重要的作用，将在以后的章节中提及。

1.2.4 量子态的演化与幺正算符

根据量子力学假设，孤立量子系统态矢量随时间演化的动力学方程为 schrödinger 方程：$i\hbar\frac{\partial}{\partial t}\Psi(t)=\hat{H}\Psi(t)$，同时，在量子力学中，孤立系统态矢量$|\Psi(t)\rangle$随时间的演化还可以通过演化算符$U(t,t_0)$来描述[2]。

$$|\Psi(t)\rangle=U(t,t_0)|\Psi(t_0)\rangle\tag{1-12}$$

将态矢量$|\Psi(t)\rangle$代入 schrödinger 方程，可以得到演化算符$U(t,t_0)$满足的微分方程：

$$i\hbar\frac{\partial}{\partial t}U(t,t_0)=\hat{H}U(t,t_0)\tag{1-13}$$

在哈密顿量 $\hat{H}$ 不显含时间的情况下，利用初始条件 $U(t,t_0)=1$，可求得方程的解为：

$$U(t,t_0)=e^{-\frac{i}{\hbar}H(t,t_0)} \tag{1-14}$$

在量子力学中，如果算符 A 满足如下关系，则称之为幺正算符：

$$AA^+=A^+A=I \tag{1-15}$$

其中 I 为单位矩阵。

显然，由于 $\hat{H}$ 是厄米算符，演化算符 $U(t,t_0)$ 满足幺正算符的要求，即

$$UU^+=U^+U=I \tag{1-16}$$

幺正算符 $U(t,t_0)$ 对应的变换通常被称为幺正变换或幺正操作。

由 $U(t,t_0)$ 算符是一个幺正算符，它有一些重要的性质，也在量子信息中得到了体现。这些性质包括：①保概率性，量子系统如果遵循幺正演化，那么量子系统的总概率不变。②可逆性，任一幺正变换都存在逆变换，从而保证了量子计算和量子信息中的量子幺正操作是可逆的。

1.3 量子纠缠

纠缠的量子系统在量子计算与量子通信中有着非常重要的应用，也因此引发了许多不同于经典信息的现象与特征。在对量子纠缠描述前，先对量子态进行适当的说明。

1.3.1 纯态与混合态

根据量子力学的基本假设，描述量子系统的态矢量是 Hilbert 空间的一个矢量。这种能用 Hilbert 空间中的一个矢量表示的量子系统的态称之为纯态（pure state）[2]。根据态叠加原理，多个纯态 $|\Psi_1\rangle, |\Psi_2\rangle, \cdots, |\Psi_n\rangle$ 的线性叠加所描述的量子态

$$|\Psi\rangle = \sum_i c_i |\Psi_i\rangle,\ i = 1,2,\cdots,n$$

也对应 Hilbert 空间的一个矢量，因此也是一个纯态。

有的时候由于统计物理的原因量子系统所处的状态无法用一个 Hilbert 空间

的矢量来描述，系统并不是处于某一个确定的态，而是以某一种概率分布处于某一些量子态，如分别以概率 $p_1, p_2, \cdots, p_n$ 处于量子态 $\Psi_1, \Psi_2, \cdots, \Psi_n$（表示可能的量子态的数目），这时就无法用一个 Hilbert 空间的态矢量来描述这样的量子系统，称此系统处于的状态为混合态（mixed state）[2]。

1.3.2 直积态与纠缠态

对于多粒子量子系统，其量子行为比单粒子系统要复杂，纠缠的量子系统表现出一些不同于单粒子系统的量子特性，因而有必要介绍直积态与纠缠态的物理概念。

首先考察由 A 和 B 两粒子组成的量子系统，假设在 $t<t_0$ 时它们彼此之间没有相互作用，即它们的状态分别由 Hilbert 空间 H_A 和 H_B 的态矢量 $|\Psi(t)\rangle_A$ 和 $|\Psi(t)\rangle_B$ 描述；对 AB 组成的两粒子系统，其量子态由 Hilbert 空间 $H_{AB}=H_A\otimes H_B$ 中的态矢量 $|\Psi(t)\rangle_{AB}=|\Psi(t)\rangle_A\otimes|\Psi(t)\rangle_B$ 来描述。假设从 $t=t_0$ 时刻起，A 和 B 之间有了相互作用 $\hat{H}$，则两粒子系统 AB 的状态演化由下式决定：

$$|\Psi(t)\rangle=U(t,t_0)|\Psi(t_0)\rangle \tag{1-17}$$

即式(1-12)对于系统哈密顿量 $\hat{H}$ 不显含时间 t 的情况，演化算符由式(1-14)表示。

由于从 $t=t_0$ 时刻起，系统中的两个粒子彼此之间存在着相互作用，即系统的哈密顿量 $\hat{H}$ 不能写成子系统的求和形式 $\hat{H}=\hat{H}_A+\hat{H}_B$，量子系统的演化算符 $U(t,t_0)_{AB}$ 不能写成两个子系统的演化算符的直积形式 $U_{AB}=U_A\otimes U_B$。从而在 $t>t_0$ 以后，两粒子系统的态矢量一般不能写成两子系统的态矢量的直积形式：

$$|\Psi(t)\rangle_{AB}=|\Psi(t)\rangle_A\otimes|\Psi(t)\rangle_B \tag{1-18}$$

这时称 A 和 B 两粒子系统的态 $|\Psi(t)\rangle_{AB}$ 为纠缠态。

一般地讲，对于两粒子系统 A 和 B，如果存在态 $|\Psi(t)\rangle_A\in H_A$ 和 $|\Psi(t)\rangle_B\in H_B$ 使得两粒子系统的量子态可以写成直积形式 $|\Psi(t)\rangle_{AB}=|\Psi(t)\rangle_A\otimes|\Psi(t)\rangle_B$，则称此量子系统处于直积态（product state）；否则，称之处于纠缠态（entangled state）。

1.3.3 贝尔基态与 GHZ 态

1935 年，A. Einstein、B. Podolsky 和 N. Rosen（EPR）在 Physical Review 上发表的标题为"Can quantum-mechanical description of physical reality be considered complete?"的文章[4]，是爱因斯坦（Einstein）等与玻尔（Bohr）对量子力学的争论重

点之一。他们争论的焦点是量子纠缠与非定域性这两个奇异的现象。针对波函数的统计诠释,爱因斯坦等认为“上帝并不掷骰子”。他们相信,应该存在可以对物理实在给出更完备描述的理论,这就是所谓的“隐参数”理论。同时,他们根据定域思想对量子纠缠这一特殊的现象进行了分析,并由此对量子力学的完备性提出了质疑,这就是常说的 EPR 佯谬。

对于 A 和 B 两粒子系统,爱因斯坦等提出的纠缠态的形式为[4]:

$$\Psi(x_A, x_B) = \int_{-\infty}^{+\infty} e^{(2\pi/\hbar)(x_A - x_B + x_0)p} \mathrm{d}p = 2\pi/\hbar\delta(x_A - x_B + x_0) \tag{1-19}$$

其中 x_A 与 x_B 分别是粒子 A 和 B 的坐标变量,x_0 为一常数,p 为系统的动量(momentum)。这是基于连续变量的两粒子纠缠态。后来 Bohm 对自旋为 1/2 的原子核等二能级量子体系简化了纠缠态的表示形式[5],即

$$|\phi^+\rangle = \frac{1}{\sqrt{2}}(|0\rangle_A|0\rangle_B + |1\rangle_A|1\rangle_B) \tag{1-20}$$

$$|\phi^-\rangle = \frac{1}{\sqrt{2}}(|0\rangle_A|0\rangle_B - |1\rangle_A|1\rangle_B) \tag{1-21}$$

$$|\Psi^+\rangle = \frac{1}{\sqrt{2}}(|0\rangle_A|1\rangle_B + |1\rangle_A|0\rangle_B) \tag{1-22}$$

$$|\Psi^-\rangle = \frac{1}{\sqrt{2}}(|0\rangle_A|1\rangle_B - |1\rangle_A|0\rangle_B) \tag{1-23}$$

其中$|0\rangle$和$|1\rangle$分别对应二能级体系的两个本征态,如沿 z 方向的核自旋,即自旋算符 σ_z 的本征态。现在通常把式(1-19)和式(1-20)至式(1-23)表示的纠缠态称为贝尔基态(Bell state or Bell-basis state),它们分别对应连续变量和离散变量的两粒子纠缠态,把处于贝尔基态的两个纠缠粒子称为 Einstein-Podolsky-Rosen 对(简称 EPR 对)。

显然,贝尔基态只是一类两粒子纠缠态,是两粒子体系的最大纠缠态。对于其他形式的两粒子纠缠态,不再赘述。

GHZ 态[6]最初是以 Greenberger、Home、Zeilinger 三人命名的三粒子最大纠缠态:

$$|\Psi\rangle_{GHZ} = \frac{1}{\sqrt{2}}(|0\rangle_A|0\rangle_B|0\rangle_C - |1\rangle_A|1\rangle_B|1\rangle_C) \tag{1-24}$$

后来,人们将 M 个两能级量子体系的纠缠态

$$|\text{GHZ}\rangle_M = \frac{1}{\sqrt{2}}(|0\rangle_A|0\rangle_B\cdots|0\rangle_M - |1\rangle_A|1\rangle_B\cdots|1\rangle_M) \tag{1-25}$$

称为多粒子 GHZ 态。

1.3.4 贝尔基测量

贝尔基测量的方法有很多种，其中以美国马里兰大学华人物理学家史砚华(Yanhua-Shih)小组的 Bell 基分析器最为完整，其物理原理如图 1-3 所示。它主要由一个Ⅰ-型和频发生器(SFG)、一个Ⅱ-型和频发生器(SFG)和四块 SFG 非线性晶体组成。和频发生器(SFG)用于实现量子光学参量上的转换，SFG 非线性晶体的作用是用来测量和区分四个 Bell 基态，图中的⊙和↕分别表示晶体的水平和垂直光轴，G1 和 G2 是 45°极化投影器。

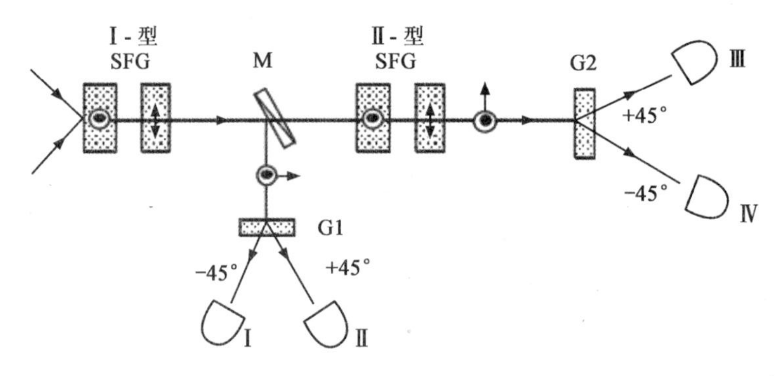

图 1-3　Bell 基测量的物理原理图

Bell 基分析器的主要原理如图 1-3 所示：两个垂直偏振的光子$|VV\rangle$经过水平光轴的Ⅰ-型 SFG 晶体后变成一个水平偏振的高频光子$|H\rangle$，而两个水平偏振的光子$|HH\rangle$经过垂直光轴的Ⅰ-型 SFG 晶体后变成一个垂直偏振的高频光子$|V\rangle$；

二色分束器 M 把高频光子$|H\rangle$和$|V\rangle$反射到 45°极化投影器 G1。投影器 G1 将由 $|\phi^-\rangle_{AB} = \frac{1}{\sqrt{2}}(|HH\rangle_{AB} - |VV\rangle_{AB})$ 和 $|\phi^+\rangle_{AB} = \frac{1}{\sqrt{2}}(|HH\rangle_{AB} + |VV\rangle_{AB})$ 产生的高频光子分别投影到探测器Ⅰ和Ⅱ。另外两个 Bell 基态 $|\Psi^+\rangle_{AB} = \frac{1}{\sqrt{2}}(|HV\rangle_{AB} + |VH\rangle_{AB})$ 和 $|\Psi^-\rangle_{AB} = \frac{1}{\sqrt{2}}(|HV\rangle_{AB} - |VH\rangle_{AB})$ 则经过Ⅱ-型 SFG 晶体后产生的高频光子分别被投影器 G2 投影到探测器Ⅲ和Ⅳ。这样通过不同探测

器的响应就可以区分四个贝尔基态。

1.3.5 Bell不等式

关于量子纠缠的定域与非定域的哲学争论，1964年贝尔(J. S. Bell)提出了一个可以在实验上检验量子纠缠是定域还是非定域的不等式，即著名的Bell不等式[7]。Bell指出，基于隐变量和定域实在论的任何理论都必须遵守这个不等式

$$|P(\vec{a},\vec{b})-P(\vec{a},\vec{c})|\leqslant 1+P(\vec{b},\vec{c}) \tag{1-26}$$

其中$\lambda\in[0,1]$是根据隐参数理论假定的隐参数，$\rho(\lambda)$是一个未知的概率分布，$P(\vec{a},\vec{b})=\int \mathrm{d}\lambda\rho(\lambda)A(\vec{a},\lambda)B(\vec{b},\lambda)$是在$(\vec{a},\vec{b})$方向上对粒子A与B进行测量得到的测量结果的关联函数，即在$\vec{a}$方向测量粒子A，在$\vec{b}$方向测量粒子B得到的测量期望值。

Bell不等式可以作多种推广，其中很有名的基于两粒子系统的推广形式是Clauser，Horne，Shimony和Holt(CHSH)于1969年提出的不等式，在不少书籍和文献中称之为CHSH不等式。这一类不等式对分析处于纠缠的双光子的极化关联很适用。

下面以纠缠光子对为例，简要地推导CHSH不等式。把光子的极化用“自旋”这一个量子力学术语来标识。实验证明，对于自旋为1/2的粒子，如果测量其自旋$\vec{S}=\frac{1}{2}\hbar\vec{\sigma}$，自旋沿任一方向$\vec{n}$的测量值只有两种可能，即$\sigma_n=\pm 1$。根据隐参数理论，假设将对粒子A的$\vec{\sigma}_A$沿空间矢量$\vec{a}$的投影$(\vec{\sigma}_A\cdot\vec{a})$所得的测量结果记为$A(\vec{a},\lambda)$($\lambda$为隐参数)，根据实验，$A(\vec{a},\lambda)=\pm 1$。同样，对于粒子B有类似的结果，即对B粒子进行的测量$(\vec{\sigma}_B\cdot\vec{b})$所得的结果记为$B(\vec{b},\lambda)$，且$B(\vec{b},\lambda)=\pm 1$。

定义两粒子A和B的自旋沿不同方向$\vec{a}$和$\vec{b}$的投影的关联函数为：

$$P(\vec{a},\vec{b})=\int \mathrm{d}\lambda\rho(\lambda)A(\vec{a},\lambda)B(\vec{b},\lambda) \tag{1-27}$$

它相当于量子力学中的测量期望

$$E(\vec{a},\vec{b})_{AB}={}_{AB}\langle\Psi|(\vec{\sigma}_A\cdot\vec{a})(\vec{\sigma}_B\cdot\vec{b})|\Psi\rangle_{AB} \tag{1-28}$$

其中$|\Psi\rangle_{AB}$是A与B两粒子组成的量子系统的量子态。

下面根据隐参数理论来考察粒子A自旋沿$\vec{a}$或$\vec{a}'$方向的投影与粒子B自旋沿$\vec{b}$或$\vec{b}'$方向的投影的关联函数的相互关系。

$$S \equiv \int \mathrm{d}\lambda \rho(\lambda)[A(\vec{a},\lambda)B(\vec{b},\lambda) - A(\vec{a},\lambda)B(\vec{b}',\lambda)]$$
$$= \int \mathrm{d}\lambda \rho(\lambda)A(\vec{a},\lambda)B(\vec{b},\lambda)[1 \pm A(\vec{a}',\lambda)B(\vec{b}',\lambda)]$$
$$- \int \mathrm{d}\lambda \rho(\lambda)A(\vec{a},\lambda)B(\vec{b}',\lambda)[1 \pm A(\vec{a}',\lambda)B(\vec{b},\lambda)] \tag{1-29}$$

考虑到 $A(\vec{a},\lambda) = \pm 1$ 和实验情况下可能得不到测量值,因而有

$$-1 \leqslant A(\vec{a},\lambda)B(\vec{b},\lambda) \leqslant 1,\ -1 \leqslant A(\vec{a},\lambda)B(\vec{b}',\lambda) \leqslant 1 \tag{1-30}$$

从而

$$S \leqslant \int \mathrm{d}\lambda \rho(\lambda)[1 \pm A(\vec{a}',\lambda)B(\vec{b}',\lambda)] + \int \mathrm{d}\lambda \rho(\lambda)[1 \pm A(\vec{a}',\lambda)B(\vec{b},\lambda)] \tag{1-31}$$

为了书写简便,可以定义

$$E(\vec{a},\vec{b})_\lambda = \int \mathrm{d}\lambda \rho(\lambda)A(\vec{a},\lambda)B(\vec{b},\lambda) \tag{1-32}$$

即 $E(\vec{a},\vec{b})_\lambda$ 为根据隐参数理论得到的测量期望值。这样,式(1-31)可以简化为

$$|E(\vec{a},\vec{b})_\lambda - E(\vec{a},\vec{b}')_\lambda| \leqslant 2 \pm [E(\vec{a}',\vec{b}')_\lambda + E(\vec{a}',\vec{b})_\lambda] \tag{1-33}$$

这就是常用的 CHSH 不等式,或写成

$$|S'| \equiv E(\vec{a},\vec{b}) + E(\vec{a}',\vec{b}) - E(\vec{a},\vec{b}') + E(\vec{a}',\vec{b}') \leqslant 2 \tag{1-34}$$

1.3.6 纠缠粒子之间的关联性与非定域性

纠缠粒子之间的关联性与非定域性是一种纯量子效应,在经典物理中找不到与之对应的物理现象。在多粒子纠缠系统中,这种量子效应是一种普遍现象。下面以两粒子最大纠缠态——EPR 对为例加以说明。EPR 对可以处于 4 个 Bell 基态$\{|\phi^-\rangle, |\phi^+\rangle, |\Psi^-\rangle, |\Psi^+\rangle\}$中的任何一个,它们的量子力学表示见式(1-20)至式(1-23)。

处于纠缠态的粒子之间具有很好的关联性和非定域性。以极化的双光子纠缠态为例,假设式(1-20)至式(1-23)中的$|0\rangle$和$|1\rangle$分别代表光子的量子态为水平和垂直极化(或称"偏振"),可以用矩阵语言描述为

$$|0\rangle = \begin{pmatrix} 1 \\ 0 \end{pmatrix}, |1\rangle = \begin{pmatrix} 0 \\ 1 \end{pmatrix} \tag{1-35}$$

纠缠粒子之间的关联性体现在对光子的量子态进行相应的力学量测量得到的测量结果上。如果对处于纠缠态 $|\Psi^-\rangle=\frac{1}{\sqrt{2}}(|0\rangle_A|1\rangle_B-|1\rangle_A|0\rangle_B)$ 中的 A 光子进行测量，根据量子力学原理，每一次得到的测量结果是确定的，但并不唯一，即每一次的测量结果或者是 $|0\rangle_A$ 或者为 $|1\rangle_A$，且两种结果以相等的概率出现。如果在测量完 A 光子的量子态之后再去测量 B 光子(在 A 和 B 光子维持纠缠时间内，即消相干前进行测量)，会发现对这两个光子量子态测量的结果具有很好的关联性，即如果对 A 光子测量的结果为 $|0\rangle_A$，则 B 光子的测量结果必然为 $|1\rangle_B$；同样，如果对 A 光子测量的结果为 $|1\rangle_A$，则 B 光子的测量结果必然为 $|0\rangle_B$。用量子力学的语言描述为：对处于纠缠态 $|\Psi^-\rangle=\frac{1}{\sqrt{2}}(|0\rangle_A|1\rangle_B-|1\rangle_A|0\rangle_B)$ 的 AB 光子对中的 A 光子进行单光子测量，如果得到的测量结果为 $|0\rangle_A$，则原来的由两光子组成的复合体系的量子态(或称波函数)塌缩到直积态 $|0\rangle_A|1\rangle_B$。此时无论是否测量 B 光子，其量子态必然为 $|1\rangle_B$；同理，如果对 A 光子测量得到的测量结果为 $|1\rangle_A$，则原来的由两光子组成的复合体系的量子态塌缩到态 $|1\rangle_A|0\rangle_B$，此时无论是否测量 B 光子，其量子态必然为 $|0\rangle_B$。根据量子力学原理，这种关联性不随空间距离的长短而改变，即使这两个纠缠光子一个在地球上，另一个在月球上，其关联性依然存在；即只要它们之间存在着纠缠，它们的测量结果的关联性就会存在，这是量子纠缠的非定域性的一个体现。

在现代量子光学实验中，纠缠粒子之间的关联性和非定域性已经得到了大量的证实。

1.4　密度算符与约化密度矩阵

由于量子系统可能处于纯态，也可能处于混合态。对于一个处于纯态的量子系统，用一个态矢量就足以描述它的状态信息。但对于处于混合态的量子系统，通常不能用一个态矢量来描述。当然，可以用一些态矢量按一定的概率分布来描述，但终究不太方便。为了描述的方便，可以用一个数学量来描述处于混合态的量子系统，它就是密度算符(密度矩阵) ρ[2]。

对于纯态，密度算符定义为：

$$\rho=|\Psi\rangle\langle\Psi| \tag{1-36}$$

对于混合态

$$\begin{cases} |\Psi_1\rangle : p_1, \\ |\Psi_2\rangle : p_2, \\ \cdots \end{cases} \tag{1-37}$$

由概率守恒有归一化条件：

$$\sum_i p_i = 1 \tag{1-38}$$

此时，混合态的密度算符定义为：

$$\rho = \sum_i p_i |\Psi_i\rangle\langle\Psi_i| \tag{1-39}$$

密度算符的矩阵表示即为密度矩阵。密度矩阵的矩阵元可以写为：

$$\rho_{ij} = \langle\Psi_i|\rho|\Psi_j\rangle \tag{1-40}$$

其中$|\Psi_i\rangle(i=1,2,3,\cdots,n)$是一组基矢。

纯态与混合态在密度矩阵上是存在差异的。虽然对任一量子系统，其密度矩阵的迹为1，即

$$\mathrm{Tr}\rho=1 \tag{1-41}$$

但是纯态与混合态密度矩阵的平方的迹存在着差异。对于纯态，其密度矩阵的平方的迹仍然等于1，即$\mathrm{Tr}\rho^2=\mathrm{Tr}\rho=1$；对于混合态，其密度矩阵的平方的迹小于1，即$\mathrm{Tr}\rho^2<\mathrm{Tr}\rho=1$。事实上，从密度算符的定义，不难看出它的这一特性，

$$\begin{aligned} \mathrm{Tr}\rho^2 &= \mathrm{Tr}\Big(\sum_i p_i |\Psi_i\rangle\langle\Psi_i| \sum_j p_j |\Psi_j\rangle\langle\Psi_j|\Big) \\ &= \mathrm{Tr}\Big(\sum_{ij} p_i p_j |\Psi_i\rangle\langle\Psi_i||\Psi_j\rangle\langle\Psi_j|\Big) \\ &= \sum_i p_i^2 \\ &\leqslant 1 \end{aligned} \tag{1-42}$$

对于大的量子系统，有时候某一个物理量只与系统的一部分有关，如系统局部某物理量的平均值。这时，可以引进约化密度算符来简化计算。对于AB两粒子系统，定义约化密度算符为：

$$\rho_{\mathrm{A}} = \mathrm{Tr}_{\mathrm{B}}(\rho_{\mathrm{AB}}) \tag{1-43}$$

其中ρ_{AB}为系统AB的密度算符。

作为简单的应用，看一看常见的Bell基态$|\Psi^-\rangle=\frac{1}{\sqrt{2}}(|0\rangle_{\mathrm{A}}|1\rangle_{\mathrm{B}}-|1\rangle_{\mathrm{A}}|0\rangle_{\mathrm{B}})$

的密度矩阵及其子系统的密度矩阵。态 $|\Psi^-\rangle$ 的密度算符为 $\rho=|\Psi^-\rangle_{ABAB}\langle\Psi^-|$。在基矢 $\{|0\rangle=\begin{pmatrix}1\\0\end{pmatrix},|1\rangle=\begin{pmatrix}0\\1\end{pmatrix}\}$ 下，量子系统 AB 的密度矩阵可以表示成

$$\rho_{AB}=\frac{1}{2}\begin{pmatrix}0&0&0&0\\0&1&-1&0\\0&-1&1&0\\0&0&0&0\end{pmatrix}\tag{1-44}$$

子系统 A 的密度矩阵可以由 AB 量子系统的约化密度矩阵得到

$$\rho_A=\mathrm{Tr}_B(\rho_{AB})=\frac{1}{2}\begin{pmatrix}1&0\\0&1\end{pmatrix}=\frac{1}{2}I\tag{1-45}$$

这也说明对处于 Bell 基态的 AB 两纠缠粒子中的一个粒子做单粒子测量，将以相等的概率得到两个本征值。纠缠粒子的这一量子特征为基于纠缠体系的量子通信提供了安全保障。

1.5　常见的量子操作

经典信息处理是对经典比特进行操作，与之类似，量子信息处理是对编码的量子态进行一系列的控制、操作和测量等。与经典操作不同的地方是量子操作通常是可逆操作，遵循幺正演化规律。对量子比特进行的基本操作，通常称为量子门[8]。根据量子信息理论，人们只要能完成单比特的量子操作和两比特的控制非门操作，就可以构建对量子系统的任一幺正操作，因此只要了解一些基本的操作就可以了。

1.5.1　单比特量子门

常见的单比特量子门主要有 U_I,U_x,U_y,U_z 和 Hadamard 门 H。在基矢 $|0\rangle=\begin{pmatrix}1\\0\end{pmatrix},|1\rangle=\begin{pmatrix}0\\1\end{pmatrix}$ 下，可以用矩阵语言来表示上面几个常见的单比特量子门：

$$U_I=I=\begin{pmatrix}1&0\\0&1\end{pmatrix}\tag{1-46}$$

$$U_x = \sigma_x = \begin{pmatrix} 0 & 1 \\ 1 & 0 \end{pmatrix} \tag{1-47}$$

$$U_y = -i\sigma_y = \begin{pmatrix} 0 & -1 \\ 1 & 0 \end{pmatrix} \tag{1-48}$$

$$U_z = \sigma_z = \begin{pmatrix} 1 & 0 \\ 0 & -1 \end{pmatrix} \tag{1-49}$$

$$H = \frac{1}{\sqrt{2}}\begin{pmatrix} 1 & 1 \\ 1 & -1 \end{pmatrix} \tag{1-50}$$

它们的真值表见表 1-1。

表 1-1　U_I,U_x,U_y,U_z 和 H 的真值表

U_I		U_x		U_y		U_z		H	
输入	输出	输入	输出	输入	输出	输入	输出	输入	输出
$\|0\rangle$	$\|0\rangle$	$\|0\rangle$	$\|1\rangle$	$\|0\rangle$	$\|1\rangle$	$\|0\rangle$	$\|0\rangle$	$\|0\rangle$	$\frac{1}{\sqrt{2}}(\|0\rangle+\|1\rangle)$
$\|1\rangle$	$\|1\rangle$	$\|1\rangle$	$\|0\rangle$	$\|1\rangle$	$-\|0\rangle$	$\|1\rangle$	$-\|1\rangle$	$\|1\rangle$	$\frac{1}{\sqrt{2}}(\|0\rangle-\|1\rangle)$

1.5.2　量子控制非门

量子控制非门(control not gate,CNOT)是最常用的二比特量子门之一,其中的两个量子比特分别为控制比特与目标比特。其特征在于:当控制比特为$|0\rangle$时,它不改变目标位;当控制比特为$|1\rangle$时,它将翻转目标位。控制非门的真值表见表 1-2,逻辑电路见图 1-4。在两量子比特的基矢下,

$$|00\rangle \equiv |0\rangle \otimes |0\rangle = \begin{pmatrix} 1 \\ 0 \\ 0 \\ 0 \end{pmatrix}, |01\rangle \equiv |0\rangle \otimes |1\rangle = \begin{pmatrix} 0 \\ 1 \\ 0 \\ 0 \end{pmatrix} \tag{1-51}$$

$$|10\rangle \equiv |1\rangle \otimes |0\rangle = \begin{pmatrix} 0 \\ 0 \\ 1 \\ 0 \end{pmatrix}, |11\rangle \equiv |1\rangle \otimes |1\rangle = \begin{pmatrix} 0 \\ 0 \\ 0 \\ 1 \end{pmatrix} \tag{1-52}$$

控制非门用矩阵语言可以表示为：

$$\text{CNOT} = \begin{pmatrix} 1 & 0 & 0 & 0 \\ 0 & 1 & 0 & 0 \\ 0 & 0 & 0 & 1 \\ 0 & 0 & 1 & 0 \end{pmatrix} \tag{1-53}$$

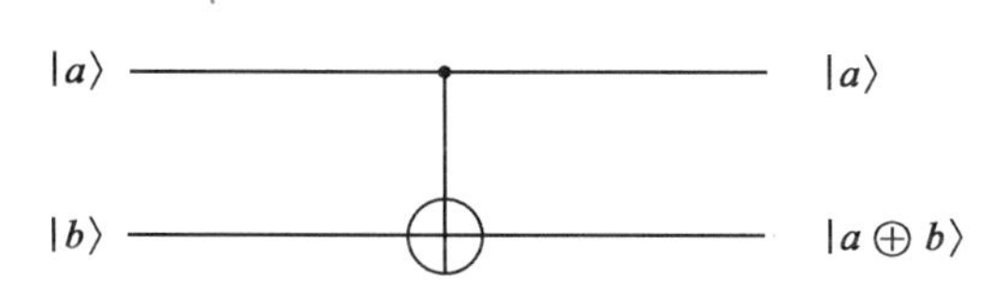

图 1-4　两量子比特控制非门逻辑电路

表 1-2　控制非门 CNOT 的真值表

控制位 a	控制位 b	目标位输出
$|0\rangle$	$|0\rangle$	$|0\rangle$
$|0\rangle$	$|1\rangle$	$|1\rangle$
$|1\rangle$	$|0\rangle$	$|1\rangle$
$|1\rangle$	$|1\rangle$	$|0\rangle$

1.5.3　量子门的简单应用

如果能较好地构建控制非门 CNOT 和 Hadamard 门 H，那么就可以方便地制备和测量 Bell 态。不妨将制备 Bell 态的量子门称为 Bell 门，记为 U_{Bell}。U_{Bell}门的逻辑电路见图 1-5，真值表见表 1-3。由真值表可以看出，在输入端输入一个两粒子直积态，通过 U_{Bell}门即可产生 Bell 态，输入四个不同的直积态可以分别得到 4 个贝尔基态[8]。

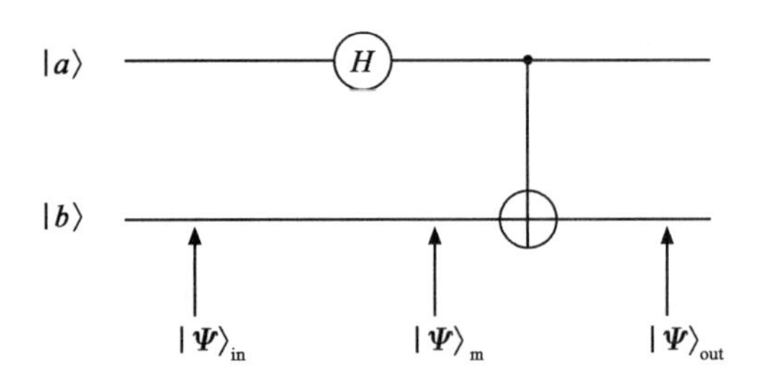

图 1-5 U_{Bell}门逻辑电路

表 1-3 U_{Bell}的真值表

输入量子态	中间过程	输出量子态
$\vert\Psi\rangle_{in}\equiv\vert a\rangle\otimes\vert b\rangle$	$\vert\Psi\rangle_{m}$	$\vert\Psi\rangle_{out}$
$\vert 0\rangle\otimes\vert 0\rangle$	$\frac{1}{\sqrt{2}}(\vert 0\rangle+\vert 1\rangle)\otimes\vert 0\rangle$	$\frac{1}{\sqrt{2}}(\vert 00\rangle+\vert 11\rangle)$
$\vert 0\rangle\otimes\vert 1\rangle$	$\frac{1}{\sqrt{2}}(\vert 0\rangle+\vert 1\rangle)\otimes\vert 1\rangle$	$\frac{1}{\sqrt{2}}(\vert 01\rangle+\vert 10\rangle)$
$\vert 1\rangle\otimes\vert 0\rangle$	$\frac{1}{\sqrt{2}}(\vert 0\rangle-\vert 1\rangle)\otimes\vert 0\rangle$	$\frac{1}{\sqrt{2}}(\vert 00\rangle-\vert 11\rangle)$
$\vert 1\rangle\otimes\vert 1\rangle$	$\frac{1}{\sqrt{2}}(\vert 0\rangle-\vert 1\rangle)\otimes\vert 1\rangle$	$\frac{1}{\sqrt{2}}(\vert 01\rangle-\vert 10\rangle)$

当需要测量贝尔基的时候，只需要通过 CNOT 门和 H 门即可构建一个反 Bell 门，记为U_{unBell}。其作用是将贝尔基态转换为直积态，有利于做纠缠态的测量。U_{unBell}的量子逻辑电路与真值表分别见图 1-6 和表 1-4。对于四个 Bell 基态$\{|\phi^-\rangle, |\phi^+\rangle, |\Psi^-\rangle, |\Psi^+\rangle\}$之间的相互转换，可以通过四个单比特量子幺正操作 U_I,U_x,U_y,U_z 来实现。其中 U_I 的操作不改变量子位的状态，即不对量子位操作。

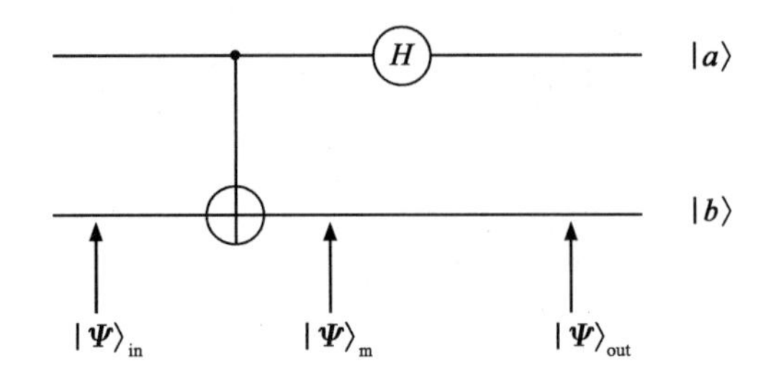

图 1-6 U_{unBell}门量子逻辑电路

表 1-4 U_{unBell}的真值表

输入量子态	中间过程	输出量子态
$\vert\Psi\rangle_{\text{in}}$	$\vert\Psi\rangle_{\text{m}}$	$\vert\Psi\rangle_{\text{out}}$
$\frac{1}{\sqrt{2}}(\vert 00\rangle+\vert 11\rangle)$	$\frac{1}{\sqrt{2}}(\vert 0\rangle+\vert 1\rangle)\otimes\vert 0\rangle$	$\vert 0\rangle\otimes\vert 0\rangle$
$\frac{1}{\sqrt{2}}(\vert 00\rangle-\vert 11\rangle)$	$\frac{1}{\sqrt{2}}(\vert 0\rangle-\vert 1\rangle)\otimes\vert 0\rangle$	$\vert 1\rangle\otimes\vert 0\rangle$
$\frac{1}{\sqrt{2}}(\vert 01\rangle+\vert 10\rangle)$	$\frac{1}{\sqrt{2}}(\vert 0\rangle+\vert 1\rangle)\otimes\vert 1\rangle$	$\vert 0\rangle\otimes\vert 1\rangle$
$\frac{1}{\sqrt{2}}(\vert 01\rangle-\vert 10\rangle)$	$\frac{1}{\sqrt{2}}(\vert 0\rangle-\vert 1\rangle)\otimes\vert 1\rangle$	$\vert 1\rangle\otimes\vert 1\rangle$

$$(U_{IA}\otimes U_{IB})\mid\Psi^{\pm}\rangle_{AB}=\mid\Psi^{\pm}\rangle_{AB},(U_{IA}\otimes U_{IB})\mid\phi^{\pm}\rangle_{AB}=\mid\phi^{\pm}\rangle_{AB} \tag{1-54}$$

$$(U_{xA}\otimes U_{IB})\mid\Psi^{\pm}\rangle_{AB}=\mid\phi^{\pm}\rangle_{AB},(U_{xA}\otimes U_{IB})\mid\phi^{\pm}\rangle_{AB}=\mid\Psi^{\pm}\rangle_{AB} \tag{1-55}$$

$$(U_{yA}\otimes U_{IB})\mid\Psi^{\pm}\rangle_{AB}=\mid\phi^{\mp}\rangle_{AB},(U_{yA}\otimes U_{IB})\mid\phi^{\pm}\rangle_{AB}=\mid\Psi^{\mp}\rangle_{AB} \tag{1-56}$$

$$(U_{zA}\otimes U_{IB})\mid\Psi^{\pm}\rangle_{AB}=\mid\Psi^{\mp}\rangle_{AB},(U_{zA}\otimes U_{IB})\mid\phi^{\pm}\rangle_{AB}=\mid\phi^{\mp}\rangle_{AB} \tag{1-57}$$

1.6 常见的量子技术

1.6.1 量子离物传态

量子离物传态(quantum teleportation)技术是一种纯量子效应,在经典物理中找不到对应。Bennett 等提出的 teleportation 技术[9]的原理如图 1-7 所示。

通信双方 Alice 与 Bob 要完成的任务是:Alice 将一个未知的量子态传输给 Bob。不妨以极化的单粒子未知态为例来说明 teleportation 技术的物理原理。假设 Alice 手中的未知量子态为$|\phi\rangle_A=\alpha|0\rangle+\beta|1\rangle$,$|\alpha|^2+|\beta|^2=1$。为了完成未知量子态的传输,Alice 和 Bob 需要先共享一对 EPR 对,见图 1-7 中的$|\Psi^-\rangle_{23}=\frac{1}{\sqrt{2}}(|01\rangle_{23}-|10\rangle_{23})$,Alice 和 Bob 分别拥有纠缠对$|\Psi^-\rangle_{23}$中的 2 和 3 粒子。然后,Alice 对未知态粒子 A 和粒子 2 做联合贝尔基测量,此过程是一个重纠缠的过程:

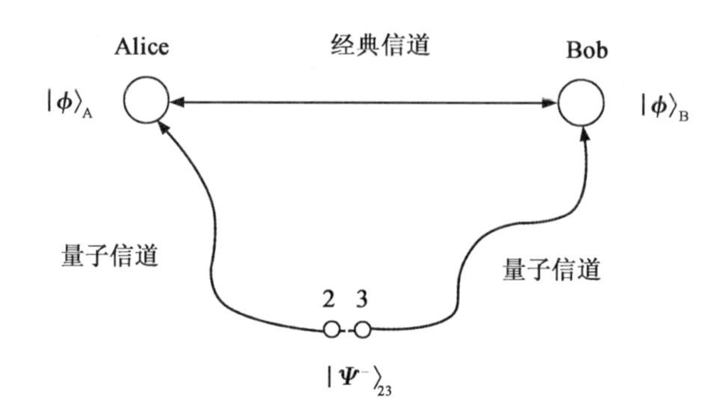

图 1-7 Teleportation 的原理图

$$\begin{aligned}|\Psi\rangle_{A23} &\equiv |\phi\rangle_A \otimes |\Psi^-\rangle_{23} \\ &= \frac{1}{2}[|\Psi^-\rangle_{A2}(-\alpha|0\rangle-\beta|1\rangle)_3+|\Psi^+\rangle_{A2}(-\alpha|0\rangle+\beta|1\rangle)_3 \\ &\quad +|\phi^-\rangle_{A2}(\alpha|1\rangle+\beta|0\rangle)_3+|\phi^+\rangle_{A2}(\alpha|1\rangle-\beta|0\rangle)_3]\end{aligned} \tag{1-58}$$

其中$\{|\phi^-\rangle,|\phi^+\rangle,|\Psi^-\rangle,|\Psi^+\rangle\}$见式(1-20)至式(1-23)。Alice 的每一次测量结果必然是 4 个贝尔基中的一个。由式(1-58)知,Alice 将以相等的概率得到四个贝尔基态,即各占 1/4 的概率。当 Alice 完成贝尔基测量后,Bob 手中的粒子 3 就会塌缩到对应的量子态。Bob 手中的粒子的量子态与 Alice 的测量结果的对应关系见表 1-5。只要 Alice 告诉 Bob 她得到的贝尔基测量结果,Bob 可以通过选择适当的幺正操作来将其手中的粒子 3 的量子态转换到 Alice 原来的未知量子态,即恢复到量子态$|\phi\rangle_A=\alpha|0\rangle+\beta|1\rangle$。它们的对应关系见表 1-6。在量子力学中,对于描写量子态的波函数,$|\phi\rangle$与$-|\phi\rangle$表示的是同一个量子态,即波函数可以差一个整体相位因子。因此 Bob 只需要根据 Alice 告知的测量结果选择对应的幺正操作就可以恢复 Alice 原来的未知量子态$|\phi\rangle_A$,从而实现未知量子态的离物传输。

表 1-5 Alice 的测量结果与 Bob 的粒子 3 的量子态的对应关系

Alice 的贝尔基测量结果	Bob 的粒子 3 的量子态
$|\Psi^-\rangle_{A2}$	$(-\alpha|0\rangle-\beta|1\rangle)_3$
$|\Psi^+\rangle_{A2}$	$(-\alpha|0\rangle+\beta|1\rangle)_3$
$|\phi^-\rangle_{A2}$	$(\alpha|1\rangle+\beta|0\rangle)_3$
$|\phi^+\rangle_{A2}$	$(\alpha|1\rangle-\beta|0\rangle)_3$

表 1-6　Bob 需要选择的幺正操作

粒子 3 的量子态	需要选择的幺正操作	恢复原始未知态
$(-\alpha\|0\rangle-\beta\|1\rangle)_3$	U_I	$-(\alpha\|0\rangle+\beta\|1\rangle)_B$
$(-\alpha\|0\rangle+\beta\|1\rangle)_3$	U_z	$-(\alpha\|0\rangle+\beta\|1\rangle)_B$
$(\alpha\|1\rangle+\beta\|0\rangle)_3$	U_x	$(\alpha\|0\rangle+\beta\|1\rangle)_B$
$(\alpha\|1\rangle-\beta\|0\rangle)_3$	U_y	$-(\alpha\|0\rangle+\beta\|1\rangle)_B$

量子离物传态技术在量子信息中有着很好的应用价值。譬如对量子通信而言，可以用它来完成量子态的中转。也就是说，人们可以用量子离物传态技术来将一个粒子的量子态转移到另一个粒子上，以克服量子信道对量子态的影响。具体地说，在极化光子量子通信中，为了抑制量子信道的退极化现象对长距离通信的影响，可以在量子信道的中间地点将已受影响的极化光子的量子态转移到另一个光子上。这种技术使得中间地点的服务人员虽然能恢复原来未知量子态，但无法得到它的准确信息，这为量子信息的安全提供了保障。

1.6.2　量子纠缠转移

量子纠缠转移(quantum swapping)技术[10]从量子力学原理上讲，与量子离物传态一样都是利用量子重纠缠以及测量结果与量子态塌缩之间的一一对应关系来达到转移量子态的目的。不同的地方在于纠缠转移是对两纠缠系统的局部做联合测量来实现另两个局部的纠缠。

与 teleportation 技术类似，不妨以 EPR 对为例对量子纠缠转移进行简要的说明。

假设 Alice 和 Bob 分别拥有纠缠粒子对 $|\phi\rangle_{kl}$ 和 $|\phi\rangle_{mn}$ ($|\phi\rangle_{kl}, |\phi\rangle_{mn} \in \{|\Psi^{\pm}\rangle, |\phi^{\pm}\rangle\}$。纠缠转移技术可以由原理图 1-8 所示的方法来实现。具体地说，Alice 和 Bob 事先知道彼此的纠缠粒子对的量子态 $|\phi\rangle_{kl}, |\phi\rangle_{mn}$；然后 Bob 将自己的纠缠对中的一个粒子 m 发给 Alice，Alice 将粒子 m 和自己的纠缠对中的一个粒子 k 做联合贝尔基测量，并将测量结果告诉 Bob；这样，Alice 和 Bob 手中剩下的粒子 l 和粒子 n 就会处于对应的纠缠态。对应关系与最初 Alice 和 Bob 手中的纠缠对的量子态有关，也与 Alice 的贝尔基测量结果有关。它们的关系分别见下列各式：

$$|\Psi^-\rangle_{kl}|\Psi^-\rangle_{mn} = \frac{1}{2}(|\phi^+\rangle_{km}|\phi^+\rangle_{ln} - |\phi^-\rangle_{km}|\phi^-\rangle_{ln} - |\Psi^+\rangle_{km}|\Psi^+\rangle_{ln} + |\Psi^-\rangle_{km}|\Psi^-\rangle_{ln}) \tag{1-59}$$

$$|\Psi^{+}\rangle_{kl}|\Psi^{+}\rangle_{mn}=\frac{1}{2}(|\phi^{+}\rangle_{km}|\phi^{+}\rangle_{ln}-|\phi^{-}\rangle_{km}|\phi^{-}\rangle_{ln}+|\Psi^{+}\rangle_{km}|\Psi^{+}\rangle_{ln}-|\Psi^{-}\rangle_{km}|\Psi^{-}\rangle_{ln}) \tag{1-60}$$

$$|\phi^{-}\rangle_{kl}|\phi^{-}\rangle_{mn}=\frac{1}{2}(|\phi^{+}\rangle_{km}|\phi^{+}\rangle_{ln}+|\phi^{-}\rangle_{km}|\phi^{-}\rangle_{ln}-|\Psi^{+}\rangle_{km}|\Psi^{+}\rangle_{ln}-|\Psi^{-}\rangle_{km}|\Psi^{-}\rangle_{ln}) \tag{1-61}$$

$$|\phi^{+}\rangle_{kl}|\phi^{+}\rangle_{mn}=\frac{1}{2}(|\phi^{+}\rangle_{km}|\phi^{+}\rangle_{ln}+|\phi^{-}\rangle_{km}|\phi^{-}\rangle_{ln}+|\Psi^{+}\rangle_{km}|\Psi^{+}\rangle_{ln}+|\Psi^{-}\rangle_{km}|\Psi^{-}\rangle_{ln}) \tag{1-62}$$

$$|\Psi^{-}\rangle_{kl}|\Psi^{+}\rangle_{mn}=\frac{1}{2}(|\phi^{-}\rangle_{km}|\phi^{+}\rangle_{ln}-|\phi^{+}\rangle_{km}|\phi^{-}\rangle_{ln}+|\Psi^{-}\rangle_{km}|\Psi^{+}\rangle_{ln}-|\Psi^{+}\rangle_{km}|\Psi^{-}\rangle_{ln}) \tag{1-63}$$

$$|\Psi^{-}\rangle_{kl}|\phi^{-}\rangle_{mn}=\frac{1}{2}(|\phi^{+}\rangle_{km}|\Psi^{+}\rangle_{ln}-|\phi^{-}\rangle_{km}|\Psi^{-}\rangle_{ln}-|\Psi^{+}\rangle_{km}|\phi^{+}\rangle_{ln}+|\Psi^{-}\rangle_{km}|\phi^{-}\rangle_{ln}) \tag{1-64}$$

$$|\Psi^{-}\rangle_{kl}|\phi^{+}\rangle_{mn}=\frac{1}{2}(|\phi^{-}\rangle_{km}|\Psi^{+}\rangle_{ln}-|\phi^{+}\rangle_{km}|\Psi^{-}\rangle_{ln}+|\Psi^{-}\rangle_{km}|\phi^{+}\rangle_{ln}-|\Psi^{+}\rangle_{km}|\phi^{-}\rangle_{ln}) \tag{1-65}$$

$$|\Psi^{+}\rangle_{kl}|\phi^{-}\rangle_{mn}=\frac{1}{2}(|\phi^{-}\rangle_{km}|\Psi^{+}\rangle_{ln}-|\phi^{-}\rangle_{km}|\Psi^{-}\rangle_{ln}-|\Psi^{-}\rangle_{km}|\phi^{+}\rangle_{ln}+|\Psi^{+}\rangle_{km}|\phi^{-}\rangle_{ln}) \tag{1-66}$$

$$|\Psi^{+}\rangle_{kl}|\phi^{+}\rangle_{mn}=\frac{1}{2}(|\phi^{+}\rangle_{km}|\Psi^{+}\rangle_{ln}-|\phi^{-}\rangle_{km}|\Psi^{-}\rangle_{ln}+|\Psi^{+}\rangle_{km}|\phi^{+}\rangle_{ln}-|\Psi^{-}\rangle_{km}|\phi^{-}\rangle_{ln}) \tag{1-67}$$

$$|\phi^{-}\rangle_{kl}|\phi^{+}\rangle_{mn}=\frac{1}{2}(|\phi^{+}\rangle_{km}|\phi^{-}\rangle_{ln}+|\phi^{-}\rangle_{km}|\phi^{+}\rangle_{ln}+|\Psi^{-}\rangle_{km}|\Psi^{+}\rangle_{ln}+|\Psi^{+}\rangle_{km}|\Psi^{-}\rangle_{ln}) \tag{1-68}$$

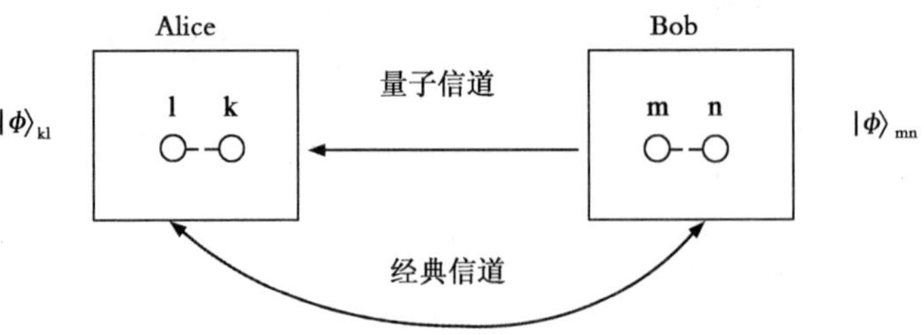

图 1-8　量子纠缠转移原理图

1.6.3 量子密集编码

量子密集编码的思想是 Bennett 和 Wiesner 于1992年提出来的[11]。其基本思想是基于量子纠缠态的非定域空间特性，对处于纠缠的量子系统的一个子系统做局域量子幺正操作，只有在对整个量子系统做联合测量后才能读出局域量子操作的信息。这是与经典信息处理完全不同的事情。对量子密集编码的高维推广就是量子超密集编码。

量子密集编码的原理如图1-9所示，图中的实心圆球与空心圆球表示一对处于纠缠的两个粒子A和B。

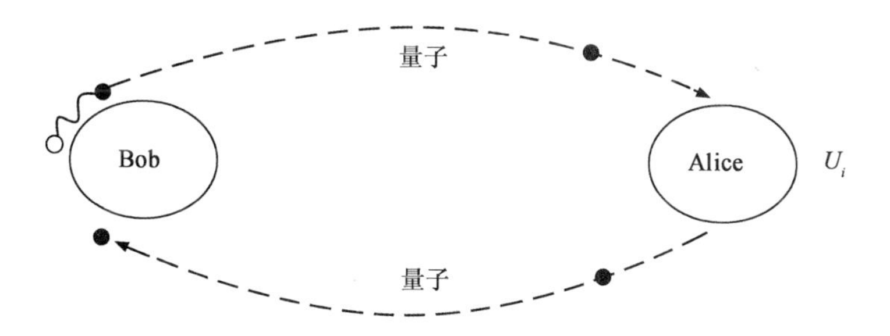

图1-9　量子密集编码的物理原理图

在通信前，信息的接收者 Bob 制备纠缠粒子对，并让它的量子态处于 Bell 基态 $|\Psi^-\rangle_{AB}=\frac{1}{\sqrt{2}}(|01\rangle_{AB}-|10\rangle_{AB})$。然后，Bob 保留其中的粒子B，而将粒子A发给 Alice。这样，Bob 和 Alice 之间就共享了一对纠缠粒子对 $|\Psi^-\rangle_{AB}$。Alice 接收到粒子A后，可以选择4个幺正操作来改变由A和B粒子组成的量子系统的量子态，即 U_I, U_x, U_y, U_z，见式(1-46)至式(1-49)。4个幺正操作的作用效果见式(1-54)至式(1-57)。操作完成后，Alice 将粒子A再发送给 Bob，Bob 对 AB 粒子做联合贝尔基测量，从而得到 Alice 所做的幺正操作信息。这样 Bob 就通过一个粒子的传输而传送了4个量子操作的信息。如果通信双方事先约定他们将量子操作 U_I, U_x, U_y, U_z 分别编码为00，01，10和11，那么 Alice 和 Bob 之间通过一个粒子的交换，完成了2比特经典信息的传输，这就是常说的量子密集编码。

参考文献

[1] 郑大钟，赵千川译. 量子计算和量子信息[M]. 北京：清华大学出版社，

2005(2).

[2] 喀兴林. 高等量子力学[M]. 2 版. 北京:高等教育出版社,2001(8).

[3] Wootters W K, Zurek W H. A single quantum cannot be cloned[J]. Nature, 1982, 299:802-803.

[4] Einstein A, Podolsky B, Rosen N. Can quantum-mechanical description of physical reality be considered complete? [J]. Phys Rev, 1935, 47:777-780.

[5] Bhom D. Quantum Theory[M]. Prentice Hall, Englewood Cliffs, NJ 1951.

[6] Greenberger D M, Horne M A, Zeilinger A. In Bell's theorem, quantum theory, and conceptions of the universe[M]. Springer, Softcover reprint of hardcover 1st ed, 1989.

[7] Bell J. On the Einstein-Podolsky-Rosen paradox[J]. Physics, 1964, 1: 195.

[8] Nielsen M A, Chuang I L. Quantum computation and quantum information[M]. Cambridge University Press, 2003.

[9] Bennett C H, Brassard G, Crepeau C, et al. Teleporting an unknown quantum state via dual classical and Einstein-Podolsky-Rosen channels[J]. Phys Rev Lett, 1993, 70(13):1895.

[10] Zukowski M, Zeilinger A, Horne A, et al. Event-ready-detectors Bell experiment via en-tanglement swapping[J]. Phys Rev Lett, 1993, 70(26):4287-4290.

[11] Bennett C H and Wiesner S J. Communication via one- and two-particle operators on Einstein-Podolsky-Rosen states[J]. Phys Rev Lett, 1992, 69:2881-2884.

第2章　量子密码学

密码技术是信息安全领域的核心技术，在当今社会的许多领域都有着广泛的应用前景。量子密码技术是密码技术领域中较新的研究课题，它的发展对推动密码学理论发展起了积极的作用。量子密码技术是一种实现保密通信的新方法，它比较于经典密码的最大优势是具有可证明安全性和可检测性，这是因为量子密码的安全性是由量子物理学中量子不可克隆性和 Heisenburg 测不准原理来保证的，而不是依靠某些难解的数学问题。自从 BB84 量子密钥分配方案提出以来，量子密码技术无论在理论上还是在实验上都取得了大量研究成果。

本章详述了量子密码相关技术的理论研究状况，包括量子密钥分配、量子认证、量子签名、量子秘密共享和量子加解密等方面的进展，介绍了量子保密通信系统和量子密码分析技术的相关理论。

2.1　量子密码学概述

2.1.1　量子密码学简介

量子密码学是当代密码理论研究的一个新领域，近年来在密码理论研究中逐渐热门起来。量子密码学的思想是由 20 世纪 60 年代末美国人 Stephen Wiesner 在一份手稿中首先提出的，后来美国 IBM 公司 Thomas J. Waston 研究中心的 Charles H. Bennett 与加拿大蒙特利尔大学的 Gilles Brassard 受其思想影响在 1982 年美洲密码学会上发表了第一篇论文，1984 年提出了量子密码协议，现在被通称为 BB84 协议，并于 1989 年制作了一台原型样机。后来，英国防卫研究署、瑞士日内瓦大学、英国电信实验室和美国国家实验室分别进行了类似的研究，在光纤中做了量子保密通信试验，传输距离达 20 多 km，误码率逐步下降，最低可以降至 1.2%。

量子密码学的基本思路是利用光子传送密钥信息。量子物理学的理论表明，每个光子都具有一个特定的线偏振特性（无论电场是水平振动还是垂直振动）和一个圆偏振特性(无论电场的方向是左旋还是右旋)。根据测不准原理,不能同时测定光子的线偏振和圆偏振特性,当精确测定其中一个特性时,另一个特性必然是完全随机化。

利用这一特性,发送方和接收方便可以通过公开信道协商任何第三方无法窃听的随机密钥序列。发送方将随机选定的线偏振和圆偏振光子发送给接收方,而接收方独立并随机地选定测试坐标测定接收到的光子,接收方正确测得的大约只占一半。接着接收方向发送方公布测试坐标,同时发送方告诉接收方哪些是正确的,哪些是错误的,双方保留正确的,就可达到真正安全的分配随机密钥,其他任何第三方都无从知晓,这种传输叫作“量子传输”。

利用量子信道传送密钥具有很高的安全性。因为第三方对光子的任何测定尝试会改变量子的偏振特性,而造成接收者产生25%的测试误差,将上述保留的正确位置的比特进行比较,每个比特都含有75%的可能,窃听者可以窃听而不被发现。比较100个比特,则不被发现的可能性降到3×10^{-13}左右,也即此时一定能发现存在窃听。所以窃听者要想不改变密钥信息的内容,逃过收、发双方的眼睛而窃取密钥是根本不可能的。一旦发现密钥被窃取,双方可以丢弃收到的信息重新进行密钥分配。

作为当代密码体制的一个新概念,量子密码学已从纯理论阶段发展到试验阶段,但离实用还有一些重要的工作要做,特别是在实际通信环境中,敌方的攻击是多种多样的。例如,断断续续地窃听密钥信息,就有可能使正常的收发双方无法最终完成随机密钥的分配工作。因此实用的量子密码体制是今后的主要研究内容。

结合量子力学和密码学的量子密码学(主要是指量子密钥分配QKD——quantum key distribution)可使密钥分配的保密性得到完全的保障。QKD的安全性主要基于量子力学的基本原理与经典信息论的数据安全处理协议。这种密钥分配方案将密钥信息编码在量子态中。由于量子的不可分性,窃听者(Eve)不能对传输中的量子密钥进行分流。又由于量子非克隆性(No-cloning)定理,Eve也无法对传输中的密钥进行拷贝。更具体而言,量子密钥分配方案在原理上采用单个光子传输,根据海森堡测不准原理,测量这一量子系统会对该系统的状态产生不可逆转的干扰(波包的坍缩),窃听者所能得到的只是该系统测量前状态的部分信息。这一干扰必然会对合法的通信双方之间的通信造成差错。通过这一差错,Alice与Bob不仅能觉察出潜在的窃听者,而且可估算出窃听者截获信息的最大信息量,并由此通过传统的信息技术提取出(distil)无差错的密钥。

2.1.2　量子密码学与经典密码学比较

经典密码是以数学难题为基础，与具体信息载体无关。与经典密码学不同，量子密钥分配是密码学与量子力学相结合的产物，通常把通信双方以量子态为信息载体、利用量子力学原理、通过量子信道传输、在保密通信双方之间建立共享密钥的方法，称为量子密钥分配，其安全性是由量子力学中的“海森堡测不准原理”及“量子非克隆原理”或纠缠粒子的相干性和非定域性等量子特性来保证的。量子密钥分配不是用于传输密文，而是用于建立、传输密码本，即在保密通信双方分配密钥，俗称量子密码通信。

量子密码利用信息载体的物理属性来实现，依赖于信息载体的具体形式。目前，量子密码中用于承载信息的载体主要有光子、微弱激光脉冲、压缩态光信号、相干态光信号和量子光弧子信号，这些信息载体可通过多个不同的物理量描述，这些物理量包括能量、相位、振幅、相干性等。在量子密码中，一般用具有共轭特性的物理量来编码信息。

光子的偏振可编码为量子比特。量子比特体现了量子的叠加性，且来自非正交量子比特信源的量子比特是不可克隆的。

通过量子操作(一种物理操作，如旋转、光的分束等)可实现对量子比特的密码变换，这种变换就是矢量的线性变换。不过变换后的量子比特必须是非正交的，才可保证安全性。一般来说，不同的变换方式或者对不同量子可设计出不同的密码协议或者算法，关键是所设计方案的安全性。

经典密码利用数学难题设计密码协议和算法，利用求解数学难题的困难性保障密码方案的安全性。与此类似，也可认为量子密码算法和协议是利用求解问题的困难性或者不可能性来保障方案的安全性。只是这些问题不再是数学问题而是物理问题，求解这些问题也必须通过物理方式实现。

量子密码中的两个基本问题[1]：

①量子不可克隆：如何在不损坏原来量子比特的情况下判定一个未知量子的精确值，或者精确区分两个或多个非正交量子比特；

②Heisenburg 测不准性：如何同时精确测量量子比特中两个或多个非共轭量。

物理上和数学上都已证明以上两个问题的求解是不可能的。已经提出的量子密码协议与算法的安全性都是基于上面两个或者其中一个问题而设计的。求解这两个问题的不可能性导致了量子密码方案的无条件安全性。通过严格的数学证明，已提出的量子密码方案，特别是量子密钥分配方案具有无条件安全性。

上述描述表明，从基本思想方面来看，除了实现方式不同外，量子密码和经典密码是一致的，都可以认为是通过求解问题的困难性来实现对信息的保护。只是量子密码中对问题的求解是通过物理方式实现的，且上述两个基本问题的求解是不可能的。

2.1.3 量子密码技术发展现状

量子密码技术主要包括量子密钥分配(quantum key distribution，QKD)，量子认证，量子秘密共享(quantum secret sharing，QSS)与量子签名等。

威斯纳于1970年提出，可以利用单量子态制造不可伪造的“电子钞票”。实现这个设想的最大困难是需要长时间保存单量子态，在目前的技术条件下做到这一点是比较困难的。随后，IBM公司的Bennett和蒙特利尔大学的Brassard在研究中发现，单量子态虽然不好长时间保存但可以用于传输信息。1984年，他们提出了第一个量子密钥分配方案，通常称为BB84量子密钥分配方案，简称BB84-QKD方案[2]。1992年，Bennett又提出一种更简单但效率减半的方案，通常简称B92方案[3]。这两种量子密钥分配方案都是基于一组或几组正交或非正交的单量子态。1991年，英国牛津大学的Ekert提出了一种基于两粒子最大纠缠态(即纠缠粒子对，通常称为Einstein-Podolsky-Rosen对，简称EPR对)的量子密钥分配方案，通常称之为Ekert91方案[4]。此后，又有一些利用量子力学基本原理的QKD方案相继提出。从各方案的量子态特征来看，可以分为单粒子量子态方案与多粒子系统量子态方案：前者主要是用单粒子来当作量子信息传输的载体，如单原子、单光子等，利用它们不同的量子态来传输不同的密码信息；后者以多粒子系统的各量子态来传输密码信息，其典型的代表有双光子纠缠态(如EPR对)、三光子纠缠态(如Greenberger-Horne-Zeifinger态，简称GHZ态)，当然也包括最近发展起来的多粒子直积态(粒子数大于3)等。

最近的20年里，量子密钥分配在实验上取得了很大进展，同时也将走向实用化。英国国防研究部于1993年首先在光纤中用相位编码的方式实现了BB84-QKD方案，光纤传输长度达到了10 km。到1995年，光纤中的传输距离达到了30 km。瑞士日内瓦大学在1993年用偏振的光子实现了BB84方案，他们使用的光子波长为1.3 mm，在光纤中的传输距离为1.1 km，误码率仅为0.54%，并于1995年在日内瓦湖底铺设的23 km长的民用光通信光缆中进行了实地表演，误码率为3.4%。1997年，他们利用法拉第镜抑制了光纤中的双折射等影响传输距离的一些主要因素，提出了“即插即用”的量子密钥方案。2002年，他们又用“即插即用”方案在光纤中成功地进行了67 km的量子密码传输。2000年，美国洛斯阿拉莫斯

(Los Alamos)国家实验室在自由空间里进行的量子密钥分配的传输距离达到了1.6 km。2003年,欧洲小组在自由空间中的距离达到了23 km。目前他们正在为地面与低轨道卫星之间的量子密码通信试验做准备。2006年,中国科学技术大学潘建伟教授领导的研究小组,在国际上首次成功地实现了两粒子复合系统量子态的隐形传输,并且第一次成功地实现了对六光子纠缠态的操纵。

量子秘密共享、量子签名和量子认证都是最近发展起来的量子密码技术研究方向。1999年,Hillery、Buzek和Berthiaume提出了第一个量子秘密共享方案。目前,大约有十来种理论方案。Tittel、Zbinden和Gisin于2001年在实验上演示了量子秘密共享。Gottesman和Chuang首先提出基于量子力学的数字签名协议,在量子签名方面有温晓军等提出的基于纠缠交换的量子签名方案,曾贵华提出的基于GHZ相关三粒子态的量子签名方案等。BARNUM等提出的量子消息认证方案是在收发双方事先共享经典密钥的基础上的;吕欣等的协议是对BARNUM的改进,缩减了通信双方共享的密钥数量;CURTY和SANTOS给出一个量子认证方案,只是完成了对经典消息的认证。

到目前为止,有关量子密码的成果虽然很多,但尚有许多问题有待于深入研究。比如,寻找新的可用量子效应以便提出更多高效的量子密钥分配协议,开发量子加密算法以便形成和完善量子加密理论,在诸如量子身份认证、量子签名等方面改进已有方案或推陈出新,还有研究量子攻击算法(包括对Shor的大数因子分解算法和Grover搜索算法的改进)和量子密码协议的安全性分析等。总的来说,量子密码理论与技术还处于实验和探索之中。

2.2 量子密码技术

本节详述了量子密码相关技术的理论研究状况,包括量子密钥分配、量子认证、量子签名、量子秘密共享和量子加解密等方面的进展。

密码系统的两个基本要素是密码算法和密钥管理。密码算法是一些公式和法则,它规定了明文和密文之间的变换方法,它包括加密和解密两大算法。由于密码系统的反复使用,仅靠加密算法已难以保证信息的安全了。事实上,加密信息的安全可靠依赖于密钥系统,密钥是控制加密算法和解密算法的关键信息,而密钥管理则是处理密钥自产生到最终销毁的整个过程中的有关问题,包括系统的初始化,密钥的产生、存储、备份、恢复、分配、更新、吊销和销毁等内容。设计安全的密钥算法和协议并不容易,而处理好密钥管理则更困难,且算法的安全性依赖于密钥,因此密钥的产生和分配、传输、存储等工作是十分重要的。

2.2.1 量子密钥分配

在介绍BB84量子密钥分配协议之前,先来看看一般量子密钥分配协议的设计思路。首先要从传统的那种由Alice发送特殊的密钥给Bob的分配思想脱离出来。相反的,必须要有一个更加相符的全新想法。首先Alice和Bob产生他们自己、相对独立的二进制随机串,这比他们最终共享所需要的密钥集还要多。接着,他们比较这些二进制串以提取一个共享子集,这个子集也将成为最终需要的密钥。很重要的一点就是他们没有必要识别或确定所有的共享二进制位串,甚至是那些特别的位,因为在这里对这些密钥唯一要求且需要的是产生的这些二进制位串是一个保密的随机序列。如果Alice提供一标记序列(记号要么为0,要么为1),并在他的二进制位串中的每一位给Bob发送一个标记,那么他们可以试图完成秘密的提取工作。Bob在他的二进制位串上与Alice同步地进行,且和Alice提供的标志逐位地进行比较,同时告诉Alice标志是否和他的二进制位相同(但不是他位的值1)。根据Bob的信息,Alice和Bob可以确认他们所共同拥有的那些位。他们保持这些位信息以形成密钥并丢弃其他的位信息。在这里,即使Alice的标志位串中有一位不能成功传送到Bob,也不能扰乱或停止整个过程,因为它仅仅是在整个提取过程中使用的所有位中的一位。

这个过程中的一个明显问题是:如果这些标志位是传统的信息,且在Bob观测之前,他们已经传送这些位信息,那么它们会受到Eve的消极监听。然而,现在将会发现,如果这些标志位是量子信息的话,则有可能会产生一个安全的密钥。

2.2.1.1 量子密钥分配基本思想

量子力学为密钥分配提供了一个选择。它的安全性由量子力学原理所保证。量子密钥分配就是在Alice与Bob之间传递单个或纠缠量子。一个量子密钥体系主要包括:公开信道和交换量子的量子信道。公开信道用于检验量子信道中的传输是否受到干扰。假设任何人都能监听、接触到公开信道,但不能改变此信道中的信息。

从物理角度来看,通信中的窃听基本策略,主要有两类:一类是窃听者Eve对信息体——传递中的量子作一系列测量,从测量结果中获得所需信息。但根据量子力学原理,一般地,Eve的任何测量都会干扰单粒子的量子态或破坏纠缠粒子的量子关联性。这在公开信道通信过程中,这种窃听方式很容易被察觉。另一类是避开直接量子测量而采用量子复制机来拷贝传送信息的量子态,窃听者将原量子

态传送给 Bob，而留下复制的量子态进行测量——窃取信息，这样就不会留下任何会被发现的痕迹。但量子不可克隆定理告诉我们：对于任意的两个可区分、不正交的量子态 $|\Psi\rangle$ 和 $|\phi\rangle$，不存在一种幺正的量子复制机能把 $|\Psi\rangle$ 和 $|\phi\rangle$ 都拷贝下来。

因此，量子力学的测量理论与不可克隆定理提供了不可破译、不可窃听的密钥分布方式，因而提供了一种新的量子 Vernam 密码体系。

2.2.1.2　基于单粒子的量子密钥分配方案

1. BB84 方案

(1)基本原理

Bennett 和 Brassard 在 Wiesner 的电子钞票的启发下，于 1984 年最早提出了量子密码协议，现在被通称为 BB84 协议。现有大部分文献中所说的“量子密码”实质上只是指量子密钥分配。

在量子密钥分配中，总是用“一个”光子携带一个比特的信息，根据量子的不可分割性，这一个比特的信息也是不可分的，也就是不可能用分流信号的办法窃听。光子的多个物理量可以用来携带这一个比特的信息，例如偏振态和相位。

在 BB84 协议中，量子通信实际上是由两个阶段完成的。第一阶段通过量子信道进行量子通信，进行密钥的通信；第二阶段是在经典信道中进行的，进行密钥的协商，探测窃听者是否存在，然后确定最后的密钥。这样就完成了量子通信。量子通信系统如图 2-1 所示。

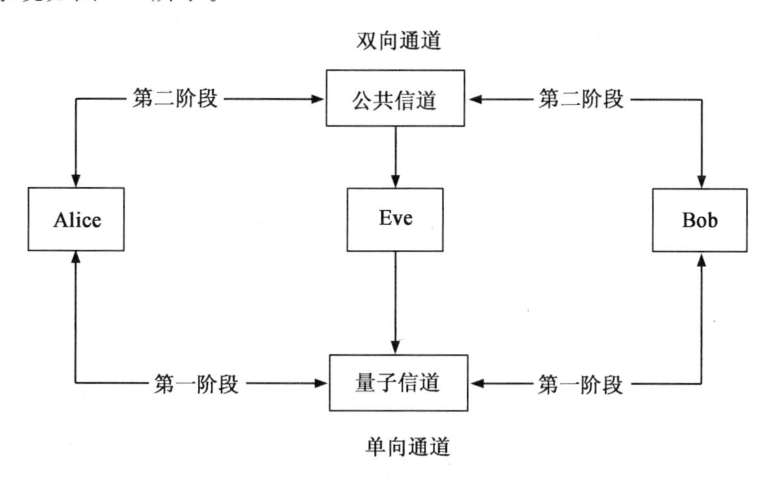

图 2-1　量子通信系统

为便于理解，以偏振作为例子来说明BB84协议的原理（图2-2）。BB84协议采用四个非正交态作为量子信息态，且这四个态分属于两组共轭基，每组基内的两个态是相互正交的。两组基互为共轭是指一组基中的任一基矢在另一组基中的任何基矢上的投影都相等。因此，对于某一基的基矢量子态，以另一组共轭基对其进行测量会消除它测量前具有的全部信息而使结果完全随机，也就是说测量一组基中的量将会对另一组基中的量产生干扰。光子的直线偏振量和对角偏振量就是互为共轭的量。不论是用左对角135°还是45°偏振基测量线偏振光子，都是各以一半的概率得到左对角或右对角偏振态。反之亦然。

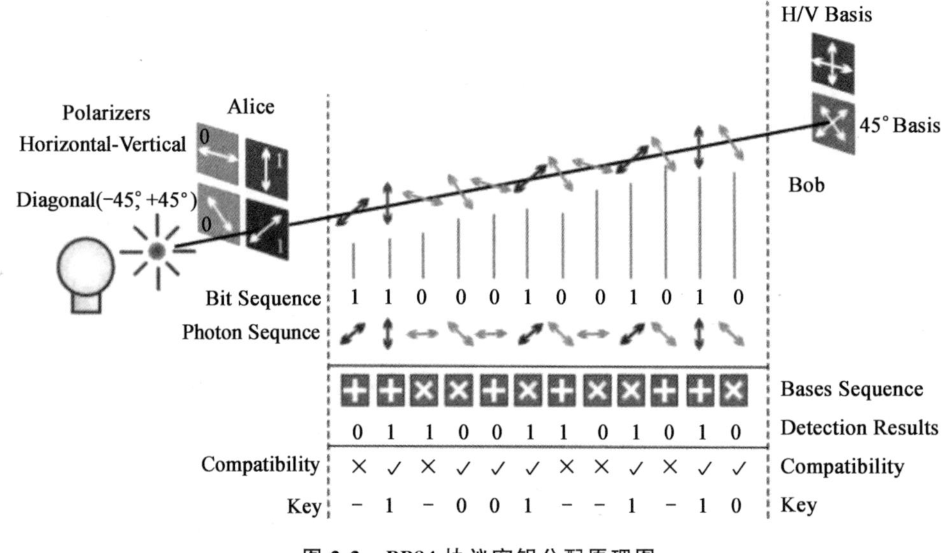

图2-2　BB84协议密钥分配原理图

BB84协议密钥分配原理如下：

其中：①Alice发送的光子将随机偏振在以下四个方向：水平，垂直，+45°，−45°（第1行）

②Bob随机选择测量基对接收的光子进行测量（第2行）

③Bob记录测量结果（第3行）

④Alice与Bob在公共信道上比较使用基的情况，并保留相同时记录的结果（第4行）

现在假定Alice与Bob约定用这两种偏振基中的四种偏振态来实现量子密钥分配，操作步骤如下（表2-1）。

表 2-1　Alice 与 Bob 之间建立密钥的步骤

	1	2	3	4	5	6	7	8	9	10	11	12	13	14
A	↖	↖	↗	↕	↔	↗	↔	↕	↕	↖	↗	↕	↖	↕
B	⊕	⊗	⊗	⊕	⊗	⊗	⊕	⊗	⊗	⊗	⊕	⊕	⊕	⊕
C		↖		↕	↗	↗	↔	↖		↖	↕	↔	↕	↕
D		↖		↕		↗	↔			↖		↔		↕
E		1		1		0	0			1		0		1

a. Alice 随机地选择 45°（↗）、135°（↖）、水平 0°(↔)或垂直 90°（↕）四种中任一种偏振态的光子并发送给 Bob；

b. Bob 随机地独立选择直线偏振基⊕或对角偏振基⊗测量该光子的偏振态；

c. Bob 实际所测到的偏振方向（只有 Bob 自己知道，其中一些态未被检测到，以空格表示）；

d. Bob 公布他检测到态时所采用的测量基（如通过打电话告诉 Alice)，但不公布测量到哪个偏振态，Alice 告诉 Bob 哪些测量基是正确的并保留下来，其余的丢弃掉；

e. Alice 和 Bob 仅保留相同基时的态，并按约定的规则转化为二进制序列（如右对角偏振态 45°(↗)和水平线偏振态 0°(↔)代表比特“0”，左对角偏振态 135°(↖)和垂直线偏振态 90°（↕）代表比特“1”）。

(2)误差分析

在有 Eve 窃听的情况下，假设 Eve 以 p 的概率随机地选择两组基中的一组进行窃听，那么在 Bob 与 Alice 使用相同的基得到的结果中就会有 $25p$ 概率出错。如果 Eve 全程窃听 Alice 与 Bob 的量子密钥传输过程，那么就会引起 25%的出错率（加上噪声等其他因素出错率超过 25%）。如果 Eve 以适当的概率 p 去窃听，只要 p 不是很小，那么窃听引起的出错率就不可忽视，在出错率分析中是不难被发现的。如果 p 很小，那么 Alice 和 Bob 泄露给 Eve 的密钥也很少，这时 Alice 和 Bob 通过经典信息处理中的机密性放大技术，可将泄露的密钥缩小，甚至可以减少到零。在 $p=100\%$ 的情况下，Eve 的窃听行为之所以会引入 25%的出错率，完全是因为她随机选择测量基⊕和⊗去窃听量子信道。这样，如果她选择了与 Alice 和 Bob 一样的测量基，那么她的窃听不引入错误；否则，她将发送一个不同于 Alice 和 Bob 测量基制备的量子态，即是 Bob 测量基基矢的等概率幅叠加态；在这种情况下，Bob 只有一半的概率得到与理想环境一样的测量结果；综合两种情况，Eve

的窃听行为将在 Alice 和 Bob 使用相同的测量基得到的测量结果中引入 25%的出错率。

在 BB84-QKD 中，Alice 和 Bob 做出错率分析时，需要随机地在测量结果中抽样。这种抽样虽然在总的测量结果中占的比例不需要很大，但需要是大量数据的抽样。其原因是 QKD 的安全检测都是基于概率统计理论，少量的数据无法做概率统计分析。

(3)方案的优缺点

BB84-QKD 的一个最大的优点是它被证明是一种绝对安全的分配密钥的方式。另外，它的量子信号制备和测量相对比较容易实现。

BB84-QKD 的缺点来源于通信双方是通过随机地选择两组基把窃听者检测出来，以保证量子密钥分配的安全性。在传输过程中的量子比特并不能全部用于量子密钥，只有不超过 50%的量子比特可以利用，其量子比特的利用率低。同时，在编码容量上，两个光子量子态只能传输 1 比特有用的经典信息，而且四种量子态只能代表“0”和“1”两种码，编码容量也低。

另外，为了得到 1 比特的量子信息需要交换至少 2 比特的经典信息，即 Bob 要告诉 Alice，它对哪一些量子态使用了⊗基进行测量，哪一些选择了⊕基进行测量：Alice 要告诉 Bob 哪一些量子态他们使用了相同的基。因此，总的比特信息传输效率 η_t 也低(≤25%)：

$$\eta_t = \frac{Q_u}{Q_t + b_t} \tag{2-1}$$

其中 Q_u 为通信双方得到的有用量子比特，Q_t 是为得到 Q_u 而传输的总量子比特，B_t 为所需要交换的经典比特，用于检查窃听的经典比特数因数量相对较少，在讨论问题时常常忽略掉。

对于有噪声的量子信道，BB84-QKD 方案的安全性还需要辅以理想单光子源，即要求在每一个信号时间内量子信号源最多只发出一个光子。对于用激光弱脉冲替代单光子源实现 BB84 量子密钥分配方案的情况，其绝对安全性受到了威胁。特别是在高损失的量子信道中传输，如果一个弱脉冲中所含有的光子数超过 1，那么就可能存在量子信息的泄露。因此，由弱激光脉冲替代单光子源在光纤实现 BB84 量子密钥分配方案存在一定的安全性问题。

2. B92 方案

基于两个非正交量子态性质的 QKD 方案的代表为 B92 协议，它由 Charles H. Bennett 于 1992 年提出[5]，其原理是利用非正交量子态不可区分原理，即对两个非正交量子态不可能同时精确测量，这是由测不准原理决定的。以B92协议为代表的二态量子密钥分配协议由于所需实验设备较少，操作过程相对简单，被认为有较好的应用前景，现在B92协议已成为实际量子密码通信的主要实现方式。

在BB84协议中，Alice使用了4个偏振态，但她可只用两个非正交偏振态来实现量子密钥分配，成为B92量子密钥分配协议。

合法通信者Alice和Bob选择光子的任何两套共轭基作为发送基和测量基(这里取偏振方向为0°和90°，45°和135°的两组线偏振态，并定义0°代表量子比特'0'，45°代表量子比特'1')，然后从互为共轭的两组量子态中各选一个进行测量，即只测量其中两个非正交的量子态(这里取0°和45°)。具体地，以0°和45°两个偏振方向的光子分别代表0,1比特，首先，Alice向Bob随机发送光子脉冲；接着，Bob随机选90°或135°两个检偏方向的检偏基检测，当Bob的检偏方向与Alice所选方向垂直，探测器接收不到任何光子，若成45°，则有50%概率接收到光子，一旦测到光子，Bob就会知道光子的偏振方向，因为只有一种可能性，这样，Bob若以90°(135°)方向测到光子，他就知道了Alice发出的光子态是45°(0°)，对应着1(0)比特；进行一系列测量后，Bob通过公共信道告诉Alice所接收到光子的情况，但不公布测量基并放弃双方没有测量到的数据，此时如无窃听或干扰，Alice和Bob双方就共同拥有一套相同的随机序列数；Bob再把接收到的光子转化为量子比特串；Bob随便公布某些比特供Alice确定有无错误(验证Bob的身份)；经Alice确认无误，断定无人窃听后剩下的比特串就可留下建立为密码本。这种方法比BB84协议简单，发射光子源及探测器减少一半，但代价是传输率也减少一半，因为只有25%的光子被接收到(50%的概率选对检偏基，选对后有50%的概率接收到光子，所以总的通信效率为25%)。

(1)基本原理

在上述的BB84协议中，Alice使用了四个偏振态。1992年，Bennett指出，可以只用两个非正交偏振态来实现密钥分配，即B92协议，这是一种简单但效率减半的协议。同时建议通过用单个粒子和通过长距离传输的粒子进行相干而实现。以后有人发展了以光纤为基础的量子密钥分配。

与BB84协议不同的是：

发送方Alice用来编码的极化光子状态只有如下2个：

"0"↔|↔〉，"1"↔|↖〉

接收方Bob用来编码的极化光子状态为："0"↔|↗〉，"1"↔|↕〉；Alice与Bob各自随机产生相同长度的二进制随机数。Alice将对应该随机数的光子信号传给Bob，Bob用与其产生的随机数的极化状态相对应的测量设置来接收Alice发来的

信号，并记录结果(pass＝Y，fail＝N)，见表 2-2。

表 2-2　B92 协议示例

Alice 的数	1	0	1	0
Alice 的极化状态	|↖〉	|↔〉	|↖〉	|↔〉
Bob 的极化状态	|↗〉	|↗〉	|↕〉	|↕〉
Bob 的数	0	0	1	1
Bob 的结果	N	N	Y	N

如果收发方的数目不一致，那么结果肯定是 fail(N)，例如上面的第 1，4 个数，而即使一致，也只有 50％的概率结果为 Y，例如上面的第 2，3 个数，虽然一致，但只能随机地有一个为 Y，所有记为 Y 的位组成原始密钥。产生原始密钥后，以下协议的执行步骤与 BB84 基本相同。

具体步骤：

a. A 和 B 得到可靠的密钥(利用 BB84)；

b. A 和 B 各自独立地产生自己的二进制随机串；

c. A 和 B 利用量子信道来比较它们的二进制位串，然后通过经典信道来确定密钥的随机序列；

d. A 和 B 对保留的原始密钥进行纠错；

e. A 和 B 根据错误率，来估计窃听者对密钥知道的程度；

f. A 和 B 进行“秘密放大”过程，由于在公共信道上对密钥的调整可能使 Eve 得到一些密钥的信息，因此要对调整后的密钥进行一些处理。基于错误率估计 R，Alice 与 Bob 计算出 Eve 从 n 位调整后的密钥中可能得到的最大位数 k，设 s 是 Alice 与 Bob 调整后认为满意的安全参数，从调整后的密钥中选出 $n-k-s$ 个随机子集，不泄露它们的值，所有这些值的最后一位组成最终的密钥。可以证明 Eve 从此密钥中得到的信息平均不大于 $2^{-s}/\ln 2$ 位；

g. 得到确认的密钥的一部分被用作下一次量子通信第一步所用的密钥，整个系统为下一次量子通信产生密钥过程做好准备。

(2)误差分析

由于接收方 Bob 每次随机地选择|↕〉或|↗〉来测量发送方 Alice 制备的量子信号，这样它有一半的量子信号一定得不到测量结果；另一半量子信号，它也有 50％的概率得不到测量结果；也就是说，从平均上讲，接收方 Bob 只有 25％的概率能得到测量结果。其理由在于：

如果发送方Alice制备的量子信号处于量子态$|\leftrightarrow\rangle=|0\rangle$，而接收方Bob使用$|\updownarrow\rangle=|1\rangle$来测量量子信号，他一定得不到测量结果，因为：

$$|\langle\leftrightarrow|\updownarrow\rangle|^2=|0\rangle \tag{2-2}$$

如果接收方Bob使用$|\nearrow\rangle=\frac{1}{\sqrt{2}}(|0\rangle+|1\rangle)$来测量量子信号，则他有50%的概率能得到测量结果，因为：

$$|\langle\leftrightarrow|\updownarrow\rangle|^2=\frac{1}{2} \tag{2-3}$$

但一旦接收方Bob能得到测量结果，从理论上讲，接收方Bob得到的测量结果与发送方Alice制备的量子态是一一对应的，即：

$$|\nearrow\rangle\rightarrow|\leftrightarrow\rangle,|\updownarrow\rangle\rightarrow|\nwarrow\rangle \tag{2-4}$$

这种对应关系相对于所有的事件来说，有25%的概率发生。接收方Bob与发送方Alice保留这25%的对应结果，用作裸码。对于其他的原理，如出错率分析、纠错和机密性放大等，B92方案与BB84方案是一样的。由于在量子信道中传输的光子随机地处在$|\nwarrow\rangle$或$|\leftrightarrow\rangle$，且$|\nwarrow\rangle$与$|\leftrightarrow\rangle$并不正交，这样对于窃听者Eve来说，她没有办法精确地复制发送方传输的量子信号；且Eve的窃听行为必然扰动原来的量子信号，发送方Alice与接收方Bob可以用类似BB84方案的出错率分析原理来判断是否有人窃听了量子信道。

(3)方案优缺点

B92方案使用了两种不正交的量子态来传输信息，因而它的优点在于：它对实验设备的要求比BB84方案低，如接收方Bob在测量量子信号时，使用两个单光子探测器就可以进行实验；量子信号的制备相对BB84也简单一些。

B92方案的缺点是通信双方平均只有25%的量子态可以成为有效的传输结果，75%的量子信号被损失掉。在无噪声的量子信道中，如果发送方Alice拥有理想的单光子源，用B92方案来创建密码可以做到绝对的安全。但实际的量子信道总是不可避免地存在着噪声，因而也必然存在着量子信号的丢失。如果用高噪声的量子信道，并使用极化光子编码(即用不同的极化量子态来区分不同的信息编码)，那么B92方案的安全性就会受到严重的威胁，甚至可能变得无安全性可言。其原因在于窃听者Eve可以用噪声来掩盖自己的窃听行为。从理论上讲，她可以使用与接收方Bob一样的测量装置对发送方Alice发送的量子信号进行监听。如果她得到了测量结果，那么她的结果与发送方Alice发送的结果是一一对应的，即可以完全精确地知道发送方发送的结果。当然她的测量将使75%的量子信号发生丢失。但如果窃听者拥有非常低噪声的量子信道,那么从理论上讲她可以用更好的量子信道来传输她的测量结果,从而保证接收方Bob能得到的光子数不变。这样通信双方就不能判断是否有人窃听他们的量子信道。当然,在实验上B92方案可以用相位编码的方式来实现,这种方式能做到在噪声量子信道中安全传输量子密钥,但它所需付出的代价是通信双方能得到一致结果的概率更小。

3. 六态方案[6]

在六态模型中,Alice发送的态中除了BB84中的4种,还加上两个态:

$$|+y\rangle=\frac{1}{\sqrt{2}}(|0\rangle+i|1\rangle),|-y\rangle=\frac{1}{\sqrt{2}}(|0\rangle-i|1\rangle) \tag{2-5}$$

它们是自旋−1/2粒子沿 y 轴的正、负极化方向。

Alice随机地发出沿 x,y 或 z 轴的极化的态,和BB84一样,它们通过公开信道选出密钥。

六态方案的原理与BB84,B92类似。Alice和Bob把它们所用基扩展到三组,这些基的定义和表示如表2-3所示。Alice每次随机地选择某一个方向作为基矢发送Key,Bob随机地选择一个方向测量。然后通过公用通道来去除双方基矢不同的那些结果,这些都和BB84类似。六态方案比BB84的优点是它能够容忍更大的攻击。

表2-3　六态方案的基矢表示

基组别	基表示	二进制表示
自旋沿 z 轴	$\lvert\leftrightarrow\rangle=\lvert 0\rangle$	0
	$\lvert\updownarrow\rangle=\lvert 1\rangle$	1
自旋沿 x 轴	$\lvert\nearrow\rangle=\frac{1}{\sqrt{2}}(\lvert 0\rangle+\lvert 1\rangle)$	0
	$\lvert\nwarrow\rangle=\frac{1}{\sqrt{2}}(\lvert 0\rangle-\lvert 1\rangle)$	1
自旋沿 y 轴	$\lvert +y\rangle=\frac{1}{\sqrt{2}}(\lvert 0\rangle+\mathrm{i}\lvert 1\rangle)$	0
	$\lvert -y\rangle=\frac{1}{\sqrt{2}}(\lvert 0\rangle-\mathrm{i}\lvert 1\rangle)$	1

2.2.1.3　基于纠缠粒子的量子密钥分配方案

纠缠粒子系统除了具有量子态叠加性外,还具有一些特殊的量子特性,具有比单粒子更丰富的信息和研究价值。随着近代量子力学的发展和相应科学技术的进步，量子纠缠态在量子信息中扮演着越来越重要的角色，不仅在量子计算中有着广泛的应用，在量子通信中也同样备受青睐。量子纠缠态的关联性和非定域性为量子安全直接通信提供了可能。

对于基于纠缠粒子系统的量子密钥分配方案，比较著名的有3个方案即：①历史上第一个基于纠缠的QKD方案，即Ekert于1991年提出的量子密钥分配方案，简记为Ekert91；②1992年，Bennett、Brassard和Mermin提出的对Ekert91的修改方案，简记为BBM92；③龙桂鲁与刘晓曙于2002年提出的基于N个EPR对的QKD方案，简记为Long-Liu 2002 QKD。在这里只介绍最有代表性的Ekert91协议。

1991年，英国人Ekert提出了一个与BB84原理不同的方案，就是相关粒子协议，这个方案用的量子态是EPR对，它们的原理和思想同前述方案都有很大的不同。

1. 基本原理

这个协议以EPR粒子为基础。两个关联粒子一旦测出其中一个的状态，另外一个粒子不需测量就可以知道它的状态。EPR粒子的非局域量子性质似乎显示了量子力学的不完备性，为此提出了一些隐变量理论，Bell提出检验隐变量是否存在的Bell不等式判据，然而到目前为止，所有的实验都违背Bell不等式，支持量子力学的现有假设。在相关粒子协议中，用EPR粒子源产生纠缠光子，其中一个由A接收和测量，另一个孪生光子由B接收和测量，和BB84协议相似，双方随机选择共轭基进行测量，把相同的基的测试结果留作密钥，不相同的数据，用于Bell不等式判据的检验，如果违反不等式，表明量子信道无人窃听，反之有人窃听。

具体步骤：

①首先产生一串相互关联的粒子对，称为EPR（Einstein，Podolsky and Rosen）粒子对，对其中一个的可观察量Alice的测量会决定另一个的可观察量Bob的测量结果；

②收发方各自测量每对粒子中的一个；

③通过公共信道比较，收发方对应的具有相同测量算符的二进制位组成原始密钥，其他的则组成为拒绝使用的密钥；

④不同于BB84与B92协议的是拒绝使用的密钥没有被丢弃，而是用来计算是否满足Bell不等式，如果满足则可以确定窃听者Eve的存在，重新开始，否则就不存在窃听；

⑤在有噪声干扰的情况下，协议的执行步骤和BB84，B92基本相同。

2. 优缺点

Ekert91-QKD 方案最大的优点在于无论量子信道是否存在噪声，它都能安全地产生密钥。这是由量子力学原理所保证的。

其缺点在于：类似于 BB84-QKD 方案，通信双方对大部分量子信号都是随机地选择两组测量基(⊗或⊕)来进行单粒子测量，这样就有 50％的测量结果是非关联的，即不能确定它们的对应关系，因而这一部分结果就要被舍弃掉。另外，与 BB84-QKD 方案一样，为了得到 1 比特的量子信息，通信双方需要交换至少 2 比特的经典信息，即 Bob 要告诉 Alice 它对哪一些量子态使用了⊕基进行测量，哪一些选择了⊗基进行测量；Alice 要告诉 Bob 哪一些量子态他们使用了相同的基，因此，总的比特信息传输效率也很低(≤25％)。Ekert91-QKD 方案的安全是通过分析贝尔不等式来判断的，因而通信双方需要对大量的纠缠粒子做多方向单粒子测量。这一部分测量结果是不能成为最后的密钥的，需要舍弃掉。同时，即使在理想情况下，贝尔不等式的分析过程也比较烦琐。由于量子信道等环境与量子信号存在着相互作用，这种相互作用会导致纠缠体系粒子之间的退相干作用。考虑到它对测量结果的影响，贝尔不等式分析过程就变得更加复杂。如果纠缠粒子完全退相干，那么通信双方的测量结果就完全不存在彼此的关联，即不再有一一对应关系；这时就无法用贝尔不等式来判断量子信道的安全性。在目前的技术条件下，能维持纠缠粒子体系之间的相干时间还很短，而彻底克服退相干作用，或者说降低退相干作用的影响，还有待技术的发展。

2.2.1.4 实际系统的密钥产生与分发

在实际通信系统中由于噪声的作用，窃听者可获得极少量的信息而不被发现。所以量子密码协议的实现需要增加一些非量子的过程。研究表明为获得安全的量子密钥需要完成 4 个过程(图 2-3)。

(1)量子传输

与理想信道中的光子态序列的发送与接收过程相同，只是如果光子态序列中光子偏振态受噪声影响和窃听者影响，会导致偏振态改变，由此可以对窃听者行为进行判定和检测。

不同量子密码协议有不同的量子传输方式，但它们有一个共同点：都是利用量子力学原理(如海森堡测不准原理)。在实际的通信系统中，在量子信道中 Alice 随机选取单光子脉冲的光子极化态和基矢，将其发送给 Bob，Bob 再随机选择基矢进行测量，测到的比特串记为密码本。但由于噪声和 Eve 的存在而使接收信息受到影响，特别是 Eve 可能使用各种方法对 Bob 进行干扰和监听，如量子拷贝、截取

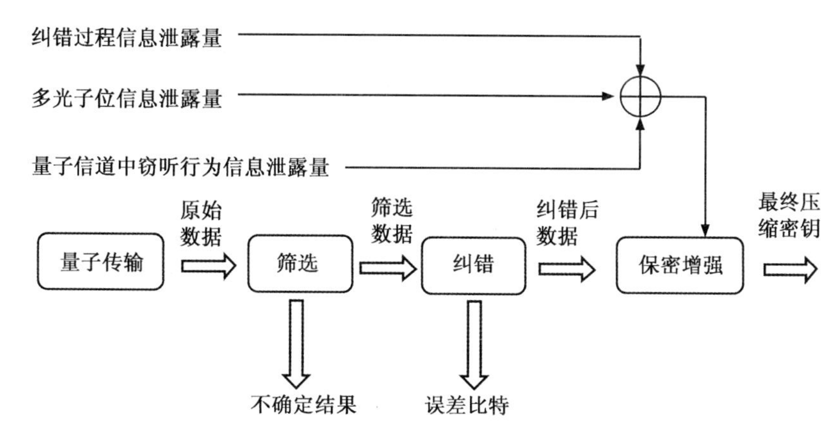

图 2-3　从量子传输过程中提取密钥流程图

转发等，根据测不准原理，外界的干扰必将导致量子信道中光子极化态的改变并影响 Bob 的测量结果，由此可以对窃听者的行为进行检测和判定。这也是量子密码区别于其他密码体制的重要特点。

(2)数据筛选

在量子传输中由于噪声特别是 Eve 作用使光子序列中光子偏振态发生改变，此外实际系统中，Bob 的接收仪器不可能有百分百正确的测量结果，存在没有收到或测量事物由各因素影响不合要求的测量结果。Alice 和 Bob 比较测量基矢后放弃这些错误，并计算错误率。如果错误率超过一定阈值，应考虑窃听者的存在，Alice 和 Bob 放弃所有数据重新开始；如可以接受，Alice 和 Bob 将筛选后的结果保存下来，即为筛选数据。

(3)数据纠错

所得的筛选数据并不能保证 Alice 和 Bob 各自保存的完全一致性，所以还要对原数据进行纠错，比较好的方法是用奇偶校验纠错。

具体实现：

①Alice 和 Bob 将数据划分为 n 个数据区。

②一个区一个区地比较该数据区的奇偶校验子，例如计算一个数据区的 1 的个数并进行比较，如不相同再细分，继续比较；如相同，Alice 和 Bob 约定放弃一个数据区的最后一个比特，这一过程重复几次，每次放弃每个数据区的最后一个比特，以减少 Eve 所获得的密钥信息。

因为 Alice 和 Bob 是公开数据区划分的，丢失信息位可使 Eve 所获得信息量按指数减少，数据纠错虽减少信息量，但保证了安全性。

(4)保密加强

进一步提高密钥安全性和保密性。其具体的思想:对于窃听者 Eve 知道的部分比特串信息的比特串(量子比特串或经典比特串),利用一个数据压缩函数在一定的编码规则下,压缩了该比特串的长度,从而使 Eve 知道的信息量最小或不知道,最终提高所获得密码(或信息)的安全性和实现量子密码通信的安全。

具体实现:

①设 Alice 发给 Bob 一个随机变量 w,例如一个随机的 n 比特串。

②在 w 中,Eve 获得一个正确的随机变量 v,设对应比特为 $t<n$,即有 $H\langle w|v\rangle \leqslant n-t$,分布 P_w 和 P_v 是不知道的。

③为使 Eve 所获得的信息无用,Alice 和 Bob 要使用保密加强,公开选取一个压缩函数 $G:\{0,1\}^n \rightarrow \{0,1\}^r$,其中 r 是被压缩后密钥长度。使 Eve 从 w 中获取的信息和她的关于 G 的信息给出她对新密钥 $K=G(w)$ 尽可能少的信息。

④对任意的 $s<(n-t)$,Alice 和 Bob 可以得到长为 $r=n-t-s$ 比特的密钥 $K=G(w)$,$G:\{0,1\}^n \rightarrow \{0,1\}^{n-t-s}$,Eve 所获信息按 s 指数减少 $v=f(\mathrm{e}^{-ks})$。

2.2.1.5 QKD 方案的安全性分析

量子密码具有可证明安全性,自 20 世纪 90 年代以来,人们在这方面开展了一些工作,提出了一些攻击方法,主要有:重传/截断攻击;分束攻击;量子纠缠攻击;量子拷贝攻击;另外还有集体攻击,在这些攻击下量子密码协议仍是安全的。

(1)分流窃听

窃听者希望从通信信号中分出一部分信号,通过测量这些信号以获取信息。这在经典通信中是没有问题的,但在量子密码系统中是不可能成功的,因为这里携带信息的是单个光子(单量子),根据量子力学的基本原理,它们是不能被分割的。Eve 如果设法截获到该光子,则 Bob 必然没有收到,因而该光子在 Alice 和 Bob 比较结果并形成密钥的过程中被丢弃了,Eve 没有得到有用的信息;反之,Bob 测到的光子就肯定没有被 Eve 截获,也就肯定是安全的。

(2)拦截/发送

在这种窃听手段中,窃听者采用与接收者相同的测量方法,利用选择性测量获取发送者发送的信息,然后根据她本人测量的结果再伪造发送一个信息态给合法接收者。此时的窃听者与无人窃听时的接收者地位是相同的,因而她的选择性测量的结果也有两种可能:要么选对测量基,要么选错。若她选对了,则她的窃听行为没有造成任何影响;若她选错了,则她的测量行为将会完全破坏原来的信息态,在随后的公开对照阶段,合法通信双方就可以发现她的存在。在 Alice 和 Bob 完成一组密钥传递后，公开随机地比较一部分数据，若二者间没有差别，则认为无人窃听，反之，则有人窃听。比较的数目越大，Eve 暴露的可能性越高。如在 BB84 协议中，Alice 和 Bob 之间比较 100 个比特，Eve 不被发现的概率为$(3/4)^{100}$，约为3×10^{-13}。

另一种似乎可行的简单窃听方法是：Eve 把截获的光子复制一个备份并将原光子再发送给 Bob，然而量子不可克隆定理告诉我们，任何未知的量子态是不可克隆的。因而在 Eve 事先并不知道 Alice 发送的是哪种量子态的光子时，她想复制该光子是办不到的。

其他各种可能窃听方案，近几年得到了广泛讨论，结果都表明量子密码在量子力学规律的层面上是安全的。关于安全性的问题仍然在继续讨论之中，只有被证明是绝对安全的，量子密钥分配技术才具有最广阔的应用前景。

随着量子通信理论研究的蓬勃发展，量子密钥实验有了很大的进展，在一定范围内已经可以实用，但还没能达到广泛应用的要求。这主要是因为它受到一些技术上的因素影响，此外，还受到量子信道固有的噪声影响。对于自由空间的密钥传送，还要受到大气吸收、散射损失以及大气湍流损失等的影响。

2.2.2　量子认证

2.2.2.1　量子消息认证

在经典密码中，消息认证的一个任务在于确保在通信过程中，消息的接收者能够确认消息的正确来源，入侵者不能伪装成消息的发送者。另一个任务是保证通信前后消息的完整性，即消息的接收者能够验证传送过程中消息是否被篡改，入侵者不能用假消息替代合法消息。

最近，Curty 和 Santos 给出一个量子认证方案，其目的是在量子信道上认证经典消息。方案的安全性建立在通信双方预先要共享最大纠缠态，每一个消息需要一个 EPR 对上。

Barnum 等给出一个非交互式量子消息认证方案，用量子稳定子码作为双方拥有的私钥来实现消息认证，并给出了安全性证明。其方案在协议开始前，通信双方需要协商三组密钥，协议的效率较低。

基于量子单向函数，还有吕欣、冯登国给出了一个既可用于加密也可用于认证的经典消息认证协议，并以此协议作为子协议，构建了一个量子消息认证方案。与 Barnum 认证方案相比，他们给出的方案缩减了通信双方共享密钥的数量。

1. 知识点

(1)量子单向函数

一个量子单向函数,是指该函数由一个量子算法易于生成,但不能用任何多项式时间量子算法来求逆。量子单向函数是指在量子计算环境仍然保持单向性的经典单向函数,Dumais 等在 EUROCRYPT 2000 上介绍了该类量子单向函数的性质,并用其构造了计算安全的量子比特承诺协议。该类量子单项函数定义如下:

定义称一个函数

$$f=\{f_n:\{0,1\}^n \to \{0,1\}^{m(n)} \mid n>0\} \tag{2-6}$$

是量子单向函数,如果满足:

①正向易于计算:存在一个多项式时间量子算法 A,输入 x,输出 $f(x)$。

②求逆的困难性:对任何概率多项式时间量子算法 C,每一个多项式 P 和所有充分大的 n,有下式成立:

$$P_r[C(f(x)) \in f^{-1}(f(x))] < \frac{1}{P(n)} \tag{2-7}$$

x 表示在$\{0,1\}^n$ 上均匀分布的随机变量。如果函数 $f=\{f_n:\{0,1\}^n \to \{0,1\}^n \mid n>0\}$ 是一个置换,且满足条件①和②,称 $f_n:\{0,1\}^n \to \{0,1\}^n$是一个量子单向置换。

(2)量子稳定子码

量子稳定子码(quantum stabilizer codes,QECC)是将 m_1 个量子比特的量子数据编码为 m_2 个量子比特,是最为有用的一类量子纠错码,并被应用到了量子信息的各个领域,如量子密钥分配及其安全性证明等。

一个量子纠错码 Q 有 3 个基本参数:码长 n,维数 $K=2^k$ 和极小距离 d。用$[[n,k,d]]$来表示 Q,且 Q 最多可纠$[(d-1)/2]$个量子错误。称 Q 为稳定子码,当且仅当对所有 $M\in S$,满足 $M|\Psi\rangle=|\Psi\rangle$ 才有 $|\Psi\rangle\in Q$ 成立,并称子群 S 是这个码的稳定子(stabilizer)。设 S 是 n 量子比特 Pauli 群 $G_n=\{\pm I,\pm\sigma_x,\pm\sigma_y,\pm\sigma_z\}$的一个阿贝尔子群,$\pm I,\pm\sigma_x,\pm\sigma_y,\pm\sigma_z$ 是 Pauli 矩阵。

对稳定子码 Q:$[[n,k,d]]$,稳定子 S 的一组生成元$\{M_i\}$$(i=1,\cdots,n-k)$和错误 E_n,有如下关系式

$$M_iE_a \mid \Psi\rangle = (-1)^{S_{ia}} E_aM_i \mid \Psi\rangle, i=1,\cdots,n-k \tag{2-8}$$

对出错态 $E_a|\Psi\rangle$测量稳定子 S 的生成元$\{M_1\}$的过程称为校验子测量。S_{ia}被称为校验子。稳定子码 Q 的校验子为 $S=\{S_{ia} \mid i=1,\cdots,n-k\}$。

2. 对经典消息的量子认证方案

(1)基本原理

设 $F=\{f_m: \{0,1\}^n \to \{0,1\}^m \mid m>0\}$ 是一类在前文介绍的量子单向函数。

①Alice,Bob 协商一密钥 $k(k\in F_{2^n})$。为了保证方案可抵抗量子攻击,采用 BB84 方案来协商密钥;

②Alice 拥有要发给 Bob 的 n 长经典消息 x,计算 $y=f(x)$:

③Alice 计算 $C=x\oplus d, d=f(k)$。Alice 根据 d 的值对 y 进行 BB84 编码:如果 d 的第 i 比特 $d_i=0$,对 y 的第 i 比特 y_i 进行 Z 基(定义计算基 $|0\rangle$,$|1\rangle$ 为 Z 基)编码,如果 $d_i=1$,对 y_i 进行 X 基(定义对角基 $|\pm\rangle=(|0\rangle\pm|1\rangle)/\sqrt{2}$ 为 X 基)编码。编码后得到量子态 $|\Psi\rangle$。Alice 把 $\{C|\Psi\rangle\}$ 发送给 Bob。y_i 到 $|\Psi\rangle$ 的编码规则为:

$$|\Psi_i\rangle=\begin{cases}|0\rangle & \text{if} \quad y_i=0, d_i=0\\ |1\rangle & \text{if} \quad y_i=1, d_i=0\\ |+\rangle & \text{if} \quad y_i=0, d_i=1\\ |-\rangle & \text{if} \quad y_i=1, d_i=1\end{cases} \tag{2-9}$$

④Bob 用密钥 k 解密 C 得到 x,并计算 $y=f(x)$,$d=f(k)$。Bob 根据 d_i 的值为 0 和 1 分别对量子态的第 i 位 $|\Psi_i\rangle$ 进行 Z 基和 X 基测量,得到一组经典比特 y'。Bob 比较 y' 与 y 是否相等。如果是,则接收。

(2)安全性

在文献[7]中详细分析了消息在经典信道和量子信道中的安全性和在几种攻击模式下的认证安全性。此方案在加密和认证上都是安全的。

3. 量子消息认证方案

(1)基本原理

给出一个以方案 2.2.2.1 中对经典消息的量子认证方案作为子协议的量子消息认证方案,方案用到了一类量子纠错码——量子稳定子码。

①Alice 和 Bob 预先共享经典比特串 $m(m\in F_{2^s})$ 和量子稳定子码 $\{Q_i\}$。

②Alice 随机选择二元串 k,x,y,并设 $k\parallel x\parallel y$,然后调用对经典消息的量子认证方案基本原理中的①~③步,把 x 以加密认证的方法发送给 Bob。(‖表示两个比特串串联在一起)

③Alice 用密钥 x 把 r 比特长量子消息 $|\varphi\rangle$ 加密为 τ。Alice 利用 $\{Q_k\}$ 将 τ 编码成 n 比特长的量子态 σ,使其校验子为 y。然后将 σ 发送给 Bob。

设 $\{Q_k\}$ 将 r 长量子比特编码为 n 长量子比特的量子稳定子码。对量子态

$|C_1,\cdots,C_r\rangle$的编码操作可表示为：

$$|C_1,\cdots,C_r\rangle \rightarrow (\sum_{M\in S} M)\overline{X}_1^{c_1}\cdots\overline{X}_r^{c_r}|0\cdots 0\rangle$$
$$=(I+M_1)\cdots(I+M_{n-r})\overline{X}_1^{c_1}\cdots\overline{X}_r^{c_r}|0\cdots 0\rangle \qquad (2\text{-}10)$$

这里，$M_1,\cdots,M_{n-r}$是稳定子S的一组生成元，$\overline{X}_1^{c_1},\cdots,\overline{X}_r^{c_r}$是对$|0\cdots 0\rangle$进行编码的“控制一$\sigma$”算子，即如果$c_i=0(1<i<r)$，对第$i$个零执行比特翻转$\sigma_x$。否则，对第$i$个零不作用。

④Bob调用对经典消息的量子认证方案基本原理中第④步，用私钥m解密$x=k\parallel x\parallel y$，并验证经典消息$x$是否被篡改。

⑤Bob收到n个量子比特σ'。Bob用$\{Q_k\}$对σ'进行校验子测量，得y'。Bob比较y'与y是否相等。如果y'与y不相等，认证失败，否则用$\{Q_k\}$解码得到。而后Bob用x解密τ得到$|\Psi\rangle$。

(2)认证的安全性

文献[7]中计算其合理性错误为$0\langle 1|2^S\rangle$，此量子消息认证方案是一个安全的认证方案。

与Barnum等提出的量子消息认证方案相比，此方案在协议的初始化阶段大大缩减了通信双方共享的密钥数量。通信双方通过利用经典认证方案作为子协议达到了协商k,x,y的目的，同时保证了量子态认证的计算安全性。

2.2.2.2 量子身份认证

在2.2.1中介绍的量子密钥分配方案均假定Alice和Bob是合法的，实际中，存在Alice或Bob假冒的情况，所以应当在量子密钥的获取中加上身份认证，这可采用以往的身份认证方案，也可以从所获得的量子密钥中获取认证密钥而实现。

后一种方案是从所获得的量子原密钥截取一部分作为认证密钥，然后Alice和Bob用认证密钥进行身份认证。

近年来，已经提出了几个量子身份认证方案，例如，M. Dusek等提出用经典的消息认证算法来认证QKD时所需要传递的经典消息，以达到抗干扰信道的效果；G. H. Zeng等提出用纠缠态性质保证量子信息的安全性，把共享信息作测量基编码来认证双方的身份；D. Ljunggren等提出按共享信息产生的量子序列穿插在BB84协议的粒子中达到认证的目的；B. S. Shi等提出在无差错量子信道下通过对纠缠粒子进行操作，进而可以在不传递经典消息的情况下达到认证的目的。

基本的量子身份认证方案可分为2类，即共享信息型和共享纠缠态型。前者是指通信双方事先共享一个预定好的比特串，以此来表明自己是合法通信者；而后者是双方共享一组纠缠态粒子，即双方各自拥有每对纠缠态粒子中的一个，通过对纠缠对进行相应的操作也可以互相表明身份。这里需要强调一点，书中提到的“共享信息”均指经典信息，即经典的比特串。因为从某种意义上说，纠缠态也是一种信息，它是量子信息。

1. 共享信息的量子身份认证（基于经典认证的量子认证）

（1）M. Dusek 等提出的方案

M. Dusek 等方案的主要思想是：为了降低信道要求就要用 JC，进而就必须对传递的经典消息进行认证。然而在经典的认证算法中，能达到无条件安全的算法虽然存在，但需要用大量的密钥，如果对所有传递的经典消息都认证的话，需要的密钥甚至比要分发的密钥量还大，这显然是不行的。鉴于此，用户完全没有必要对所有的经典消息进行认证，用户要检测量子信息有没有被窃听，其标准就是看误码率（error rate）的大小。如果误码率大于某一阈值，则认为量子信息被窃听。所以，用户只需要对那些影响到正确判断误码率的经典消息进行认证。其他经典消息即使被修改，也只能削弱密钥分配，而不会影响到安全。

从以上的思路出发，构造了一个认证方案。其实质就是用经典的认证算法对尽量少的经典消息进行认证，使得用 JC 达到 UC 的效果。其优点在于能够达到无条件安全，但它始终是利用经典认证方法来达到认证目的，没有充分开发量子的物理性质。

（2）G. H. Zeng 等提出的方案

曾贵华等提出了一种用共享信息作测量基编码的方案，比如共享信息中的 0 对应⊕基，1 对应⊗基。此方案的主要思想是：

①Alice 产生一组纠缠态粒子，如 $|\Phi^{+}\rangle_{ab}=\frac{1}{\sqrt{2}}(|0\rangle_{a}|1\rangle_{b}+|1\rangle_{a}|0\rangle_{b})$，每对粒子中一个留给自己，另一个发给 Bob。这里有 2 种测量基供 Alice 和 Bob 使用，一种是共享信息对应的基，对应规则如上所述；另外一种是与 EPR 协议相同的测量基。Alice 使用后者测量自己的粒子，而 Bob 随机选取 2 种基对他的粒子进行测量；

②Bob 把用第一种测量基测量的粒子的有关信息（包括位置和结果）用共享信息加密后发给 Alice，于是 Alice 根据测量结果就可以验证 Bob 的身份；

③Alice 把密文的解密结果发回给 Bob，如果解密正确，Bob 可以认定 Alice 是真。认证过程结束后，双方可以用 EPR 协议的方法从其他粒子中得到分发的密钥。

此方案中用与 EPR 协议中相同的方法来检测量子信息是否被窃听，通过用共享信息转化的测量基测量纠缠态粒子来验证身份。其优点在于引入了测量基编码技术和随机穿插技术，使纠缠态粒子达到了检测窃听、身份认证和密钥分发三重作用，并且用 Bell 不等式来保证无条件安全性。

(3)D. Liunggren 等提出的方案

D. Liunggren 等提出了一种与曾贵华等的方案类似的协议，不同点是此方案用了定位穿插技术，并且是把身份认证过程结合到 BB84 协议中来进行。此方案的主要思想是把带有共享信息的粒子插入到 BB84 协议中要传送的粒子当中，用这些粒子表明身份，用与 BB84 协议相同的方法进行密钥分发。其中这些粒子要穿插的位置、测量基以及测量值都由共享信息分组得来，Bob 只要对这些特定位置的粒子用相应的基进行测量，就能很容易地验证 Alice 的身份。

此方案中优点在于所用的穿插技术不同于曾等方案中的协议。曾用的是随机穿插，这样带来的不便就是 Bob 必须再把自己随机用 M_K 测量粒子的位置和结果发给 Alice 用于验证身份，这样使得协议比较复杂。而此方案用的是按共享信息定位穿插技术，通信双方只要有共享信息就知道应该插在哪一位，而这一位的值和测量基双方也能从中得出，所以有了共享信息，穿插的位、测量基和测量值等都是确定的，Bob 不必再发给 Alice 经典信息就能直接验证身份，非常简捷。另外减少经典信息传输也有利于提高安全性，降低对经典信道的要求。

这个协议也给出了分发共享信息的过程，Trent 会知道分发给 Alice 和 Bob 的共享信息，它可以对用户间的通信进行攻击。而 G. H. Zeng 等提出方案的分发方法由于利用了量子纠缠交换技术避免了这个问题。

2. 共享纠缠态的量子身份认证(完全量子认证)

在量子身份认证中，往往直接假设真的 Alice 和 Bob 事先共享纠缠对，而不去追究这些纠缠对到底是怎样分发到他们手中的。相比于共享信息型，共享纠缠态型有一个很大的优势，根据量子态不可克隆原理，这些“量子密钥”不会被攻击者拷贝并传播开来。

共享纠缠态是一个很强的条件，Alice 和 Bob 可以直接测量得到密钥，也可以用量子隐形传态技术获得一个无差错量子信道。此类认证方案比较多，这里只介绍 B. S. Shi 等提出的方案，其方案能够在分发密钥的同时达到身份认证的效果。

①在 2 粒子纠缠态中，每个纠缠对的状态可以映射到下面 4 个 Bell 态之一：

此方案中，Alice 和 Bob 共享的纠缠对处在 $|\Psi^-\rangle_{ab}$ 态。

$$
\begin{aligned}
|\Phi^{+}\rangle_{ab} &= \sqrt{1/2}(|0\rangle_a|0\rangle_b + |1\rangle_a|1\rangle_b) \\
|\Phi^{-}\rangle_{ab} &= \sqrt{1/2}(|0\rangle_a|0\rangle_b - |1\rangle_a|1\rangle_b) \\
|\Psi^{+}\rangle_{ab} &= \sqrt{1/2}(|0\rangle_a|1\rangle_b + |1\rangle_a|0\rangle_b) \\
|\Psi^{-}\rangle_{ab} &= \sqrt{1/2}(|0\rangle_a|1\rangle_b - |1\rangle_a|0\rangle_b)
\end{aligned} \tag{2-11}
$$

②Bob 随机地用 $I=\begin{bmatrix}1 & 0\\0 & 1\end{bmatrix}, X=\begin{bmatrix}0 & 1\\1 & 0\end{bmatrix}$ 2 个算符对他的那份粒子进行操作。其中:第 1 个算符不改变纠缠对的状态;第 2 个算符使纠缠对的状态改变为 $|\Phi^{-}\rangle_{ab}$ 态;

③Bob 再把自己的那份粒子通过无差错量子信道发给 Alice,Alice 用 Bell 态分析仪对 2 个粒子进行测量,规定 $|\Psi^{-}\rangle_{ab}$ 和 $|\Phi^{-}\rangle_{ab}$ 分别对应 0 和 1,这样就分发了密钥。如果测量结果中出现了另外 2 个 Bell 态 $|\Psi^{+}\rangle_{ab}$ 和 $|\Phi^{+}\rangle_{ab}$,说明 Bob 是假冒的,否则不可能出现这 2 个状态。

优点:每个纠缠对都同时完成了密钥分发和身份认证的任务;整个过程中没有经典消息的传递,大大提高了安全性。

从以上论述可以看出,目前量子身份认证在理论上已经发展得比较完善,要设计出更加新颖的方案就必须积极地发掘量子的物理性质,可以从以下几个方向研究:

①引入身份认证的同时,提高密钥分发效率。在 3 个主流 QKD 协议中,密钥分发效率比较低。如果在引入身份认证的同时,提高密钥分发效率,将是一个很大的进步。

②降低信道要求。在对以上各协议的研究中发现,它们或多或少地对信道提出了较高的要求,包括量子信道和经典信道。其实研究身份认证要解决的一个主要问题就是对抗中间人攻击,如果要对信道提出种种苛刻的要求,3 个主流协议本身就对这种攻击有很好的免疫性。况且这种信道很难实现。所以,充分利用量子的物理性质,使其在对信道要求不高的情况下达到安全,这才是发展的方向。

③更好地开发量子的物理性质来保证安全。量子力学发展至今,理论上已经形成了一个较完善的体系。但人们对量子的认识和应用还远远不够。

总之,经过众多学者的努力研究,量子密码从出现到今天,已经有了很大发展。量子身份认证也已经日趋完善.随着越来越多的学者投入该领域的研究,相信在不久的将来量子密码的研究工作将有更大的突破。

2.2.3 量子签名

在量子保密通信的过程中，像经典保密通信一样也会涉及签名的问题，量子通信和量子计算机的研究取得了迅速的进展，特别是量子计算机，它的出现使得对量子比特签名成为重要的课题；同时即使没有量子计算机，量子签名也是非常重要的，因为量子签名利用量子效应或原理实现，像密钥分发一样具有经典签名所没有的优势。

目前已提出了若干种量子签名方案，主要有基于单向函数的量子签名方案，基于纠缠交换的量子签名方案，基于 GHZ 三重态的量子签名方案。下面将详细描述这三类方案。

2.2.3.1 基于单向函数的量子签名协议

量子签名最早是由 Gottesman 和 Chuang 提出基于量子单向函数的方案，量子单向函数是为解决指纹识别问题而设计的。在他们的签名方案中验证函数是公开可获得的；是获取一个经典比特串而输出一个多维量子态；每一个拷贝的公钥是由一组量子态组成，即是输入比特串经过量子单向函数的输出；这是一个一次签名。吕欣、冯登国等对 Gottesman 和 Chuang 的方案进行了改进，在签名中加入了对密钥的加密算法，给出了效率比后者高的量子签名方案。

1. 安全需求

此协议包含三个子体：签名者 Alice，接收者 Bob，仲裁者 Trent(验证和鉴别签名的消息)。此签名协议的安全性很大程度上依赖于仲裁者的可信赖度，因为仲裁者可以访问消息的内容。此量子数字签名应当满足以下安全条件：

①每个用户(Alice)能独立产生对她选择的消息的有效签名；

②接收者 Bob 在 Trent 帮助下能验证所给的其他用户对消息签名的有效性；

③签名者不能否认她签名的消息；

④对其他未签署的用户的消息，是不能产生签名的。

2. 具体方案

(1)签名密钥产生

Alice 选择许多的 L 位串对$\{K_0^i,K_1^i\}$，其中 $1\leqslant i\leqslant M$，K_0 串是在消息 $b=0$ 对其进行签名时使用，K_1 串是在消息 $b=1$ 对其进行签名时使用。对合适的量子单向函数 $f:|x\rangle\rightarrow|f(x)\rangle$，状态$\{|f_{K_0^i}\rangle,|f_{K_1^i}\rangle\}$成为 Alice 的公钥，$\{K_0^i,K_1^i\}$是Alice 的私钥集。

（2）概念

Alice拥有一个私钥集而所有的接收者都拥有了公钥集的备份。这时给定消息b，Alice可以产生一个单独的签名消息$(b,S(b))$。相反地，给定任一消息，每一接收者可以产生一个签名对(b',s')并得出以下三种可能结论的任何一种。

1-Ace：消息是有效的，且可以传递的；

0-Ace：消息是有效的，有可能被接收但不可传递；

Rej：消息是无效的。

前两个结论都暗示了Alice发送了消息b'，但它们之间的区别主要在于：结论1-Ace表明了接收者确信其他的接收者也同自己一样确认接收到的消息是准确无误的（因此这个消息是可传递的），而结论0-Ace允许存在一个接收者认为接收到的消息是不正确的可能性（这里数字"1"和"0"是指同意接收到的消息是正确的最小人数）。而结论Rej则是指接收者无法安全地接收到有关消息认证的结论。

这里要求任何一个接收到正确消息的接收者在签收消息并产生签名消息$(b,S(b))$时得出的结论都是1-Ace。

（3）初始状态

①Alice要对单比特消息b（值为0或1）签名；

②Alice选择M个N位串对$\{K_0^i,K_1^i\}$，其中$1\leqslant i\leqslant M$，K_0串是在消息$b=0$对其进行签名时使用，K_1串是在消息$b=1$对其进行签名时使用；

③对合适的量子单向函数$f:|x\rangle\rightarrow|f(x)\rangle$，状态$\{|f_{K_0^i}\rangle,|f_{K_1^i}\rangle\}$成为Alice的公钥，$\{K_0^i,K_1^i\}$是Alice的私钥集。记号$K_0^i,K_1^i$对于任意$i$都是各自独立且随机选择的；

④M是衡量安全的参数，当其他参数都固定时，协议在M上是指数安全的。

（4）签名和验证

①Alice在经典信道上发送签名消息$(b,K_b^1,K_b^2,\cdots,K_b^M)$。在这Alice已经揭示并公开了她一半的公钥（$S(b)$就是$K_b^1,K_b^2,\cdots,K_b^M$）；

②签名消息的每一个接收者核对每一个公钥以证实$K_b^i\xrightarrow{f}|f_{K_b^i}\rangle$，接收者$j$计算不正确密钥的个数并记为$S_j$；

③每一个参与者都知道接受签名的临界值C_1和拒绝签名的临界值C_2；如果$S_j\leqslant C_1M$，接收者j认为签名消息是有效的且可传递的（即结论1-Ace）；如果$S_j\geqslant C_2M$，则认为签名消息是无效并否认它（即结论Rej）；如果$C_1M\leqslant S_j\leqslant C_2M$，接收者$j$得出的结论是0-Ace，即签名消息是有效的，但不会传送给其他接收者。

④丢弃所有使用过的和未使用的密钥。

当 S_j 较大时，则表明消息已经受到了严重的干预或篡改并且有可能是不正确的了；而当 S_j 较小时，消息与 Alice 所发送的原始消息相比较并没有发生较大的改变。对所有接收者来说，S_j 是相似的，但没有必要是完全相同的，从以下讨论可以知道，极限 C_1 和 C_2 把 S_j 分成不同的安全领域。C_2 值可以预防伪造，而 C_1 和 C_2 的差值则预防了 Alice 的抵赖和欺骗。

3. 安全性分析

①为保证安全性，分配的量子态（即公钥）的个数 M 必须是有限的；

②Holevo 理论：从一个单量子比特至多只能提取一个经典比特，因为一个量子比特只有两个可以完全区分的态。（即非正交态）更一般的，从一个 n 量子比特的量子系统中至多可以提取 n 个经典比特。在 n 维系统中也就至多只有 2^n 个可完全区分态。

根据 Holevo 理论，初始密钥 K_b^i 的比特数 w 也是有限的，受到公开可达的量子比特数限制，$w=M\times N\ll L, L=\sigma(2^n)$。

4. 总结

这里介绍了一个一次性的量子数字签名方案，它所具备的特点有：

①对经典消息的签名，是安全参数 M 的指数级统计安全的；

②签名的消息是经典比特串，密钥是一组量子比特；

③获得的公钥是有限的。

冯等所提出的基于单向函数的量子签名算法是对量子信息的签名，其中用到了量子纠错码中的稳定子码，与他们提出的量子消息认证用的是同一种量子性质。

2.2.3.2 基于纠缠交换的量子签名

1. 基本原理

定义 4 个 Bell 态：

$$
\begin{aligned}
|\Phi^+\rangle_{AB}&=\sqrt{1/2}(|0\rangle_A|0\rangle_B+|1\rangle_A|1\rangle_B)\\
|\Phi^-\rangle_{AB}&=\sqrt{1/2}(|0\rangle_A|0\rangle_B-|1\rangle_A|1\rangle_B)\\
|\Psi^+\rangle_{AB}&=\sqrt{1/2}(|0\rangle_A|1\rangle_B+|1\rangle_A|0\rangle_B)\\
|\Psi^-\rangle_{AB}&=\sqrt{1/2}(|0\rangle_A|1\rangle_B-|1\rangle_A|0\rangle_B)
\end{aligned}
\tag{2-12}
$$

对处于 4 个 Bell 态中的量子位 1 进行如下 4 种局域操作：

$$\sigma_{00}=I=\begin{bmatrix}1&0\\0&1\end{bmatrix},\sigma_{01}=X=\begin{bmatrix}0&1\\1&0\end{bmatrix},$$
$$\sigma_{10}=iY=\begin{bmatrix}0&1\\-1&0\end{bmatrix},\sigma_{11}=Z=\begin{bmatrix}1&0\\0&-1\end{bmatrix} \tag{2-13}$$

对$|\Psi^-\rangle$态进行 4 种局域操作的结果如下：

$$\sigma_{00}|\Psi^-\rangle=|\Psi^-\rangle,\sigma_{01}|\Psi^-\rangle=|\Phi^-\rangle,$$
$$\sigma_{10}|\Psi^-\rangle=|\Phi^+\rangle,\sigma_{11}|\Psi^-\rangle=|\Psi^+\rangle \tag{2-14}$$

这 4 种局域操作可以编码为：

$$\sigma_{00}\leftrightarrow'00',\sigma_{01}\leftrightarrow'01',\sigma_{10}\leftrightarrow'10',\sigma_{11}\leftrightarrow'11' \tag{2-15}$$

假设 AB 为一对纠缠粒子，CD 为另一对纠缠粒子，它们均处于$|\Psi^-\rangle$态，如果先将 AB 进行局域操作后再与 CD 交换测量，这一过程的表达式如下：

$$\begin{aligned}&(\sigma_{00}|\Psi^-\rangle_{AB})\otimes|\Psi^-\rangle_{CD}=|\Psi^-\rangle_{AB}\otimes|\Psi^-\rangle_{CD}\\&=\frac{1}{2}(|\Phi^+\rangle_{AC}|\Phi^+\rangle_{BD}-|\Phi^-\rangle_{AC}|\Phi^-\rangle_{BD}-|\Psi^+\rangle_{AC}|\Psi^+\rangle_{BD}+|\Psi^-\rangle_{AC}|\Psi^-\rangle_{BD})\end{aligned} \tag{2-16}$$

$$\begin{aligned}&(\sigma_{01}|\Psi^-\rangle_{AB})\otimes|\Psi^-\rangle_{CD}=|\Phi^-\rangle_{AB}\otimes|\Psi^-\rangle_{CD}\\&=\frac{1}{2}(|\Phi^+\rangle_{AC}|\Psi^+\rangle_{BD}-|\Phi^-\rangle_{AC}|\Psi^-\rangle_{BD}-|\Psi^+\rangle_{AC}|\Phi^+\rangle_{BD}-|\Psi^-\rangle_{AC}|\Phi^-\rangle_{BD})\end{aligned} \tag{2-17}$$

$$\begin{aligned}&(\sigma_{10}|\Psi^-\rangle_{AB})\otimes|\Psi^-\rangle_{CD}=|\Phi^+\rangle_{AB}\otimes|\Psi^-\rangle_{CD}\\&=\frac{1}{2}(|\Phi^+\rangle_{AC}|\Psi^-\rangle_{BD}-|\Phi^-\rangle_{AC}|\Psi^+\rangle_{BD}-|\Psi^+\rangle_{AC}|\Phi^-\rangle_{BD}-|\Psi^-\rangle_{AC}|\Phi^+\rangle_{BD})\end{aligned} \tag{2-18}$$

$$\begin{aligned}&(\sigma_{11}|\Psi^-\rangle_{AB})\otimes|\Psi^-\rangle_{CD}=|\Psi^+\rangle_{AB}\otimes|\Psi^-\rangle_{CD}\\&=\frac{1}{2}(|\Phi^-\rangle_{AC}|\Phi^+\rangle_{BD}-|\Phi^+\rangle_{AC}|\Phi^-\rangle_{BD}+|\Psi^+\rangle_{AC}|\Psi^-\rangle_{BD}-|\Psi^-\rangle_{AC}|\Psi^+\rangle_{BD})\end{aligned} \tag{2-19}$$

通信三方(Alice，Bob，Charlie)粒子交换过程如下：

假设 Alice，Bob，Charlie 各自准备两纠缠态粒子并处于同一 Bell 态，分别表示为$|\Psi^-\rangle_{AB}$，$|\Psi^-\rangle_{CD}$，$|\Psi^-\rangle_{EF}$，然后他们各自把第 1 个粒子留给自己，把第 2 个粒子按照顺序 Alice—Bob—Charlie—Alice 发送给下一个人，使得 3 个人最后粒子为 Alice(A，F)，Bob(B，C)，Charlie(D，E)。Alice 根据编码对自己粒子(A，F)作一局

域操作，然后用 Bell 基测量，并宣布其结果。例如$|\Psi^{+}\rangle_{AF}$，根据式(2-16)至式(2-19)，光有这一结果还无法推断 Alice 采用了哪一种局域操作。Bob 和 Charlie 也分别用 Bell 基测量各自的粒子(B,C)和(D,E)，Bob 和 Charlie 通过合并他们的结果能够推断出 Alice 使用了哪一种局域操作，从而翻译出 Alice 需要传递的信息编码。

例如，假设 Bob 测量结果为$|\Psi^{-}\rangle_{BC}$和 Charlie 为$|\Phi^{+}\rangle_{DE}$，根据式(2-18)可知在 Alice 对(A,F)做 Bell 基测量后，粒子(B,E)的结果为$|\Phi^{+}\rangle_{BE}$，再结合 Alice 局域操作后的测量结果$|\Psi^{+}\rangle_{AF}$，根据式(2-17)可以知道 Alice 进行了σ_{01}变换，从而翻译出 Alice 要传递的信息为'01'。

2. 签名算法描述

(1)初始化

①Alice 和 Bob 各自向系统管理员 Trent 申请密钥K_a、K_b，K_a、K_b可以通过量子密钥分配的方法来获得，如著名的 BB84 协议就是被证明具有无条件安全性并且简单而易实现的。

②Alice,Bob 和 TA 各制备 N 对处于同一 Bell 态 Ψ^{-} 的纠缠粒子对，记为

$$\{\Psi(1)_{AB}^{-},\Psi(1)_{CD}^{-},\Psi(1)_{EF}^{-}\},\{\Psi(2)_{AB}^{-},\Psi(2)_{CD}^{-},\Psi(2)_{EF}^{-}\},\cdots,$$
$$\{\Psi(N)_{AB}^{-},\Psi(N)_{CD}^{-},\Psi(N)_{EF}^{-}\}$$

③Alice 将要发送的消息 M 转化为量子比特串$\{M(1),M(2),\cdots,M(N)\}$，其中每一$M(i)$对应 2 个量子比特，根据局域操作的编码规则，每一$M(i)$对应一个局域操作$\sigma(i)$，例如"011011"对应操作$\sigma_{01}\sigma_{10}\sigma_{11}$。

(2)签名过程

①Alice 根据$M(i)$的局域操作编码对$\Psi(i)_{AB}^{-}$，实施操作；

②三方按照规则交换粒子，交换后结果 Alice 粒子为(A,F)，Bob 粒子为(B,C)，TA 粒子为(D,E)；

③Alice 对(A,F)粒子用 Bell 基测量，将测量结果记为$R(i)_{AF}$；

④Alice 获得签名。用K_a加密，得$S_a(i)=K_a(R(i)_{AF})$，$S_a(i)$即为量子消息$M(i)$的签名；

⑤Alice 将$(M(i),S_a(i))$发送给 TA。

(3)验签过程

验签过程需要管理员 Trent 的参与，以下步骤实现验签过程：

①TA 收到 Alice 发送过来的签名$S_a(i)$后，用K_a解密出$R(i)_{AF}$；

②TA 对自己的粒子对(D,E)用 Bell 基测量，将测量结果记为$R(i)_{DE}$；

③TA 用K_b加密$R(i)_{AF}$及$R(i)_{DE}$，记为$Y_{TA}=K_b(R(i)_{AF},R(i)_{DE})$，再将$Y_{TA}$

发送给 Bob；

④Bob 收到 Y_{TA}后，用 K_b 解密 y，得到 $R(i)_{AF}$，$R(i)_{DE}$；

⑤Bob 对自己的粒子对(B,C)用 Bell 基测量，测量结果 $R(i)_{BC}$；

⑥Bob 根据 $R(i)_{AF}$，$R(i)_{DE}$，$R(i)_{BC}$可以推断出 Alice 实行的局域操作 $\sigma(i)$，再根据编码规则编译出 $M(i)$；

⑦重复以上步骤，合并编译出的量子比特 $M'=\{M(1),M(2),\cdots,M(N)\}$，若 $M'=M$，则确认 $S_a=\{S_a(1),S_a(2),\cdots,S_a(N)\}$为消息 M 的有效签名。

3. 安全性分析

对签名方案的攻击包括经典攻击策略与量子攻击策略。从信息签名应具有的特性详细分析此方案的抵制经典攻击的安全性，并从量子特性来分析方案对付量子攻击的安全性。

签名是可信的，任何人都可以验证签名的有效性；签名是不可伪造的，除了合法的签名者之外，任何其他人伪造签名是困难的；签名是不能复制和被篡改的；签名是不可抵赖的，签名者事后不能否认自己的签名。

量子的不可克隆原理保证了量子信息是不能被复制的，如果 Eve 采取截获/重发方案，他对 Alice 的粒子进行克隆，但这势必对签名信息产生扰动，签名信息将被拒绝，同时系统将检测到窃听者的存在。

4. 总结

利用纠缠粒子对交换的量子信息签名方案需要系统管理员参与，发送方 Alice 根据消息 M 的编码对自己的纠缠粒子对作一局域操作，然后再与系统管理员 TA 及接收方 Bob 进行粒子对交换，交换粒子后，Alice 的测量结果，即为消息 M 的签名，TA 与 Bob 根据自己的粒子的测量结果可以验证签名。

2.2.3.3 基于 GHZ 三重态的量子签名方案

利用量子力学中的 GHZ 三重态实现量子仲裁签名，是一个基于对称密钥体制的量子签名方案，算法需要一个可信赖的系统管理员 Trent，按如下步骤实现对量子比特串的签名和验证。

1. 初始化

①Alice 和 Bob 各自获得密钥 K_a、K_b，这里 K_a、K_b 分别是 Alice 和 Trent 及 Bob 和 Trent 之间的密钥，K_a、K_b 可以通过量子密码的方法获得，从而使 Alice 和 Bob 获得的密钥具有无条件安全性。本方案中选用著名的 BB84 协议获取 K_a、

K_b,理由是 BB84 协议简单而且容易实现;

②Alice 和 Bob 向系统提出申请,当 Alice 和 Bob 之间需要通信时,Alice 和 Bob 首先向 Trent 提出申请;

③Trent 分发 GHZ 粒子,收到申请后,Trent 制备 GHZ 三重态序列,并将每一个 GHZ 三重态$|\Psi\rangle$中的两个粒子分别分发给参与通信的两方 Alice 和 Bob(亦可采用其他分发方式),使 Trent、Alice 和 Bob 各持有每一个 GHZ 三重态的一个粒子,这三个粒子是纠缠的,在未测量之前三粒子的状态不能决定。GHZ 三重态有八个可能的量子态,本方案中选取如下的态:

$$|\Psi\rangle=\left(\frac{1}{\sqrt{2}}\right)(|000\rangle+|111\rangle) \tag{2-20}$$

以上过程中,第①步在系统建立时完成,第②、③步在通信时于签名之前完成。

2. 签名过程

①Alice 制备与消息 M 对应的量子比特串。设 Alice 要发送的消息对应的量子比特串为$|\Psi_M\rangle=\{|\Psi_1\rangle,|\Psi_2\rangle,\cdots,|\Psi_n\rangle\}$,用本征态$|0\rangle$,$|1\rangle$表示,则$|\Psi_i\rangle=\alpha_i|0\rangle+\beta_i|1\rangle$,于是 Alice 的量子消息可以表示为:

$$|\Psi_M\rangle=\{\alpha_1|0\rangle+\beta_1|1\rangle,\alpha_2|0\rangle+\beta_2|1\rangle,\cdots,\alpha_n|0\rangle+\beta_n|1\rangle\} \tag{2-21}$$

其中 α_i,β_i 是复数,$\|\alpha_i\|^2+\|\beta_i\|^2=1,i=1,2,\cdots,n$

②Alice 加密量子比特$|\Psi_N\rangle$,将 Alice 的密钥 K_a 转化为测量基序列 M_{K_a},转化后得到的测量基序列为一个量子力学算符集:

$$M_{K_a}=\{M^1_{K^1_a},M^2_{K^2_a},\cdots,M^n_{K^n_a}\} \tag{2-22}$$

式中 $M^i_{K^i_a}$ 依赖于 $K^i_a,i=1,2,\cdots,n$ 这里假定 K_a 中有 n 个比特。用 M_{K_a} 作用于消息量子比特串 $|\Psi_M\rangle$ 后得到:

$$|\phi\rangle=M_{K_a}|\Psi\rangle=\{|\phi_1\rangle,|\phi_2\rangle,\cdots,|\phi_n\rangle\} \tag{2-23}$$

式中$|\phi_i\rangle=M_{K_a}|\Psi\rangle$,表示$|\phi\rangle$中第 i 个量子比特。

③Alice 测量粒子对。Alice 将要发送的量子比特串中的每一个粒子态$|\Psi_i\rangle$,$i=1,2,\cdots,n$ 与自己每一个 GHZ 粒子结合,然后 Alice 根据相应粒子的状态从四维 Hilbert 空间中的 Bell 基$|\Psi^+_{12}\rangle$,$|\Psi^-_{12}\rangle$,$|\Phi^+_{12}\rangle$,$|\Phi^-_{12}\rangle$中选取合适的测量基对粒子对进行测量。Alice 将量子消息中的每一个粒子对应的测量基组成的序列记为 R_a。

④Alice获得签名 S_a,用 K_a 加密 R_a 和 $|\phi\rangle$ 得到

$$S_a = K_a(|\Psi_i\rangle, |\phi\rangle) \tag{2-24}$$

式中 $|\Psi_i\rangle = \{|\Psi_{12}^+\rangle, |\Psi_{12}^-\rangle, |\Phi_{12}^-\rangle, |\Phi_{12}^+\rangle\}$,这里的 S_a 即为量子信息 $|\Psi_M\rangle$ 的签名。

3. 验证过程

本方案的验签过程需要系统管理员Trent的参与。步骤如下：

①Bob随机测量自己的GHZ粒子。收到Alice发送来的消息,Bob用沿 x 方向的测量基测量自己的每一个GHZ粒子,获得结果 $|+x\rangle$ 或 $|-x\rangle$,Bob将对每一个粒子的测量结果构成的序列用 R_b 表示,用 K_b 加密 $R_b, S_b, |\Psi_M\rangle$ 得到：

$$y_b = K_b(|x_i\rangle, S_a, |\Psi_M\rangle) \tag{2-25}$$

式中 $|x_i\rangle = \{|+x\rangle, |-x\rangle\}$。然后Bob将 y_b 发送给Trent。

②Trent获取参数 γ。Trent收到 y_b 后用 K_b 解密获得的 $R_b, S_a, |\Psi_M\rangle$,然后对 S_a 用 K_a 解密得到 $|\phi'\rangle$,借助于密钥 K_a,Trent获得参数 γ 的条件：

$$\gamma = \begin{cases} 1 & |\phi'\rangle = M_{K_a} |\Psi_M\rangle \\ 0 & |\phi'\rangle \neq M_{K_a} |\Psi_M\rangle \end{cases} \tag{2-26}$$

③Trent测量GHZ粒子。根据Alice和Bob的测量结果,即 R_a、R_b,Trent选择相应的测量基测量相应的GHZ粒子。测量完成后获得 R_t,然后Trent将 R_a, R_b, R_t 及 S_a 用 K_b 加密得到：

$$y_{tb} = K_b(R_a, R_b, R_t, \gamma, S_a) \tag{2-27}$$

再将 y_{tb} 发送给Bob。

④Bob解密 y_{tb}。解密后Bob得到 R_a, R_b, R_t, S_a 及参数 γ。

⑤Bob验证签名。首先Bob根据解密后得到的参数作初步判定：如 $\gamma=0$ 则拒绝；如 $\gamma=1$,Bob根据 R_a, R_b, R_t 及GHZ三重态的相干性获得量子消息 $|\Psi'_M\rangle$,若 $|\Psi'_M\rangle = |\Psi_M\rangle$,则接受,否则拒绝。

4. 安全性分析

(1)量子攻击

量子攻击策略不可能成功。假设Eve试图通过量子的方法进行攻击,Eve可以采取假冒Alice或Bob的攻击方式。量子密码中假冒攻击的方式很多,如完全

截断攻击方案、截获/重发攻击方案、纠缠态攻击方案等。

在完全截断攻击方案中，Eve 截获 Trent 送给 Alice 的 GHZ 粒子，假冒 Alice 进行发送；或者 Eve 截获 Trent 送给 Bob 的 GHZ 粒子，假冒 Alice 进行接收。但这些攻击方法都是不可能成功的，因为 Eve 没有 Alice 和 Bob 与 Trent 的共享密钥，同时将破坏 GHZ 三重态的相干性。在截获/重发攻击方案中，Eve 想截获 Trent 发送给 Alice 或 Bob 的粒子，并对她截获的粒子测量，然后将其中一个粒子发送给 Alice 或 Bob，并希望由此获得 Alice(Bob)与 Trent 间的有关信息，以便进行攻击。研究表明，该方案中对截获/重发攻击方案是安全的，因为敌手的这种攻击方法同样将破坏 GHZ 三重态的相干性，从而使 Alice 或 Bob 可通过量子方法检测出攻击的存在，这种攻击方法的不可成功性在量子密钥分发协议中进行过研究。在纠缠态攻击方案中也是不可能成功的，已经证明了 GHZ 三重态的纠缠态攻击不可能成功，因为敌手的攻击必然导致对合法通信者间量子态的扰动。实际上，即使敌手的纠缠态攻击能够成功，敌手也不可能伪造 Alice 或 Bob，因为她没有他们的密钥 K_a，K_b。

(2)经典攻击

经典攻击策略亦不可能成功，下面从三个方面讨论：

①不诚实的 Alice 或 Bob 的欺诈不可能成功。假设 Bob 是不诚实的，他想伪造签名，如果他能成功的话，他能篡改 Alice 的信息，从而为自己谋利，遗憾的是 Bob 不可能成功，因为 Bob 收到的签名是由 Alice 和 Trent 间的共享密钥加密而成，并且这里可采用一次一密算法，从而具有无条件安全性。

②Alice 不可能抵赖，因为签名 S_a 中包含了她的密钥。同时 Bob 不可能否认收到签名，因为验签过程需要 Trent 的帮助。为了加强 Bob 的不可否认性，方案还可做进一步修改如下：在验签过程中，Trent 将发送给 Bob 的 y_{ta}修改为：

$$y_{tb}=K_b(R_a,R_b,R_t,a,S_a') \tag{2-28}$$

其中，$S_a'=K_a(R_a,|\phi\rangle,y_b)$然后将 y_{tb}发送给 Bob，同时 S_a'作为签名。这样签名中包括了 Bob 的密钥 K_b。

③任何想获取 K_a 或 K_b 的企图都不可能成功。因为本方案中公开的参数为 S_a，y_b，y_{tb}，Eve 不能从这些参数中获取 Alice 和 Bob 的密钥，特别是当通信者采用一次一密方式加密时(在量子密码中这种方式不是难事)，系统将是无条件安全的。

5.结论

利用 GHZ 三重态实现量子签名的方案，具有可证明的安全性。像量子密钥分发一样，量子签名具有经典签名所无法达到的安全性。该方案适合在小型网络系统中使用，因为该方案需要通信者与系统管理员之间的共享密钥。一个缺陷是该方案不能像经典签字一样能实现多人次验签，实际上在经典的单钥体制签字系统中也不能多人次验签。

这里所提供的数字签名方案具有潜在的应用前景，数字签名公钥的交换可以给量子密钥分配过程提供消息认证，同时量子签名协议还可以应用于签收合同以及其他合法的文档，比如它可以应用于电子商务领域中的用户身份认证。另外，数字签名也将成为其他更加复杂的密码系统的一个重要且有用的组成部分。

2.2.4　量子加密算法

由量子态叠加原理可知，一个有 n 个量子位的系统可以制备出 $2n$ 个不同的叠加态，即量子系统有强大的信息存储能力，因此研究量子加密算法有重要意义。

量子加密算法与经典加密相比具有特殊的优点：密钥可以重用。如果发现通信错误小于一定阈值，则可以将密钥经过保密放大处理后重复使用。这里研究的是明文和密文都是量子态的情况。

2.2.4.1　基于经典密钥的量子加密算法

基于信息论原理，提出了基于经典密钥的量子加密算法，又称作秘密量子信道（private quantum channel，PQC）。

定义 1　设 $S\in H_{2^n}$ 为一个纯 n 量子比特的集合 $\varepsilon=\{\sqrt{P_i}U_i\mid 1\leqslant i\leqslant N\}$ 为超算子，其中 U_i 为空间 H_{2^m} 上的幺正变换，$\sum_{i=1}^{N}p_i=1$，ρ_a 为 $(m-n)$ 量子比特密度矩阵，ρ' 为 m 量子比特密度矩阵。当且仅当下面条件对所有 $|\phi\rangle\in S$ 都成立时，

$$\varepsilon(|\phi\rangle\langle\phi|\otimes\rho_a)=\sum_{i=1}^{N}p_iU_i(|\phi\rangle\langle\phi|\otimes\rho_a)U_i^{+}=\rho' \tag{2-29}$$

$[S,\varepsilon,\rho_a,\rho']$ 为一个秘密量子信道（PQC）。

上面的定义中，如果 $n=m$，即没有辅助态，则 ρ_a 可以省略。

定理 1　如果 $[S,\varepsilon,\rho']$ 是一个不含辅助粒子的 PQC，$\frac{1}{2^n}I_{2^n}$ 是 S 中态的组合，则 $\rho'=\frac{1}{2^n}I_{2^n}$。

证明　如果$\frac{1}{2^n}I_{2^n}$可以写成S集合中态的组合，那么由量子态的叠加关系可得：

$$\begin{aligned}\rho' &= \varepsilon\left(\frac{1}{2^n}I_{2^n}\right)= \sum_{i=1}^{N} p_i U_i \frac{1}{2^n}I_{2^n}U_i^{+} \\ &= \sum_{i=1}^{N} \frac{p_i}{2^n}U_iU_i^{+} = \sum_{i=1}^{N} \frac{p_i}{2^n}I_{2^n} = \frac{1}{2^n}I_{2^n}\end{aligned} \tag{2-30}$$

下面给出一个具体的PQC例子，在该例中采用两个经典比特加密一个量子比特。算法具体描述如下：

4个pauli矩阵为$I=\begin{bmatrix}1&0\\0&1\end{bmatrix}$，$X=\begin{bmatrix}0&1\\1&0\end{bmatrix}$，$ZX=\begin{bmatrix}0&1\\-1&0\end{bmatrix}$，$Z=\begin{bmatrix}1&0\\0&-1\end{bmatrix}$。

①Alice要发送n比特量子信息ρ。Alice和Bob共享$2n$比特密钥K，第i位为$K_i\in\{0,1\}$，选择

$$p_K=\frac{1}{2^{2n}} \tag{2-31}$$

$$U_K=\bigotimes_{i=1}^{n} Z_i^{K_{2i}} X_i^{K_{2i-1}} \tag{2-32}$$

②Alice对ρ作用U_K得到

$$\rho'=U_K\rho U_K^{+} \tag{2-33}$$

将ρ'发送给Bob。(加密过程)

③Bob根据自己的密钥对ρ'作用U_K^{+}操作，从而恢复消息ρ。

对Eve来说，由于Eve不知道密钥，在她看来，ρ'与Alice发送的消息ρ相互独立，处于完全混合状态：

$$\sum_K p_K U_K\rho U_K^{+} = \frac{1}{2^n}I \tag{2-34}$$

因此通过这种方法可以安全地传输量子信息。

定理2　经典一次一密是量子PQC的一个特例。

证明　因为经典比特0,1只存在bit-翻转X，不存在Phase-翻转Z，因此$U_K=\bigotimes_{i=1}^{n} X_i^{K_i}$，$p_K=\frac{1}{2^n}$。即安全加密$n$比特经典信息只需要$n$比特随机经典密钥。

量子PQC的性质：

①安全加密任意n比特量子态，最少需要$2n$比特经典密钥，即$H(K)\geqslant 2n$。

②一个加密集$\{P_K, U_K\}$是一个最优加密集合($K=2n$),当且仅当 P_K 是均匀分布,并且$\{U_K\}$是明文空间的一组正交归一基。

2.2.4.2　基于量子密钥的量子加密算法

除了使用经典密钥加密量子消息之外,还可以使用量子密钥加密量子消息。Leung 提出了用 EPR 纠缠态作为密钥的量子加密算法。在该算法中使用两个 EPR 对加密一个量子比特。以加密一个量子比特为例介绍该算法。

①Alice 和 Bob 初始共享两对 EPR 态,$|\Phi^+\rangle=\frac{1}{\sqrt{2}}(|00\rangle+|11\rangle)$,用 a_1,b_1 两个寄存器表示第一个$|\Phi^+\rangle$,用 a_2,b_2 表示第二个$|\Phi^+\rangle$,Alice 拥有 a_1,a_2 寄存器,Bob 拥有 b_1,b_2 寄存器。

②Alice 对消息 m 作用 $CNOT-X_{a_1}^m$ 和 $CNOT-X_{a_2}^m$ 得到 m',并发送给 Bob。($CNOT-X_a^m$ 表示以 a 为控制位,m 为目标位,当 a 为 1 的时候对 m 执行 u 操作,否则不变。)(量子受控非变换)

③Bob 收到 m' 后,作用 $CNOT-Z_{b_2}^{m'}$ 和 $CNOT-X_{b_1}^{m'}$,如果不存在 Eve 窃听,Bob 可以正确恢复消息 m。

Leung 还证明使用 EPR 态作为密钥比经典密钥有优势,即可以纠错。因为如果消息传输过程中发生 X 错误,则同时会使$\{a_2, b_2\}$由$|\Phi^+\rangle$变为$|\Phi^-\rangle$;发生 Z 错误,则同时使$\{a_1, b_1\}$由$|\Phi^+\rangle$变为$|\Phi^-\rangle$;发生 XZ 错误,则同时使$\{a_1, b_1\}$,$\{a_2, b_2\}$都变为$|\Phi^-\rangle$。Alice 和 Bob 使用$|\pm\rangle=\frac{1}{\sqrt{2}}(|0\rangle+|1\rangle)$基分别测量自己拥有的粒子,然后公开比较测量的结果,就可以区别$|\Phi^+\rangle$与$|\Phi^-\rangle$(因为$|\Phi^+\rangle=\frac{1}{\sqrt{2}}(|++\rangle+|--\rangle)$,$|\Phi^-\rangle=\frac{1}{\sqrt{2}}(|+-\rangle+|-+\rangle)$),从而确定是否发生错误。Bob 可以根据两者的结果执行相应的幺正操作可以恢复出正确的消息。

目前量子密码中 QKD 的研究已经比较成熟,实验也取得了较大进步,从而为量子加密算法提供了条件。然而至今关于量子加密的研究还很少。究其原因,主要是:

①量子加密体制相对于"QKD+经典一次一密"的优势并不明显,而后者不论是在实验上还是理论上都已经发展得比较成熟,因此人们对量子加密体制还没有足够的研究动机。

②由于量子信息论和量子计算的研究还很不完善,目前可证明无条件安全性的量子加密体制的模式比较单一,即通过随机的量子门操作把携带信息的量子比特进行随机化,使得传输在信道中的粒子对 Eve 来说是最大的混合态,进而 Eve 不可能提取到任何信息。

但是随着越来越多的学者投入该领域的研究,相信在不久的将来量子加密的研究工作将有更大的突破。

2.2.5 量子秘密共享

在经典通信中,秘密共享主要是用于一类特殊的保密通信。假设银行的老板 Alice 在北京,而她的两个助手 Bob 和 Charlie 在深圳。如果 Alice 想让 Bob 和 Charlie 为她处理一宗重大的生意,但她又担心如果让一个助手去处理这宗生意,她/他会违背 Alice 的意愿,干一些有损 Alice 利益的事情。为了防止某一个人不够诚实,Alice 希望她发给 Bob 和 Charlie 的秘密信息只有在他们两人同时在场的情况下才能解密。这就是经典秘密共享处理的典型问题。

当然经典秘密共享可以通过加密系统来达到安全传输的目的。也就是说,Alice 与 Bob 和 Charlie 分别创立密钥 K_B 和 K_C,然后 Alice 用 $K_A = K_B \otimes K_C$,$\oplus$为模二进加法,即相加后模二求余来加密秘密信息。经 Alice 加密后的密文信息只有在 Bob 和 Charlie 都在场的情况下才能解密。

由于经典信号能够被自由地复制而不被发现,这样从理论上讲就没有办法用经典的办法产生密钥。因而绝对安全的机密共享无法用经典物理的办法去实现。量子力学在信息领域的应用为信息的安全传输提供了一种崭新的途径。量子密钥分配是目前唯一被证明绝对安全的密钥产生方式。因而人们可以用量子密钥分配来产生密钥,然后用安全的密钥加密秘密信息,达到安全进行秘密共享的目的。但这并不是最简便的秘密共享实现方式。相对而言,另一类实现秘密共享的更简便方式是量子秘密共享(quantum secret sharing,QSS)。

量子机密共享的一个主要目的是用简便的方式在 Alice,Bob 和 Charlie 三者之间创建密钥。从 1999 年 Hillery 等提出第一个量子机密共享方案以来,目前已经有十几种量子机密共享方案。下面就简要地介绍 Hillery,Buzek 和 Berthiaume 于 1999 年提出的第一个量子机密共享方案,不妨称之为 HBB99-QSS。对于其他各种 QSS 的原理差异,与各种 QKD 的原理差异类似。

HBB99-QSS 使用三粒子纠缠态，即 GHZ 态 $|\Psi\rangle=\frac{1}{\sqrt{2}}|000\rangle+|111\rangle$ 作为量子信息源来完成 QSS，即创建 K_A，K_B 和 K_C。$|0\rangle$ 与 $|1\rangle$ 是 σ_Z 的本征态。$|\Psi\rangle$ 可以用 σ_X 和 σ_Y 的本征态展开，即：

$$\begin{aligned}|\Psi\rangle_{BCA}&=\frac{1}{2}[(|+x\rangle_B\,|+x\rangle_C+|-x\rangle_B\,|-x\rangle_C)\,|+x\rangle_A\\&\quad+(|+x\rangle_B\,|-x\rangle_C+|-x\rangle_B\,|+x\rangle_C)\,|-x\rangle_A]\\&=\frac{1}{2\sqrt{2}}[e^{-i\frac{\pi}{4}}(|+x\rangle_B\,|+y\rangle_C+|-x\rangle_B\,|-y\rangle_C)+\\&\quad e^{+i\frac{\pi}{4}}(|+x\rangle_B\,|-y\rangle_C+|-x\rangle_B\,|+y\rangle_C)]\,|+x\rangle_A\\&\quad+\frac{1}{2\sqrt{2}}[e^{-i\frac{\pi}{4}}(|+x\rangle_B\,|-y\rangle_C+|-x\rangle_B\,|+y\rangle_C)\\&\quad+e^{+i\frac{\pi}{4}}(|+x\rangle_B\,|+y\rangle_C+|-x\rangle_B\,|-y\rangle_C)]\,|-x\rangle_A\end{aligned}\tag{2-35}$$

σ_X 和 σ_Y 的本征态分别用下面各式表示：

$$\begin{aligned}&|+x\rangle=\frac{1}{\sqrt{2}}(|0\rangle+|1\rangle),\ |-x\rangle=\frac{1}{\sqrt{2}}(|0\rangle-|1\rangle)\\&|+y\rangle=\frac{1}{\sqrt{2}}(|0\rangle+i|1\rangle),\ |-y\rangle=\frac{1}{\sqrt{2}}(|0\rangle-i|1\rangle)\end{aligned}\tag{2-36}$$

在 HBB99-QSS 方案中，Alice 制备 GHZ 态，并将其中的粒子 B 和 C 分别发给 Bob 和 Charlie，Alice 自己保留粒子 A。然后 Alice、Bob 和 Charlie 都随机地选择 σ_X 和 σ_Y 对自己手中的粒子做测量。当他们全部选择 σ_X 和 σ_Y 或者其中的两人选择 σ_Y，而另一个选择 σ_X 时，他们能得到一个由公式(2-35)描述的关联的测量结果。这种关联的结果满足秘密共享的基本要求，即 Bob 和 Charlie 不知道彼此的测量结果，他们都不知道 Alice 的测量结果，但他们的联合结果能确定 Alice 的测量结果，即 $K_A=K_B\oplus K_C$。对于他们测量的其他各种选择情况，他们无法得到一个关联的结果，他们需要舍弃这一些结果。

QSS 的安全性主要是要防止 Bob 和 Charlie 中的某一个人作弊，不妨假设为 Bob。他窃听的目的是为了得到 Charlie 的密钥(K_C)，这样他就可以不用跟 Charlie 合作就能窃取 Alice 用 K_A 加密的秘密信息。在防止 Bob 窃听 Charlie 的密钥 K_C 方面，HBB99-QSS 的安全检测方式是通过使 Bob 无法对在量子信道里传输的量子信号做完备测量来限制 Bob 的窃听行为，通过随机地选择两组测量基来使

Bob的窃听行为无法逃避安全检测。

2.3 量子保密通信系统

2.3.1 量子密码系统原理

通过量子密钥分发协议,通信双方或多方可以共享一个随机密钥比特,它不但可以用作一次一密乱码本的密钥,而且还可以作为对称密码的密钥等。因此,量子密钥分发技术有着潜在的应用背景。

量子密钥分发协议的实现方案可大致分为两大类,一是基于非正交量子态的,如BB84;二是基于量子纠缠态的,如EPR。由于环境噪声和窃听者的存在,量子密钥分发协议主要包括量子传输、数据筛选、数据纠错、保密增强四个过程。

通常一个典型的量子密码系统可以用图2-4给予大致描述。即发送者制备明文量子态(记为明文态),使用通过QKD(或者其他的方法)获得的密钥Key加密明文态为密文量子态(记为密文态),通过通信介质发出去;接收者通过探测接收到密文态后,使用密钥Key进行解密,得到明文态,最后解码获得明文信息。

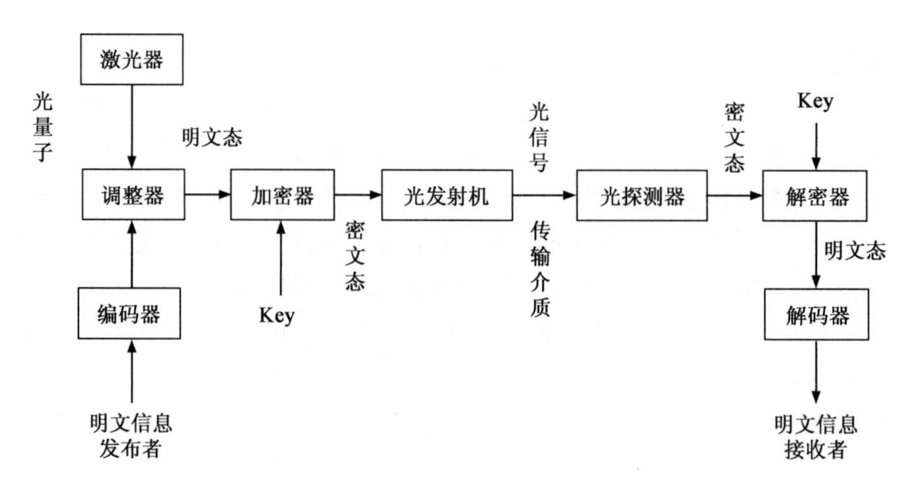

图2-4 量子密码系统原理图

2.3.2　量子密码实验系统

量子保密通信实验主要分为两个阶段：

第一阶段是采用微弱光脉冲信号代替单光子脉冲信号，完成系统的调试和模拟通信实验。

第二阶段是采用单光子脉冲作为信息载体，完成真正的量子密钥的传输实验。

在第一阶段采用弱光脉冲信号来代替单光子脉冲信号，是因为：在实验阶段，如果一步到位采用单光子脉冲的话，存在数据的采集困难和数据的可靠性差等缺点，必然会在光路的调整、数据采集和处理、相位的调整、时序的配合等方面造成困难。而微弱光脉冲的产生、调整、采集和处理都很方便，所以在第一阶段采用弱光脉冲信号来代替单光子脉冲信号，模拟了量子保密通信的全过程。

目前，量子密码实验的效果好坏在很大程度上取决于单光子制备、量子态的远程传输、特定波长单光子的高效率探测等客观条件。量子密码实验方案主要有偏振态编码方案、相位编码方案等。

2.3.3　量子密码系统的应用

目前，量子保密通信系统的应用研究主要有两个方面，即传输介质分别是自由空间和光纤系统的。自由空间里的量子通信具有无线电通信的便捷，又有较高的保密性，而且能够抵抗窃听干扰，所以特别适合于临时、紧迫以及意外事件和保密性要求很高的定点通信的场合。近年来，自由空间量子通信在陆地、地表对卫星、卫星对卫星和潜在的深远空间里的通信的应用已取得了相当发展。为激光通信而发展起来的光学定位、探测和跟踪等技术使得通过自由空间进行 QKD 成为可能。2002 年 10 月 5 日，德国慕尼黑大学和英国军方下属的研究机构合作，在德国和奥地利边境相距 23.4 km 的楚格峰和卡尔文德尔峰之间用激光成功传输了光子密钥。这是目前自由空间里的保密量子通信的最远距离，这个成果也接近于实际应用。利用近地卫星构建全球量子保密通信网络的主要难题是量子在自由空间的传输距离以及量子态的长时间存储等技术条件。

现在，以光纤为依托，融激光技术、光纤技术、计算机技术、通信技术、网络技术、多媒体技术、卫星通信技术等为一体的，以交互方式传递信息数据、图像和声音的“信息高速公路”已经广泛使用，相关技术已经比较成熟，这些都为进行基于光纤的量子通信提供了有利条件，因此，近几年有很多研究机构都进行了光纤量子保密通信实验。2004 年 6 月 3 日，美国 BBN 技术公司建立的 6 节点量子密码通信网络代表了当时此领域内的最新成果。

光纤量子保密通信也面临着效率不高、通信距离受限等问题，这也都归结于单光子的产生效率和探测效率不高，以及量子密码通信系统与全光网光纤信道的结合等问题。不过，目前光纤量子保密通信的研究成果已经接近于实际应用，可以预见在最近几年内光纤量子密码系统将应用于实际的保密通信系统中。

2.4 量子密码分析技术

本节主要介绍采用分解质因子的量子算法对 RSA 密钥系统进行攻击。1978 年，Rivest、Shamir 和 Adleman 联合提出一种基于数论中欧拉定理的公钥密码系统，简称 RSA 公钥系统，它的安全性是基于大数因子分解，后者在数学上是一个困难问题。但是，这里只要大数 $n=pq$ 被因数分解，则 RSA 便被攻破。

2.4.1 RSA 密钥系统

RSA 是公认最有希望的公钥密码，它的基础是数论中的欧拉定理，它的安全性依赖于大数质因子分解的困难性。

其中 RSA 算法的基本过程如下：

(1)随机选取两个大素数 p 和 q(保密)：

(2)计算 $n=pq$，$\Phi(n)=(p-1)(q-1)$；

(3)随机选取整数 e，满足 $\gcd(e,\Phi(n))=1$；

(4)计算 d，满足 $de\equiv1(\mathrm{mod}\Phi(n))$；

(5)公布 n,e 作为公钥 $E=\langle n,e\rangle$，保密 $p,q,d,\Phi(n)$，作为私钥，记为 $D=\langle p,q,d,\Phi(n)\rangle$；

加密算法：$c=E(m)=m^e(\mathrm{mod}n)$；

解密算法：$m=D(c)=c^d(\mathrm{mod}n)$。

下面证明上述加、解密过程是正确的，这只需证明解密运算 D 能恢复明文即可，即 $m^{k\Phi(n)+1}=m(\mathrm{mod}n)$。

证明：(1)若 $(m,n)=1$，显然成立。

(2)若$(m,n)\neq 1$,因为$n=pq$,所以(m,n)必含p和q之一,不妨设为p(因为$m<n$)。令$(m,n)=p$,则$m=cp_i$,$1\leqslant cq<q_i$。有:

$$m^{\Phi(q_i)}\equiv 1(\mathrm{mod} q_i),m^{k\Phi(q_i)(p_i+1)}=1(\mathrm{mod} q_i)$$
$$m^{k\Phi(q_i)}=1+aq_i,\quad m^{k\Phi(n_i)+1}=1+aq_icp_i$$

故,$m^{k\Phi(n_i)+1}\equiv m(\mathrm{mod} n_i)$。

2.4.2 RSA 安全性

若$n=pq$被因数分解,则RSA便被攻破。因为若p,q已知,则$\Phi(n)=(p-1)(q-1)$便可算出,解密密钥d便可利用欧几里得算法求出。因此RSA的安全依赖于因数分解的困难性,目前因数分解速度最快的方法,其时间复杂性为$\mathrm{e}^{\sqrt{m(n)\ln\ln(n)}}$。

近年来,对大数分解算法的研究已经引起了数学工作者的重视。如果n被分解成功,则RSA便被攻破。但是还不能证明RSA攻击的难度和分解n相当,故对RSA攻击不比大数分解更难。当然,如果从$\Phi(n)$入手进行攻击,那么它的难度和分解n相当。

2.4.3 分解质因子的量子算法

因数分解比大素数的产生更困难,将一个大整数M分解成为一些质数的乘积,是破解RSA公钥密码的基础,即因数分解是对RSA公钥有效攻击的一种方法。因此大整数因数分解引起了广大科学家的兴趣,同时也掀起了研究热潮,特别是借助计算机网络进行分布式计算取得了新的进展。常见的大整数质因子分解算法有Format因数分解法、连分数因数分解法、椭圆曲线分解法以及分解质因子的经典Euclid算法等。分解质因子的量子算法同当前的大部分大数质因子分解算法一样,都是将分解问题变形成为寻找函数周期的问题。它首先使用量子并行性通过一步计算获得所有的函数值,然后,通过测量函数值得到相关联的函数自变量的叠加态,并对其进行量子傅立叶变换。量子傅立叶变换(QFT)和经典的傅立叶变换一样,实现函数时域到频域的转换,从而可以以较高的概率测量到产生函数周期的状态。最后,利用函数的周期对大数进行质因子分解。可见,分解质因子的量子算法的重要之处就在于使用量子傅立叶变换求出周期,实现了将大数质因子分解这一NP问题变为P问题。

分解质因子的量子算法的关键之处就是利用量子傅立叶变换求出其周期，最后根据周期 r 寻找 M 的因数，具体的算法流程如图 2-5 所示。

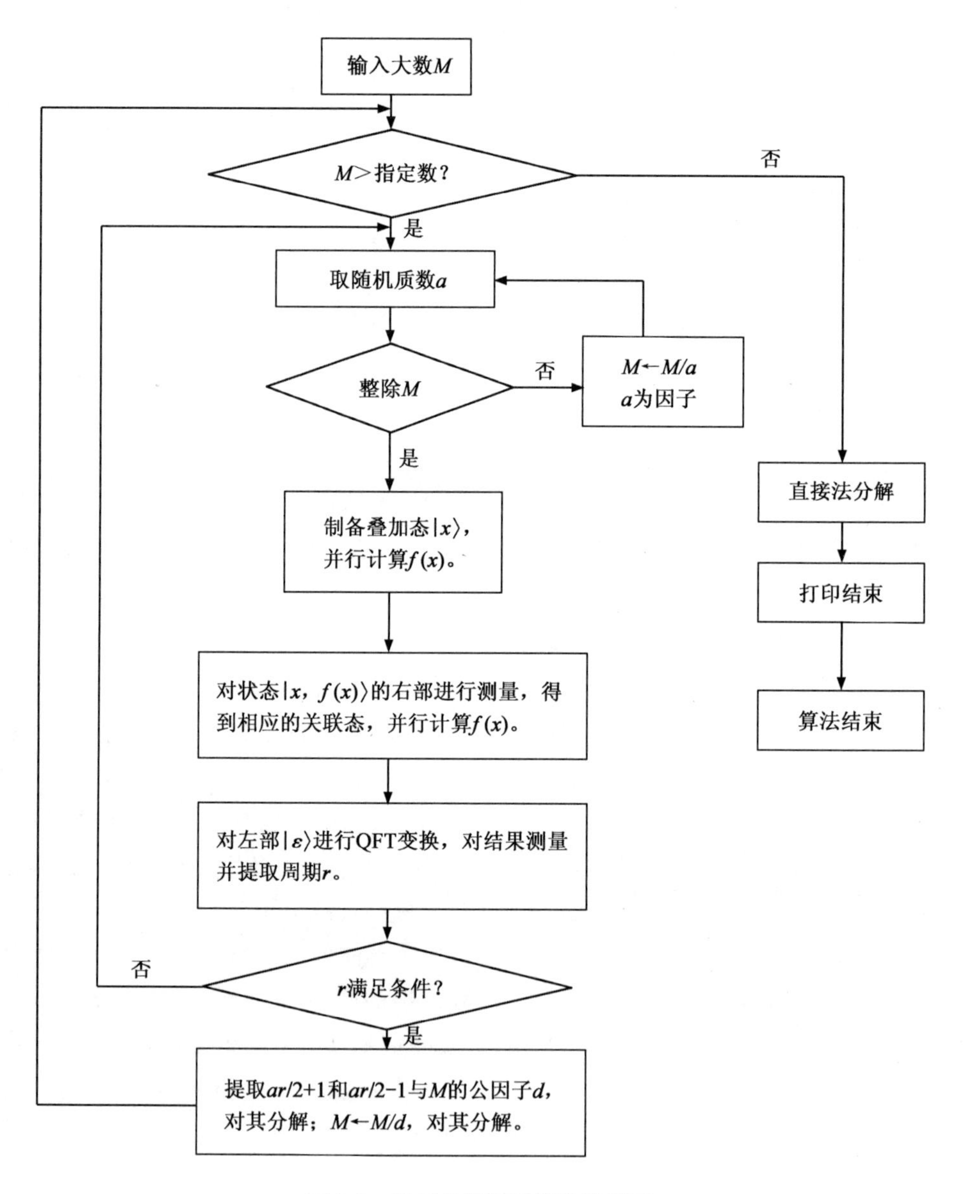

图 2-5　量子分解因子算法流程图

2.5 本章小结

密码技术是信息安全的一个比较传统的研究课题，也是信息安全领域中的核心技术，而量子密码学技术又是密码学技术的较新研究课题，它的发展对推动密码学理论发展起了积极的作用。随着计算机技术发展，人们对计算机的期望也越来越高。由于传统密码学在安全性上存在着一些缺陷，故量子密码学作为密码学技术的一个重要的研究方向，也感受到了人们的这种愿望而成为研究的热点。量子密码技术研究属于信息安全的前沿课题，由于它的可证安全性和良好应用前景，近几年吸引了众多学者和研究机构对其进行研究，取得了许多有重要影响的研究成果。例如，美国 DARPA 于 2002—2007 年在波士顿建设了一个 10 节点的量子密码网络，欧洲于 2009 年在维也纳建立了一个 8 节点的量子密码网络，2010 年日本 NICT 在东京建立了一个 4 节点的量子密码演示网络，使用了 6 种量子密钥分配系统。

中国研究组在量子密码实用化研究领域走在了世界前列。2004 年，中国科学技术大学的韩正甫研究组分析了光纤量子系统工作不稳定的根本原因，并发明了“法拉第-迈克尔逊”编解码器，用于自适应补偿光纤量子信道受到的扰动，大大提升了光纤量子密码系统的实际传输距离和稳定工作时间。该小组利用这一方案，在北京和天津之间的 125 km 商用光纤中演示了量子密钥分配，创造了当时世界最长的商用光纤量子密码实验纪录。该小组随后发明了基于波分复用技术的“全时全通”型“量子路由器”，实现了量子密码网络中光量子信号的自动寻址，并使用这一方案分别在北京（2007 年）和芜湖（2009 年）的商用光纤通信网中组建了 4 节点和 7 节点的城域量子密码演示网络。中国科学技术大学潘建伟研究组也于 2008 年和 2009 年在合肥实现了 3 节点和 5 节点量子密码网络。目前，国际上建成的几个重要的量子密码演示网络见图 2-6。北京大学、华东师范大学、上海交通大学、华南师范大学、山西大学、国防科技大学等单位的研究组也在量子密码技术的研究上取得了出色的研究成果。

但是，量子密码学作为密码学的一门新近学科，研究的方向也比较新，国内外对此方向所做的研究也较少，所以研究资料比较欠缺。到目前为止，虽然量子密码技术已经有了很大的发展，但是也只能做一些理论的研究，真正要投入实际应用还有一段很长的距离，因为量子力学虽为大家所接受，但是许多问题理解起来还是有一定的困难。就应用而言，还有许多问题尚待解决。

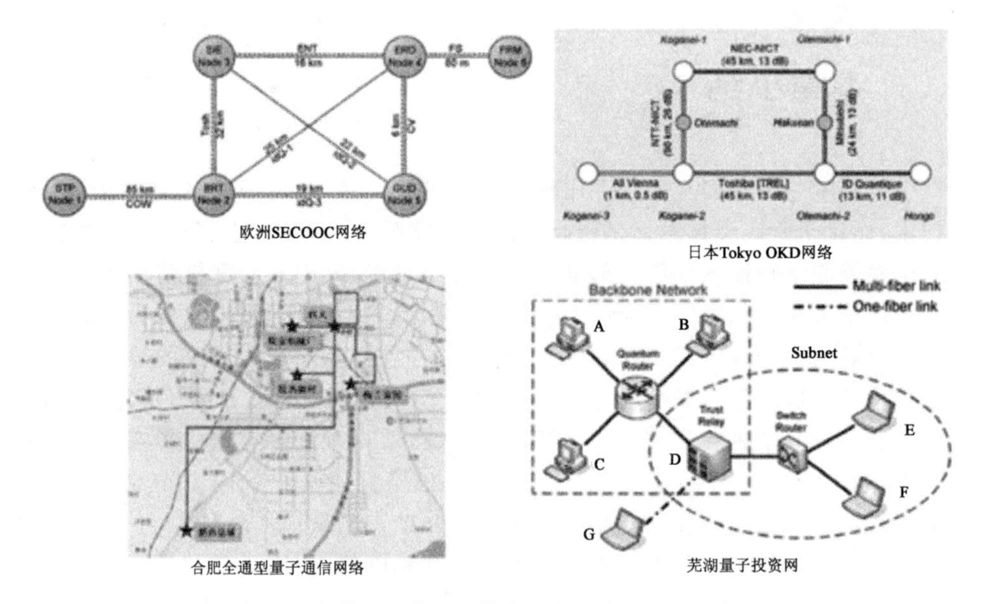

图 2-6 世界上几个重要的量子密码演示网络示意图

参考文献

[1] 曾贵华.量子密码技术研究[J].信息安全与通信保密，2005(3):79-80.

[2] Bennett C H, Brassard G. Quantum cryptography: Public key distribution and coin tossing[C]. In: Processing of the IEEE International Conference on Computers, Systems, and Signal Processing, Bangalore, India. New York: IEEE, 1984.

[3] Bennett C H. Quantum cryptography using any two nonorthogonal states[J]. Phys Rev Lctt, 1992, 68:3121-124.

[4] Ekert A K. Quanlurn cryptography based on Bell's theorem[J]. Phys Rev Lett, 1991, 67:661-663.

[5] 曾谨言，裴寿铀，龙桂鲁.量子力学新进展(第二辑)[M].北京:北京大学出版社，2001.

[6] 薛开庆.量子信息论中的密码协议与算法研究[D].成都:电子科技大学，2004(12).

[7] 吕欣，马智，冯登国.量子消息认证协议[J].通信学报，2005，26(5):44-49.

第3章 量子通信

量子通信作为量子信息的核心之一，主要包括量子密钥分配(quantum key distribution，QKD)，量子安全直接通信(quantum secure direct communication，QSDC)，量子机密共享(quantum secret sharing，QSS)，量子认证(quantum identification)和量子比特承诺(quantum bit commitment)等。量子密钥分配已在第2章量子密码学中详细论述，故在本章只介绍量子安全直接通信和量子机密共享。

3.1 量子安全直接通信

量子安全直接通信(quantum secure direct communication，QSDC)是最近两三年才提出的概念，是量子通信的一个重要分支。从量子通信的角度看，QSDC是通信双方以量子态为信息载体，利用量子力学原理和各种量子特性，通过量子信道传输，在通信双方之间安全地无泄露地直接传输有效信息，特别是机密信息的方法。它与量子密钥分配不一样的地方在于它用来直接传输不能更改的机密信息。

实际上，上一章介绍的量子密钥分配只是为经典的一次一密加密体系提供密码。也就是说，量子密钥分配是为经典加密服务的。而量子安全直接通信则不需要为经典加密服务。反之，在量子安全直接通信中，经典通信是为它直接传输机密信息服务的。可以说，量子安全直接通信是第一个由经典通信完全为之服务的量子通信方式。

量子安全直接通信作为一个安全的直接的通信方式，它应该具有直接通信与安全通信这两大特点，因而它需要满足两个基本要求：

①作为合法的接收者Bob，当他接收到作为信息载体的量子态后，应该能直接读出发送者Alice发来的机密信息；对于携带机密信息的量子比特，Bob不需要与Alice交换另外的经典辅助信息；

②即使窃听者Eve监听量子信道，她也得不到任何机密信息，即她得到的只是一个随机的测量结果[1]。

从量子安全直接通信的基本要求看,2001 年,Beige 等提出的确定的安全通信(deterministic secure communication),Bosrtöm 和 Felbinger 于 2002 年提出的确定的安全直接通信(deterministic secure direct communication)都不是真正意义上的量子安全直接通信。而龙桂鲁提出的三个 QSDC 方案是真正的量子安全直接通信,它们分别是:①2003 年,提出的基于纠缠量子系统的两步量子安全直接通信方案,简记为 Two-Step QSDC;②2004 年,提出的基于单粒子系统的量子一次一密安全直接通信方案,记为 quantum one-time pad QSDC,简记为 QOTP QSDC;③2004 年,提出的基于重复使用经典一次一密的量子安全直接通信方案,记为 repeatedly classical one-time pad QSDC,简记为 RCOTP QSDC。在本章,将详细描述这三种 QSDC 方案。为此,先介绍一下量子安全直接通信的必要条件,这也是设计 QSDC 的理论依据,或者说它是判断一个量子通信方案是否是真正的 QSDC 的判据。

3.1.1 量子安全直接通信(QSDC)的必要条件

回顾量子密钥分配(QKD),就会发现,量子密钥分配之所以是一种安全的产生密钥的方式,其本质在于通信的双方 Alice 和 Bob 能够判断是否有人监听了量子信道,而不是窃听者不能监听量子信道。事实上,窃听者是否监听量子信道不是量子力学原理所能束缚的,量子力学原理只能保证窃听者不能得到量子信号的完备信息,从而她的窃听行为就会在接收者 Bob 的测量结果中有所表现,即会留下痕迹;由此 Alice 和 Bob 可以判断他们通过量子信道传输得到的量子数据是否可以用于经典一次一密。量子密钥分配正是利用了这一特点来达到安全分配密钥的目的。而量子密钥分配的安全性分析是一种基于概率统计理论的分析,为此通信双方需要做随机抽样统计分析。量子密钥分配的另一个特征在于 Alice 和 Bob 如果发现有人监听量子信道,那么他们可以抛弃已经传输的结果,从头开始传输量子比特,直到他们得到没有人窃听量子信道的传输结果,这样他们不会泄露机密信息。既然量子安全直接通信传输的是机密信息本身,Alice 和 Bob 就不能简单地采用当发现有人窃听时抛弃传输结果的办法来保障机密信息不会泄露给 Eve。由此,QSDC 的要求要比 QKD 高,Alice 和 Bob 必须在机密信息泄露前就能判断窃听者 Eve 是否监听了量子信道,即能判断量子信道的安全性。而量子通信的安全性分析都是基于抽样统计分析,因此在安全分析前 Alice 和 Bob 需要有一批随机抽样数据。这就要求 QSDC 中的量子数据必须以块状传输。只有这样,Alice 和 Bob 才能从块传输的量子数据中做抽样分析。而量子密钥分配没有这样的要求,因为它只要求 Alice 和 Bob 在最后能判断 Eve 是否监听了量子信道,从而判断传输的结果是否可用即可，而且这种判断是量子密码通信的一种后处理过程，即量子数据传输结束后的处理过程。

综合QSDC的基本要求可得，判断一个量子通信方案是否是一个真正的QSDC的4个基本依据[1]是：①除因安全检测的需要而相对于整个通信可以忽略的少量的经典信息交流外，接收者Bob接收到传输的所有量子态后可以直接读出机密信息，原则上对携带机密信息的量子比特不再需要辅助的经典信息交换；②无论窃听者是否监听量子信道，他都得不到机密信息，即他得到的只是一个随机的结果，不包含任何机密信息；③通信双方在机密信息泄露前能够准确判断是否有人监听量子信道；④以量子态为信息载体的量子数据必须以块状传输。

可以说判据4是针对QSDC这一类特殊的量子通信方式而设计的要求，也是完成前3个判据的保障。

3.1.2 Two-Step QSDC

3.1.2.1 Two-Step QSDC的背景

如前所述，在此之前，人们设计的量子通信方案并没有一个是真正的QSDC方案。在2002年，提出了基于N个有序EPR对的量子密钥分配（QKD）方案，即Long-Liu 2002 QKD方案[2]。它的安全是通过对两个粒子序列分别传输，分别做安全性检测来得到的。这种思想正好能克服Bosrtöm和Felbinger于2002年提出的准安全的QSDC的两大缺点（安全性不高，编码容量低）。可以说，Two-Step QSDC是对Long-Liu 2002 QKD方案的提高，是它在直接通信方面的一个应用。它也是第一个基于纠缠量子系统的真正的QSDC方案。

3.1.2.2 Two-Step QSDC的物理原理

Two-Step QSDC方案主要是利用量子力学中的不可克隆原理和纠缠粒子之间的关联性及非定域性的量子特性，用分步传输的方法，在保证窃听者无法得到任何有用信息的前提下，通过对量子态选择所有可能的量子操作直接把所需传输的信息加载在量子态上，并通过量子信道直接传输有效信息，特别是机密信息，使编码容量达到了最大。它与量子密钥分配方案的本质差异在于量子密钥分配方案是用来建立密钥，而量子安全直接通信则是直接把有效信息，特别是机密信息加载在量子态上，通过量子信道在通信双方直接传输。这样就简化了安全通信的过程。具体地说，Two-Step量子安全直接通信方法可以有两种实现方式[3]，一种称之为复合方式分步传输方法，另一种称之为简便方式分步传输方法。下面以极化（偏振）纠缠光子对为量子信号源为例，对上述的两种传输方法分别加以阐述。

1. 复合方式 Two-Step QSDC 的物理原理与过程

图 3-1 所示为复合方式的 Two-Step QSDC 的原理示意图。它借鉴了 Long-Liu 2002 QKD 方案的一些物理思想。

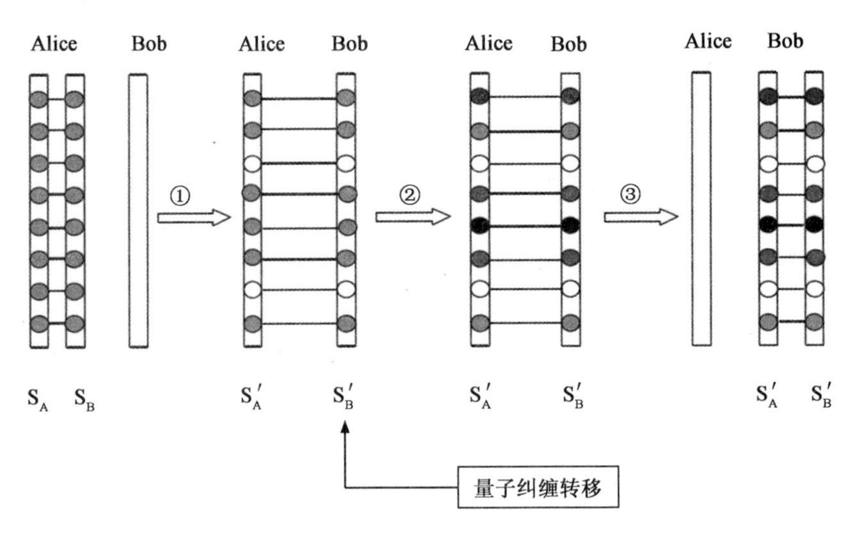

图 3-1　复合方式 Two-Step QSDC 的原理图

在复合方式的 Two-Step QSDC 方法中，信息发送者 Alice 制备一组由纠缠光子对组成的量子信号，即 N 个纠缠光子对，并使它们都处于相同的量子态，如量子态

$$|\phi^+\rangle = \frac{1}{\sqrt{2}}(|0\rangle_A|0\rangle_B + |1\rangle_A|1\rangle_B)$$

然后 Bob 将这 N 个纠缠光子对分成两个序列，即从每一纠缠光子对中挑出一个光子，再将所有挑出来的光子组成一个光子序列 S_A，而上述每一纠缠光子对中的另一个光子就可以组成另一个光子序列 S_B。如图 3-1 所示，用实线连接的两光子表示一纠缠光子对。不妨把 S_B 序列叫检测序列，把 S_A 序列叫信息序列。

Alice 先将检测序列 S_B 发送给信息接收方 Bob，但她仍然控制信息序列 S_A。Bob 接收到光子序列 S_B 后从中随机地抽取适量的光子，并对其进行单光子测量。这里的单光子测量，原理与 BB84-QKD 方案类似，即 Bob 随机地选择两组测量基 $\oplus$ 和 $\otimes$ 中的一组来对每一个抽样光子进行测量并记录测量基信息以及测量结果。测量完后，Bob 用经典信道（如无线电广播等不能被篡改在其中传输的经典信息的信道）告诉 Alice 他在 S_B 中对哪一些光子进行了单光子测量并告知相应的测量基信息及其测量结果。

Alice 根据 Bob 所告知的所有信息，在 S_A 中用相同于 Bob 的测量基对与 Bob 的抽样光子相对应的光子（即属于同一纠缠光子对）进行单光子测量，并记录测量结果。Alice 将自己的测量结果与 Bob 所告知的测量结果进行比对并做出错率分析；如果出错率比预先设定的安全阈值低很多，则表明光子序列 S_B 的传输是安全的，即可以认为没有窃听者监视量子信道；否则，Alice 和 Bob 放弃已经得到的传输结果。从而 S_B 序列的传输主要是为了检测纠缠系统的传输安全，而并没有对 S_B 做信息编码，即加载机密信息，这是称之为检测序列的主要原因。在确保检测序列 S_B 安全传输的情况下，Alice 根据自己所需传输的信息，每两比特位来对应地选择 4 个幺正操作$\{U_0、U_1、U_2、U_3\}$中的一个来对序列 S_A（即在 S_A 中扣除用于安全性检测后的所有光子）中的每一个光子依次做相应的幺正操作，从而完成对量子态的机密信息编码过程。这也是称 S_A 为信息序列的原因。4 个幺正操作 U_0、U_1、U_2、U_3 可以分别代表编码 00，01，10 和 11。当然，在编码过程中，Alice 需要在随机的位置进行适量的安全检测编码，即加入一些为下一次安全检测服务的随机编码。

$$U_0=I_2\otimes I_2=\begin{bmatrix} I_2 & 0 \\ 0 & I_2 \end{bmatrix}=\begin{bmatrix} 1 & 0 & 0 & 0 \\ 0 & 1 & 0 & 0 \\ 0 & 0 & 1 & 0 \\ 0 & 0 & 0 & 1 \end{bmatrix} \tag{3-1}$$

$$U_1=I_2\otimes \sigma_x=\begin{bmatrix} \sigma_x & 0 \\ 0 & \sigma_x \end{bmatrix}=\begin{bmatrix} 0 & 1 & 0 & 0 \\ 1 & 0 & 0 & 0 \\ 0 & 0 & 0 & 1 \\ 0 & 0 & 1 & 0 \end{bmatrix} \tag{3-2}$$

$$U_2=I_2\otimes(-i\sigma_y)=\begin{bmatrix} -i\sigma_y & 0 \\ 0 & -i\sigma_y \end{bmatrix}=\begin{bmatrix} 0 & -1 & 0 & 0 \\ 1 & 0 & 0 & 0 \\ 0 & 0 & 0 & -1 \\ 0 & 0 & 1 & 0 \end{bmatrix} \tag{3-3}$$

$$U_3=I_2\otimes \sigma_z=\begin{bmatrix} \sigma_z & 0 \\ 0 & \sigma_z \end{bmatrix}=\begin{bmatrix} 1 & 0 & 0 & 0 \\ 0 & -1 & 0 & 0 \\ 0 & 0 & 1 & 0 \\ 0 & 0 & 0 & -1 \end{bmatrix} \tag{3-4}$$

随后，Alice 将编码后的 S_A' 序列发送给 Bob，Bob 对 S_A' 序列和与之对应的 S_B' 序列（即在 S_B 中扣除用于安全性检测后的所有光子）中对应的纠缠光子对做贝尔基联合测量，从而读出 Alice 所做的操作信息，即 Alice 对光子序列中的每一个光子分别采用了什么局域幺正操作，也就得到了 Alice 所需传输的机密信息。

为了检查 S_A' 序列的传输安全性，在量子态传输完后，Alice 告诉 Bob 她对哪一些纠缠粒子对进行了安全检测编码以及编码的数值；Bob 在其测量结果中挑出这些检测编码数据，并与 Alice 告知的结果进行比对，分析出错率。实际上，这是 Alice 和 Bob 做第二次安全性分析。

事实上，在第一次安全分析成功的情况下，由于 Eve 无法同时得到光子序列 S_A 和 S_B，因而她已经无法得到机密信息。这是纠缠系统的量子特性局限了她对机密信息的窃听，纠缠量子系统的特性要求 Eve 只有对整个纠缠体系做联合测量才能读出 Alice 做的局域幺正操作。第二次安全性分析主要是为了判断窃听者是否在 S_A 序列传输过程破坏了 S_A 与 S_B 序列的量子关联性，从而判断是否值得对已经传输的结果做纠错等数据后处理。

以上复合方式 Two-Step QSDC 的物理原理与过程主要是针对理想量子信道，即量子信道的噪声损耗很低的情况。如果使用目前实际的量子信道，复合方式 Two-Step QSDC 的物理原理和过程要复杂一些。其主要的原因在于 Bob 和 Alice 需要判断当第一个光子系列 S_B 传输到 Bob 方时哪一些位置上的光子已经发生了丢失，同时还需要校正环境对纠缠系统的破坏。这些都需要借助于其他的一些量子技术，如量子纠缠转移、量子纠缠纯化、量子纠错编码等。目前，这些量子技术在原理上已经比较成熟；随着技术的发展，都将变成不难实现的技术。

如原理图 3-1 所示，可以选择量子纠缠转移（quantum swapping）技术来判断在 Bob 得到的 S_B 序列中哪一些位置的光子已经丢失。方法是：Bob 另外制备 N 对纠缠光子对，并对 S_B 中的光子依次做纠缠转移；如果转移成功，那么可以肯定在 S_B 对应的位置存在光子，然后 Bob 可以通过抽样检测完成第一次安全检测分析；否则，Bob 可以认为他没有接收到光子。Bob 告诉 Alice 只在 S_A 中与 Bob 接收到光子的对应位置进行信息编码。

考虑到目前量子态存储技术在实际应用中还不是非常成熟，复合方式 Two-Step QSDC 可以用光学延迟的办法来实现，原理如图 3-2 所示。图中的 SR4、SR5、SR6、SR7 均代表光学延迟线圈；W3、W4 代表控制选择开关；CE3、CE4 是为了第一次安全检测而设计的设备；图中虚线框定的区域是通信双方的安全控制区。

总之，对于复合方式 Two-Step QSDC 的物理原理与过程可以用流程图简要地表示,如图 3-4 所示。

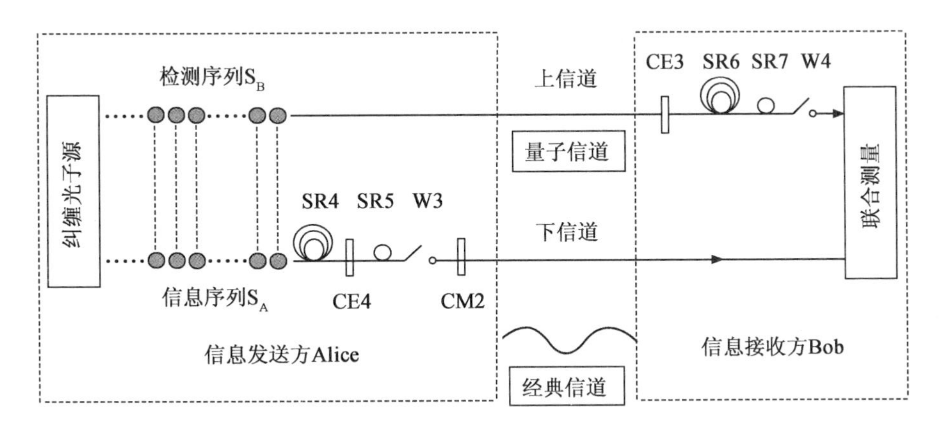

图 3-2　用光学延迟方法实现复合方式 Two-Step QSDC 的原理图

2. 简便方式 Two-Step QSDC 的物理原理与过程

相对于复合方式 Two-Step QSDC,简便方式的 Two-Step QSDC 在物理实现方面要简单一些。它不需要 Alice 和 Bob 去判断在第一个光子序列的传输后哪一些位置的光子发生了丢失。原理图和用光学延迟实现图分别如图 3-3 和图 3-5 所示。类似于图 3-2,图 3-5 中的 SR1、SR2、SR3 均代表光学延迟线圈;W1、W2 代表控制选择开关;CE1、CE2 是为了第一次安全检测而设计的设备;由 M1 和 M2 组成的系统完成信息编码和使量子信号返回量子信道的功能。

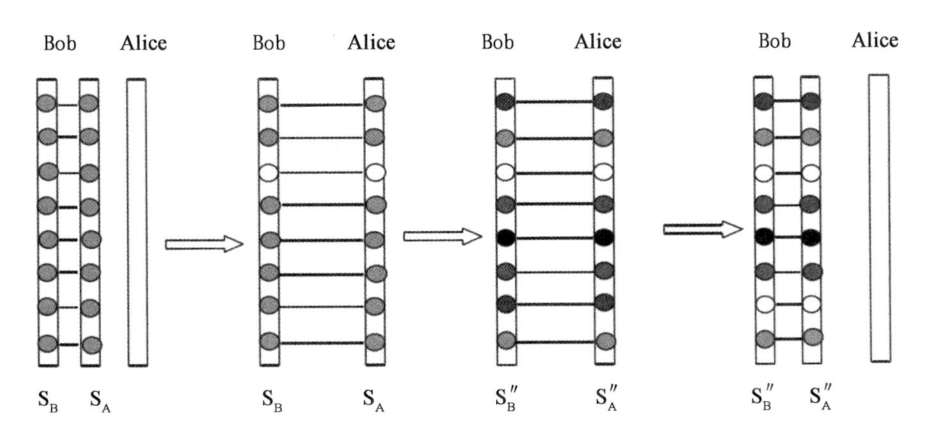

图 3-3　简便方式 Two-Step QSDC 的原理图

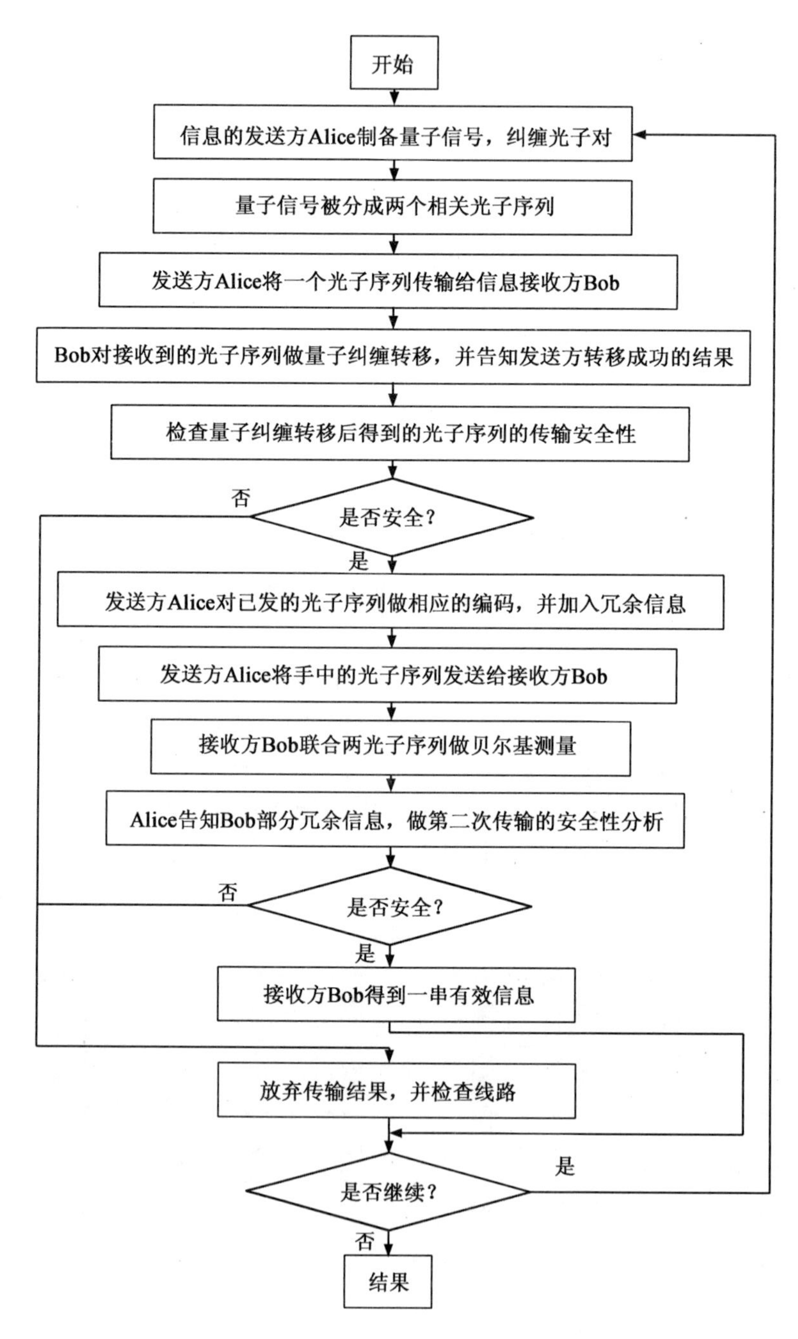

图 3-4　复合方式 Two-Step QSDC 的实验实现流程图

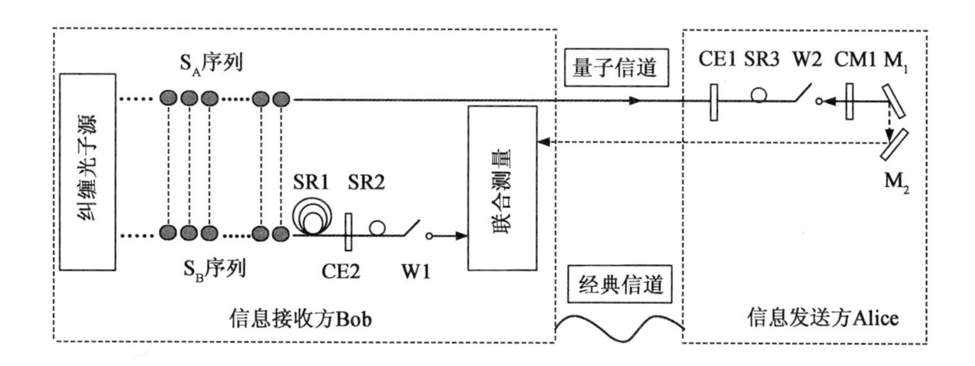

图 3-5　用光学延迟方法实现简便方式 Two-Step QSDC 的原理图

下面结合图 3-3 和图 3-5，来简要地描述简便方式 Two-step QSDC 的物理原理与过程。

与复合方式 Two-Step QSDC 不同，在简便方式的量子安全直接通信中，由光子序列 S_A 和 S_B 组成的 N 对纠缠光子由通信的接收者 Bob 制备。他将 S_A 序列发送给机密信息的发送者 Alice。类似于复合方式的 Two-Step QSDC，Alice 和 Bob 用单光子测量的办法来检查 S_A 的传输安全性。然后用量子密集编码的思想，Alice 对光子序列 S''_A（扣除安全检测所消耗的光子后得到的光学序列）做信息编码，方法与复合方式的 Two-Step QSDC 一样。随后，Alice 将 S''_A 发送回给 Bob，由他通过 Bell 基测量来读出 Alice 发送的机密信息。

与复合方式 Two-Step QSDC 主要基于 Long-Liu 2002 QKD 思想不同，简便方式 Two-Step QSDC 主要基于块状传输的量子密集编码思想。它的优势在于在有噪声和损耗的量子信道中传输光子序列 S_A 也不需要做量子纠缠转移。这样就简化了复合方式 Two-Step QSDC 的过程，也节约了纠缠的量子资源。当然，它要付出的代价是让 S_A 序列运动了双倍于量子通信距离的路程，在噪声信道中会加大对光子的损耗。

类似复合方式，简便方式 Two-Step QSDC 的物理原理与过程可以用图 3-6 所示的流程图来表示。

3.1.2.3　Two-Step QSDC 的安全性讨论

在此值得强调的是量子通信的安全是一种基于统计的安全，它是由随机抽样数据的安全来保证的。只要能保证随机抽样数据的安全，那么在理论上就可以认

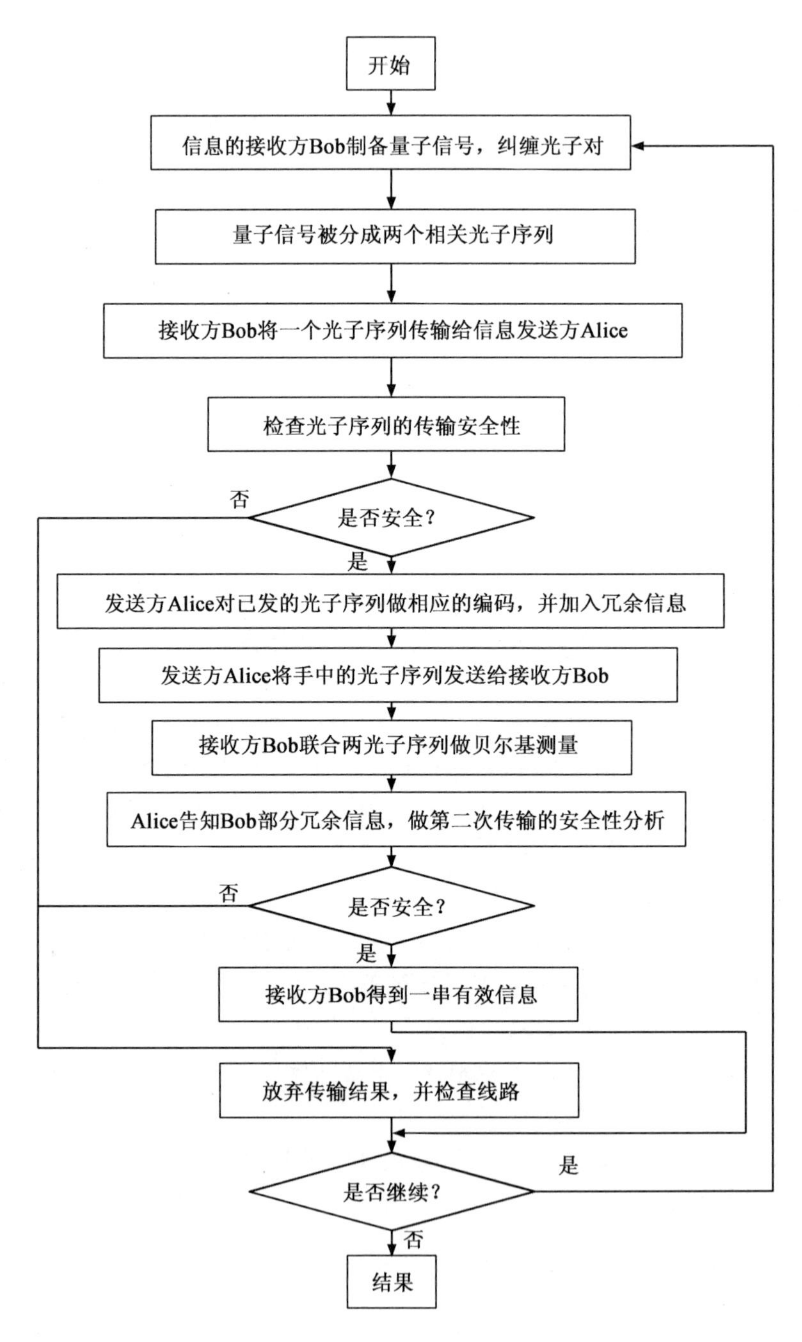

图 3-6　简便方式 Two-Step QSDC 的实验实现流程图

为量子通信过程是安全的。而通常所说的安全传输是指不会导致泄露机密信息的传输,即能判断是否有人监听量子信道的传输。用量子数据块的方式来设计量子安全直接通信,目的也是为了能做随机抽样分析,判断量子信道的安全性。

由于纠缠的量子系统只有做联合测量才能读出量子态的所有信息,这样就保证了 Eve 做局域测量得不到 Alice 做的局域量子操作信息。也就是说,如果 Eve 没有办法拿到两个光子序列,她就没有办法读出机密信息。因而,只要 Alice 和 Bob 能够确保第一个光子序列传输的安全性,那么 Two-Step QSDC 是安全的,即不会泄露机密信息给 Eve。

从对随机抽样数据安全分析的角度来看,在 Two-Step QSDC 中,第一个光子序列的传输安全性与 BBM92 QKD 的安全性是一样的,它只是一种更特殊的 BBM92 QKD 安全检测过程,因为在第一个光子序列传输的过程中量子信号的制备者自始至终都控制着另一个光子序列,Eve 不可能同时拿到两个光子序列。因而第一个光子序列的传输安全性不比 BBM92 QKD 的安全性低。后者是被证明绝对安全的量子通信方案[4];作为它的特例,Two-Step QSDC 中的第一个光子序列的传输过程是绝对安全的。分析方法与 BBM92 QKD 一样[4],在此不再简单重复。

下面讨论随机地选择两组测量基⊕和⊗来检测第一个光子序列的传输安全性的原因。这也是 Bosrtöm 和 Felbinger 提出 Ping-Pong QSDC 不能对每一个纠缠量子系统做 2 比特编码的原因。从上面介绍的原理与过程可以看到,当 $N=1$ 时,简便方式 Two-Step QSDC 方案可以简化为高容量的 Ping-Pong QSDC 方案。Ping-Pong QSDC 方案可以看作是简便方式 Two-Step QSDC 的低容量编码的一种特例,而这种低容量的编码正是由于选择一组测量基做安全检测造成的。以简便方式 Two-Step QSDC 方案为实例讨论只选择一组测量基⊕不能做 2 比特编码的理由。

根据 Stinespring dilation 定理[5],Eve 对量子信号的窃听等价于在由量子信号和辅助窃听系统(记为探测器)组成的更大的一个 Hilbert 矢量空间做一个幺正操作,即

$$|\Psi\rangle = \sum_{a,b\in\{0,1\}} |\varepsilon_{a,b}\rangle |a\rangle |b\rangle \tag{3-5}$$

在此,$|\varepsilon_{a,b}\rangle$表示 Eve 的探测器的量子态,$|a\rangle$和$|b\rangle$分别表示纠缠光子对中的两个光子 A 和 B 的量子态。当然,式(3-5)要满足归一化条件,而$|a\rangle$和$|b\rangle$是测量算符的本征态,因而要求 Eve 的探测器的量子态满足归一化条件

$$\sum_{a,b\in\{0,1\}} \langle \varepsilon_{a,b} \mid \varepsilon_{a,b} \rangle = 1 \tag{3-6}$$

定义 Eve 的操作算符为 $\hat{E}$，则

$$\begin{aligned}\hat{E} \mid 0,E\rangle &\equiv \mid 0\rangle_{\mathrm{B}} \mid E\rangle = \alpha \mid 0\rangle_{\mathrm{B}} \mid \varepsilon_{00}\rangle + \beta \mid 1\rangle_{\mathrm{B}} \mid \varepsilon_{01}\rangle \\ &\equiv \alpha \mid 0,\varepsilon_{00}\rangle + \beta \mid 1,\varepsilon_{01}\rangle \end{aligned} \tag{3-7}$$

$$\begin{aligned}\hat{E} \mid 1,E\rangle &\equiv \mid 1\rangle_{\mathrm{B}} \mid E\rangle = \beta' \mid 0\rangle_{\mathrm{B}} \mid \varepsilon_{10}\rangle + \alpha' \mid 1\rangle_{\mathrm{B}} \mid \varepsilon_{11}\rangle \\ &\equiv \beta' \mid 0,\varepsilon_{10}\rangle + \alpha' \mid 1,\varepsilon_{11}\rangle \end{aligned} \tag{3-8}$$

写成矩阵的形式为，

$$\hat{E}=\begin{bmatrix}\alpha & \beta' \\ \beta & \alpha'\end{bmatrix} \tag{3-9}$$

因 $\hat{E}$ 是幺正算符，这要求 $\alpha,\beta,\alpha',\beta'$ 满足关系

$$\begin{aligned} &|\alpha|^2+|\beta'|^2=1 \\ &|\alpha'|^2+|\beta|^2=1 \\ &\alpha\beta^* +\alpha'^*\beta'=0 \end{aligned} \tag{3-10}$$

由此可得

$$|\beta'|^2=|\beta|^2,\ |\alpha'|^2=|\alpha|^2 \tag{3-11}$$

对于 Alice 和 Bob 随机抽样而言，Eve 引入的出错率为

$$\varepsilon=|\beta|^2=|\beta'|^2=1-|\alpha|^2=1-|\alpha'|^2 \tag{3-12}$$

在简便方式 Two-Step QSDC 方案中，S_B 序列始终控制在 Bob 的手中，为了得到 Alice 的编码信息，即量子操作信息，Eve 只能攻击 S_A 序列，然后伪装成 Bob 给 Alice 发一个假的光子序列 S_E。如果 Alice 和 Bob 没有发现 Eve 的窃听行为，那么在 S_E 序列上的编码就会被读出来。

可以通过计算 Eve 能得到的信息量与她引入的出错率来说明在简便方式 Two-Step QSDC 方案中只使用一组测量基完成第一次安全检测分析是不能对 EPR 光子对做 2 比特信息编码的。当 S_A 中的光子到达 Alice 时，每一个光子的状态可以用相同的约化密度矩阵来描述

$$\rho_{\mathrm{A}} = \mathrm{Tr}_{\mathrm{B}}(\rho_{\mathrm{AB}}) = \mathrm{Tr}_{\mathrm{A}}(\mid \Psi\rangle_{\mathrm{ABAB}}\langle \Psi \mid) = \frac{1}{2}\begin{bmatrix}1 & 0 \\ 0 & 1\end{bmatrix} \tag{3-13}$$

也就是说，对光子的测量将以相等的概率 $p=1/2$ 得到$|0\rangle$和$|1\rangle$。不妨假设

如果 Alice 对抽样光子 A 测量，其结果是态$|0\rangle$。用 Ping-Pong QSDC 方案[5]中的计算方法很容易得到由光子 A 和 Eve 的探测器组成的复合系统的态为

$$
\begin{aligned}
|\Psi'\rangle &= \hat{E}\,|0,E\rangle \equiv \hat{E}\,|0\rangle_A\,|E\rangle \\
&= \alpha\,|0\rangle_A\,|\varepsilon_{00}\rangle + \beta\,|1\rangle_A\,|\varepsilon_{01}\rangle \\
&\equiv \alpha\,|0,\varepsilon_{00}\rangle + \beta\,|1,\varepsilon_{01}\rangle
\end{aligned} \tag{3-14}
$$

如果选择 U_0、U_1、U_2 和 U_3 的概率分别是 p_0、p_1、p_2 和 p_3（$p_0+p_1+p_2+p_3=1$），从基于统计理论的安全分析看，复合系统的量子态变为

$$
\begin{aligned}
\rho'' &= (p_0+p_3)|\alpha|^2|0,\varepsilon_{00}\rangle\langle 0,\varepsilon_{00}| + (p_0+p_3)|\beta|^2|1,\varepsilon_{01}\rangle\langle 1,\varepsilon_{01}| \\
&= (p_0-p_3)\alpha\beta^*\,|0,\varepsilon_{00}\rangle\langle 1,\varepsilon_{01}| + (p_0-p_3)\alpha^*\beta|1,\varepsilon_{01}\rangle\langle 0,\varepsilon_{00}| \\
&= (p_1+p_2)|\alpha|^2|1,\varepsilon_{00}\rangle\langle 1,\varepsilon_{00}| + (p_1+p_2)|\beta|^2|0,\varepsilon_{01}\rangle\langle 0,\varepsilon_{01}| \\
&= (p_1-p_2)\alpha\beta^*\,|1,\varepsilon_{00}\rangle\langle 0,\varepsilon_{01}| + (p_1-p_2)\alpha^*\beta|0,\varepsilon_{01}\rangle\langle 1,\varepsilon_{00}|
\end{aligned} \tag{3-15}
$$

如果 Eve 选择一组正交的基矢来测量自己的探测器（实际上，这种假设并不影响 Alice 不能在 Ping-Pong QSDC 做 2 比特编码这一结论，只是对 Eve 做了技术限制；这也是 Eve 的最佳的窃听探测手段），那么可以用一组正交基矢$\{|0,\varepsilon_{00}\rangle, |1,\varepsilon_{01}\rangle, |1,\varepsilon_{00}\rangle, |0,\varepsilon_{01}\rangle\}$来投影密度矩阵 ρ''，即

$$
\rho'' = \begin{bmatrix}
(p_0+p_3)|\alpha|^2 & (p_0-p_3)\alpha\beta^* & 0 & 0 \\
(p_0-p_3)\alpha^*\beta & (p_0+p_3)|\beta|^2 & 0 & 0 \\
0 & 0 & (p_1+p_2)|\alpha|^2 & (p_1-p_2)\alpha\beta^* \\
0 & 0 & (p_1-p_2)\alpha^*\beta & (p_1+p_2)|\beta|^2
\end{bmatrix} \tag{3-16}
$$

Eve 从 ρ''中能读出的信息等于 ρ''的 Von Neumann 熵，

$$
I_0 = \sum_{i=0}^{3} -\lambda_i \log_2 \lambda_i \tag{3-17}
$$

其中 $\lambda_i(i=0,1,2,3)$是 ρ''的特征根，

$$
\begin{aligned}
\lambda_{0,1} &= \frac{1}{2}(p_0+p_3) \pm \frac{1}{2}\sqrt{(p_0+p_3)^2 - 16p_0p_3|\alpha|^2|\beta|^2} \\
&= \frac{1}{2}(p_0+p_3) \pm \frac{1}{2}\sqrt{(p_0+p_3)^2 - 16p_0p_3(\varepsilon-\varepsilon^2)}
\end{aligned} \tag{3-18}
$$

$$
\lambda_{2,3} = \frac{1}{2}(p_1+p_2) \pm \frac{1}{2}\sqrt{(p_1+p_2)^2 - 16p_1p_2|\alpha|^2|\beta|^2}
$$

$$=\frac{1}{2}(p_1+p_2)\pm\frac{1}{2}\sqrt{(p_1+p_2)^2-16p_1p_2(\varepsilon-\varepsilon^2)} \quad (3\text{-}19)$$

简单计算可以看到，在 $p_0=p_1=p_2=p_3=1/4$ 时，Eve 可以不引入出错率而得到 1 比特的信息，即 $\varepsilon=0, I_0=1$。此时，ρ''的 4 个特征根简并为两个特征根。事实上，此时 Eve 可以简单地用⊕测量基来窃取 Alice 的编码信息。在 Ping-Pong QSDC 中，由于 Alice 和 Bob 只是用一组测量基⊕来进行安全检测的，因而 Eve 用⊕测量基窃听，Alice 和 Bob 无法判断安全性。这就是 Ping-Pong QSDC 方案对纠缠光子对只做 1 比特的相位编码，而没有做比特值编码的原因。

Two-Step QSDC 采用了随机选择两组测量基⊕和⊗来完成第一次安全分析，这样就克服了 Ping-Pong QSDC 方案只能做 1 比特信息编码的缺陷。

3.1.2.4 Two-Step QSDC 的优缺点分析

如前所述，Two-Step 量子安全直接通信方案的优点主要体现在：

①它可以用于直接传输机密信息，因而不需要先传输密码，再用密码加密机密信息；这样就简化了安全通信的过程；

②它引进了数据块传输的思想，能保证窃听者无法得到任何有用信息，因而安全性高；

③它利用了对量子信息载体所有可能的量子幺正操作，这样对纠缠的量子信号而言，它使编码容量达到了最大。

当然，它也存在着缺点，主要还是基于纠缠粒子体系的所有量子通信方案的共同缺点，即在实际应用中需要克制环境对量子信号的退相干作用。在实际的量子通信中，它还需要辅以其他的量子技术。当然，它还只是一个初步的量子安全直接通信模型，将来真正的量子安全直接通信肯定比这复杂，但它的物理原理是可以实用的。

3.1.3 Quantum one-time pad QSDC

从理论上讲，Two-Step QSDC 是一个真正安全的直接通信方案，也是一个有效的量子安全直接通信方案。但在目前的技术条件下，要想在实验上实现它以及在不远的将来将之赋予应用，仍需克服技术障碍。

理想的光子源虽然还不能大量的生产和应用，但以单光子为信息载体可能是量子通信真正应用的最理想的量子信号源。在量子信道中，单光子虽然会受到环境的干扰，克制这种干扰比克制环境对纠缠量子体系的退相干作用可能还是要容易一些；另外对单光子测量要比对纠缠光子对的测量容易得多。因此，如果能用单光子作为量子信号来进行量子安全直接通信，在量子信号的制备与测量上带来了方便，在实验上也更容易实现，更具有应用前景的 Quantum one-time pad QSDC 正是在这种背景下提出来的。

3.1.3.1　Quantum one-time pad QSDC 的原理与过程

在经典安全通信中，一次一密是到目前为止在理论上已证明绝对安全的唯一一种经典加密方式。在经典一次一密中，由于通信双方分别用于加密和解密的密钥对窃听者而言是完全随机的，且这种密钥只使用一次，因而在信道中传输的密文（用密钥加密机密信息得到的文件）对窃听者而言是完全随机的；也就是说，窃听者能从密文中得到的机密信息与她没有密文直接猜测机密信息是一样的效果。因而经典一次一密的绝对安全性实际上是密钥完全随机的结果。

Quantum one-time pad QSDC 正是借鉴了经典一次一密中密钥完全随机的思想，也继承了 Two-Step QSDC 中的量子数据块状传输的思想。如果能在通信双方 Alice 和 Bob 之间共享一串量子态，那么 Alice 就可以在量子态上加载机密信息。如果对 Eve 而言量子态是完全随机的，那么这样的机密信息加载具有与一次一密一样的安全性，即绝对安全。下面以极化单光子为例对 Quantum one-time pad QSDC 进行原理描述。与 Two-Step QSDC 类似，Quantum one-time pad QSDC 需要分三步完成：

①Alice 和 Bob 之间安全地共享一串量子态，即共享一串处于不同偏振状态的光子，不妨称之为创建一串量子密钥；

②在量子密钥上做机密信息加载并加入冗余信息，称之为对机密信息用量子密钥加密得到量子密文；

③机密信息的发送方 Alice 将量子密文发送给接收方 Bob，Bob 解密量子密文并做安全性分析。

Quantum one-time pad QSDC 的原理如图 3-7 所示。类似于 Bid-QKD 的原理图与简便方式 Two-Step QSDC 实验实现图，图中的 SR 表示量子态存储器（或光学延迟装置），CE 表示安全检测过程，Switch 是控制开关，由 CM、M1、M2 组成的装置完成机密信息加载与量子信号返回量子信道的功能。

如图 3-7 所示，在 Quantum one-time pad QSDC 中，机密信息的接收方 Bob 制备一串单光子序列 S，并将 S 中的每一个光子的量子态随机地制备成 $|H\rangle$、$|V\rangle$、

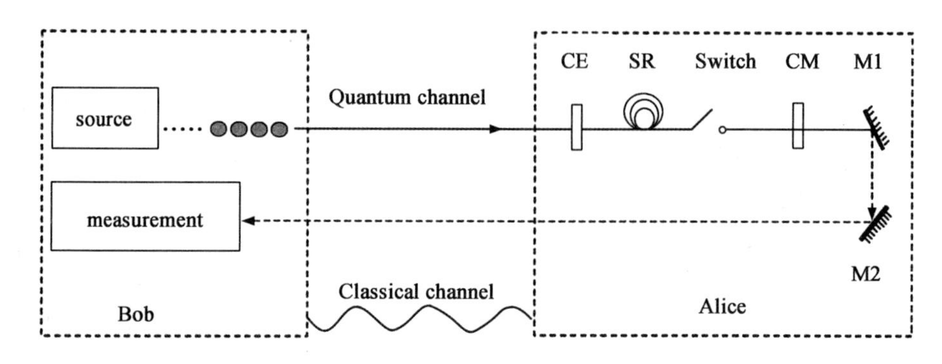

图 3-7 Quantum one-time pad QSDC 的原理图

$|L\rangle$或$|R\rangle$。与 Bid-QKD 中脉冲光子的量子态一样，$|H\rangle$、$|V\rangle$、$|L\rangle$或$|R\rangle$分别是测量基$\oplus$ 和$\otimes$ 的本征态，

$$|H\rangle=|0\rangle \tag{3-20}$$

$$|V\rangle=|1\rangle \tag{3-21}$$

$$|R\rangle=\frac{1}{\sqrt{2}}(|0\rangle-|1\rangle) \tag{3-22}$$

$$|L\rangle=\frac{1}{\sqrt{2}}(|0\rangle+|1\rangle) \tag{3-23}$$

Bob 将光子序列 S 发给 Alice，Alice 先存储光子序列，然后从 S 中随机地抽取一些光子作为抽样数据进行安全检测测量，即可以类似于 BB84-QKD 方案随机地选择$\oplus$ 或$\otimes$ 对光子进行测量，从而完成第一次安全检测。安全检测的具体过程与 Bid-QKD 方案类似。这一过程是一个创建安全量子密钥的过程。

如果通信双方 Alice 和 Bob 能够确定在 S 光子序列传输过程中没有人监听量子信道，那么他们就共享了一串量子态。不同于经典密码的地方在于：Alice 并没有对这一串共享的光子做测量，因而她不知道这一串光子的量子态。如果他们不能判断 S 光子序列的传输安全性，他们只能放弃他们得到的传输结果，与 QKD 一样经过经典处理后，从头开始新的光子串传输。

为了能让 Bob 准确地得到 Alice 加载到光子上的机密信息，Alice 对共享的光子序列 S 的编码不宜改变测量基信息。因而 Alice 可以选择两个不改变测量基信息的量子幺正操作$\{U(0),U(1)\}$来完成对光子序列的信息编码，然后将光子序列 S 发回给 Bob，由他做单光子测量来读出 Alice 的编码信息。

$$U(0)=I=|0\rangle\langle 0|+|1\rangle\langle 1| \tag{3-24}$$

$$U(1)=|0\rangle\langle 1|-|1\rangle\langle 0| \tag{3-25}$$

$U(0)=I$ 表示 Alice 对光子不做任何操作，$U(1)$为对测量基本征态的内部变换操作，即

$$U(1)|H\rangle=-|V\rangle \tag{3-26}$$

$$U(1)|V\rangle=|H\rangle \tag{3-27}$$

$$U(1)|R\rangle=-|L\rangle \tag{3-28}$$

$$U(1)|L\rangle=|R\rangle \tag{3-29}$$

这两个幺正操作可以分别代表编码 0 和 1，从而与经典的机密信息一一对应。

类似于 Two-Step QSDC 方案，为了检测光子序列 S 从 Alice 返回 Bob 过程的安全性，Alice 需要多加入一些冗余编码，即随机地在 S 序列中选择一些光子并随机地选择量子操作$\{U(0),U(1)\}$完成冗余编码[1]。

3.1.3.2 Quantum one-time pad QSDC 的安全性分析

Two-Step QSDC 之所以是安全的，是因为在第一光子序列的传输过程中窃听者 Eve 得不到任何有关纠缠光子对的量子态信息，其窃听行为也必然会被 Alice 和 Bob 发现；而在第一次安全检测成功前，Alice 并没有做机密信息的加载。同样，在 Quantum one-time pad QSDC 中，光子序列 S 在从 Bob 传输到 Alice 的过程中并没有携带机密信息，Eve 又没有办法窃听到 S 中光子的量子态而不被发觉。在光子序列 S 经 Alice 加载机密信息后返回 Bob 的过程中，即使 Eve 俘获了光子序列 S，她也无法读出 Alice 加载在其上的机密信息，这时的安全性比经典的一次一密还要高。因为在经典通信中，Eve 虽然不知道密钥，但她能准确地得到密文信息；而在 Quantum one-time pad QSDC 中，Eve 不仅不能准确地得到Alice 和 Bob 共享的光子序列 S 的信息（称之为量子密钥）而不被发现，也无法准确地得到量子密文信息（即加载机密信息后光子序列的量子态），这是非克隆定理[6]保障的结果。

从数学角度看，Quantum one-time pad QSDC 的安全性是由光子序列 S 能安全地从 Bob 传输到 Alice 来保证的。可以用量子信息中的 Holevo 定理来证明光子序列 S 在机密加载前能安全传输。这也就是说，Alice 和 Bob 之间能安全地创建量子密钥 S。

根据 Holevo 定理[7]，Eve 与 Bob 之间的互信息 $H(B:E)$满足下面的关系，

$$H(B:E) \leqslant S(\rho) - \sum_x P_x S(\rho_x) \tag{3-30}$$

其中 P_x 是 Bob 将光子制备到偏振态的概率；$\rho = \sum_x P_x \rho_x$；$S(\rho_x) = -\operatorname{tr}(\rho_x \log_2 \rho_x)$ 是偏振态 ρ_x 的 Von Neumann 熵[7]，也是能从态 ρ_x 得到的最大信息。

对于 Bob 随机制备光子偏振态的情况，$H(B) = \sum_x -P_x \log_2 P = 2$；通过对 Von Neumann 熵的计算得 $S(\rho) - \sum_x P_x S(\rho_x) = 1$，即

$$H(B:E) \leqslant S(\rho) - \sum_x P_x S(\rho_x) < H(B) \tag{3-31}$$

从量子信息角度看，这就说明 Eve 的窃听不可能得到 Bob 所制备光子的完备信息。她能得到的信息要小于 Bob 通过光子偏振态传输给 Alice 的信息，而两者的差异恰恰是因为 Eve 的窃听引起的，所以她的窃听行为无法逃避 Alice 与 Bob 的安全检测。这实际上也是 BB84-QKD 绝对安全的原因。

3.1.4 Repeatedly classical one-time pad QSDC

一方面，在实验实现上，Quantum one-time pad QSDC 比 Two-Step QSDC 要简单，它只需要单光子就能进行直接通信，不需要纠缠量子系统。在理论上，每一光子都携带了量子信息，光子利用率高，不需要舍弃量子信号（与 BB84 QKD 不同）；对单光子的测量也比对纠缠系统的测量要简单得多。因而从理论上讲，Quantum one-time pad QSDC 是比 Two-Step QSDC 更实用的一种量子安全直接通信。

另一方面，Quantum one-time pad QSDC 也需要存储光子。在目前的技术条件下，存储光子量子态还不是一项很成熟的应用技术，还有待于技术的完善。另外，光子序列至少需要跑两倍于传输距离的路程，对于噪声信道而言，光子的损耗会增大。这两大缺点为 Quantum one-time pad QSDC 在目前技术条件下的应用设置了一些障碍。当然，随着技术的发展，这些障碍都会被扫除。

Repeatedly classical one-time pad QSDC 具有比 Quantum one-time pad QSDC 更好的优点，它更进一步去掉了量子态的储存过程，使得经典一次一密密码能够重复使用，实现保密通信，这不仅是密码学理论上的一个新观点，而且可以直接在实际应用中使用。另外，提出将经典密码映射成量子态的思想，即将经典密码换成量子密钥，利用非克隆定理来保证量子密钥的安全性。

当然，它不仅可以用单光子源作为量子信息的载体，也可以用其他量子系统作信息的载体。下面用偏振的单光子信号源简要地介绍它的物理原理与主要过程；对于其他信号源，原理是类似的。

3.1.4.1 Repeatedly classical one-time pad QSDC 的原理

经典密码在量子密钥分配(QKD)中可以安全重复使用。在 MBE-QKD（即 Hwang-Koh-han 1998 QKD）中，经典密码作为控制码，重复使用并用于控制通信双方的测量基，使他们选择的测量基一致，每一次传输都能得到一致的结果，从而使得每一个量子信号都能用于传输量子信息。在 CORE-QKD 中，控制码用来控制通信双方的加密/解密方式的选择，从而不仅使得他们的传输结果相同，而且能够同时在量子信道中传输整个纠缠系统，即正交纠缠基矢；当然控制码也是重复地被使用。遗憾的是这两种 QKD 方案都不能直接用来作量子安全直接通信(QS-DC)。在 MBE-QKD 中，窃听者 Eve 有 75%的概率得到正确的每一比特编码信息。在 CORE-QKD 中，如果 Alice 和 Bob 选择 4 种加密/解密方式来控制一组由 4 对 EPR 光子对组成的量子信号，那么 Eve 有 $1-3/4\times3/4=43.75\%$的概率得到正确的每 2 比特编码信息。当然，随着加密/解密方式种类的增多，Eve 能得到正确编码信息的概率会降低，但是这种概率仍然会大于 25%。这也就是说，Eve 得到有关编码信息的结果并不是完全随机的，她得到正确结果的概率大于错误结果的概率。这样，如果用 MBE-QKD 或 CORE-QKD 来作直接通信，那么 Alice 和 Bob 会泄露部分机密信息，这样的 QSDC 不是真正的 QSDC。Repeatedly classical one-time pad QSDC 既继承了 MBE-QKD 和 CORE-QKD 重复使用经典密码的优点，也克服了它们会泄露机密信息的缺点。

如图 3-8 所示，在 Repeatedly classical one-time pad QSDC 中，通信双方 Alice 和 Bob 先创建一串安全的密码。他们可以用 BB84-QKD 来得到一串绝对安全的密码(当然也可以用其他 QKD 方案来得到一串安全的密码，只是用 Repeatedly classical one-time pad QSDC 中的实验设备就可以完成 BB84-QKD)。不妨也把这一串密码称之为控制码 NK。通信双方 Alice 和 Bob 可以用这一串密码来简化他们的传输过程和机密信息的读出过程。在图中用 Control 表示。同时，他们必须保证加密在量子态上的机密信息不会泄露。为此，他们可以利用非克隆定理来保证信息的安全。

量子通信与经典通信的一个本质差异在于对作为信息载体的量子态进行窃听

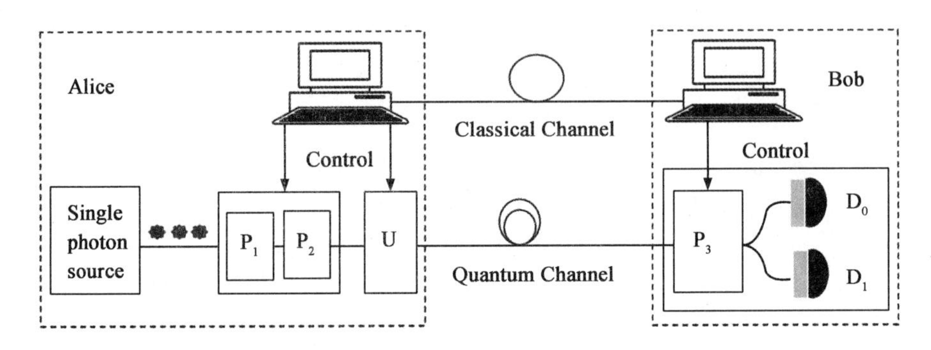

图 3-8 Repeatedly classical one-time pad QSDC 的原理图

不能得到完备的信息，且 Eve 无法准确判断她得到的测量结果是否正确。为了很好地利用这一特点作 QSDC，可以让 Alice 和 Bob 将他们共享的密码对应上一串量子态。为了保证量子态的信息不会被 Eve 准确读出，这一些量子态至少需要使用两组测量基来制备。当然使用的测量基越多，Eve 能准确得到量子态信息的概率就越小。在此，只以两组测量基为例进行说明，多组测量基时 Repeatedly classical one-time pad QSDC 的原理是一样的。图 3-8 中的 P_1 和 P_2 表示 Alice 制备偏振光子态的调制系统；P_3 和探测器 D_0、D_1 组成 Bob 的测量系统。

类似于 Quantum one-time pad QSDC，Alice 和 Bob 可以选择测量基$\oplus$和$\otimes$来制备和测量量子态，因为光子的量子态是$|H\rangle$、$|V\rangle$、$|L\rangle$或$|R\rangle$中的一个。他们事先约定将控制码中的两比特位 00，11，01 和 10 对应量子态$|H\rangle$、$|V\rangle$、$|L\rangle$和$|R\rangle$；而 Alice 对量子态做机密信息加密仍然选择$U(0)=I=|0\rangle\langle 0|+|1\rangle\langle 1|$和$U(1)=|0\rangle\langle 1|-|1\rangle\langle 0|$，它们分别代表机密信息 0 和 1。

由于控制码 N_K 是一串安全的密码，因而与之对应的一串单光子量子态也是一串安全的量子密钥。这样，Alice 对量子密钥的信息加载(即幺正操作)后的传输过程是一个安全的过程。因为在这一过程中 Eve 无法得到 Alice 加载的机密信息，原因与 Quantum one-time pad QSD 类似，所以说这一传输过程是一个安全过程。

由于 Bob 知道 Alice 制备的原始量子态，也就知道了量子态的测量基信息，那么他对量子信号的测量可以是一个完备的测量，即在理论上讲他能 100% 地得到量子态的信息。Bob 根据他对量子态的完备测量结果和 Alice 原始量子态的信息就可以直接读出 Alice 加载到量子态上的机密信息。

为了判断控制码在下一次块状量子数据传输中是否可以重复使用，类似于Quantum one-time pad QSDC，Alice需要在做机密信息加载时加入一部分冗余信息编码。Alice和Bob用这些冗余编码信息来判断Eve是否监听了量子信道，从而为解密信息的后处理，如纠错处理等服务；也是判断控制码是否能在下一次量子态传输中重复使用的依据。当然，在下一次使用时，需要删除因用于安全性分析而可能泄露的控制码。

3.1.4.2　Repeatedly classical one-time pad QSDC的主要过程

综合上面描述的Repeatedly classical one-time pad QSDC的物理原理和原理图3-8，以通信双方Alice和Bob选择⊕和⊗制备和测量单光子量子信号源为例简要地描述它的主要步骤如下：

Step1. Alice和Bob用QKD方法去创建一串安全的密码，并用它来做控制码。

Step2. Alice和Bob将控制码每2比特二进制的数值是00、11、01和10分别对应上量子态$|H\rangle$、$|V\rangle$、$|L\rangle$和$|R\rangle$，从而得到一串共享的量子态，即量子密钥，其物理表现为一串处于不同量子态的光子。

Step3. Alice对量子密钥进行机密信息加载，即根据机密信息是0或1分别选择$U(0)$或$U(1)$对光子的量子态进行幺正操作；为了安全检测，Alice需要在光子串中随机地选择一部分光子进行冗余信息编码。

Step4. Alice将加载机密信息后的光子串发给Bob；Bob根据量子密钥来测量光子串并读出机密信息。

Step5. Alice和Bob对部分冗余编码信息进行传输安全性分析。

step5.1 如果他们确定没有人窃听量子信道，那么他们就可以对已传输数据进行后处理过程，并进行下一步；在数据后处理过程中，他们可以利用余下的冗余编码信息来完成纠错等处理。

step5.2 如果他们确定有人窃听量子信道，那么他们就只能放弃已经传输的结果，从头开始新的量子安全直接通信过程。

Step6. Alice和Bob删除量子密钥中已经泄露信息的那一部分密钥，即对之做过冗余信息编码的那一部分；然后他们重复使用他们共享的这一串安全的量子密钥进行新的机密信息的传输；从双方对量子通信的控制处理看，这实际上是他们在重复使用他们共享的经典密码。

3.1.4.3 Repeatedly classical one-time pad QSDC 的安全性讨论

Repeatedly classical one-time pad QSDC (RCOTP-QSDC)是一种基于能够判断传输安全条件下的重复使用经典控制码的 QSDC。这也是量子通信比经典通信具有无法比拟的优势的地方。在 RCOTP-QSDC 中,机密信息传输的安全性是基于与经典控制码对应的量子密钥对 Eve 的完全随机性来保证的。量子密钥的这种完全随机比经典一次一密中经典密码的完全随机更具有优势,原因在于由量子密钥加载机密信息得到量子密文不能被 Eve 进行完备测量,从而 Eve 不能得到正确的量子密文信息。这样,她就更加不可能得到机密信息。Eve 要想得到机密信息,她需要破译量子密钥。而在 RCOTP-QSDC 中,这是不可能的事情。因 Eve 不知道量子密文的测量基信息,Alice 和 Bob 对 Eve 是否监听量子密文传输过程的安全检测相对于 Eve 而言,与 BB84-QKD 的安全检测是一样的。这也就是说,这种安全检测能够保证量子通信的绝对安全性。下一次重复使用控制码的过程只是上一次量子直接通信过程的简单重复,因而也是安全的。

3.2 量子机密共享

与通常的 QKD 类似,量子机密共享(quantum secret sharing,QSS)也是利用一些基本的量子力学原理,并辅以一些特殊的过程设计,从而使得无论是其他的窃听者 Eve 还是 Bob 和 Charlie 中的不诚实的一方(同前,不妨假设为 Bob)的窃听行为都无法躲避 Alice 与 Charlie 的安全检测。而这种安全只需要使得 Bob 无法得到 Alice 发给 Bob 和 Charlie 的联合量子信号的完备信息就能达到。如果 QSS 对不诚实的 QSS 参与者 Bob 是安全的,那么它对其他窃听者 Eve 也是安全的。

主要介绍两类量子机密共享方案,即基于纠缠光子对(EPR 对)的 QSS 和基于单光子的 QSS。前者是利用了 CORE-QKD 中的 CORE 技术并借鉴了量子密集编码的思想,从而使得 QSS 的三方 Alice、Bob 和 Charlie 在理论上几乎能将他们的所有测量结果用作完成机密共享的密钥,即 $K_A = K_B \oplus K_C$。不妨称之为 CORE-QSS。后者分为两种,一种是基于 Bid-QKD 思想下的 QSS,记为 Bid-QSS;另一种是基于环状拓扑结构的 QSS,不妨记为 Circle-QSS。最后,粗略地介绍一下延迟测量的 QKD 与 QSS。

3.2.1 CORE-QSS

CORE-QSS 的原理如图 3-9 所示，Alice 制备量子信号，即制备 EPR 光子对，并让 EPR 对随机地处于 4 个 Bell 基态，

$$|\Psi^{-}\rangle_{BC}=\frac{1}{\sqrt{2}}(|0\rangle_{B}|1\rangle_{C}-|1\rangle_{B}|0\rangle_{C}) \tag{3-32}$$

$$|\Psi^{+}\rangle_{BC}=\frac{1}{\sqrt{2}}(|0\rangle_{B}|1\rangle_{C}+|1\rangle_{B}|0\rangle_{C}) \tag{3-33}$$

$$|\phi^{-}\rangle_{BC}=\frac{1}{\sqrt{2}}(|0\rangle_{B}|0\rangle_{C}-|1\rangle_{B}|1\rangle_{C}) \tag{3-34}$$

$$|\phi^{+}\rangle_{BC}=\frac{1}{\sqrt{2}}(|0\rangle_{B}|0\rangle_{C}+|1\rangle_{B}|1\rangle_{C}) \tag{3-35}$$

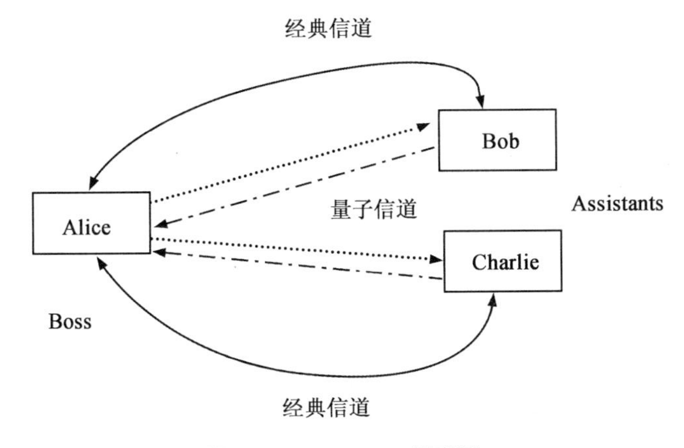

图 3-9　CORE-QSS 原理图

Alice 将光子 B 经 AB 信道发给 Bob，将光子 C 经 AC 信道发给 Charlie，如图 3-10 所示。

$\{|\Psi^{-}\rangle,|\Psi^{+}\rangle,|\phi^{-}\rangle,\phi^{+}\rangle\}$作为一组测量基$\{\sigma_z^{(A)}\sigma_z^{(B)},\sigma_x^{(A)}\sigma_x^{(B)}\}$的本征态，在量子通信中，它们不能直接进入量子信道，否则很容易被人窃听而无法发觉窃听者。因而 Alice 可以采用 CORE 技术使得无论是窃听者 Eve 还是不诚实的通信方 Bob 都无法逃脱安全检测。

在 CORE-QSS 中，Alice 也可以将每四对 EPR 对作为一个量子数据组，她对每一个量子数据组随机地选择一种 CORE 加密方式，加密方式见 CORE-QKD 中

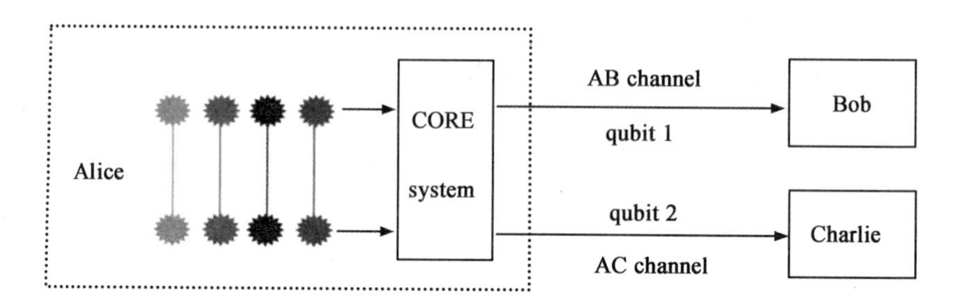

图 3-10　CORE-QSS 中的量子信号处理示意图

的描述,如图 3-11 所示。当然,她不需要与别人建立控制码,只需要她自己记录对每一量子数据组的加密方式即可。

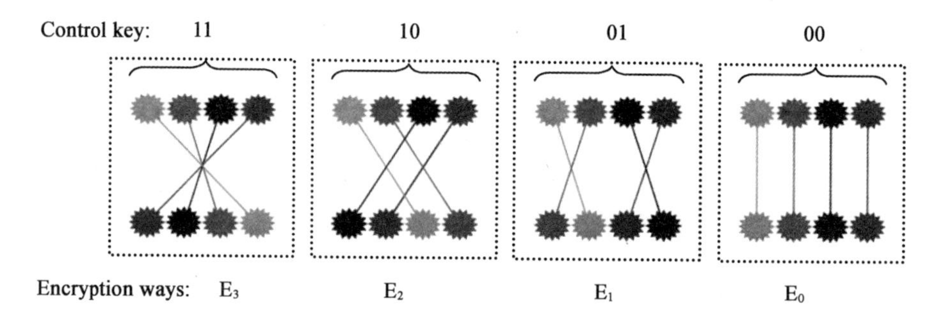

图 3-11　CORE-QSS 中的四种加密方式示意图

Alice 将经 AB 信道的光子进行正常顺序传输,对经 AC 信道传输的光子采用 CORE-QKD 中类似的办法调节光子的传输顺序,从而改变它与 AB 信道中传输的光子的对应关系。

当经过 AB 和 AC 信道传输的光子分别到达 Bob 和 Charlie 方时,他们对其中的一小部分光子随机地选择⊕和⊗进行单光子测量;对其他的光子,他们独自随机选择下面四个幺正操作来传输量子信息,即

$$U_0 = I = |0\rangle\langle 0| + |1\rangle\langle 1| \tag{3-36}$$

$$U_1 = \sigma_z = |0\rangle\langle 0| - |1\rangle\langle 1| \tag{3-37}$$

$$U_2 = \sigma_x = |1\rangle\langle 0| + |0\rangle\langle 1| \tag{3-38}$$

$$U_3 = i\sigma_y = |0\rangle\langle 1| - |1\rangle\langle 0| \tag{3-39}$$

它们可以分别对应经典编码 00、01、10 和 11。然后,Bob 和 Charlie 将编码后

的量子数据组重新发还给 Alice，并告诉 Alice 他们分别对 AB 和 AC 信道中传输的哪一些光子做了单光子测量。Alice 对她接收的光子用 CORE 解密方式调节数据组的对应关系，使之恢复正常。这一步可以由她记录的加密方式做对应的解码来完成。然后，Alice 对与 Bob 或 Charlie 已测量光子的对应光子做单光子测量。对其他的 EPR 光子对做 Bell 基测量。这种单光子测量是一种随机地选择⊕和⊗基的测量。

整个编码和单光子测量过程实际上等效于 Alice 和 Charlie 之间完成量子密集编码过程，并辅以 Bob 的测量操作信息完成送往过程（即从 Alice 方送出的过程）的安全检测；或者是 Alice 和 Bob 之间完成量子密集编码过程，并辅以 Charlie 的测量操作信息完成传输过程的安全检测。这种测量操作信息包括测量基信息与测量结果以及 Bob（Charlie）对与 Charlie（Bob）测量光子对应的光子进行的幺正操作信息。

当然对光子的送往过程和返回过程的安全性分析，Alice 都需要 Bob 和 Charlie 公布抽样光子的测量操作信息。对于返回过程的安全检测，Alice 可以从 EPR 光子对的测量结果中随机进行抽样，并要求 Bob 和 Charlie 公布相应的幺正操作信息来完成。

如果量子数据组的往返传输过程都是安全的，Alice 需要公布每一组量子数据组的加密方式，从而告诉 Charlie 和 Bob 他们的操作信息的对应关系，即他们对哪一位置上的光子所做的幺正操作是对同一 EPR 光子对的操作。在 QSS 中，不诚实的一方 Bob 比其他的窃听者 Eve 更具有逃避安全检测的优势，因为他可以发布假的信息来迷惑 Alice 的判断。因而只需讨论 Alice 和 Charlie 检测 Bob 窃听的情况，可以判断 QSS 的安全性。在这种情况下，只要 Alice 在接收到返回的量子数据组后要求 Bob 和 Charlie 公布抽样数据的测量操作信息，那么 CORE-QSS 的安全性可以等价于 Two-Step QSDC 的安全性，所以它是安全的。当然，为了防止 Bob 发布假的信息迷惑 Alice，Alice 可以先要求 Bob 和 Charlie 公布抽样数据的测量结果，即编码值，再公布测量基信息。这样就需要 Alice、Bob 和 Charlie 对选择⊕、⊗基得到的测量结果 $|H\rangle$、$|V\rangle$、$|L\rangle$ 和 $|R\rangle$ 分别编码为 0、1、0、1。Alice 要求 Bob 和 Charlie 先公布得到的测量结果是 0 或 1，然后公布测量基是⊕ 和⊗[8]。

3.2.2　基于极化单光子的 QSS

2003 年，中国科技大学郭光灿研究组提出用单光子来做 QSS[9]。他们提出的 QSS 等价于两个 BB84-QKD，如图 3-12 所示，不妨记为 Two-BB84 QSS。为了克服 BB84-QKD 中光子的传输效率只有 50%的局限,Alice 分别发送一个光学序列 S_B 和 S_C 给 Bob 和 Charlie。等他们确定已经接收到光子序列后,Alice 再告诉 Bob 和 Charlie 有关光子序列中每一个光子的测量基信息,即对每一个光子量子态 Alice 选择的是⊕还是⊗基。当然,在 Bob 和 Charlie 对光子进行测量前,需要先将它们储存起来。这种提高传输效率的思想与中科院研究生部的杨理提出的用不同的信道分别传输单光子量子态和光子的测量基信息是类似的。另一方面,在这个 QSS 方案中,Alice 可以完全准确地知道 Bob 和 Charlie 得到的密钥 K_B 和 K_C,因而很容易得到自己的密钥 $K_A = K_B \otimes K_C$。

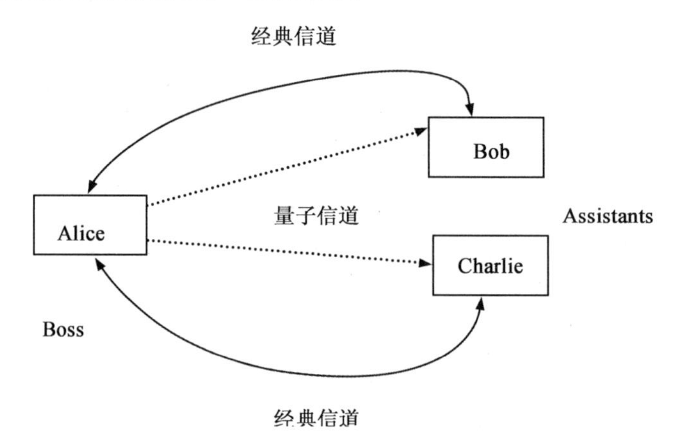

图 3-12 基于 BB84-QKD 的 QSS 原理示意图

对于中科大提出的上述 Two-BB84 QSS 方案,也可以采用两个 Bid-QKD 来实现,不妨称之为 Bid-QSS。Bid-QSS 可以采用图 3-9 中的拓扑结构,其物理原理与 Bid-QKD 的物理原理一样。这样 Bid-QSS 就具有与 Bid-QKD 一样的优点:

①光子的利用率高,几乎每一个光子都可以用来传输密钥;

②不需要储存光子;

③对于噪声不是很强的量子信道,可以用比较弱的激光脉冲来完成安全的 QSS;

④需要交换的经典信息少,除安全检测和数据后处理外,几乎不需要交换经典信息。

当然,它也具有 Bid-QKD 的缺点,即量子信号需要走双倍于信息传输距离的路程。

Bid-QSS 在拥有低噪声低损耗的量子信道条件下,具有很好的优势。在这样的 QSS 中，与 Two-BB84 QSS 一样，Alice 清楚地知道 Bob 和 Charlie 的密钥。

下面介绍一种新的 QSS 拓扑结构，它可以安全地实现 QSS，同时具有 Alice 并不知道 Bob 和 Charlie 的密钥 K_B 和 K_C，但她知道他们的联合结果，即 $K_A = K_B \otimes K_C$ 的特点。

QSS 的主要目的是 Alice 与远方的助手 Bob 和 Charlie 创建一组关联的密钥。通常的条件是 Bob 与 Charlie 相距很近，但他们都与 Alice 相距很远。在低噪声量子信道环境下，使用环形的 QSS 拓扑结构更具有优势，如图 3-13 所示，不妨记为 Circle-QSS。

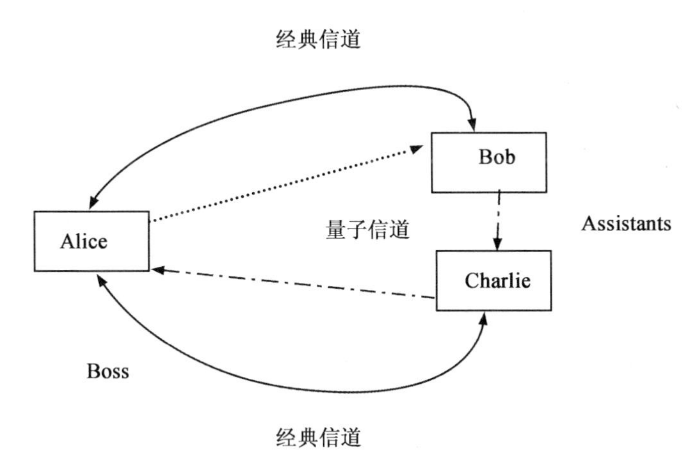

图 3-13　Circle-QSS 原理示意图

单光子的 Circle-QSS 的主要过程如下：

Step1. Alice 随机地选择测量基⊕和⊗制备一串单光子量子态 S，并记录量子态的信息；相对于 Bob 和 Charlie 而言，每一个光子都随机地处于 $|H\rangle = |0\rangle$、$|V\rangle = |1\rangle$、$|L\rangle = \frac{1}{\sqrt{2}}(|0\rangle + |1\rangle)$ 和 $|R\rangle = \frac{1}{\sqrt{2}}(|0\rangle - |1\rangle)$ 四个量子态；然后，Alice 将 S 发给 Bob。

Step2. Bob 在接收到的光子序列 S 中随机地抽出一部分光子，并随机地选择⊕和⊗基进行单光子测量，对于 S 中其他的光子，他随机地选择两个幺正操作 $U(0) = I = |0\rangle\langle 0| + |1\rangle\langle 1|$ 和 $U(1) = |0\rangle\langle 1| - |1\rangle\langle 0|$，它们对量子态 $\{|H\rangle, |V\rangle, |L\rangle, |R\rangle\}$ 的作用效果见 Bid-QKD 部分；然后，他将操作后的光子序列传给 Charlie。

Step3. Charlie 重复 Bob 的过程，即对光子序列进行随机抽样、随机地选择两组测量基⊕和⊗基进行单光子测量，对其他的光子随机地选择两个幺正操作 $U(0)$ 和 $U(1)$ 进行编码；然后将操作后的光子串 S 传给 Alice。

Step4. 由于幺正操作 $U(0)$ 和 $U(1)$ 并不改变测量基的信息，Alice 可以根据她制备光子序列 S 的信息对她接收到的光子串进行准确的测量。

Step5. Alice、Bob 和 Charlie 进行安全检测分析；这种安全检测分析需要分三段来进行。

Step5. 1 Alice 与 Bob 检测光子序列 S 在他们之间传输的安全性；这种检测与 BB84-QKD 是完全一样的，因而可以判断 Charlie 是否窃听了他们之间的量子态传输。

Step5. 2 Alice 和 Charlie 检测光子序列 S 在 Bob 与 Charlie 之间的传输安全性；它至少包括两个目的，一是判断是否有其他人监听这一段量子信道，一是防止 Bob 发给 Charlie 一个假的光子序列 S'；为此，Alice 可以先要求 Charlie 告知他对哪一些位置的光子进行了抽样测量，然后 Alice 要求 Bob 公布他对这一些光子的幺正操作信息，最后 Alice 要求 Charlie 告知对抽样光子选择的测量基信息与测量结果，由 Alice 来完成安全分析。

Step5. 3 Alice、Bob 和 Charlie 检测光子序列 S 从 Charlie 返回 Alice 过程的安全性；这一个过程也至少包括两个目的，一是判断是否有其他人监听这一段量子信道（包括 Bob），一是防止 Charlie 发给 Alice 一个假的光子序列 S''；为此，Alice 可以从她得到的测量结果中随机地抽取两个小抽样序列 S_{a1} 和 S_{a2}；对 S_{a1}，Alice 要求 Bob 先告知他选择的幺正操作信息，然后要求 Charlie 告知他选择的幺正操作信息；对 S_{a2}，则反之。

通过这三段安全检测分析，Alice、Bob 和 Charlie 就可以完成全的 QSS，从而得到 $K_A = K_B \otimes K_C$。实际上，Alice 对上面三段传输过程的安全性分析，是将单光子 Circle-QSS 的安全检测分析简化到 BB84-QKD 的安全检测分析过程。这样，单光子 Circle-QSS 就达到了与 BB84-QKD 一样的安全性，即绝对安全。

在比较理想的量子信道中，单光子 Circle-QSS 的最大优点在于每一个光子都能携带一个比特的关联密钥，即得到 $K_A = K_B \otimes K_C$ 中的一个二进制数据。与 Bid-QKD 类似，Alice、Bob 和 Charlie 只需要对抽样的量子数据进行经典信息的交换，对其他量子数据不需要交换经典信息，而抽样数据相对整个量子数据而言是很少的一部分，这样 QSS 的总的信息传输效率 $\eta_t = \dfrac{Q_u}{Q_t + b_t}$ 高。在有损耗的量子信道下，它具有与 Bid-QKD 一样的缺点。

另一方面，Circle-QSS 不仅对单光子适用，对纠缠的量子信号源也适用，如

EPR光子对。这时只要采用类似于简便方式Two-Step QSDC的方法，也能完成安全的QSS。

3.2.3 延迟测量的QKD与QSS

Two-BB84 QSS中Bob和Charlie等Alice对每一个光子都公布测量基后再进行测量的思想本身就是一种延迟测量的思想。当然，这种延迟测量思想还可以进行改进，以减少量子通信各方需要的经典信息交换量。这种改进利用QKD和QSS的安全是基于对随机抽样数据的安全分析，而抽样数据相对整个量子数据而言，只占很小比例的特点。

Lo等提出的非对称的选择测量基$\oplus$和$\otimes$，以及中科大郭光灿研究组提出的基于直积态与纠缠态的网络QKD都是利用了量子通信的这一特点。他们使用小概率随机事件完成安全检测，而用大概率确定事件携带密钥信息，从而提高了信息的传输效率。延迟测量也可以借鉴这种非对称的思想。具体地说，在基于两组及两组以上测量基的QKD中，量子通信的双方Alice和Bob事先约定在Alice将一串量子信号传输给Bob后，由Alice进行随机抽样并要求Bob对抽样位置的量子信号使用$\otimes$基，对其他量子信号都使用$\oplus$基进行测量。

这种延迟测量用于改造BB84-QKD的方法为：Alice在她要传输给Bob的光子序列的随机位置上用$\otimes$制备单光子量子态，对于其他位置则都使用$\oplus$制备光子量子态；她保留这个秘密信息，直到Bob接收到她发来的光子序列后，Alice告诉Bob她在哪一些位置使用了$\otimes$制备量子态。这样Alice和Bob只需要交换很少的经典信息就能安全地产生密钥并大大提高信息传输效率。对于BBM92-QKD，改造的方法就更简单了。与Two-Step QSDC类似，Alice传输一个光子序列S_B给Bob，她自己保留另一个光子序列S_A。S_A是S_B的伴随光子序列，他们按顺序一一对应位置的光子属于同一对EPR纠缠光子对。等Bob接收到S_B后，Alice告诉他在哪一些位置对光子选择$\otimes$，对其他位置的光子进行$\oplus$测量。

对于QSS的改造，原理与QKD一样。譬如对于HBB99-QSS，Alice可以用改造BBM92-QKD类似的办法来提高量子信号的利用率并减少经典信息的交换。具体地说，Alice将光子序列S_B和S_C分别传输给Bob和Charlie后，进行随机抽样并要求对抽样的量子信号用σ_y进行测量，对其他量子信号选择σ_x进行测量。

总之，延迟测量的目的是在保证量子通信安全的条件下提高总的信息传输效率$\eta_t=\dfrac{Q_u}{Q_t+b_t}$。

3.3 量子信源编码

对信息的编码主要包括信源编码与信道编码。前者主要是为了让发生相同的事件数能传输更多的信息，它是数据压缩的基础，也是提高通信编码容量的理论依据；后者是为了能准确可靠地传输信息而进行的编码。在量子信息中，同样存在信源编码与信道编码。相对而言，量子信道编码的发展要成熟一些。这主要来自两个方面的要求：一是量子计算中数据的处理需要克制环境对结果的影响；二是量子通信的发展需要保证数据传输的准确性。当然，近几年量子信源编码也在不断发展，主要表现在量子数据的压缩上[10]。由于非克隆定理的限制，人们已经证明对量子数据不能做无损压缩。

在此，研究的量子信源编码方法主要是用来提高一类特殊 QKD 的编码容量，即 MBE-QKD 方案。在 MBE-QKD 中，Alice 和 Bob 通过重复使用事先创建的密码来控制双方的测量基，使双方在制备和测量量子信号时使用一致的测量基。而 MBE-QKD 的安全性是由非克隆定理保证的。如果 Eve 窃听量子信道，她的行为无法逃避 Alice 和 Bob 的安全检测。如果她不窃听量子信道，那么她得不到量子态的任何信息。因此对量子信号的编码是对成功传输事件的编码，即没有人窃听量子信道时对量子态的编码。

在 MBE-QKD 中，通信双方 Alice 和 Bob 使用的量子信号是 4 个非正交态和 $|R\rangle=\frac{1}{\sqrt{2}}(|0\rangle-|1\rangle)$。从信息理论看，4 个量子态分别代表着 4 个不同的事件，因而可以携带不同的编码信息，而编码的最大容量为 2 比特。MBE-QKD 对这 4 个态只做了 1 比特的信息编码，即 $\{|H\rangle,|V\rangle,|L\rangle,|R\rangle\}$ 编码为 $\{0,1,0,1\}$，称之为简并编码。在 BB84-QKD 中，对量子态的编码也是采用了简并编码，而且也只能采用简并编码。这是因为 Alice 和 Bob 需要公开比对他们的测量基。这也就是说，对 Eve 而言，传输成功的光子态的测量基信息她是知道的，这样对每一个光子量子态就只有两种可能的状态，即测量基的本征态。

MBE-QKD 与 BB84-QKD 有一个很大的不同之处，它不要求 Alice 和 Bob 公开比对测量基信息。这样对 Eve 而言，在成功传输的光子量子态中，她并不能清楚地知道光子的测量基信息。假设 Alice 和 Bob 使用的控制码的长度为 N_K，重复使用次数 m。Eve 所能知道的测量基的相关信息是第 i 个光子的测量基与第 N_K+i 个光子的测量基相同。在 N_K 不是很小的情况下，Eve 所能知道的测量基信息与Alice的整个成功传输数据的测量基信息相比而言是很小的。从统计角度看，如果控制码不重复使用，那么Eve能猜对 N_K 比特测量基信息的概率：$P_{E_1}=\left(\frac{1}{2}\right)^{N_K}$；如果重复使用 m 次，则 $P_{E_m}=1-\left(1-\left(\frac{1}{2}\right)^{N_K}\right)^m$；当 N_K 较大时，$P_{E_m}\approx\frac{m}{2^{N_K}}$。由此泄露给Eve的测量基信息为 $\log_2\frac{1}{P_{E_1}}-\log_2\frac{1}{P_{E_m}}\approx\log_2 m$。对于每一个光子态，Eve能知道的信息大约为 $I_E\approx\frac{\log_2 m}{N_K}$。譬如 $m=1\ 024$，$N_K=1\ 000$，那么Eve能得到的信息 $I_E=0.01$ 比特。因而MBE-QKD可以对每一个光子做接近2比特的信息容量编码，但又不能直接做2比特的编码。

下面介绍提高MBE-QKD编码容量的处理方式。一种称之为非对称量子信源编码，另一种称之为对称量子信源编码。前者是在MBE-QKD下对一组测量基的两个本征态做非对称编码，即一个编1比特码，另一个编2比特码。对于对称量子信源编码，将4个非正交态分别做2比特不同编码，但需要对MBE-QKD中的控制码进行处理，这时不能简单地重复使用控制码。

非对称编码的思想是在MBE-QKD中简单地重复使用 N_K 比特控制码，并将4个量子态 $\{|H\rangle,|V\rangle,|L\rangle,|R\rangle\}$ 编码为 $\{0,10,1,01\}$。从上面对Eve能得到的信息量分析可以看出，这种编码规则符合香农的信源编码理论，即编码容量不超过量子态的信息熵。

对称编码的思想是在MBE-QKD中，当Alice与Bob需要重复使用控制码时，他们不是简单地重复使用 N_K 比特控制码，而是先对 N_K 比特的控制码进行一种映射，并从映射后的控制码中扣除适量的比特数得到新的控制码 $N_{K'}$，以剔除控制码中泄露给Eve的信息。这种处理过程可以用简单地机密放大处理方法来完成。当然映射过程也可以用混沌处理对初值很敏感的特点来完成，然后简单地剔除适量的比特数。在编码时，通信双方将4个量子态 $\{|H\rangle,|V\rangle,|L\rangle,|R\rangle\}$ 编码为 $\{00,11,01,10\}$。考虑到最终密钥中的0和1的均衡，这种编码将同一测量基下的两个量子态变成完全取反的比特数值。

当然，对于对称编码，由于控制码每重复使用一次，其长度就要缩短一部分，因此要求原始的控制码不宜太短，从而保证 $N_{K'}\gg\log_2 m$。

无论是非对称量子信源编码还是对称量子信源编码，在安全检测过程中都需要对量子态做简便编码，从而防止这个过程泄露其他量子态的信息。

参考文献

[1] Deng F G, Long G L. Secure direct communication protocol with a quan-

tum one-time pad[J]. Phys Rev A,2004,69(5):052319.

[2] Long G L,Liu X S. Theoretically efficient high-capacity quantum-key-distribution schemes[J]. Phys Rev A,2002,65:032302.

[3] 邓富国,龙桂鲁. 分步传输的量子安全直接通信方法. 中国,发明专利申请,申请号:03154483.5.

[4] Inamori H,Rallan L,Vedral V J. Security of EPR-based quantum cryptography against incoherent symmetric attacks[J]. Phys A: Math Gen,2001,34(35):6913-6918.

[5] Deng F G,Long G L,Liu X S. Two-step quantum direct communication protocol using the Einstein-Podolsky-Rosen pair block[J]. Phys Rev A,2003,68(4):042317.

[6] Wootters W K,Zurek W H. A single quantum cannot be cloned[J]. Nature,1982,299:802-803.

[7] Nielsen M A,Chuang I L. Quantum computation and quantum information [M]. Cambridge University Press,2003.

[8] Karlsson A,Koashi M,Imoto N. Quantum entanglement for secret sharing and secret splitting[J]. Phys Rev A,1999,59:162-168.

[9] Guo G P,Guo G C. Quantum secret sharing without entanglement[J]. Phys Lett A,2003,310(4):247-251.

[10] Bostroem K,Felbinger T. Lossless quantum data compression and variable-length coding[J]. Phys Rev A,2002,65(3):032313.

第4章 量子计算

量子计算是近10多年来物理学研究中最热门的领域之一，已形成了集量子物理学、数学、材料科学和工程科学等多学科交叉研究的局面，吸引了大量的科研人员投身其中。然而，关于量子计算机最终以何种方式模拟以及在何种物理体系中实现的问题，目前尚没有定论，仍处于多种途径并行研究的阶段。量子计算研究的最终目标是建造实用的高性能量子计算机——一台以量子力学为基本原理对信息进行编码和计算的新型计算机。它在理论上被证明能够完全模拟当前的经典计算机，并且在一些特殊问题上更具有经典计算机无可比拟的优势。

本章介绍在量子计算新模式上的工作。在核磁共振体系中实验模拟 one-way 量子计算模式的全过程，包括确定性地制备图态和实现 one-way 模式下的 Deutsch-Josza 算法。验证 one-way 量子计算模式的可行性，同时也将为其他物理体系开展 one-way 量子计算提供有益经验。

4.1 量子计算绪论

这是一个关于计算机的故事。

善于制造和使用工具是人类活动的一大特征，而计算机无疑是人类制造的工具中最耀眼的一个。计算机的制造史要追溯到17世纪。在西欧，由中世纪进入文艺复兴时期的社会大变革，大大促进了自然科学技术的发展，人们长期被神权压抑的创造力也得到空前释放。其中制造一台能帮助人进行计算的机器，就是当时最闪耀的思想火花之一。一代又一代人受这一思想的激励，进行艰难的尝试，历经无数次的失败。17—20世纪初期，是计算机发展史上的机械计算机时代，人们使用机械装置制造出可以进行简单运算的机器。从现代的眼光看，这只能算是设计精巧的玩具。然而正是无数可敬的拓荒者的不懈努力，才使得制造计算机的思想火花一直得到传承，直至变成熊熊的火炬。20世纪，随着电子技术和半导体技术的飞速发展，计算机迈入了电子计算机时代，从此踏上了快速发展的高速公路。1946年，ENIAC的问世被认为是世界上第一台数字电子计算机。它由真空管制造，占地170多m^2，重约30 t，被称为是第一代电子计算机。1956年，晶体管电子计算机诞生了，这是第二代电子计算机。它在体型上有了显著的改进，只要几个大一点的柜子就可将它容下，运算速度也大大地提高了。1959年出现的是第三代集成电路计算机。1976年开始，电子计算机进入第四代，由大规模集成电路和超大规模集成电路制成。超大规模集成电路的发明，使电子计算机不断向着小型化、低功耗、智能化、系统化的方向更新换代。1981年IBM推出了第一台个人电子计算机。进入21世纪，计算机更是笔记本化、微型化和专业化，以优越的性能、简易的操作和便宜的价格，全面融入了人类的经济文化活动。由计算机而引发的人类社会和文明的变革，当用"深刻"来形容，并且还在不断地深入发展着。

当前电子计算机仍在蓬勃发展，但是人们却已升起一丝前瞻性的忧虑——这样高速的发展会在什么时候停滞？著名的摩尔定律陈述，芯片上的晶体管数目平均每18个月增加1倍，性能也提升1倍。从1956年提出以来，摩尔定律已经正确运行了近50年，可是它会一直正确下去吗？当微电子线路的尺寸按照摩尔定律不断下降，总有一天它会进入一个全新的区域，其中量子效应显著，经典物理描述失效，而必须用更为根本的量子力学理论来描述。在这样的尺度里，计算机将如何进一步发展？除此以外，能耗问题也慢慢显现。当前采用的布尔逻辑(Boolean logic)限定了每一步逻辑操作中至少有KBT的热耗散，当晶体管集成度越来越高，散热问题凸显，将制约微处理器的进一步发展。采用可逆逻辑(reversible logic)可以把单位操作的能耗降低到KBT以下。有趣的是，以量子力学演化方式进行的逻辑操作正是可逆的。上述两条线，尺寸效应和能耗问题，把人们的目光自然地引向了同一处以量子力学原理为基础的新型计算机模型——量子计算机。

4.1.1 量子计算发展简史

然而量子计算机的概念并非人们被摩尔定律"逼上梁山"后才开始关注。早在20世纪80年代，电子计算机还远未像今天如此繁荣的时候，人们就已开始探索如何使用量子力学原理来构筑计算机，足见好奇心在科学技术发展中的强大推动力。1980年，P. Benioff首先讨论了如何使用量子物理系统来有效地模拟经典计算机。随后1982年，R. P. Feynman讨论了相反的问题，即经典计算机能用来有效模拟量子系统吗？他指出随着所要模拟的粒子数的增加，经典计算机所需要的资源和时间呈指数级增长,因而是没有效率的。进一步,Feynman 提出可以用可控的量子系统本身来模拟其他物理系统里的量子现象。这一思想暗示了量子系统本身可能就是一个高效的、比经典计算机更为优越的信息处理器。1985 年,D. Deutsch 明确提出了量子计算机的概念,并且给出了第一个只有在量子计算机上才能完成的算法,展示了量子计算比之经典计算的优越性。此算法经后来修改之后就是现在熟知的 Deutsch-Jozsa 量子算法[1]。而真正引爆人们的研究热情的,是其后由 P. Shor 提出的质因数分解量子算法[2](1994 年)以及由 L. K. Grover 提出的数据库搜索量子算法[3](1997 年),它们都展示出了经典计算机所无法企及的优越性能。特别是 Shor 的算法,他给出了如何利用量子计算机轻易地分解出大数的质因数,这是经典计算机无法办到的,并且极大地威胁到了以大数质因数分解难题为基础、广泛用于当今银行和政府部门的 RSA 密钥体系。这一算法的提出不仅吸引了广大科学家的兴趣,也引起了政治家的关注,大量的经费投入使得量子计算机的研究蓬勃地发展起来。

在新世纪交替前一两年,量子计算的研究也开始从理论进入到实验研究上。人们已在广泛的物理系统上,比如核磁共振、离子阱、线性光学、超导 Josephson 结、量子点等,开展了量子计算的基础研究。通过对少数量子比特系统的研究,验证了量子计算原理的可行性,进一步树立了研制量子计算机的信心。2000 年,D. P. Divincenzo 提出了在具体物理体系中能否建造量子计算机的判据,被人们广泛采纳,称为 Divincenzo 判据[4]。

在当前,量子计算已是物理学领域最活跃的研究前沿之一,形成了一门以量子物理学为基础,与数学、计算机科学、材料科学和工程科学等学科相结合的新兴前沿交叉学科。人们的最终目标是建造一台强大的量子计算机。无论是这个终极目标本身,还是在实现目标过程中涌现出的新兴技术,抑或是在此过程中所获得的关于基础物理学的新知,无疑都将极大地推动人类知识和文明的发展。或许,一轮新的技术革命将在此展开。

4.1.2 量子比特和量子特性

下面对量子计算的基础知识做一个简单介绍。

量子计算所处理的信息称为量子信息。量子信息的基本单元称为量子比特(英文通常简写为 qubit,quantum bit)。量子比特通常用一个两能级的物理系统来实现。比如一个处于外磁场中的自旋 1/2 粒子(图 4-1),自旋向下的态和自旋向

上的态具有不同的能量，这两个态就可以用来编码一个量子比特，两个自旋态分别标记为量子比特的逻辑$|0\rangle$态和逻辑$|1\rangle$态。

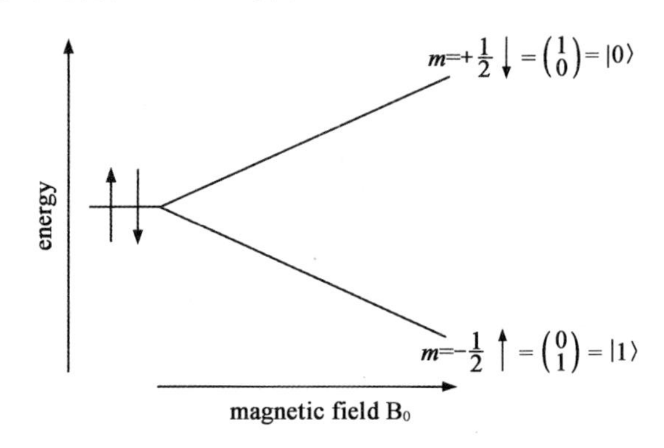

图 4-1　使用自旋粒子来编码量子比特

知道经典计算中的信息单元称作比特，通常用电容的低电压和高电压分别表示经典比特的逻辑 0 态和逻辑 1 态。那么量子比特与经典比特的区别在哪里？归纳起来主要有以下几点：

1. 量子态叠加和量子相干

根据量子态叠加原理，量子比特不仅可以处于它的逻辑$|0\rangle$态和逻辑$|1\rangle$态，还可以处于这两个态的任意线性叠加态，其中α和β都是复数，$|\alpha|^2+|\beta|^2=1$。这样的叠加不是简单的概率叠加，而是概率幅的叠加，体现了量子相干性。这是经典比特所不具备的特性。

量子比特的上述态叠加性质，某种意义上体现了量子计算所具有的并行性，即对量子比特进行的逻辑操作可以并行地作用于不同的逻辑态上。而量子相干性指出，上述并行性不是简单地同时进行，而是具有相互干涉、相消相长的特点。

下面用自旋量子比特的例子来更具体地说明上述特性。处于外磁场中的自旋 1/2 粒子，可以用与其共振的电磁波来操纵它，用逻辑门的术语来说就是对它进行单量子比特逻辑门操作。在外磁场以及电磁波的作用下，自旋粒子的哈密顿量写为（$\hbar=1$）

$$H=\omega_0 S_z+\omega_1[\cos(\omega_0 t+\varphi)S_x+\sin(\omega_0 t+\varphi)S_y] \tag{4-1}$$

其中第一项表示自旋在外磁场中的 Zeeman 分裂，第二项表示自旋与使其共振的电磁波的作用项，ω_0 是 Larmor 进动频率，ω_1 是 Rabi 振动频率，φ 表示电磁波的初始相位，$S_{x,y,z}$ 分别是自旋的 x、y、z 方向的角动量算符，由于是自旋 1/2，它们等于各自对应的 Pauli 算符的 1/2。电磁波所起的作用，通常在与自旋的 Larmor 进动频率一致的旋转坐标系下来观察。在这个参照系中哈密顿量式(4-1)改写为以下不含时间的哈密顿量

$$H^R = \omega_1[\cos\varphi S_x + \sin\varphi S_y] \tag{4-2}$$

自旋量子态在上述哈密顿量下的演化满足 schrödinger 方程 $i\frac{\partial}{\partial t}\Psi = H^R\Psi$。假设电磁波初始相位 $\varphi=0$，自旋初始态是$|0\rangle$态，则可以计算出 t 时间后它的量子态变为 $\cos\frac{\omega_1 t}{2}|0\rangle - i\sin\frac{\omega_1 t}{2}|1\rangle$；如果自旋初始态是$|1\rangle$态，则 t 时间后它的量子态是 $-i\sin\frac{\omega_1 t}{2}|0\rangle + \cos\frac{\omega_1 t}{2}|1\rangle$。当自旋的初始态是叠加态，比如$\frac{1}{\sqrt{2}}(|0\rangle + i|1\rangle)$，根据 schrödinger 方程的线性性质，电磁波的作用可以看作同时对逻辑分量态 $|0\rangle$ 和$|1\rangle$态进行操作(并行性)，然后将它们的结果相加。假设 $\omega_1 t=\pi/2$，逻辑$|0\rangle$态的操作结果是 $\Psi_0 = \frac{1}{\sqrt{2}}(|0\rangle - i|1\rangle)$，逻辑$|1\rangle$态的操作结果是 $\Psi_1 = \frac{1}{\sqrt{2}}(-i|0\rangle + |1\rangle)$，将它们按初态时的概率幅进行相加得到$\frac{1}{\sqrt{2}}(\Psi_0 + i\Psi_1) = |0\rangle$。其中$|1\rangle$没有了，只留下了$|0\rangle$，这就是量子相干性相消相长的体现。

值得一提的是，在以自旋为量子比特的量子计算中，上述例子就是用来实现单量子比特逻辑门的方法，后面会经常用到。单个量子比特的态还可以用 Bloch 球来直观地表示(图 4-2)，原点到球面上点$(1,\theta,\phi)$的有向线段用来表示量子态 $\cos\frac{\theta}{2}|0\rangle + e^{i\phi}\sin\frac{\theta}{2}|1\rangle$，它们是一一对应的关系。根据该对应关系，Bloch 球的北极表示$|0\rangle$态，球的南极表示$|1\rangle$态。单量子比特逻辑门可以直观地理解为有向线段在 Bloch 球中的任意旋转。比如上面的例子中，电磁波 $H^R=\omega_1 S_x$ 作用 t 时间，其效果就是将量子比特初始态所对应的有向线段绕 x 轴旋转 $\omega_1 t$ 角度。初始态 $\frac{1}{\sqrt{2}}(|0\rangle + i|1\rangle)$对应的有向线段的末端是 Bloch 球面与 y 轴的交点，该有向线段绕 x 轴旋转 $\omega_1 t=\pi/2$ 角度后，其末端正好与北极重合，即此时量子态为$|0\rangle$态，与上面的计算一致。

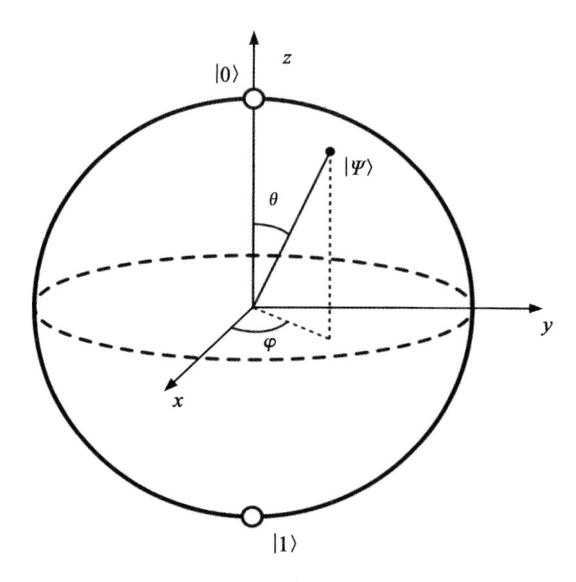

图 4-2 用 Bloch 球来表示量子比特的态

2. 量子纠缠

量子比特之间可以处于独特的量子纠缠态，比如两量子比特的 Bell 态$\frac{1}{\sqrt{2}}(|0\rangle|0\rangle+|1\rangle|1\rangle)$。量子纠缠是纯粹的量子效应，表现为一种非定域的关联，没有经典对应。因而经典比特不可能具备该特性。

量子纠缠是量子计算的重要资源。比如后面将提及的 one-way 量子计算模式，就是以一类特殊的量子纠缠态作为其普适的计算资源，配合以单量子比特的测量就可以完成任意的量子计算任务。

量子纠缠可以通过量子比特间的相互作用来建立。比如液体核磁共振量子计算中，通过在核自旋间的交换相互作用 $2\pi a I_z I_x$ 下演化一定的时间，就能够在这两个核自旋(量子比特)之间建立纠缠。在此基础上，就可以完成任意的两量子比特逻辑门操作，比如控制非门 CNOT：$|0\rangle_1\langle 0|\otimes I+|1\rangle_1\langle 1|\otimes\sigma_x$（$I$ 是单位算符，σ_x 是 Pauli 算符）。CNOT 门与上面的单量子比特逻辑门构成了一组普适量子逻辑门集合，任意的量子计算任务都可以分解为它们来进行。

3. 量子测量

对量子比特的测量与经典比特也完全不同。量子测量(这里指 von Neumann

的投影塌缩测量)具有内秉的不确定性。比如对量子态 $\alpha|0\rangle+\beta|1\rangle$ 做 S_Z 测量，将以 $|\alpha|^2$ 的概率得到 $|0\rangle$ 态，以 $|\beta|^2$ 的概率得到 $|1\rangle$ 态。量子测量也是量子计算的重要组成部分，比如在 one-way 量子计算模式中，整个量子计算过程都是通过测量来完成的。

以上介绍了量子比特的概念，以及由量子力学基本原理所赋予它的独特性质。这些性质正是量子计算优于经典计算的根源。下面将介绍如何来实现量子计算。

4.1.3　量子计算的实现

量子计算的实现，有两个层面的考虑。一个是抽象层面上，以何种方式实现量子计算，称之为量子计算的模式。最常见以及在物理应用中广泛采纳的量子计算模式是基于逻辑网络的量子计算模式，它以量子逻辑门为基础，其表述类似于经典计算机中的电子线路。其他主要的量子计算模式还有基于整体控制的量子计算模式，绝热量子计算模式，和一量子计算模式或者称作基于测量的量子计算模式。

另一个层面是物理实现层面，即在何种具体的物理系统里来实现量子计算，或者说建造量子计算机。在介绍几种常见的物理系统之前，先回顾一下被人们广泛接受的 DiVincenzo 判据。D. P. Divincenzo 提出在某个物理系统中建造量子计算机必须满足以下五个条件：

①具有可掌控的量子比特，并具有可扩展性。“可掌控的量子比特”意思是首先能够实现量子比特，其次该量子比特的物理参数、它与其他量子比特的相互作用以及与环境的相互作用都必须很清楚。“可扩展性”是指能够实现的量子比特数量要具有一定的规模(拥有几百到上千个量子比特的量子计算机才真正具有比经典计算机优越的性能)，其中所有的量子比特之间应当能够互相分辨，单独操作，以及从整体上完全掌控它们的行为。

②能够将量子比特初始化到一个简单的量子态，比如 $|000\cdots\rangle$。这个条件包含两方面的要求。一是量子计算机的初始化。量子计算机应该能重复使用，在开始新的量子计算任务之前必须将所有量子比特置于一个已知的态，比如 $|000\cdots\rangle$。另一个是量子纠错的要求，它要求在计算过程中能够源源不断地提供这种空白量子比特。

③能在较长时间内保持量子相干性，或者说退相干时间要远大于量子逻辑门操作时间。量子比特与环境的耦合会导致其量子相干性的丧失。人们通常把量子比特退相干时间与量子逻辑门操作时间的比率称为品质因子。品质因子在 10^4～

10^5 才能满足量子纠错的需要。

④能够进行普适量子逻辑门操作。后面会介绍,任意的量子幺正操作都可以通过一组普适量子逻辑门来实现。因而该条件保证了该量子计算机可以完成任意的量子计算任务。

⑤能够进行单量子比特的测量。这个条件对应于量子信息的读出。

除以上五条外,D. P. Divincenzo 后来又添加了两条关于实现量子计算机网络的要求:

(N1)本地量子比特和飞行量子比特能够互相转化;

(N2)能够在两地间传播飞行量子比特。

当前还没有一个物理系统可以完美地实现 Divincenzo 的前五条判据,量子计算实验研究的现状仍然是多个有潜力的物理系统并行研究。下面对其中几个主要实验体系进行简单的介绍。

1. 核磁共振

核磁共振量子计算[5]使用核的自旋态作为量子比特。根据样品的不同,它分为液体核磁共振量子计算和固体核磁共振量子计算。液体核磁共振使用溶于液体的分子上的核自旋作为量子比特(比如^{13}C 和^{1}H),通过共振频率的不同来区分量子比特。使用与核自旋共振的射频脉冲操控量子比特,核自旋之间的交换相互作用(Ising 类型的 zz 耦合)用来实现量子比特间的纠缠和两量子比特逻辑门。由于环境相对简单,以及溶液中分子的高速翻转起到了将核自旋与环境去耦的作用,核自旋拥有较长的退相干时间。基于核磁共振的量子调控技术也是相对比较成熟的技术。基于这些优势,液体核磁共振量子计算是目前所有实验物理体系中进展最好的,并且成为验证量子计算原理和各种模型的绝佳实验平台。在该系统中率先完成了一系列量子计算的基本操作和少数量子比特的量子算法,其结果验证了量子计算的可行性,给人们树立了研制量子计算机的信心。但是液体核磁共振量子计算也存在着天然的可扩展性缺陷。这来自分子上核自旋数目的限制,核自旋共振频率的区分度以及使用系综量子计算技术造成的信号强度随量子比特数增多而指数下降。这一缺陷有望在固体核磁共振中得到解决。固体核磁共振是当前核磁共振量子计算的主要研究对象,其原理与液体核磁共振基本一致,但在自旋环境和自旋相互作用上明显复杂。固体核磁共振实验体系是建造量子计算机的有力候选系统之一,著名的 Kane 方案就是基于此的。

2. 离子阱

离子阱量子计算[6]使用囚禁在势阱中的离子(比如 Ca^{+})作为量子比特。该方案最早是由 J. I. Cirac 和 P. Zpller 提出的。量子比特编码在离子的内部态(比如基态的超精细能级上),通过激光对单个离子进行操控,离子之间的集体振动模式作为量子比特间的相互作用来实现两量子比特逻辑门。离子阱量子计算方案在量子比特的光学读出上具有很大的优势,但是由于使用振动模式来耦合量子比特,当离子数较多时,可能会造成离子受热而逃逸出势阱。Ch. Wunderlich 等对方案进行了改进,提出可以使用离子的自旋态作为量子比特,自旋间的偶极相互作用来作为量子比特间的相互作用,使用微波脉冲(对电子自旋)或者射频脉冲(对核自旋)对自旋进行操控。这个方案与核磁共振很接近,但它在光学读出上仍保持了原有的优势。

3. 线性光学

线性光学量子计算[7]使用光子的极化态作为量子比特。2001 年著名的 Knill-Laflamme-Milburn(KLM)方案的提出是光学量子计算的重要突破,该方案证明了使用单光子源、单光子探测器和线性光学器件可以完成普适的可扩展的量子计算。在该方案之前,人们认为光学量子计算是很困难的,原因在于光子之间缺乏显著的相互作用,因而在多量子比特逻辑门的实现上存在障碍。KLM 方案给出了使用单光子探测器来实现概率性多量子比特逻辑门的方法,扫平了原来的障碍。光子间缺乏显著相互作用也有好的一面,即它不像其他量子比特那样容易退相干。此外对单个光子的操控和测量是较容易实现的。当前线性光学量子计算的主要任务是提高单光子探测器和单光子源的效率,研制可以确定性实现多量子比特逻辑门的装置,以及怎样应对计算过程中的光子损失。值得一提的是,新近提出的 one-way 量子计算模式很适合使用光学系统来开展,该模式在预先制备的量子纠缠态(图态)上只用单量子比特测量即可完成普适的量子计算,在技术上与光学系统的特点比较贴合。

4. 量子点

量子点量子计算[8]使用半导体量子点中的电子自旋作为量子比特。量子点是一种有着三维量子强束缚的半导体异质结结构,其中电子的能级是分立的,类似于电子在原子中的能级结构,因此被称为“人造原子”。量子比特编码在电子的自旋态上,使用微波脉冲或者纯电学的方法进行单量子比特操控,两量子比特逻辑门可以通过半导体腔引入的相互作用或者相邻量子点之间的电偶极相互作用来实现。量子比特的退相干主要是受量子点周围的核自旋的影响，怎样抑制环境中核自旋涨落引起的退相干是目前研究的一个主要内容，可能的方法包括将核自旋整体极化或者动力学去耦。

5. 超导

超导量子计算[9]中有三类量子比特，分别是电荷量子比特、通量量子比特和相位量子比特。在超导条件下，电子凝结成 Cooper 对进而形成超流，这可以用一个整体的宏观波函数来描述。电荷量子比特和通量量子比特的定义分别与该波函数的振幅和相位相关联。第三类量子比特，相位量子比特，则是编码在 Josephson 结（超导量子计算中的关键器件）的电极之间的相位差。相比于上述各实验体系的量子比特，超导量子比特应该称作“宏观”量子比特，它们是大约 10^{10} 个电子的集体性质。尽管如此，超导量子比特的量子相干性仍然保持得较好，能够达到微妙的量级。因此超导量子电路一直以来都是在宏观尺度上检验量子力学原理的有力工具。单量子比特逻辑门通常通过微波脉冲来实现，量子比特间通过电容或电感的方式建立起来的相互作用可以用来实现两量子比特逻辑门。超导量子计算当前的最大挑战是进一步提高量子比特的退相干时间。

4.2 量子计算模式

量子计算模式是指抽象层面上以何种方式来实现量子计算。目前主要的量子计算模式，包括最广为接受的基于逻辑网络的量子计算模式和较新的基于整体控制的量子计算模式、绝热量子计算模式和 one-way 量子计算模式。

4.2.1 基于逻辑网络的量子计算模式

量子计算先驱们在普适量子逻辑门上的一系列工作奠定了逻辑网络量子计算模式的基础。类似于经典可逆计算中的 3 比特 Toffoli 门，D. Deutsch 首先在 1989 年给出任意的 n 量子比特的幺正操作都可以通过一个 3 量子比特的逻辑门

$$D=\begin{pmatrix} \hat{1} & & \hat{0} & & \\ & 1 & 0 & 0 & 0 \\ \hat{0} & 0 & 1 & 0 & 0 \\ & 0 & 0 & i\cos\theta & \sin\theta \\ & 0 & 0 & \sin\theta & i\cos\theta \end{pmatrix} \tag{4-3}$$

(θ/π 是无理数)来构筑出来，即该 3 量子比特逻辑门是普适的。随后，A. Barenco 等在 1995 年将该结果改进到“单量子比特任意旋转逻辑门和两量子比特 CNOT 逻辑门”

$$\mathrm{CNOT}=\begin{pmatrix} 1 & 0 & 0 & 0 \\ 0 & 1 & 0 & 0 \\ 0 & 0 & 0 & 1 \\ 0 & 0 & 1 & 0 \end{pmatrix} \tag{4-4}$$

构成了普适量子逻辑门集合[10]。同年，Barenco 又单独提出以下的一个两量子比特逻辑门就是普适的[11]：

$$A(\phi,\alpha,\theta)=\begin{pmatrix} 1 & 0 & 0 & 0 \\ 0 & 1 & 0 & 0 \\ 0 & 0 & \mathrm{e}^{i\alpha}\cos\theta & -i\mathrm{e}^{i(\alpha-\theta)}\sin\theta \\ 0 & 0 & -i\mathrm{e}^{i(\alpha+\phi)}\sin\theta & \mathrm{e}^{i\alpha}\cos\theta \end{pmatrix} \tag{4-5}$$

其中 ϕ,α,θ 的取值与 π 相比以及它们各自之间的比值均为无理数。D. Deutsch、D. P. DiVincenzo、S. Lloyd 等又很快将该结果进一步推进，给出“几乎所有的两量子比特逻辑门都是普适的”，除了一些与经典逻辑门等价的两量子比特门。现在，人们使用最为广泛的普适量子逻辑门集合是“单量子比特任意旋转逻辑门和两量子比特逻辑门”。

基于逻辑网络的量子计算模式是对上述结果的直接的物理实现。量子计算被分解为一系列实验上可实现的量子逻辑门，按顺序依次施加到对应的量子比特上。这一过程可以用类似于图 4-3 的逻辑网络来形象化地表示。图中每一条横线表示其对应量子比特的时间演化，单独一条横线上的标记表示对该量子比特的单量子比特逻辑门操作,连接两(多)条横线的标记表示对相关量子比特的两(多)量子比特逻辑门操作。

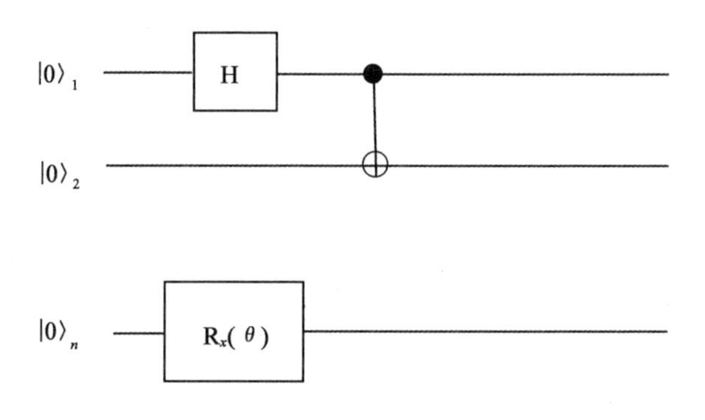

图 4-3 量子逻辑网络的示意图

其中 H 和 $R_x(\theta)$分别表示对单量子比特进行操作的 Hadamard 逻辑门和绕 x 轴旋转 θ 角度的逻辑门。连接两条横线的标记表示两量子比特 CNOT 逻辑门。

目前大多数在特定物理系统里实现量子计算的方案都是按照基于逻辑网络的量子计算模式来设计的。以著名的 Kane 方案[12]为例(图 4-4),该方案使用掺入 Si 基的^{31}P 杂质原子的核自旋作为量子比特。核自旋与电子自旋之间存在超精细耦合,因为在半导体中电子的波函数可以分布得比较宽,因而相邻两个杂质核自旋能够与同一个电子产生相互作用,以此实现两个量子比特之间间接的相互作用。在每个 P 原子上方放置金属电极(A 门),通过调节 A 门的电压所产生的电场变化,可以控制电子与核之间的超精细耦合,进而控制核自旋的共振频率。当某个核自旋的共振频率与其他都不同时,即可通过与其共振的电磁波对它进行单量子比特逻辑门操控。同样的,在两个核自旋上方中间放置 J 门,通过调节 J 门的电压来打开或者关闭相邻核自旋之间的相互作用,在打开相互作用的核自旋之间可完成两量子比特逻辑门操控。

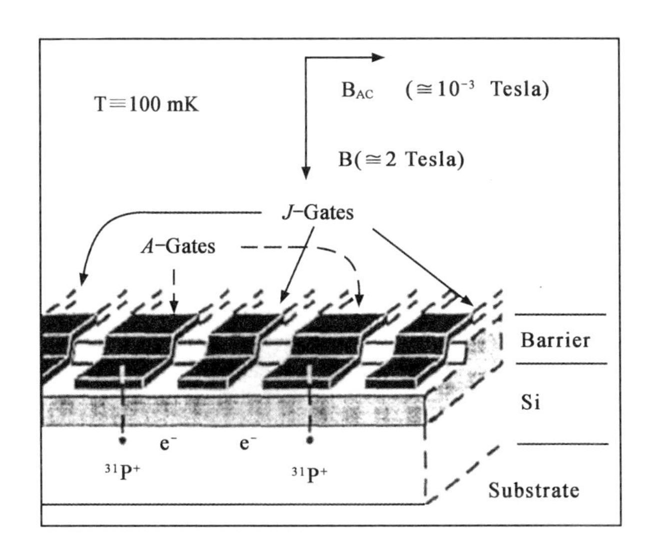

图 4-4　Kane 方案示意图

4.2.2　基于整体控制的量子计算模式

在以上基于逻辑网络的量子计算模式中，通常要求在大量的间距只有纳米量级的粒子之中实现对单个粒子的调制和对粒子间相互作用的调制，以完成对特定量子比特和特定量子比特对的逻辑门操作（参考 Kane 方案）。一方面这在技术实现上具有极大的挑战性，另一方面其采用的调制手段（比如电极）也可能是一个显著的退相干来源。因此人们开始思考是否有可能设计出实验要求相对简单的量子计算实现方法。

S. Lloyd 首先提出了使用整体控制（global control）的方式来实现量子计算的思想。类似于经典计算中的元胞自动机，他提出在含有三种不同量子比特（或者称作单元）的序列 ABCABC… 中，可以只使用整体操作的方法来实现量子计算。S. C. Benjamin 进一步优化和推广了 Lloyd 的模型，提出在仅含有两种不同单元的序列（ABAB…）以及粒子间相互作用为非对角形式的时候，也可以使用整体控制办法来实现量子计算。后续的工作又将其进一步推进，扩展到多维系统以及对粒子间相互作用不做任何调控（always on）的模型。

下面以 Benjamin 的一维序列模型[13]为例来说明整体控制量子计算模式的思想。假设有一列由两种不同的单元组成的序列 ABAB…这里的单元是一个两能级的物理系统，比如一个自旋 1/2 粒子。A 和 B 并不必须是不同的物理系统，但需要在操控的时候可以区分。以 H^{A} 表示 A 单元本身的哈密顿量，这对所有的 A 都一样(除了位于序列端点的单元)，即 A 之间无法区分。同样的，H^{B} 表示所有 B 本身的哈密顿量，H^{AB}表示所有 AB 对之间的相互作用哈密顿量，H^{BA} 表示所有 BA 对之间的相互作用哈密顿量。这个模型假设只有最近邻的粒子间存在相互作用，相互作用的形式可以是非对角的一般形式。端点粒子的可以区分是自然的，因为它只有一个近邻，因而它的操作参数(比如自旋共振频率)是不同的。同时，也可以给它连接诸如测量装置，以对它进行单独的操作。端点粒子在序列初始化和结果读出上起到关键作用。

除此以外，上述序列还需要满足如下要求才能进行普适的量子计算：

①能够关闭 H^{BA} 相互作用，即把序列变成一系列 AB 对。

②能够在 AB 对之间实现任意的两量子比特操作。

③上述两个要求对 H^{BA} 和 BA 对也必须成立。

上述要求中主要的困难在于：①可以方便地关闭和打开 AB 或 BA 之间的相互作用，这在后面会讨论可能实现它的物理系统。②要求相对简单，比如 Benjamin 在他的另一篇文章中给出了如何使用粒子间的 Heisenberg 相互作用实现任意的两量子比特逻辑门。

满足上述条件的序列可以进行普适的量子计算，普适性的证明仍然是归结为对普适量子逻辑门集合的实现，即单量子比特任意旋转和两量子比特控制操作，当然必须得用整体操控的方式。

(1)单量子比特逻辑门的实现

为了方便，以下把“H^{BA} 相互作用关闭，序列变成 AB 对”称为序列的 α 相，把“H^{AB}相互作用关闭，序列变成 BA 对”称为序列的 β 相。序列中有一个关键的单元，称为“控制单元”，通常它处于 1 态，对哪个量子比特进行操控都是由它来控制的。例如图 4-5(b)中，X、Y、Z 都表示量子比特，处于 1 态的那个单元是控制单元。通过 α 相和 β 相下的 SWAP 操作，可以把量子比特和控制单元在序列中随意地移动。假设要对 Y 量子比特做单量子比特逻辑门 U 操作，那么只需要先把 Y 量子比特和控制单元移动到相邻位置，再做一个整体的 Ctr-U 操作(这里所有的控制都是指控制量子比特处于 1 态)。由于控制单元处于 1 态，所以 Y 量子比特将被做一个 U 操作。而对于其他的单元对，因为控制量子比特处于 0 态，所以目标量子比特不会有任何改变。

以上正是整体控制量子计算模式的精髓，通过控制单元的指示，把施加于整个序列上的操作的结果局域到某个或某些特定的量子比特上。通过图 4-5 所示的过程，可以对任意量子比特进行单量子比特逻辑门操作。

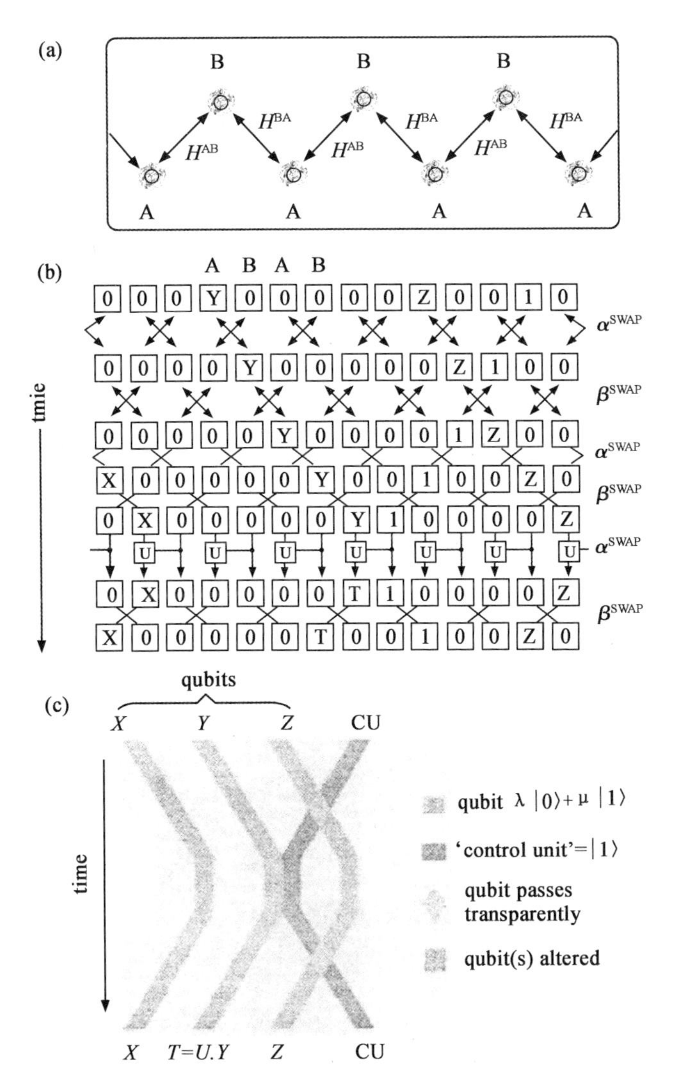

图 4-5　(a)序列示意图　(b)实现单量子比特逻辑门的步骤示意图
(c)实现单量子比特逻辑门过程中的信息流动示意图

(2)两量子比特控制逻辑门的实现

实现两量子比特控制逻辑门的主要思想是,首先把控制量子比特与控制单元纠缠起来,然后再通过控制单元与目标量子比特之间的控制逻辑门操作把三个单元都纠缠起来,最后通过控制量子比特与控制单元之间的解纠缠,实现预定的控制量子比特与目标量子比特之间的两量子比特控制逻辑门。但是这个过程必须小心设计，避免对其他量子比特产生影响。

图 4-6 给出了一个实现方案。为了实现 Y 量子比特控制 W 量子比特的一个 Ctr-U 操作，需要分为三个部分的操作：Part 1 把 Y 量子比特与控制单元纠缠起来，假设 $|Y\rangle=\lambda|0\rangle_Y+\mu|1\rangle_Y$，通过图示的几步操作，Part 1 末尾 Y 量子比特与控制单元处于纠缠态 $\mu|0\rangle_Y|1\rangle+\lambda|1\rangle_Y|0\rangle|$，Part 2 在控制单元和 W 量子比特之间做 Ctr-U 操作，使得上述三者处于纠缠态 $\mu|0\rangle_Y|1\rangle U+\lambda|1\rangle_Y|0\rangle|W\rangle$，Part 3 是 Part 1 的反过程，是为了把 Y 量子比特与控制单元解纠缠，解完之后控制单元脱离上述纠缠态，而 Y 量子比特与 W 量子比特处于纠缠态 $\lambda|0\rangle_Y|W\rangle+\mu|1\rangle_Y U|W\rangle$，即完成了预定的逻辑门操作。注意看图中其他不相干量子比特（X 和 Z）的变化，尽管在上述过程中间它们的量子态也有相应改变，但整个过程的净效果是单位操作，即没有改变。

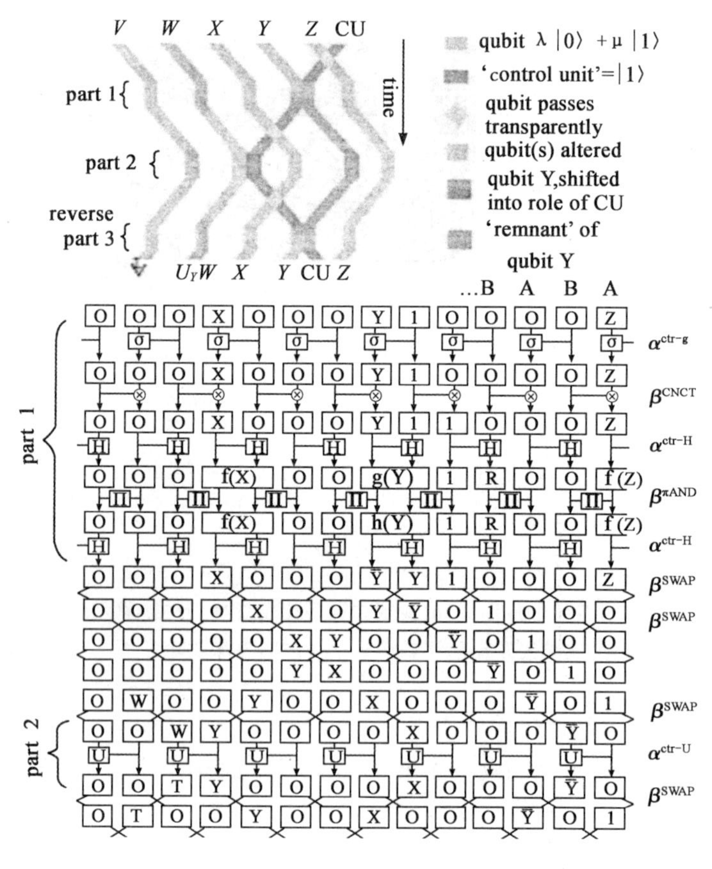

图 4-6　两量子比特控制逻辑门的实现步骤

上述内容证明了在这样的序列中可以完成普适的量子计算。在实际使用的时候,可以复制出多个控制单元,通过并行计算提高计算的效率。

作为不需要局域调制的代价,整体控制量子计算模式中资源的利用率有所下降。比如图 4-5 所示,为了实现两量子比特逻辑门,每个量子比特的两边必须分别有 3 个和 5 个空单元。Benjamin 论述可以通过使用高维的序列或者多能级的单元来增加资源的利用率。

对于适合进行上述相互作用开、关的物理系统,Benjamin 提出可以在光学晶格(optical lattice)或者具有如图 4-7 所示那样的势阱的系统中来实现,通过调节外场的方向来控制序列处于不同的相。

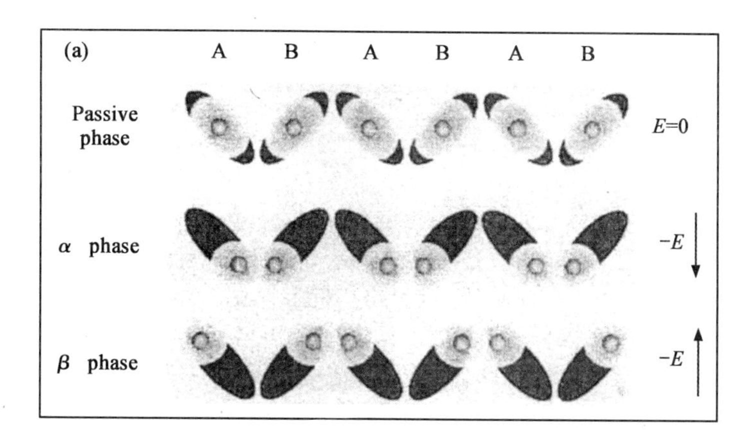

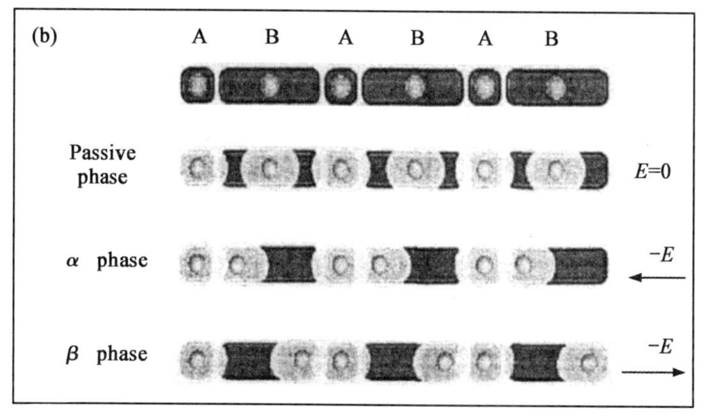

图 4-7　通过外场控制序列处于 α 相或者 β 相的示意图

4.2.3 绝热量子计算模式

M. Born 和 V. Fock 在 1928 年提出的绝热定理是绝热量子计算模式的基础;假设施加的扰动足够缓慢,那么初始时刻处于基态的物理系统将一直保持在(或者说接近于)各时刻哈密顿量的基态上。缓慢的程度取决于基态与第一激发态的能级间距。

绝热量子计算的过程由初始哈密顿量 H_{inital} 和终止哈密顿量 H_{final} 决定,其中 H_{final} 的基态代表了所要计算结果,而 H_{inital} 通常选取其基态易于制备的哈密顿量。初始时刻把系统制备为 H_{inital} 的基态,然后把系统哈密顿量从 H_{inital} 绝热地改变为 H_{final}。由于系统一直处于基态上,因而终止时刻系统所处的量子态就是所要求解的计算结果,整个计算也就完成了。尽管绝热量子计算的风格看起来与其他模式如此的不同,但 D. Aharonov 等证明了它与基于逻辑网络的量子计算模式是等价的,即具有同样的普适性和计算复杂度。

为了进一步理解绝热量子计算的做法,以 J. Roland 和 N. J. Cerf 提出的绝热搜索算法为例[14]。该算法用来在无序数据库中搜索一个特定条目。L. K. Grover 曾对该问题提出过著名的 Grover 算法,使用 Grover 算法平均只需要 $\sqrt{N}$ 次(假设总条目数为 N)即可找到目标条目,而使用经典的逐项比较法则平均需要 $N/2$ 次。Grover 算法是用量子逻辑门来实现的,而 J. Roland 和 N. J. Cerf 则给出了以绝热量子计算方式实现的同样性能的搜索算法。

假设用 n 个量子比特所组成的 Hilbert 空间的基来标记数据库中所有条目,则一共是 $N=2^n$ 个条目。把这些基用 $|i\rangle$ 来表示($i=0,1,\cdots,N-1$)。并假设其中的一条,$|M\rangle$,是所要搜寻的目标条目。把系统的初始哈密顿量和终止哈密顿量分别取为

$$H_{\text{initial}} = I - |\Psi_0\rangle\langle\Psi_0| \tag{4-6}$$

$$H_{\text{final}} = I - |m\rangle\langle m| \tag{4-7}$$

其中 I 是单位算符,$|\Psi_0\rangle = (1/\sqrt{N})\sum_{i=0}^{N-1}|i\rangle$ 是初始时刻的量子态,它是所有基的等权叠加。$|\Psi_0\rangle$ 和 $|m\rangle$ 分别是 H_{inital} 和 H_{final} 的基态,本征值为 0。选定 H_{inital} 到 H_{final} 的绝热演化路径为

$$\widetilde{H}(s) = (1-s)H_{\text{inital}} + sH_{\text{final}} \tag{4-8}$$

当 $s=s(t)$ 从 $s(0)=0$ 变为 $s(T)=1$ 的时候,搜索算法就完成了,所用时间

为 T。演化过程中通过满足以下绝热条件来保证演化是绝热的：

$$\frac{|\langle \mathrm{d}\widetilde{H}/\mathrm{d}t\rangle_{1,0}|}{g^2}=\frac{(\mathrm{d}s/\mathrm{d}t)|\langle \mathrm{d}\widetilde{H}/\mathrm{d}s\rangle_{1,0}|}{g^2}\leqslant \varepsilon \tag{4-9}$$

其中，$\varepsilon \ll 1$ 用来控制基态与第一激发态的跃迁概率，g 是基态和第一激发态的能级间距，$\langle \mathrm{d}\widetilde{H}/\mathrm{d}t\rangle_{1,0}=\langle E_{1t}|\mathrm{d}\widetilde{H}/\mathrm{d}t|E_{0t}\rangle$，$|E_{0t}\rangle$ 和 $|E_{1t}\rangle$ 分别表示 t 时刻的基态和第一激发态。$S(t)$ 的选择是自由的，但是其关系到算法的效率，即演化时间 T 的长短。一种简便的选择是线性演化，即选择 $s(t)=t/T$。从哈密顿量（式(4-8)）可以求解得到

$$g=\sqrt{1-4\frac{N-1}{N}s(1-s)} \tag{4-10}$$

$$|\langle \mathrm{d}\widetilde{H}/\mathrm{d}t\rangle_{1,0}|\leqslant 1 \tag{4-11}$$

能级间距 g 与 s 的关系如图 4-8 所示，当 $s=1/2$ 的时候能级间距最小 $g_{\min}=1/\sqrt{N}$。当选择线性演化 $s(t)=t/T$，为了使整个过程都满足绝热条件（式(4-9)），必须以 $g_{\min}$ 代入求得

$$T\geqslant N/\varepsilon \tag{4-12}$$

即演化时间与 N 相关。这个结果与经典算法的效率一样，因而是不能令人满意的。

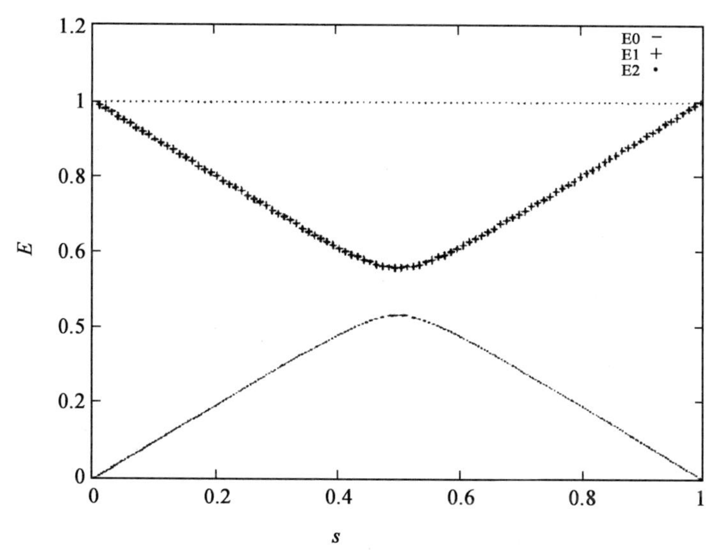

图 4-8　$\widetilde{H}(s)$ 的能级图（$N=64$）

J. Roland 和 N. J. Cerf 采用更为细致的 $s(t)$ 函数，使得每个时刻的演化率 $\mathrm{d}s/\mathrm{d}t$ 都正好达到绝热演化条件的上界，即（取 $|\langle \mathrm{d}\widetilde{H}/\mathrm{d}t\rangle_{1,0}|=1$）

$$\frac{\mathrm{d}s}{\mathrm{d}t}=\varepsilon g^2=\varepsilon\left[1-4\frac{N-1}{N}s(1-s)\right] \tag{4-13}$$

上式结合边界条件 $s(0)=0$ 可以解得

$$t=\frac{1}{2\varepsilon}\frac{N}{\sqrt{N-1}}\left[\arctan\sqrt{N-1}(2s-1)+\arctan\sqrt{N-1}\right] \tag{4-14}$$

其曲线如图 4-9 所示。可见，在能级间距大的地方（图 4-8）演化就快一些，能级间距小的地方演化就慢一些，这样保证了效率。在式（4-14）中令 $s=1$，则解得（取 $N\gg 1$ 近似）

$$T=\frac{\pi}{2\varepsilon}\sqrt{N} \tag{4-15}$$

演化时间与 $\sqrt{N}$ 相关，这与 Grover 算法的效率一致。

通过以上绝热搜索算法的例子，可以了解到绝热量子计算的一般过程。其中的关键之处是 H_{final} 的选择，这也是绝热量子计算模式中最困难的一点。

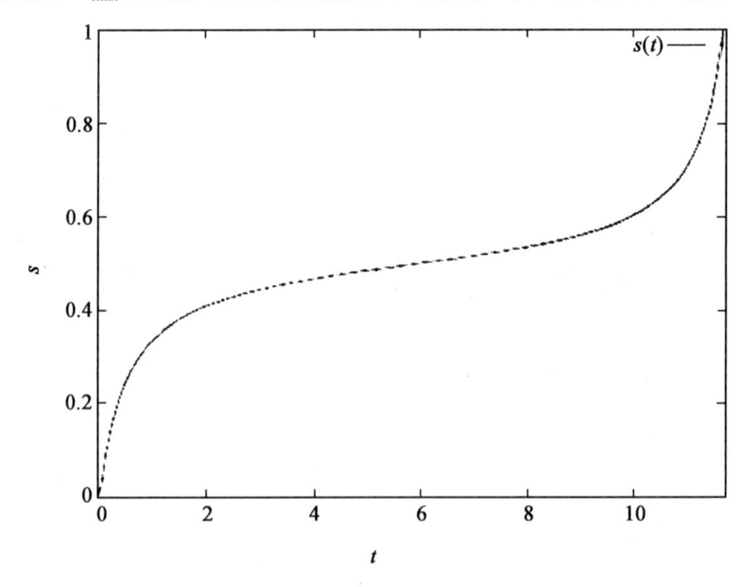

图 4-9　$s(t)$ 函数曲线

4.2.4 One-way 量子计算模式

One-way 量子计算[15]也称为基于测量的量子计算(measurement-based quantum computing)。它以一类特殊的纠缠态,cluster state 或某些图态(graph state),为普适的计算资源,所有的量子计算任务都是通过单量子比特测量来完成的。由于投影测量的不可逆性,所以把它命名为 One-way 量子计算。

One-way 量子计算模式为某些物理系统开展量子计算提供了一个有效便捷的途径。一般来讲,高精度的两量子比特逻辑门比单量子比特操控要难以实现。而在 One-way 量子计算中,两量子比特逻辑门可以完全被避免,它只需要使用一系列单量子比特测量就可以完成任意的量子计算任务(作为普适量子计算资源的 cluster state,本身不携带任何与具体量子计算任务有关的信息,因此它的制备可以以任何有效方便的方式来进行。)比如对于光学系统来讲,由于光子间缺乏显著的相互作用,因此实现两量子比特逻辑门相对比较困难,而它在对单光子测量上比较方便,因此使用 One-way 量子计算模式对于光学系统来说较为方便。事实上,目前在 One-way 量子计算的实验研究方面,光学系统是最为领先的。

除此以外,由于量子纠缠和量子测量在 One-way 量子计算中起着最为显著的作用,因此人们相信对 One-way 量子计算的深入研究,将有助于更深入地理解这两个最基本的物理现象。这更激发了研究人员对 One-way 量子计算的研究热情。

4.2.4.1 Cluster state

Cluster state 是 H. J. Briegel 和 R. Rossendorf 在 2001 年作为一种新类型的多体量子纠缠态而提出的[16]。设想 d 维空间的一组规则排列的格点,每个格点上都有一个量子比特,且其初态都制备在$(|0\rangle+|1\rangle)/\sqrt{2}$态上(Pauli 算子 σ_x 的本征态)。现在在所有相邻的量子比特之间做一个控制相位翻转操作(controlled phase flip)

$$S=|0\rangle\langle 0|\otimes\sigma_z+|1\rangle\langle 1|\otimes I \tag{4-16}$$

(低位上的量子比特控制高位的量子比特),则得到的纠缠态

$$|\Phi\rangle_C=\bigotimes_{a\in C}\left(|0\rangle_a\bigotimes_{\gamma\in\Gamma}^{(a+\gamma)}+|1\rangle_a\right) \tag{4-17}$$

称为 cluster state。式(4-17)中,C 是所有格点的集合,$a\in C$ 是其中一个格点;Γ 是高位格点的位置集合,比如 $d=2$ 时 $\Gamma=\{\{1,0\},\{0,1\}\}$,$d=3$ 时 $\Gamma=\{\{1,0,0\},\{0,1,0\},\{0,0,1\}\}$。$|\Phi\rangle_C$ 满足如下本征方程组

$$K_a \mid \Phi\rangle_C = \pm \mid \Phi\rangle_C \tag{4-18}$$

其中 $K_a = \sigma_x^{(a)} \bigotimes_{\gamma \in \Gamma \cup -\Gamma} \sigma_z^{(a+\gamma)}$。

为了便于理解，表 4-1 给出了少数量子比特的 cluster state 和其对应的网格（连线表示格点间作用了一个 S 操作）。其中，$|+\rangle = (|0\rangle + |1\rangle)/\sqrt{2}$，$|-\rangle = (|0\rangle - |1\rangle)/\sqrt{2}$。可以看到，2 粒子、3 粒子线形和 4 粒子星形 cluster state 分别与 Bell 态、GHZ 态和 4 粒子 GHZ 态在局域幺正操作下等价，而 4 粒子线型 cluster state 则是一个新的 4 粒子纠缠态形式。一般说来，只有在少数特殊情形下，cluster state 才与已知的多粒子纠缠态等价，它是一类新的多粒子纠缠态。

表 4-1　少数量子比特的 cluster state

2 粒子 chuster state	1 —— 2	$\|0\rangle_1 \|-\rangle_2 + \|1\rangle_1 \|+\rangle_2$
3 粒子线形 cluster state	1 —— 2 —— 3	$\|+\rangle_1 \|0\rangle_2 \|-\rangle_3 - \|-\rangle_1 \|1\rangle_2 \|+\rangle_3$
4 粒子线形 cluster state	1 —— 2 —— 3 —— 4	$\|0\rangle_1 \|-\rangle_2 \|0\rangle_3 \|-\rangle_4 + \|1\rangle_1 \|+\rangle_2 \|0\rangle_3 \|-\rangle_4 -$ $\|0\rangle_1 \|+\rangle_2 \|1\rangle_3 \|+\rangle_4 - \|1\rangle_1 \|-\rangle_2 \|1\rangle_3 \|+\rangle_4$
4 粒子星形 cluster state	1 —— 2 —— 3，2 —— 4	$\|+\rangle_1 \|0\rangle_2 \|-\rangle_3 \|+\rangle_4 + \|-\rangle_1 \|1\rangle_2 \|+\rangle_3 \|-\rangle_4$

从上面的定义可以发现，cluster state 与网格存在着一对一的对应关系。该定义中，格点是规则排列和规则相连的。作为推广，在任意分布的格点和格点间任意相连的情形下（称之为图），用式（4-16）的操作建立起的量子态，被称为图态（graph state）。顾名思义，每一个图态都有一个特定的拓扑结构（图）与之相对应。图态包括了 cluster state，也包括了所有多粒子的 GHZ 态。M. Van den Nest 等发现，某些特殊的图态（比如二维蜂窝状的图对应的图态），与 cluster state 一样，可以作为 one-way 量子计算的普适计算资源。

需要说明的是，作为 one-way 量子计算的普适资源，cluster state 通过何种方式制备是无关紧要的。定义中使用两量子比特控制相位翻转门来制备 cluster state 只是一种途径。比如，光学中就使用概率的、非线性的方式制备 cluster state。

4.2.4.2　单量子比特测量和前馈

One-way 量子计算使用单量子比特测量来完成计算过程，这包括两类单量子

比特测量：沿计算基$\{|0\rangle,|1\rangle\}$的投影测量(σ_z 测量)和沿 $x-y$ 平面内任意基 $B(\alpha)=\{(|0\rangle+e^{i\alpha}|1\rangle)/\sqrt{2},(|0\rangle-e^{i\alpha}|1\rangle)/\sqrt{2}\}$的投影测量。

从图(网格)来看，σ_z 测量的作用是使该格点脱离图，余下格点的量子态与除去该格点后的图的 cluster state 在局域幺正操作下等价。比如，对于表 4-1 的 4 粒子星形 cluster state，对 1 粒子做 σ_z 测量将使该格点脱离图，且容易验证测量后的 2、3、4 粒子的量子态与由它们组成的 3 粒子线形图对应的 cluster state 在局域幺正操作下等价(具体的局域幺正操作与 1 粒子的测量结果有关)。又比如，如果对 2 粒子做 σ_z 测量，则由于去除格点 2 后，余下 3 个格点没有再连成一个图，因而对 2 粒子做 σ_z 测量后将使所有格点的量子态处于可分离态，不再纠缠。这一点从 4 粒子星形 cluster state 上可以得到验证。在 one-way 量子计算中，通过使用 σ_z 测量把部分格点从图上脱离开来，从而把作为普适资源的 cluster state(比如对应二维规则格点的 cluster state)“加工”成为适合完成某个具体量子计算任务的 cluster state。

$B(\alpha)$测量是真正用来完成量子计算的单量子比特测量。比如，对 4 粒子线形 cluster state 和 4 粒子星形 cluster state 进行适当的 $B(\alpha)$测量，如图 4-10 所示，可以分别完成单量子比特旋转和两量子比特 CNOT 操作。这证明了 one-way 量子计算是普适的量子计算模式，即它可以完成所有的量子计算任务。

图 4-10(a)中，测量基 $B_2((-1)^{s_1+1}\beta)$中的 s_1 代表 1 粒子测量($B_1(-\alpha)$)的结果：$s_1=0$ 表示 1 粒子测量之后处于$(|0\rangle+e^{-i\alpha}|1\rangle)/\sqrt{2}$态，$s_1=1$ 表示 1 粒子测量之后处于$(|0\rangle-e^{-i\alpha}|1\rangle)/\sqrt{2}$态。$B_3$ 测量基中的 s_2 类似，它代表对 2 粒子进行测量的结果。s_1 和 s_2 的存在表达了一个 one-way 量子计算中的重要概念和组成部分——前馈(feed-forward)，即后续测量的方式(基)取决于前面测量的结果。这根源于投影测量结果的不确定性，即量子态塌缩的不确定性。前馈的形式有两种，一种即如 s_1 和 s_2 所示的在量子计算过程中前面的测量结果对后续所采用的测量基产生影响，另一种则是对量子计算结果(包括中间结果和最终结果)的修正。比如，图 4-10(a)中，单量子比特旋转操作的结果存储在粒子 4 上，但是这个结果需要做 Pauli 修正 $U_\Sigma=\sigma_z^{s_2}\sigma_x^{s_1+s_3+1}$ 才是正确的结果。同样的，图 4-10(b)中，存储在 3、4 粒子上的 CNOT 操作结果，需要对 3、4 粒子做 Pauli 修正 $U_\Sigma^{(3)}=\sigma_z^{s_1+1}\sigma_x^{s_2}$ 和$U_\Sigma^{(4)}=\sigma_z^{s_1}$ 和后才是正确的结果。这个修正可以理解为是投影测量的不确定性对计算结果带来一定的 Pauli 误差。这类前馈的特点是：①对结果的 Pauli 修正只有 σ_z 和 σ_x 这两种形式；②对于中间计算结果的修正，可以通过算符的对易关系，把它们推迟到最终结果中去修正；③对最终结果的修正，可以通过改变最终结果的测量基来实

现。因此,进行 Pauli 修正并不会改变 one-way 量子计算中只需要使用单量子比特测量的特点。

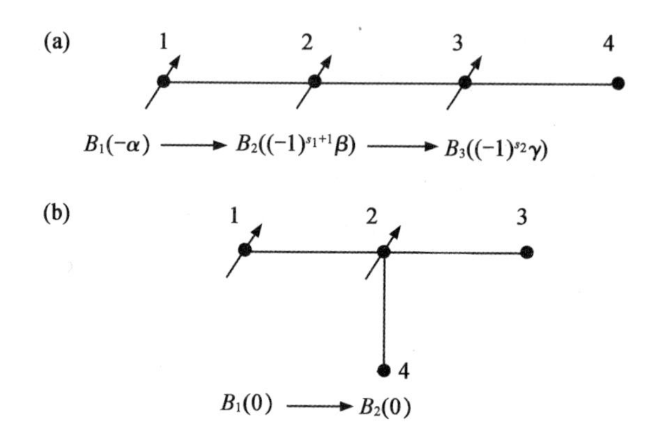

图 4-10 在 4 粒子线形 cluster state 上实现单量子比特旋转(a)和在 4 粒子星形 cluster state 上实现两量子比特 CNOT 操作(b)

格点上的箭头表示要对该格点上的量子比特进行测量,测量基在下方显示,测量顺序按箭头所示。

4.2.4.3 物理量子比特、逻辑量子比特和等效逻辑网络

为了更好地理解 one-way 量子计算中如何使用单量子比特测量来实现量子计算,需要引进物理量子比特、逻辑量子比特和等效逻辑网络的概念,分别是:建立 cluster state 的每一个格点上的量子比特(粒子)称为物理量子比特;所要完成的量子计算任务(比如某个量子算法)中所描述的量子比特称为逻辑量子比特;通过对物理量子比特进行测量,所实现的对逻辑量子比特的操作网络,称为等效逻辑网络。举个例子,假设要通过图 4-10(a)的 4 粒子线型网格来实现对逻辑量子态$|\Psi\rangle$的单量子比特旋转操作,那么可以通过如下步骤来实现:

①首先把逻辑量子态$|\Psi\rangle$制备在粒子 1 上,其余粒子制备为$|+\rangle$态。这一步中逻辑量子比特与物理量子比特 1(粒子 1)重合。

②通过式(4-16)的纠缠操作把 4 个粒子按照图 4-10(a)纠缠起来。此时逻辑量子比特不再局限在某个物理量子比特上,抽象的理解,此时它所编码(encode)的逻辑量子态分布在整个纠缠态上。

③按照图 4-10(a)给的测量基进行顺序测量。通过对物理量子比特 1、2、3 的测量,②中的纠缠态被一步步地解纠缠,最终逻辑量子比特与物理量子比特 4(粒子 4)重合。

④需要的话，对粒子 4 测量以读出最终的逻辑量子态，测量基须把 Pauli 修正考虑在内。

需要说明的是，步骤②中的纠缠态不是 cluster state，因为粒子 1 的初态没有制备在$|+\rangle$态。这是为了举例说明而采取的特殊办法。实际上，可以在 1 粒子前再加上 3 个粒子，把 7 个粒子制备为线型的 cluster state，然后通过对前 3 个粒子进行适当的测量，把逻辑$|+\rangle$态旋转为逻辑$|\Psi\rangle$态，至此就跟步骤②操作完后一样了。这个过程实际上就是初态（输入态）制备的过程。

上述例子用来帮助理解物理量子比特和逻辑量子比特的概念。接下来，需要在物理量子比特的测量和逻辑量子比特的等效操作（等效逻辑网络）之间建立联系。从最基本的单元考虑起。

（1）基本单元一：两粒子网络

如图 4-11 所示。对物理量子比特的操作是：①把逻辑量子态$|\Psi\rangle$制备在粒子 1 上，粒子 2 制备为$|+\rangle$态；②用纠缠操作 S[（式(4-16)]把粒子 1 和 2 纠缠起来；③对粒子 1 进行 $B_1(\alpha)$测量。

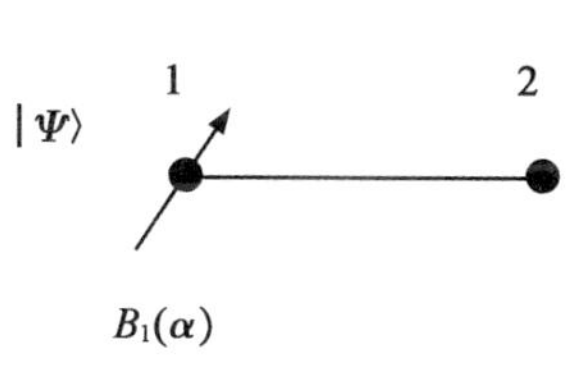

图 4-11　基本单元一

上述对物理量子比特的操作，所实现的对逻辑量子比特的等效逻辑网络图如图 4-12 所示。其中 $R_z(-\alpha)=e^{-i(-\alpha)\sigma_z/2}$，$H=(\sigma_x+\sigma_z)/\sqrt{2}$是 Hadamard 操作。等效逻辑网络图的最终结果编码在粒子 2 上。

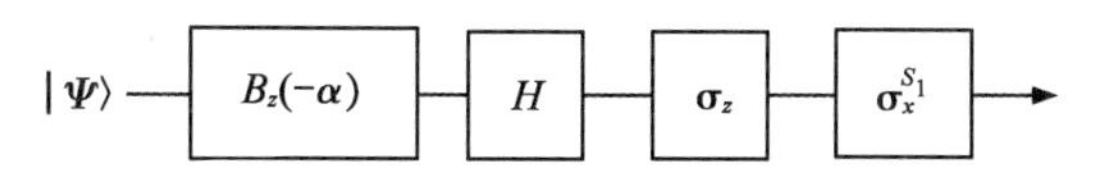

图 4-12　基本单元一对应的等效逻辑网络图

上述等效性很容易验证。（令$|\Psi\rangle=a|+\rangle+b|-\rangle$计算起来比较方便。）

（2）基本单元二：三粒子网络

如图 4-13 所示。对物理量子比特的操作是：①把逻辑量子态$|\Psi\rangle_c$和$|\Psi\rangle_t$分别制备在粒子 1 和粒子 2 上（下标 c 和 t 代表 control 和 target 的意思），粒子 3 制备为$|+\rangle$态；②在粒子 1 和 2、粒子 2 和 3 之间分别进行纠缠操作 S[（式(4-16)]；③对粒子 2 进行 $B_2(\alpha)$测量。

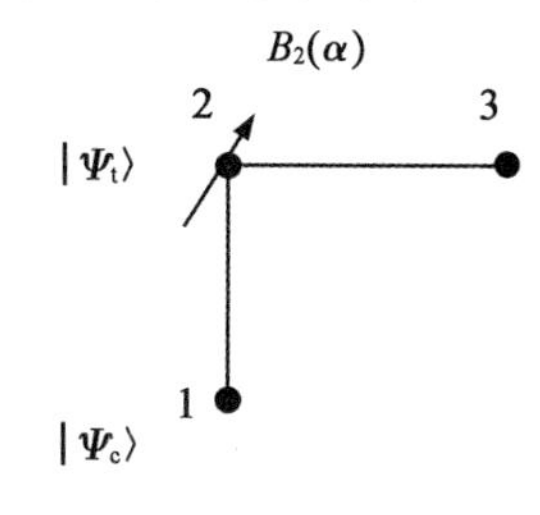

图 4-13　基本单元二

上述操作所实现的对逻辑量子比特的等效逻辑网络图如图 4-14 所示。其中第一个两量子比特控制操作就是式(4-16)的控制相位翻转 S 操作。等效逻辑网络图的输出量子态编码在 1、3 粒子上(1 粒子编码控制逻辑量子比特,3 粒子编码目标逻辑量子比特)。这个等效性也较容易验证。

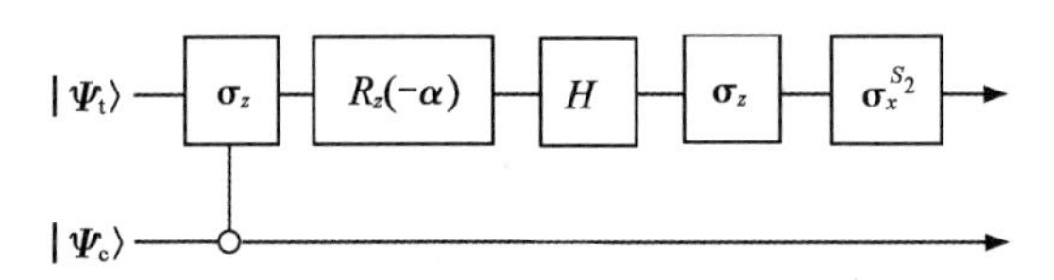

图 4-14　基本单元二对应的等效逻辑网络图

通过将上述基本单元的等效逻辑网络图拼接,就可以得到 one-way 量子计算中的测量所实现的等效逻辑网络图。拼接的理论基础是:对某粒子的测量与与其无关的纠缠操作 S 是对易的。比如图 4-10(a)中,既可以先把 4 个粒子都用 S 操作纠缠起来、再依次对 1、2、3 粒子进行测量,也可以先纠缠 1、2 粒子测量 1 粒子,再纠缠 2、3 粒子测量 2 粒子,最后纠缠 3、4 粒子测量 3 粒子。前一种方式就是通常 one-way 量子计算所采用的方式,而后一种方式则方便于把每一步的等效逻辑网络图拼接起来得到总的等效逻辑网络图(每一步都是上面给出的基本单元)。

结合算子 σ_x、σ_z、H、$R_z(\alpha)$以及 S 之间的对易关系,可以将拼接起来的逻辑网络图进行简化。简化后的图 4-10 中的测量所对应的等效逻辑网络图如图 4-15 所示。其中 $U_{\Sigma a}=\sigma_z^{s_2}+\sigma_x^{s_1+s_3+1}$,$U_{\Sigma b}^{(3)}=\sigma_z^{s_1+1}\sigma_x^{s_2}$,$U_{\Sigma b}^{(4)}=\sigma_z^{s_1}$ 是 Pauli 修正。根据欧拉旋转定理,图 4-15(a)的网络图可以实现单量子比特的任意旋转,图 4-15(b)可以实现两量子比特 CNOT 操作。这构成了一组普适量子逻辑门集合。

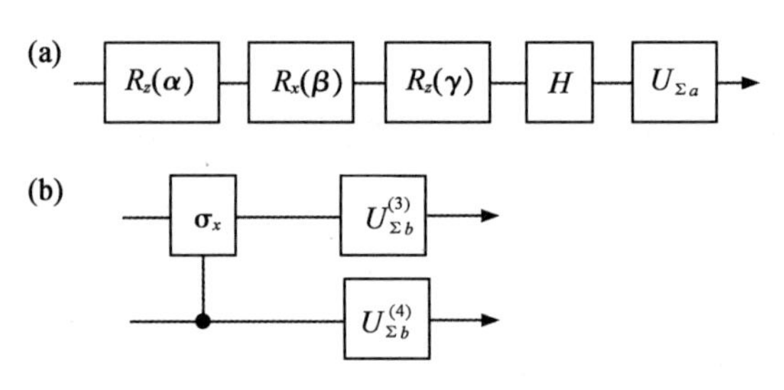

图 4-15　图 4-10 中的测量操作所实现的等效逻辑网络图

4.2.4.4 小结

通过建立等效逻辑网络图，证明了 one-way 量子计算模式的普适性。这也给出了一般开展 one-way 量子计算的可行方法：首先分析量子计算任务所需要的等效逻辑网络图，把网络图拆分为基本逻辑门操作，再把每个逻辑门操作用相应的图来代替，最后所有的图连接起来形成的大图就是能够完成该量子计算任务的图。在此之后，进行 one-way 量子计算的步骤就是(图 4-16)：

①制备作为普适计算资源的 cluster state(比如二维规则格点上的 cluster state)。

②通过 σ_z 测量把部分物理量子比特从图中去除，“雕版”成适合完成当前量子计算任务的 cluster state。

③按照既定的测量序列和前馈进行单量子比特测量。

④读出结果。

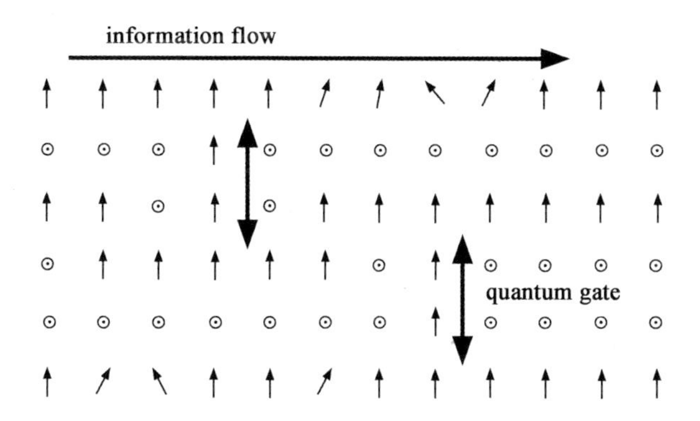

图 4-16 进行 one-way 量子计算的示意图

圈表示对该粒子进行 σ_z 测量，箭头表示 $x-y$ 平面中的测量。

4.2.5 使用液体核磁共振技术模拟 one-way 量子计算

One-way 量子计算模式自提出以来，吸引了研究人员的广泛兴趣。除了大量的理论研究之外，已有的实验研究主要集中在少数粒子的图态的制备和性质研究，以及在这些图态上演示 one-way 方式的单量子旋转操作、两量子比特逻辑门，以及演示两量子比特算法。到目前为止，所有的 one-way 量子计算实验都是在线性光学系统里实现的。由于光子间缺少显著的相互作用，这些实验中的图态都是用概率的方式制备的，且随着粒子数的增加成功率指数下降。

使用液体核磁共振技术，在非光学系统里实验实现了 one-way 量子计算[17]。利用核自旋之间的相互作用，确定性地制备出了 4 粒子星型图态，并在其之上演示了以 one-way 方式实现的两量子比特 Deutsch-Josza(DJ)算法。由于使用了梯度场技术来模拟单量子比特的测量，因此严格来说属于模拟 one-way 量子计算，但是它能够为其他存在量子比特间相互作用的体系开展 one-way 量子计算提供有益的借鉴。

4.2.5.1 理论部分

用 One-way 量子计算的方式来实现两量子比特的 DJ 算法。该算法用来判断一个 1 比特(0,1)映射为 1 比特(0,1)的未知函数 f 是常函数还是平衡函数。f 一共有四种情形，如图 4-17(b)所示。采用经典的判断方法，需要调用这个函数两次，通过分别计算出 $f(0)$和 $f(1)$来判断 f 的性质。而使用 DJ 算法，只需要调用函数一次就可以了，其过程如图 4-17(a)所示。在 DJ 算法里，使用到两个量子比特，分别为目标量子比特(以 t 标记)和控制量子比特(以 c 标记)，函数调用的过程由一个“黑匣子”来完成。黑匣子的功能是：首先对目标量子比特做一个 σ_z 操作，然后在两个量子比特之间做一个两量子比特操作 $|x\rangle_c|y\rangle_t \rightarrow |x\rangle_c|y \oplus f_j(x)\rangle_t$ ($x,y \in \{0,1\}, j=1,2,3,4$)。用逻辑网络来表示，四种函数对应的黑匣子如图 4-17(b)所示。最后结果通过对控制量子比特做 σ_x 测量来读出，如果测量到的量子态是$|+\rangle$，则 f 函数是常函数；如果测量到的量子态是$|-\rangle$，则函数 f 是平衡函数。

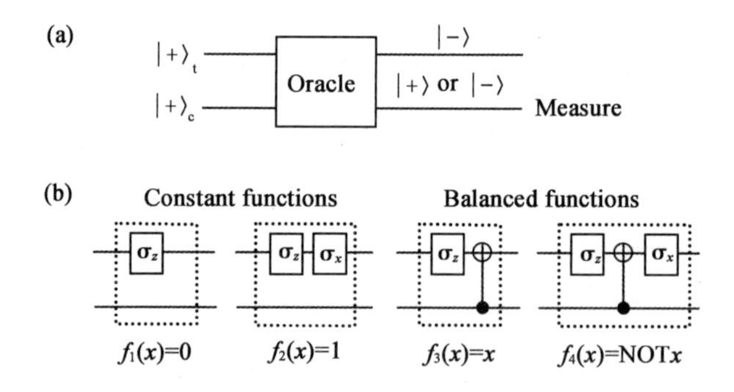

图 4-17 DJ 算法示意图(a)和四种函数情形以及其对应黑匣子的逻辑网络图(b)

在 f_3 和 f_4 的网络图中，跨及两行的图标表示 CNOT 操作。

为了实现算法，必须在实验中实现所有可能的四种情形。发现通过恰当的单量子比特测量序列和前馈，4 粒子星形图态足以完成这个任务。为了清楚地说明

是如何设计测量序列的，下面将从 4 粒子星形图（图 4-18(a)）上所能实现的一般等效逻辑网络图开始介绍（“一般”是指采用任意的逻辑量子态输入和任意的 $x-y$ 平面上的测量基）。首先，把任意逻辑量子态 $|\Psi_t\rangle$ 和 $|\Psi_c\rangle$ 制备在物理量子比特 1 和 4 上，其余物理量子比特制备为 $|+\rangle$ 态（Pauli 算符 σ_x 的本征态）。其次，通过纠缠操作

$$S = S^{(12)}S^{(23)}S^{(42)} \tag{4-19}$$

把 4 个物理量子比特纠缠起来，其中 $S^{(jk)}=|0\rangle\langle 0|^{(j)}\otimes\sigma_z^{(k)}+|1\rangle\langle 1|^{(j)}\otimes I^{(k)}$ 是控制相位翻转操作。接下来，再依次分别对物理量子比特 1 和 2 做测量基为 $B_1(\alpha_1)$ 和 $B_2(\alpha_2)$ 的单量子比特测量。其中 $B(\alpha)=\{(|0\rangle+e^{i\alpha}|1\rangle)/\sqrt{2},(|0\rangle-e^{i\alpha}|1\rangle)/\sqrt{2}\}$，$\alpha_1$ 和 α_2 是任意角度。通过以上步骤，所实现的等效逻辑网络图如图 4-18(b)所示。图中参数 s_1 和 s_2 表示两次测量的结果，$s_j=0(j=1,2)$ 表示测量结果为 $(|0\rangle+e^{i\alpha_j}|1\rangle)/\sqrt{2}$ 态，$s_j=1$ 表示测量结果为 $(|0\rangle-e^{i\alpha_j}|1\rangle)/\sqrt{2}$ 态。如前面章节所述，s_1 和 s_2 的存在代表了单量子比特投影测量结果的不确定性，需要采用适当的前馈（feed-forward）来纠正它。

通过把图 4-18(b)与图 4-17 的 DJ 算法网络图进行比较，可以确定出实现 DJ 算法所需要的纠缠态和单量子比特测量序列。在 DJ 算法里两个逻辑量子比特的输入态是 $|+\rangle$ 态，则令 $|\Psi_t\rangle=|\Psi_c\rangle=|+\rangle$。如此，发现用纠缠操作式(4-19)所实现的纠缠态正是 4 粒子星形图态。进一步，通过比较确定出实现所有四种情形所需要的单量子比特测量序列和前馈（这里表现为对结果的 Pauli 修正），如表 4-2 所列。需要注意的是，在设计常函数 f_1 和 f_2 的测量序列时，使用了如下事实：CNOT 操作对 $|+\rangle\otimes|+\rangle$ 态不起作用，等同于单位操作。最后算法的结果通过测量物理量子比特 4 得到，如果是 $|+\rangle$ 态则函数是常函数，如果是 $|-\rangle$ 态则是平衡函数。

表 4-2 实现 DJ 算法所需要的单量子比特测量序列和对 3、4 粒子的前馈

	测量序列	$FF^{(3)}$	$FF^{(4)}$
f_1	$B_1(0),B_2(0)$	$\sigma_z^{s_1}\sigma_x^{s_2+1}$	$\sigma_z^{s_1}$
f_2	$B_1(0),B_2(0)$	$\sigma_z^{s_1}\sigma_x^{s_2}$	$\sigma_z^{s_1}$
f_3	$B_1(\pi),B_2(0)$	$\sigma_z^{s_1+1}\sigma_x^{s_2}$	$\sigma_z^{s_1}$
f_4	$B_1(\pi),B_2(0)$	$\sigma_z^{s_1+1}\sigma_x^{s_2+1}$	$\sigma_z^{s_1}$

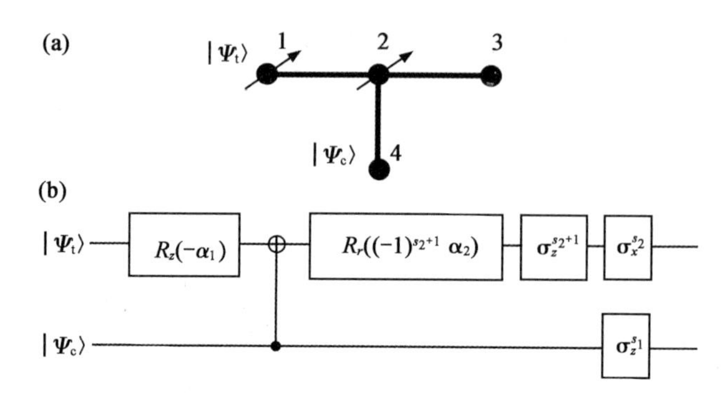

图 4-18　4 粒子星形图(a)和在 4 粒子星形图上能实现的一般等效逻辑网络图(b)

节点表示粒子(物理量子比特),连线表示在进行纠缠操作的时候相连的两个粒子之间会做一个控制相位翻转操作,箭头表示需要做测量的粒子。

$R_n(\alpha)=\mathrm{e}^{-i\alpha\sigma_n/2}(n=x,z)$

4.2.5.2　实验部分

1. 实验样品和实验条件

使用溶于重水的巴豆酸样品(图 4-19)上的 4 个^{13}C 核自旋作为物理量子比特,其约化哈密顿量为

$$H_0=\sum_{j=1}^{4}\omega_j I_z^{(j)}+2\pi\sum_{j=k}^{4}J_{jk}I_z^{(j)}I_z^{(k)} \tag{4-20}$$

其中 ω_j 是核自旋的 Larmor 频率,J_{jk} 是自旋间的 J 耦合强度。样品的化学位移和耦合强度数据如图 4-19 所示。室温下,在 Bruker UltraShield 500 核磁共振谱仪上测得的自旋弛豫数据如下:T1(C1)=12.37 s,T1(C2)=4.89 s,T1(C3)=4.13 s,T1(C4)=4.96 s,T2(C1)=376.2 ms,T2(C2)=506.7 ms,T2(C3)=566.5 ms,T2(C4)=544.5 ms。

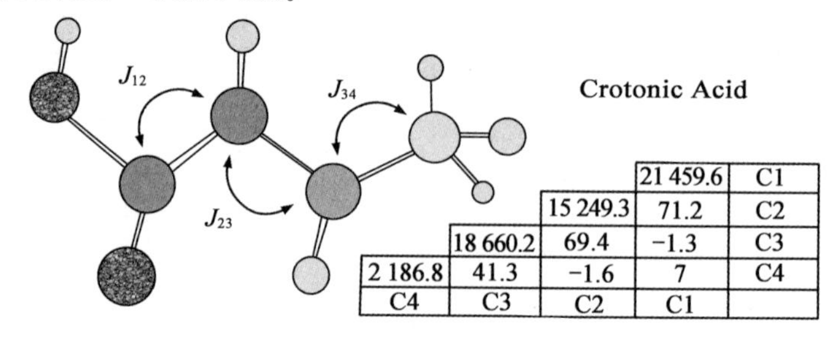

			21 459.6	C1
		15 249.3	71.2	C2
	18 660.2	69.4	−1.3	C3
2 186.8	41.3	−1.6	7	C4
C4	C3	C2	C1	

图 4-19　巴豆酸样品的分子结构图和各自旋的化学位移及自旋间耦合强度数据(单位 Hz)

在下面实验中，把核自旋 C2，C4，C3，C1 分别标记为 4 粒子星形图中的物理量子比特 1，2，3，4。

2. 制备 4 粒子星形图态

采用系综量子计算方法，首先要把核自旋系综制备为赝纯态，然后再将其制备为需要的 4 粒子星形图态。

使用空间平均法，把核自旋系综从热平衡态制备为需要的赝纯态(偏离密度矩阵 $|0000\rangle\langle 0000|$)，所使用的脉冲序列如图 4-20 所示。

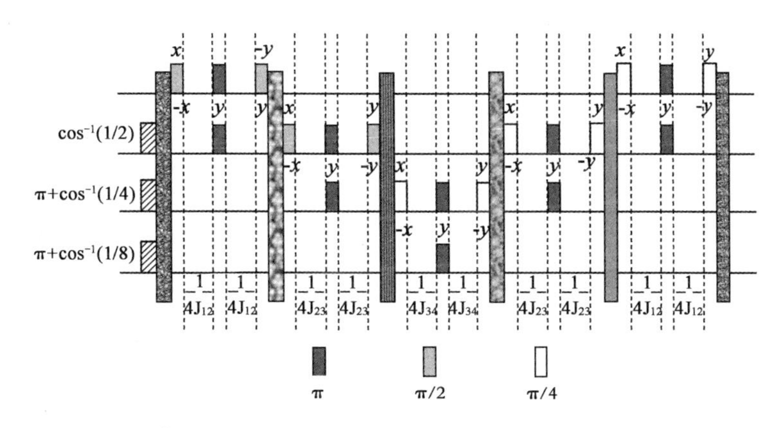

图 4-20　制备 4 量子比特赝纯态的脉冲序列图

在赝纯态基础上制备 4 粒子星形图态又分为两步：首先制备 4 粒子 GHZ 态 $|\Psi\rangle_{\mathrm{GHZ}}=(|0110\rangle\langle 1001|)/\sqrt{2}$，然后通过单量子比特旋转操作制备得到 4 粒子星形图态 $|\Psi_{\mathrm{G}}\rangle$ 这一过程见图 4-21 的态制备部分所示。图中的 $\mathrm{CNOT}^{(jk)}$ 操作可以进一步分解为(按时间顺序从左向右)

$$R_{-z}^{(k)}\left(\frac{\pi}{2}\right)-R_{-z}^{(j)}\left(\frac{\pi}{2}\right)-R_{-x}^{(k)}\left(\frac{\pi}{2}\right)-\mathrm{e}^{-i\frac{\pi}{4}\sigma_z^{(j)}\sigma_z^{(k)}}-R_{y}^{(k)}\left(\frac{\pi}{2}\right) \tag{4-21}$$

其中，$R_y^{(k)}\left(\frac{\pi}{2}\right)=\mathrm{e}^{-i\frac{\pi}{4}\sigma_y^{(k)}}$ 表示将自旋 k 沿 y 方向旋转 $\pi/2$ 角度(其余类似)，$\mathrm{e}^{-i\frac{\pi}{4}\sigma_z^{(j)}\sigma_z^{(k)}}$ 表示 J 耦合操作(它可以由自由演化和适当的重聚脉冲来实现)。式(4-21)中的 z 方向旋转可以通过算符间的对易关系移到网络的最前端，并且由于 z 方向旋转对于初态 $|0000\rangle$ 不起作用，因而它们在实验上可以不操作。因为 GHZ 态的密度矩阵中只含有零量子相干项，所以在制备出它后增加了一

个梯度场 G_Z 来进一步清除无关的密度矩阵项。最后，通过局域单量子比特操作 $R_{-y}^{(1)}\left(\frac{\pi}{2}\right)R_{-y}^{(3)}\left(\frac{\pi}{2}\right)R_{-y}^{(4)}\left(\frac{\pi}{2}\right)$ 把 GHZ 态制备为 4 粒子星形图态 $|\Psi_G\rangle$。

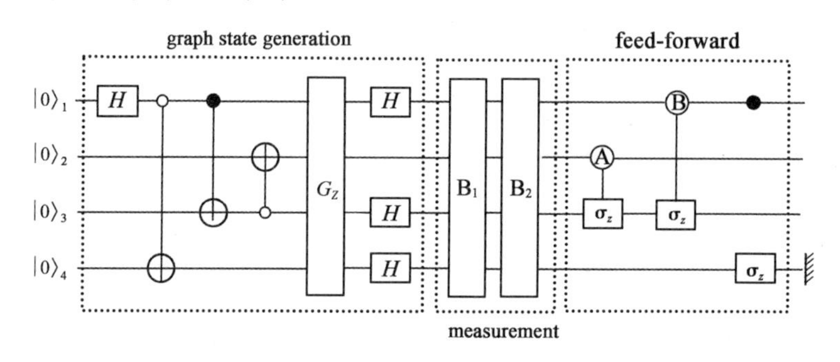

图 4-21　One-way 方式实现 DJ 算法的总逻辑网络图

输入量子比特 1、2、3、4 依次代表 4 粒子星形图中的 4 个物理量子比特。整个网络图分为三个部分：①4 粒子星形图态制备（G_Z 表示梯度磁场，$H=e^{-i\frac{\pi}{4}\sigma_y}$ 表示赝 Hadamard 门）；②单量子比特测量（通过梯度场模拟）；③前馈（对结果的 Pauli 修正，通过控制逻辑门模拟）。其中，前馈部分控制门的控制量子比特状态（A，B）＝（0，1），（1，1），（1，0），（0，0），依次对应 $f_1\sim f_4$ 四种情形

实验中所有的单量子比特旋转操作，都是通过梯度上升算法（GRAPE）计算出的强调制脉冲序列来实现的，这样可以显著提高操作的精确度。计算中把脉冲不均匀性考虑进去，理论上每个操作的保真度都达到了 0.99 以上，脉冲时间都是 600 μs。

为了刻画实验上制备得到的纠缠态的质量，使用密度矩阵重构技术把实验制备的 GHZ 态重构了出来（该 GHZ 态与 4 粒子星形图态有相同的纠缠性质，局域幺正操作下等价）。图 4-22 以柱状图的形式画出了重构密度矩阵的实部以及理想的纠缠态作为对比。重构密度矩阵的虚部非常小，接近于理论值 0。进一步，使用相关度 $c(\rho_{\mathrm{expt}})=\mathrm{Tr}(\rho_{id}\rho_{\mathrm{expt}})/\sqrt{\mathrm{Tr}(\rho_{id}^2)}$ 来定量刻画实验制备的态与理想态的差别，计算得到 $c(\rho_{\mathrm{GHZ}}^{\mathrm{expt}})=0.73$。这里面包含了所有的系统误差，以及由自旋退相干和随机量子过程造成的磁化强度减少。使用保真度公式 $F=\mathrm{Tr}(\rho_{id}\rho_{\mathrm{expt}})/\sqrt{\mathrm{Tr}(\rho_{id}^2)\mathrm{Tr}(\rho_{\mathrm{expt}}^2)}$ 可以去除自旋退相干和随机量子过程的影响，计算得到其数值为 $F_{\mathrm{GHZ}}\approx 0.88$。理论上，考虑到 GRAPE 脉冲的不完美和强耦合效应，计算出的理论保真度为 0.92。实验值 0.88 与它的差别，主要是由其他不确定性引起的，比如静磁场的

不稳定等。

除此以外，使用纠缠目击者 $W=I/2-|\mathrm{GHZ}\rangle\langle\mathrm{GHZ}|$ 可以验证制备的纠缠态具有 4 粒子纠缠特性（这里是赝纠缠），因为计算得到 $\mathrm{Tr}(W\rho_{\mathrm{GHZ}}^{\mathrm{expt}})$ 为负值（-0.175）。

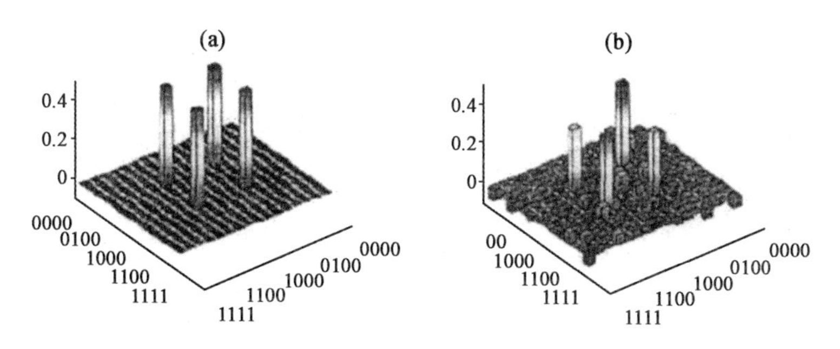

图 4-22　理想的 GHZ 态(a)和实验上制备出的纠缠态(b)

3. 算法的执行

DJ 算法的执行包括单量子比特测量、前馈和最终结果的读出三个部分。

由于目前的 NMR 量子计算技术中尚不具备 One-way 量子计算所需要的单量子比特投影测量，因此现在的实验中只能用梯度磁场来模拟单量子比特投影测量，它的效果等同于在系综的每个自旋上进行投影测量所实现的系综整体效果。比如可以用操作序列（按时间顺序从左到右，从上到下）

$$
\begin{aligned}
P_z^{(1)}:&G_1-R_y^{(2)}(\pi)-R_y^{(4)}(\pi)-G_1-R_y^{(3)}(\pi)-R_y^{(4)}(\pi)\\
&-G_1-R_{-y}^{(2)}(\pi)-R_{-y}^{(4)}(\pi)-G_1-R_{-y}^{(3)}(\pi)-R_{-y}^{(4)}(\pi)
\end{aligned}
\tag{4-22}
$$

来模拟对物理量子比特 1 的 σ_z 测量，其中 G_1 沿 z 方向的梯度磁场，持续时间为 $\tau_1/4$。序列式(4-21)可以将密度矩阵 $\rho=|\Phi\rangle\langle\Phi|$（假设 $|\Phi\rangle=|0\rangle_1|\phi_0\rangle+|1\rangle_1|\phi_1\rangle$）中所有与物理量子比特 1 跃迁相关的项清零，作用后得到的系综平均密度矩阵是 $|\Phi\rangle=|0\rangle_1\langle 0||\phi_0\rangle\langle\phi_0|+|1\rangle_1\langle 1||\phi_1\rangle\langle\phi_1|$。这正与对系综的每个自旋进行投影测量所实现的系综整体效果等价。在此基础上，使用序列 $R_{-y}^{(1)}(\pi/2)-P_z^{(1)}$ 和 $R_y^{(1)}(\pi/2)-P_z^{(1)}$ 就可以分别模拟对物理量子比特 1 的以 $\mathrm{B}_1(0)$ 和 $\mathrm{B}_1(\pi)$ 为基的测量。类似的，对物理量子比特 2 所做的以 $\mathrm{B}_2(0)$ 为基的测量可以通过序列 $R_{-y}^{(2)}(\pi/2)-P_z^{(2)}$ 来模拟，其中

$$P_z^{(2)}:R_y^{(3)}(\pi)-R_y^{(4)}(\pi)-G_2-R_y^{(1)}(\pi)-R_y^{(4)}(\pi)-G_2-$$
$$R_{-y}^{(3)}(\pi)-R_{-y}^{(4)}(\pi)-G_2-R_{-y}^{(1)}(\pi)-R_{-y}^{(4)}(\pi)-G_2 \tag{4-23}$$

这里梯度磁场 G_2 的持续时间是 $\tau_2/4(\tau_1\neq\tau_2)$。

由于以上模拟的是系综上测量的效果，因而单量子比特投影测量的所有可能结果($(s_1,s_2)=(0,0),(0,1),(1,0),(1,1)$)都包含在测量后的整体密度矩阵中(不同的子空间)。因此在模拟前馈的时候，需要对不同的子空间根据其(s_1,s_2)值做不同的 Pauli 修正，这表现为由物理量子比特 1 和 2 控制的对物理量子比特 3 和 4 的控制性逻辑门(见图 4-21 的前馈部分)。需要提及的是，在 one-way 量子计算中，前馈部分并不需要用量子逻辑门来实现，仍可以通过选取适当的后续测量基来实现。

在此之后，整个算法的结果可以通过对物理量子比特 4 进行观测得到：如果它处于$|+\rangle$态则函数是常函数，如果是$|-\rangle$态则函数是平衡函数。由于$|\pm\rangle\langle\pm|=(I\pm\sigma_x)/2$，所以如果把热平衡态经$[\pi/2]_y$ 操作之后的谱定为正，那么最后物理量子比特 4 处于$|+\rangle/\langle-|$态就可以由它的 NMR 信号的正负来判断出来。最后结果如图 4-23 所示，其中(a)和(b)图中 NMR 信号为正，表明物理量子比特 4 处于$|+\rangle$态以及对应的函数 f 是常函数。(c)和(d)图中 NMR 信号为负，表明物理量子比特 4 处于$|-\rangle$态以及对应的函数 f 是平衡函数。图 4-23 上也画出了模拟的理论谱，实验谱与模拟谱之间存在误差的原因主要在于输入纠缠态(4 粒子星形图态)的不完美、静磁场的不稳定以及脉冲的精度。

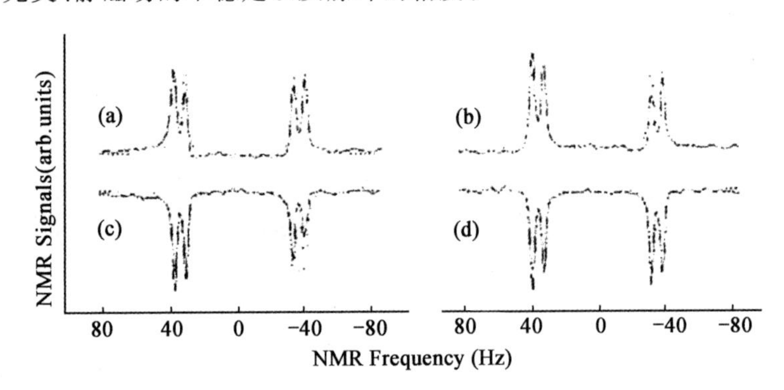

图 4-23 算法执行完毕后物理量子比特 4 的实验谱图(线)和模拟的理论谱(点)

(a)和(b)对应常函数 f_1 和 f_2，(c)和(d)对应平衡函数 f_3 和 f_4。

参考文献

[1] Deutsch D,Jozsa R. Rapid of solution of Problems by Quantum Computation[J]. Proc R Soc A,1992(439),55:3-558.

[2]Shor P. Polynomial-time algorithms for prime factorization and discrete algorithms on a quantum computer[M]. Proceedings of the 35th annual symposium on the foundation of computer science,IEEI press,1994.

[3]Grover L K. Quantum mechanics helps in searching for a needle in a haystack[J]. Phys Rev Lett,1997(79):325.

[4]DiVincenzo D P. The Physical Implementation of Quantum Computation [J]. Fortsch Phys,2000(48):771-783.

[5]Vandersypen L M K,Chuang I L. NMR techniques for quantum control and computation[J]. RevMod Phys,2004(76):1037.

[6]Gulde S,Riebe M,Lancaster G P T,et al. Implementation of the Deutsch-Jozsa algorithm on an ion-trap quantum computer[J]. Nature,2003(421):48.

[7]Knill E,Laflamme R,Milburn G J. A scheme for efficient quantum computation with linear optics[J]. Nature,2001(409):46-52.

[8] Hanson R,Kouwenhoven L P,Petts J R,et al. Spins in few-electron quantum dots[J]. Rev Mod Phys,2007(79):1217-1265.

[9] Nakamura Y,Pashkin Y A,Ysai J S. Coherent control of macroscopic quantum states in a single-cooper-pair box[J]. Nature,1999(398):786-788.

[10] Barenco A,Deutsch D,Ekert A. Conditional Quantum Dynamics and Logic Gates[J]. Phys Rev Lett,1995(74):4083-4086.

[11] Barenco A. A Universal Two-Bit Gate for Quantum Computation[J]. Proc R Soc A,1995(449):679-683.

[12] Kane B E. A silicon-based nuclear spin quantum computer[J]. Nature,1998(393):133.

[13]Benjamin S C. Quantum Computing with an Always-on Heisenberg Interaction[J]. Phys Rev Lett,2003(90):247901.

[14]Roland J,Cerf N J. Quantum search by local adiabatic evolution [J]. Phys Rev A,2002(65):042308.

[15]Raussendorf R,Briegel H J. A One-Way Quantum Computer[J]. Phys Rev Lett,2001(86):5188.

[16]Briegel H J,Raussendorf R. Persistent Entanglement in Arrays of Interacting Particles[J]. Phys Rev Lett,2001(86):910.

[17]Ju C,Zhu J,Peng X,et al. Experimental demonstration of deterministic one-way quantum computation on a NMR quantum computing[J]. Physica D,1998(120):82-101.

第5章　量子模拟

在20世纪80年代，人们就意识到，利用经典计算机对量子系统进行模拟是非常困难的事情。对遵循量子力学的系统的模拟，首先的一个难题就是，量子系统态空间的维数随着系统规模的增加呈指数增加，如果要对这个系统进行表征，所用到的参数的个数和所需要的经典计算机的存储资源也是随着系统规模的增加而呈指数增加的。对量子系统进行模拟的另一个难题就是，要模拟量子系统的演化，所需要进行的操作数目往往也是随着系统规模的增加而呈指数规模增加的。所以即使在当今最快的超级计算机上，也无法完成对大规模量子系统的有效模拟。

利用经典计算机无法有效模拟量子系统，是促成量子计算机的提出和发展的一个非常重要的原因。在1982年，Feynman提出利用一个基于量子力学原理工作的计算机——量子计算机去模拟一个量子系统[1]，这样就自动解决了存储一个量子态需要大量物理资源的难题，因为被模拟的系统的状态可以存储在用来模拟的量子系统（量子计算机）的态空间中，这样，所需的寄存器的规模随着被模拟系统规模的增长而呈多项式增长。在1996年，Lloyd指出，一个量子计算机可以用作一个通用量子模拟器来模拟一个量子系统。量子模拟在近些年来吸引了越来越多的研究者的关注，原因之一就是量子模拟在物理、化学、生物学、材料等领域都有很大的潜在应用价值。量子模拟不但可以提供无法预测或经典上无法模拟出的结果和数据，还可以被用来检验不同的模型、研究特殊的物理现象。例如在量子化学领域中，即使是对中等大小分子的行为也无法用经典计算机来进行精确的模拟，只能借助于量子计算机的模拟；在凝聚态物理中，量子模拟可以应用在对量子相变、高温超导等问题的研究；在材料学领域中，量子模拟可以应用于对新奇纳米材料性质的检测；在生物学领域，量子模拟可以用于对新的生物分子的设计等。

当然，量子计算机所能完成的任务不只是Feynman提出的对量子系统的模拟，它可以完成的任务还包括以显著超越经典计算机的速度进行大数质因子分解、无序数据库搜索等。可是由于实验技术的限制，大规模的量子计算短时间内仍然无法实现。而量子模拟并不一定非要由通用量子模拟器（量子计算机）来实现，往往，针对特定的问题可以采用特定的量子器件来进行量子模拟，即不同的量子模拟可以由不同的专用量子模拟器来实现。而且不同于Shor的大数质因子分解等算法需要大量的 qubit，比较小规模的量子模拟器(十到几十个量子比特)就可以完成具有实际物理意义的量子模拟，根据目前对量子系统的相干控制技术，这是在不久的将来就可以实现的。这也是近些年来量子模拟被越来越多的研究者关注的一个原因。

下面来介绍量子模拟的具体定义、分类以及物理系统和具体应用。

5.1 量子模拟的定义

量子模拟可以被简单地如下定义：利用量子力学的方法去模拟一个量子系统。实际应用中，往往是利用一个容易控制的量子系统去模拟一个不可控制，或者是在实验中难以控制的量子系统。

由于量子系统的态矢随时间的演化可以由薛定谔方程来描述：

$$i\hbar \frac{\mathrm{d}\,|\phi(t)\rangle}{\mathrm{d}t} = H_{\mathrm{sys}}\,|\phi(t)\rangle \tag{5-1}$$

以哈密顿量 H_{sys} 不含时间的情况为例，t 时刻的系统态矢量可以表示为 $|\phi(t)\rangle=\exp\{-iH_{\mathrm{sys}}t/\hbar\}|\phi(0)\rangle$。假设能够较容易地操控另一个量子系统，也就是说，该量子系统的初态 $|\phi(0)\rangle$ 能够较容易地制备出来，它的哈密顿量 H_{sim} 能够被较容易地控制，使得所需要的演化 $U'=\exp\{-iH_{\mathrm{sim}}t/\hbar\}$ 能够实现，系统的末态 $|\Psi(t)\rangle$ 也较易测量且能从中提取出有用的信息。如果这两个系统之间存在映射，即在 $|\phi(0)\rangle$ 和 $|\Psi(0)\rangle$ 之间、$|\phi(t)\rangle$ 和 $|\Psi(t)\rangle$ 之间存在对应关系，那么就可以用这个较易控制的系统去模拟另外一个系统。这个较易控制的量子系统就是量子模拟器。以文献[2]中对一个量子谐振子系统的量子模拟为例：这个系统的哈密顿量为 $H_{\mathrm{sys}}=\hbar\Omega\left(\hat{N}+\frac{1}{2}\right)=\sum_n \hbar\Omega\left(n+\frac{1}{2}\right)|n\rangle\langle n|$，这里 Ω 是谐振子的频率，$|n\rangle$ 是声子数算符 $\hat{N}$ 的本征基矢；所选用的量子模拟器是一个含有两个核自旋的核磁共振量子系统，由于这个系统态空间的维数为四，所以只能模拟一个能级被截断了的谐振子(即只取谐振子无限维态空间中的一个四维子空间)。谐振子的本征基矢和量子模拟器的本征基矢之间的映射可以方便地如下选择：

$$|n=0\rangle \leftrightarrow |\uparrow\uparrow\rangle \tag{5-2}$$

$$|n=1\rangle \leftrightarrow |\uparrow\downarrow\rangle \tag{5-3}$$

$$|n=2\rangle \leftrightarrow |\downarrow\downarrow\rangle \tag{5-4}$$

$$|n=3\rangle \leftrightarrow |\downarrow\uparrow\rangle \tag{5-5}$$

这样的映射可以保证谐振子系统 $\Delta n=\pm1$ 的两能级间的跃迁对应于量子模拟器中所允许的能级跃迁。根据式(5-2)至式(5-5)，谐振子经过时间 t 后的演化算符 $U(t)$ 可以以下面的方式映射到量子模拟器系统中的算符 $U'(t)$ 上：

$$U(t)=\exp\left\{-i\left(\frac{1}{2}\mid 0\rangle\langle 0\mid+\frac{3}{2}\mid 1\rangle\langle 1\mid+\frac{5}{2}\mid 2\rangle\langle 2\mid+\frac{7}{2}\mid 3\rangle\langle 3\mid\right)\Omega t\right\}$$

$$\rightarrow U'(t)=\exp\left\{-i\left(\frac{1}{2}\mid\uparrow\uparrow\rangle\langle\uparrow\uparrow\mid+\frac{3}{2}\mid\uparrow\downarrow\rangle\langle\uparrow\downarrow\mid+\frac{5}{2}\mid\downarrow\downarrow\rangle\langle\downarrow\downarrow\mid+\frac{7}{2}\mid\downarrow\uparrow\rangle\langle\downarrow\uparrow\mid\right)\Omega t\right\}\tag{5-6}$$

通过对量子模拟器进行操作 $U'(t)$，就可实现对这个能级被截断了的量子谐振子的模拟。

图5-1给出了量子模拟的过程示意图，黑色方框中的是量子模拟器，浅色曲线围住的系统是被模拟的系统，从量子模拟器的末态 $|\Psi(t)\rangle$ 中可以提取出所感兴趣的被模拟系统末态的相关信息。

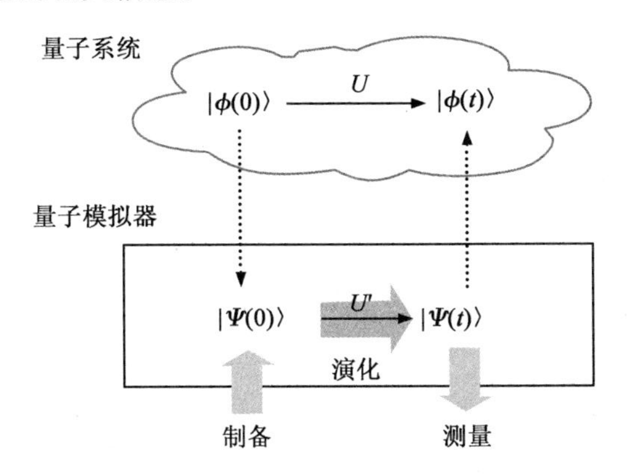

图5-1　量子模拟过程示意图

所要模拟的系统量子态从 $|\phi(0)\rangle$ 经过演化算符 $U=\exp\{-iH_{\text{sys}}t/\hbar\}$ 的作用演化到末态 $|\phi(t)\rangle$。模拟器的量子态 $|\Psi(0)\rangle$ 经过演化算符 $U'=\exp\{-iH_{\text{sim}}t/\hbar\}$ 的作用演化到末态 $|\Psi(t)\rangle$。量子系统与量子模拟器之间存在映射关系，例如 $|\Psi(0)\rangle$ 对应于 $|\phi(0)\rangle$，$|\Psi(t)\rangle$ 对应于 $|\phi(t)\rangle$，$U'=\exp\{-iH_{\text{sim}}t/\hbar\}$ 对应于 $U=\exp\{-iH_{\text{sys}}t/\hbar\}$。所要被模拟的量子系统往往是不可控的，或者是在实验上很难控制的，而量子模拟器则在实验上容易控制，也就是说，初态 $|\Psi(0)\rangle$ 易于制备，$U'=\exp\{-iH_{\text{sim}}t/\hbar\}$ 易于实现，末态 $|\Psi(t)\rangle$ 易于测量。测量的结果提供了被

模拟系统的信息。图中的粗灰箭头代表了可被控制的操作,细黑箭头代表了量子系统和量子模拟器随时间的演化,虚线箭头给出了被模拟系统和量子模拟器的状态之间的对应关系。

5.2 量子模拟的分类

根据具体的量子模拟器和被模拟系统之间的映射的不同,可以把量子模拟主要分为两种,即类比量子模拟(analog quantum simulation)和数字量子模拟(digital quantum simulation),下面来分别介绍。

5.2.1 类比量子模拟

类比量子模拟,就是用一个可控的量子系统的演化去模仿另一个量子系统的演化。Feynman 曾提出,"there is to be an exact simulation, that the computer will do exactly the same as nature"[1],他提出的这种量子模拟就是类比量子模拟。类比量子模拟器的哈密顿量 H_{sim} 和被模拟的量子系统的哈密顿量 H_{sys} 有直接的映射关系,这就要求 H_{sim} 和 H_{sys} 有较大的相似程度。而且类比量子模拟的精度依赖于 H_{sim} 和 H_{sys} 之间的相似程度。这意味着,一个类比量子模拟器只能针对性地模拟一类量子系统,它不是通用量子模拟器。但这并不影响人们对类比量子模拟研究的热情,因为类比量子模拟器的物理实现要易于通用量子模拟器,例如,由于类比量子模拟并不需要把演化算符拆成很多量子门来实现,就大大减少了由门操作带来的操作误差和退相干,使得对系统的相干控制更容易实现。而且,类比量子模拟还有另外一个优点,那就是,在一些情况下,即使有噪声存在,类比量子模拟也能发挥作用。在这些情况下,所关注的并不是定量的结果,而是一些定性的物理现象,例如以观察量子相变为目的的模拟中,即使有一定的控制噪声存在,只要噪声在一定的范围内,就不会影响相变的发生。基于以上原因,类比量子模拟已经是一个被广泛关注和使用的研究手段。

类比量子模拟的关键就是找到一个量子模拟器与被模拟系统的哈密顿量之间的映射,在某些情形下,这种映射是很直接的。例如文献[3]中所给出的一个利用晶格势场中的玻色原子气体系统作为量子模拟器的例子。该模拟器的哈密顿量是

$$H_{\mathrm{sim}} = -J\sum_{i,j}\hat{a}_i^{\dagger}\hat{a}_j + \sum_i \varepsilon_i \hat{n}_i + \frac{1}{2}U\sum_i \hat{n}_i(\hat{n}_i - 1) \tag{5-7}$$

这里$\hat{a}_i^\dagger$和$\hat{a}_i$是原子在第i个格点上的产生和湮灭算符，$\hat{n}=\hat{a}_i^\dagger\hat{a}_i$是第$i$个格点上的原子数算符，$\varepsilon_i$是第$i$个格点上由于外部势场存在使原子产生的能量偏移，$J$是不同格点间的迁移强度，$U$是同一格点位置上原子之间的相互作用强度。$H_{\text{sim}}$与Bose-Hubbard模型哈密顿量具有相同的形式，

$$H_{\text{BH}}=-J\sum_{i,j}\hat{b}_i^\dagger\hat{b}_j+\frac{1}{2}U\sum_i\hat{n}_i(\hat{n}_i-1)-\mu\sum_i\hat{n}_i \tag{5-8}$$

这里J和U的定义与上面相同，μ是化学势。由于H_{sim}和H_{BH}这种直接的对应关系，就可以用光晶格中原子气体系统对Bose-Hubbard模型进行类比量子模拟。再以文献[4]给出的方案为例，一个二维的量子点点阵系统作为一个量子模拟器，它的哈密顿量是

$$\begin{aligned}H_{\text{sim}}=&\sum_{i,l\in(i),\sigma}(\varepsilon_d d_{i\sigma}^\dagger d_{i\sigma}+\varepsilon_p p_{i\sigma}^\dagger p_{l\sigma}+\nu_{pd}d_{i\sigma}^\dagger p_{l\sigma}+\text{H.C.})\\&+U_d\sum_i d_{i\uparrow}^\dagger d_{i\uparrow}d_{i\downarrow}^\dagger d_{i\downarrow}+U_p\sum_{i,l\in(i)}p_{l\uparrow}^\dagger p_{l\uparrow}p_{l\downarrow}^\dagger p_{l\downarrow}\end{aligned} \tag{5-9}$$

这里，$\sum_{l\in(i)}$表示对与格点i相邻的格点的求和，$d_{i\sigma}^\dagger$和$p_{l\sigma}^\dagger$分别是产生处于态$|d_{x^2-y^2}\rangle_i$和$|p_x\rangle_l$（或$|p_y\rangle_l$）且自旋为σ的电子的产生算符。式(5-9)中的哈密顿量和用于描述高温超导材料中铜-氧层的two-band Hubbard模型的哈密顿量形式相同，所以可以用这个量子点点阵系统的行为去模拟高温超导材料中铜-氧层的行为。在类比量子模拟中，量子模拟器和被模拟系统的哈密顿量间的映射并不总是像上面给出的两个例子一样是那么直接的，而是有可能需要对映射进行巧妙的设计，比如需要对量子模拟器的哈密顿量进行改写，或者需要借助于辅助系统等。

5.2.2 数字量子模拟

量子模拟最重要的任务就是要得到一个系统在一定演化时间之后的态$|\phi(t)\rangle$，解决的方法就是把系统的态$|\phi\rangle$编码在量子模拟器的计算基矢空间中，$|\phi\rangle$对应的编码后的量子态为$|\Psi\rangle$，那么求$|\phi(t)\rangle$的问题就转化成求$|\Psi(t)\rangle$的问题。在哈密顿量H不含时间的情况下，$|\Psi(t)\rangle=\exp\{-iHt/\hbar\}|\Psi(0)\rangle=U(t)|\Psi(0)\rangle$（这里将$\exp\{-iHt/\hbar\}$记为$U(t)$）。Lloyd指出，可以将时间上连续的演化$U$转化成一个包含了单比特门、两比特门的电路。由于任意的幺正操作$U(t)$都可以用一组通用量子门来实现，那么，理论上，用这种将演化算符$U(t)$分解为一系列基本量子门的方法，可以对任意的量子系统进行模拟。也就是说，这是一种通用量子模拟。这种基于量子门操作的量子模拟，通常被称为数字量子模拟。

虽然，理论上，任意的量子系统都可以用数字量子模拟的方法进行模拟，但是，由于并不是所有的幺正操作都可以用一组通用量子门有效地实现，所以数字量子模拟器对某些系统并不能进行有效的模拟（只利用多项式规模的资源）。幸运的是，真实物理系统中的哈密顿量往往是只含有局域相互作用的哈密顿量，具有这一类哈密顿量的系统是可以在数字量子模拟器上进行有效的模拟的。

下面来具体看一下数字量子模拟算法是怎么实现的。假设一个 n 比特系统哈密顿量的形式如下：

$$H = \sum_{k=1}^{L} H_k \tag{5-10}$$

这里 H_k 是一些局域相互作用，L 是 n 的多项式规模的一个数。在实际物理系统中，H_k 往往是两体相互作用哈密顿量或者单体哈密顿量，这意味着，虽然 $\exp\{-iHt/\hbar\}$ 是一个很复杂的多体算符，很难分解，$\exp\{-iH_kt/\hbar\}$ 却能够很容易地分解成单比特门和双比特门。由于 $[H_k, H_{k'}]=0(k\neq k')$ 通常来说是不成立的，所以 $\exp\{-iHt/\hbar\}$ 并不能写成一系列 $\exp\{-iH_kt/\hbar\}$ 乘积的形式，即 $\exp\{-iHt/\hbar\}\neq\prod_k\exp\{-iH_kt/\hbar\}$。为了将 $\exp\{-iHt/\hbar\}$ 进行分解，可以将一整段的演化时间分为很多小的时间步骤，每个时间步骤为 Δt，

$$U(t) = \mathrm{e}^{-iHt/\hbar} = (\mathrm{e}^{-iH\Delta t/\hbar})^{t/\Delta t} \tag{5-11}$$

这样，要实现对 $\exp\{-iHt/\hbar\}$ 的分解就需要实现对 $\exp\{-iH\Delta t/\hbar\}$ 的分解。可以借助于 Trotter 公式将 $\exp\{-iH\Delta t/\hbar\}$ 分解为局域操作。这里采用精确到 Δt 的 Trotter 公式

$$\mathrm{e}^{i(A+B)\Delta t} = \mathrm{e}^{iA\Delta t}\mathrm{e}^{iB\Delta t} + O(\Delta t^2) \tag{5-12}$$

对 $U(\Delta t)=\exp\{-iH\Delta t/\hbar\}$ 进行分解

$$U(\Delta t) = \mathrm{e}^{-iH\Delta t/\hbar} = \mathrm{e}^{-i\sum_k H_k\Delta t/\hbar} = \prod_k \mathrm{e}^{-iH_k\Delta t/\hbar} + O(\Delta t^2) \tag{5-13}$$

当 Δt 趋近于 0 的时候，

$$U(\Delta t) \approx \prod_k \mathrm{e}^{-iH_k\Delta t/\hbar} \tag{5-14}$$

至此，已经把 $U(t)$ 完全分解成了局域操作 $\exp\{-iH\Delta t/\hbar\}$，$U(t)$ 可以通过依次执行 $\exp\{-iH_1\Delta t/\hbar\}$，$\exp\{-iH_2\Delta t/\hbar\}$，…，$\exp\{-iH_L\Delta t/\hbar\}$，并重复 $t/\Delta t$ 次来实现。由式(5-14)中的近似造成的误差可以通过增加演化步数、减小 Δt 来达到

任意小的程度，但是这是以增加大量的门操作为代价的。真实情况中，模拟并不需要到任意高的精度，为了减小近似造成的误差，一方面可以通过增加演化步数来实现，另一方面可以在对 $U(\Delta t)$ 分解时使用更高阶的 Trotter 展开公式。上面虽然假设了哈密顿量不含时间，但数字量子模拟算法还可以用于对哈密顿量随时间变化的系统的模拟，也可以用于对开放系统的模拟。

5.3 量子模拟可能的物理系统

量子模拟作为一个研究热点兴起于 1998 年，这一年，Jaksch 等提出用光学晶格中束缚的冷玻色原子来仿真 Bose-Hubbard 模型。通过对光学晶格的调控，Bose-Hubbard 模型哈密顿中的参数可以在很大范围内被随意调控，于是可以观测体系从 Mott 绝缘态到超流态的量子相变。这开创了采用人工量子平台来模拟强关联体系量子相变的先河，近 10 年来，产生了大量的理论工作。迄今为止，量子模拟的研究内容十分广泛，除了模拟多体系统的演化、强关联系统的量子相变之外，还可能被用于模拟物态方程、各种规范场、量子化学、中子星和黑洞、理论上预言但是尚未被观测到的准粒子以及新的物质的态等。

目前，用于量子模拟可能的物理平台大致可以分为原子、离子和电子三类。原子系统中除了被人们所熟知的光晶格束缚冷原子系统外，还有微腔束缚原子的阵列系统等；离子主要是指离子阱系统；电子有超导约瑟夫森结阵列系统、量子点自旋的阵列系统以及液氦表面的电子系统等(图 5-2)。

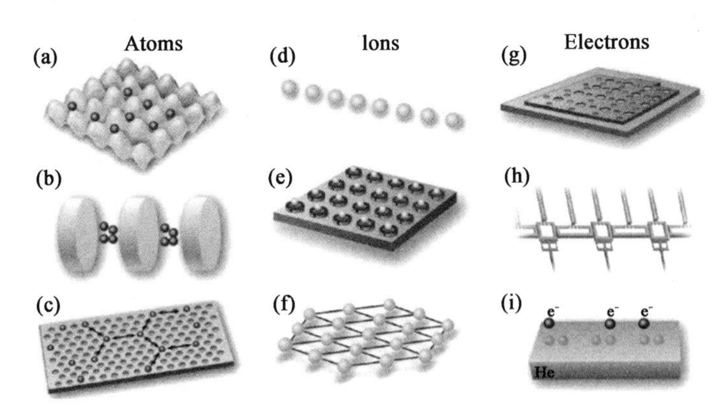

图 5-2　潜在的可以用于实现量子模拟的物理系统

下面分别介绍几个典型的物理系统。

5.3.1 冷原子系统

冷原子作为一个新兴的研究方向,以其易操控、无杂质、方便测量的特性吸引着人们越来越多的注意。在它不到20年的历史里,许多在凝聚态中无法实现的量子力学现象变成了可能。通过玻色爱因斯坦凝聚体的特性,可以产生多原子的纠缠态,从而制备输出态,实现量子信息在冷原子领域的应用。

5.3.1.1 冷原子物理

在1995年稀化原子气体一系列的实验中,实现了玻色爱因斯坦凝聚,这使得在宏观尺度下观测到量子效应成为可能。因为系统的尺度变大,单位体积内的粒子数将会变得很小(玻色爱因斯坦凝聚原子粒子数密度在$10^{13}\sim10^{15}$ cm^{-3},相比固体和液体的粒子数密度10^{22} cm^{-3}是很小的)。因此需要在很低的温度下(10^{-5} K数量级)才会观测到量子效应。蒸发冷却技术的发展为人们提供了这种技术,可以得到能实现玻色爱因斯坦凝聚的超低温。

冷原子的研究有很多优势。首先作为玻色爱因斯坦气体,当温度超过临界值,所有的原子将占据相同的量子态,所以这个系统可以使用平均场理论很好地描述。这和很多强关联系统不同,因为在强关联系统中平均场理论是失效的。其次,这个系统的相互作用可以通过使用激光和磁场调节,对于不同种类的原子,通过菲斯巴赫共振调节磁场或光场,可以改变相互作用强度。此外,因为是宏观尺度,所以实验上很好进行观测,直接用普通的光学方法就可以达到目的。最后,因为是稀化粒子,粒子间的碰撞发生概率很低。所以这是一个很好的研究量子相干特性的平台。

1. 宏观尺度下的量子力学

在稀化碱金属原子中实现冷原子的实验成功到现在已有将近20年的时间,冷原子体系提供了测量宏观尺度上的相干量子性质,得到了很多有趣的物理现象:物质波的相干性、约瑟夫森结效应、量子涡旋晶格以及量子孤子。进入21世纪以后,越来越多的凝聚态模型在冷原子系统中被实现。2002年,格雷纳的著名实验实现了光晶格中的原子从超流相到绝缘相的相变,成功地在冷原子系统中实现了对哈勃模型的模拟,这就是著名的玻色哈勃模型。对于低维光晶格,人们也有很大的兴趣，一维晶格中唐克斯-普吉拉多气体是一种类费米子气体，它既不符合玻色统计，也不符合费米统计，是研究强关联系统的重要模型。同样在二维系统中，BKT（Berezinskii-Kosterlits-Thouless）相变也在冷原子系统中得以实现。

在理论方面，Gross-Pitaevskii 方程（GP 方程）是一个重要的非线性方程，用来描述各种势阱中的弱相互作用玻色气体。

$$i\hbar\frac{\partial\Psi(\vec{r},t)}{\partial t}=-\frac{\hbar^2}{2m}\nabla^2\Psi(\vec{r},t)+V(\vec{r})\Psi(\vec{r},t)+U_0\mid\Psi(\vec{r},t)\mid^2\Psi(\vec{r},t) \tag{5-15}$$

这个非线性方程能解出大部分玻色爱因斯坦实验测量的结果：密度分布、集体激发模式以及涡旋结构。同时，这个方程还可以用来描述平均场理论失效的参数区域，例如强关联系统和快速旋转的势场。上式的相互作用，可以通过散射理论求出 $U_0=4\pi\hbar^2\alpha/m$，其中 α 被称为散射长度，$\hbar$ 为普朗克常数，m 为玻色子质量。这个多体系统可以写成 N 个单粒子系统的态 $|\phi(r)\rangle$ 的叠加，它的波函数可以写为

$$\Psi(\vec{r}_1,\vec{r}_2,\cdots,\vec{r}_N)=\prod_{i=1}^{N}\phi(\vec{r}_i) \tag{5-16}$$

分离掉波函数的时间部分 $\Psi(\vec{r},t)=\exp(-i\mu t/\hbar)\Psi(\vec{r})$，可以得到系统的稳态方程，

$$-\frac{\hbar^2}{2m}\nabla^2\Psi(\vec{r})+V(\vec{r})\Psi(\vec{r})+U_0\mid\Psi(\vec{r})\mid^2\Psi(\vec{r})=\mu\Psi(\vec{r}) \tag{5-17}$$

这个方程可以求出系统的基态波函数，进而可以研究系统的基态性质，也可以加入时间部分研究系统的动力学性质。

2. 费斯巴赫共振

作为冷原子系统中一个重要的操控手段，费斯巴赫共振使得人们可以对冷原子之间的相互作用进行调节，使得冷原子可以用来实现很多凝聚态物理没法实现的物理现象。这个技术对冷原子系统的重要性不言而喻。

如图 5-3 所示，在费斯巴赫共振过程中，系统分别通过两个通道进行相互作用，一个称之为开通道，记为 P，另一个称为闭通道，记为 Q。如果在闭通道中存在一个束缚态，与开通道的能量相匹配，这就是费斯巴赫共振。通过这个共振开通道中的散射长度被改变。

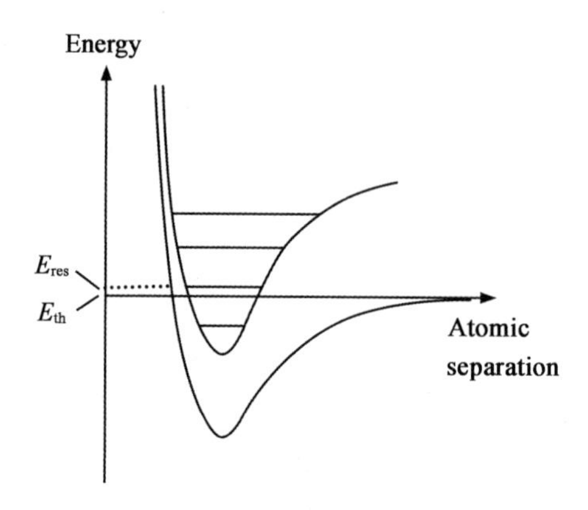

图 5-3　费斯巴赫共振的两个不同碰撞渠道势能的示意图

E_{th}是阈值能量，E_{res}是暗道的能量。

系统中的两个通道对应着两个子空间，所以这个系统的态矢$|\Psi\rangle$可以写为

$$|\Psi\rangle = |\Psi_P\rangle + |\Psi_Q\rangle \tag{5-18}$$

其中$|\Psi_P\rangle = P|\Psi\rangle$，$|\Psi_Q\rangle = Q|\Psi\rangle$，$P$ 和 Q 是投影算符，把态矢分别投影到 P 和 Q 两个子空间中，而且满足 $P+Q=1$，$PQ=0$。这个态矢满足 $H|\Psi\rangle = E|\Psi\rangle$，将上面两个投影算符分别作用到这个方程上，得到两个等式为

$$(E - H_{PP})|\Psi_P\rangle = H_{PQ}|\Psi_Q\rangle \tag{5-19}$$

$$(E - H_{QQ})|\Psi_Q\rangle = H_{QP}|\Psi_P\rangle \tag{5-20}$$

其中 $H_{PP} = PHP$，$H_{QQ} = QHQ$，$H_{PQ} = PHQ$，$H_{QP} = QHP$，H_{PP}是投影到 P 空间的哈密顿量，H_{QQ}是投影到 Q 空间的哈密顿量，H_{PQ}和 H_{QP}是两个子空间耦合的哈密顿量。将式(5-20)求解得

$$|\Psi_Q\rangle = (E - H_{QQ} + i\delta)^{-1} H_{QP} |\Psi_P\rangle \tag{5-21}$$

式中的虚部是确保散射波只有出射部分，将式(5-21)代入式(5-19)，可以得到

$$(E - H_{PP} - H'_{PP} | \Psi_P\rangle = 0 \tag{5-22}$$

其中

$$H'_{PP} = H_{PQ}(E - H_{QQ} + i\delta)^{-1} H_{QP} \tag{5-23}$$

表示为费斯巴赫共振带来的微扰项。这一项代表一个 P 子空间的相互作用，被转

换到 Q 子空间，然后又被代回 P 空间。这是一个对能量修正的二阶微扰形式。这个相互作用在开通道中是非局域的。

下面来求解这个二阶微扰对散射长度的影响。将相互作用部分写为 $U=U_1+U_2$，U_1 是 P 子空间的相互作用，U_2 是两个不同子空间耦合的相互作用，将其记为 $U_2=H'_{PP}$。因为 U_1 只在 P 空间，所以它不会对散射长度有影响，当 U_1 加入时，它只会把系统的本征态变到引入势能 U_1 哈密顿量的本征态。只有当 U_2 加入时，系统的散射长度才会改变。

为了求出系统的散射长度，需要求出系统的 T 矩阵。系统的李普曼-施温格方程为

$$T=U+UG_0T \tag{5-24}$$

方程中格林函数 G_0 为

$$G_0=(E-H_0+i\delta)^{-1} \tag{5-25}$$

H_0 是原子自由演化哈密顿量，所以散射矩阵可以写为

$$T=(1-UG_0)^{-1}U=U(1-G_0U)^{-1} \tag{5-26}$$

把格林函数式(5-25)代入上式，所以散射矩阵可以写为

$$T=(E+i\delta-H_0)(E+i\delta-H_0-U)^{-1}U \tag{5-27}$$

存在等式

$$(E+i\delta-H_0-U)^{-1}=(E+i\delta-H_0-U_1)^{-1}[1+U_2(E+i\delta-H_0-U)^{-1}] \tag{5-28}$$

将上式代入(5-26)，得到结果为

$$T=T_1+(1-U_1G_0)^{-1}U_2(1-G_0U)^{-1} \tag{5-29}$$

式中 T_1 为 P 空间的散射矩阵，满足散射方程 $T_1=U_1+U_1G_0T_1$。对于系统的散射振幅，是将散射 T 矩阵，在出射空间 $|k'\rangle$ 与入射空间 $|k\rangle$ 中展开，求出各个的矩阵元 $\langle k'|T|k\rangle$，为了方便起见，忽略出射和入射空间的指标，它的散射振幅可以写为

$$\langle k' \mid T \mid k\rangle=\langle k' \mid T_1 \mid k\rangle+\langle k' \mid (1-U_1G_0)^{-1}U_2(1-G_0U)^{-1} \mid k\rangle \tag{5-30}$$

定义算符 $\Omega_U=(1-G_0U)^{-1}$，将它作用一个平面波上，会产生哈密顿量 H_0+U 的本征态，它是由一个平面波和一个球面波的叠加。定义两个等式为

$$\Omega_U \mid k\rangle = (1 - G_0 U)^{-1} \mid k\rangle = \mid k; U, +\rangle \tag{5-31}$$

$$\langle k' \mid (1 - U_1 G_0)^{-1} = [(1 - G_0^- U_1)^{-1} \mid k'\rangle]^\dagger \equiv [\mid k'; U_1, -\rangle]^\dagger \tag{5-32}$$

代回散射振幅可以写为

$$\langle k' \mid T \mid k\rangle = \langle k' \mid T_1 \mid k\rangle + \langle k'; U_1, - \mid U_2 \mid k; U, +\rangle \tag{5-33}$$

因为散射长度只受到 U_2 的影响，所以散射振幅可以近似写为

$$\langle k' \mid T \mid k\rangle = \langle k' \mid T_1 \mid k\rangle + \langle k'; U_1, - \mid U_2 \mid k; U_1, +\rangle \tag{5-34}$$

假设在Q子空间对应态矢为 $|\Psi_n\rangle$，对应的本征能量为 E_n。忽略出入射波矢的球面波部分，记这个波矢为 $|\Psi_0\rangle$。散射振幅方程可以写为

$$\frac{4\pi\hbar^2}{m}a = \frac{4\pi\hbar^2}{m}a_P + \sum_n \frac{|\langle \Psi_n \mid H_{\mathrm{QP}} \mid \Psi_0\rangle|^2}{E_{\mathrm{th}} - E_n} \tag{5-35}$$

式中的 a_P 是忽略开通道和闭通道耦合作用的散射长度。如果系统的能量接近于一个闭通道中的束缚态，来自其他非共振态的微扰将会变得很弱，所以非共振部分的散射长度为 a_{nr}。所以上式可以重新写为

$$\frac{4\pi\hbar^2}{m}a = \frac{4\pi\hbar^2}{m}a_{\mathrm{nr}} + \frac{|\langle \Psi_{\mathrm{res}} \mid H_{\mathrm{QP}} \mid \Psi_0\rangle|^2}{E_{\mathrm{th}} - E_{\mathrm{res}}} \tag{5-36}$$

这就是费斯巴赫共振对散射长度的修正。

3. 光晶格

考虑一个原子和一个波数为 k_1，频率为 ω_1 的激光场耦合，形成一个一维驻波，如图5-4所示。原子初始被制备在基态 $|g\rangle$，然后通过激光耦合到一个内态 $|e\rangle$ 上。基态 $|g\rangle$ 和激发态 $|e\rangle$ 的能量差为 $\hbar\omega_{\mathrm{eg}}$。当所加的光强足够弱的时候，其他的内态不会耦合到这个体系中，在微扰论中可以不去考虑。在相互作用表象下，考虑原子的运动和从原子激发态 $|e\rangle$ 的光子自发辐射，这个系统可以使用 Stochastic Schiödinger Equation 描述。

$$\mathrm{d} \mid \Psi(t)\rangle = \left(-i\hat{H}_{\mathrm{eff}}\mathrm{d}t + \sqrt{\Gamma}\int_{-1}^{1}\mathrm{d}u\ \sqrt{N(u)}\mathrm{e}^{ik_{\mathrm{eg}}u\hat{x}}\,\mathrm{d}\hat{B}_u^\dagger \mid g\rangle\langle e \mid\right) \mid \Psi(t)\rangle \tag{5-37}$$

其中有效哈密顿量为

$$\hat{H}_{\mathrm{eff}} = \frac{\hat{p}^2}{2m} + \left(\delta - i\frac{\Gamma}{2}\right)(\mid e\rangle\langle e \mid - \frac{\Omega(\hat{x})}{2}(\mid g\rangle\langle e \mid + \mid e\rangle\langle g \mid) \tag{5-38}$$

这个有效哈密顿量由三部分组成：第一项为动能项，$\hat{p}$ 为动量算符，m 是原子质量；中间项为光场失谐 $\delta=\omega_l-\omega_{eg}$ 和激发态的自发辐射率 Γ；最后一项为基态 $|g\rangle$ 和激发态 $|e\rangle$ 的耦合，耦合强度为有效拉比频率 $\Omega(\hat{x})=2\mu_{eg}\cdot E(\hat{x}\cdot t)$，这个强度依赖于一个外加电场 $E(\hat{x}\cdot t)$ 和一个偶极矩阵 $\mu_{eg}=|e|\hat{\mu}|g\rangle$。式(5-37)中的第二项描述了自发辐射的光子和 $|e\rangle\rightarrow|g\rangle$ 转换相关的量子跃迁，$N(u)$ 是投影到驻波方向的反冲动量分布，自发辖射率 $\Gamma=|\mu_{eg}|^2\omega_{eg}^3/(3\pi\varepsilon_0\hbar c^3)$。$\mathrm{d}\hat{B}_u^\dagger(t)$ 是噪声相关项。

假设系统的波函数具有形式 $|\Psi(t)\rangle=|\Psi_e(t)\rangle\otimes|e\rangle+|\Psi_g(t)\rangle\otimes|g\rangle$，代回方程(5-37)，基态和激发态的原子运动方程是

$$\frac{\mathrm{d}\mid\Psi_e\rangle}{\mathrm{d}t}=-i\left(\delta-i\frac{\Gamma}{2}+\frac{\hat{P}^2}{2m}\right)\mid\Psi_e(t)\rangle+i\frac{\Omega(\hat{x})}{2}\mid\Psi_g(t)\rangle \tag{5-39}$$

$$\mathrm{d}\mid\Psi_g(t)\rangle=i\left(\frac{\hat{p}^2}{2m}\right)\mathrm{d}t\mid\Psi_g(t)\rangle+\left(i\frac{\Omega(\hat{x})}{2}\mathrm{d}t+\sqrt{\Gamma}\int_{-1}^{1}\mathrm{d}u\ \sqrt{N(u)}\mathrm{e}^{ik_{eg}u\hat{x}}\,\mathrm{d}\hat{B}_u^\dagger(t)\right)\mid\Psi_e(t)\rangle \tag{5-40}$$

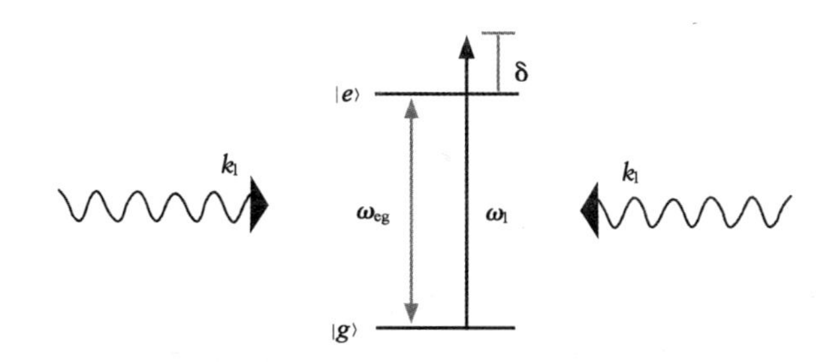

图 5-4　两能级原子，基态为 $|g\rangle$，激发态为 $|e\rangle$，与一个驻波相互作用

ω_{eg} 是两个能级间的能量差，ω_l 是激光的频率，k_l 是激光的波数。

$\delta=\omega_l-\omega_{eg}$ 是系统的失谐量

在大失谐的情况下，也就是说 $|\delta|\gg|\Omega|,\Gamma$，同时保证失谐远大于动能项，在绝热近似的情况下，激发态就从系统中排除了，可以近似得到

$$\frac{\mathrm{d}\mid\Psi_e\rangle}{\mathrm{d}t}\approx 0 \tag{5-41}$$

在忽略动能项的情况下，式(5-39)可以写成

$$\mathrm{d}\mid\Psi_g(t)\rangle\approx\left[-i\left(\frac{\hat{p}^2}{2m}-\frac{\Omega^2(\hat{x})\delta}{4\delta^2+\Gamma^2}-\frac{i\Gamma}{2}\hat{c}^\dagger\hat{c}\right)\mathrm{d}t+\sqrt{\Gamma}\int_{-1}^{1}\mathrm{d}u\ \sqrt{N(u)}\mathrm{e}^{-ik_{eg}u\hat{x}}\,\mathrm{d}\hat{B}_u^\dagger(t)\hat{c}\right]\mid\Psi_g(t)\rangle \tag{5-42}$$

式中 $\hat{c}=\Omega(\hat{x})/(2\delta-i\Gamma)$，这个光势阱等价为

$$V(x)=\frac{\Omega^2(x)\delta}{4\delta^2+\Gamma^2}\approx-\frac{\Omega^2(x)}{4\delta}=-\frac{\Omega_0^2}{4\delta}\sin^2(k_1x)=V_0\sin^2(k_1x) \tag{5-43}$$

式中使用了一维驻波空间关系 $\Omega(x)=\Omega_0\sin(k_1x)$，等效为一个周期光势阱，其强度为 $V_0=\Omega_0^2/(4\delta)$。从上面可以看出，通过不同的驻波形式，可以使系统受到不同几何形状的光势阱。

忽略系统的噪声部分，只考虑 s 波散射作用，使用玻色场算符，上面的哈密顿量可以写为

$$\hat{H}=\int dx\hat{\Psi}^\dagger(x)\left(-\frac{\hbar}{2m}\nabla^2+V(x)\right)\Psi(x)+\frac{g}{2}\int dx\hat{\Psi}^\dagger(x)\hat{\Psi}^\dagger(x)\hat{\Psi}(x)\hat{\Psi}(x) \tag{5-44}$$

用瓦尼尔函数将玻色场算符展开

$$\hat{\Psi}(x)=\sum_{i,n}\omega_n(x-x_i)\hat{b}_{n,i} \tag{5-45}$$

就可以得到著名的玻色哈勃模型

$$\hat{H}=-J\sum_{\langle i,j\rangle}\hat{b}_i^\dagger\hat{b}_j+\frac{U}{2}\sum_i\hat{n}_i(\hat{n}_i-1)+\sum_i\varepsilon_i\hat{n}_i \tag{5-46}$$

式中 $\langle i,j\rangle$ 表示近邻 i 和 j 的指标，粒子数算符是 $\hat{n}_i=\hat{b}_i^\dagger\hat{b}_i$，$\varepsilon_i$ 为每一个格点的局域能量。通过瓦尼尔函数，在只考虑近邻相互作用的情况下，玻色哈勃模型的各个参数可以写为

$$J=-\int dx\omega_0(x)\left(-\frac{\hbar^2}{2m}\nabla^2+V_0\sin^2(k_1x)\right)\omega_0(x-a) \tag{5-47}$$

$$U=g\int dx\mid\omega_0(x)\mid^4 \tag{5-48}$$

$$\varepsilon_i=\int dx\mid\omega_0(x-x_i)\mid^2V(x-x_i) \tag{5-49}$$

5.3.1.2 应用

目前为止，人们操控冷原子晶格的能力也越来越强，例如 2011 年，德国的 Bloch 研究组已经实现了单原子的成像和寻址；美国的 Greiner 研究组利用单格点成像技术，成功地模拟并探测了一维反铁磁自旋链，这是继模拟 Bose-Hubbard 模

型的量子相变以来,量子模拟领域最重要的实验进展;同样是2011年,人们实现了二维经典阻挫模型的模拟。采用冷原子系统进行量子模拟的先决条件是:首先要对原子系综进行一系列的激光冷却和蒸发冷却,使其达到几NK的温度。这时,对于玻色子而言,将处于玻色-爱因斯坦凝聚(BEC)的状态;对于费米子,则处于量子简并的状态。这时,原子的相对热运动被高度抑制,由于原子间相互作用所导致的量子特性则被显现出来。我国的冷原子技术经历了几十年的发展,目前已经逐渐追上了世界的步伐。目前,已经有中国科学院上海光学精密机械研究所、北京大学、中国科学院武汉物理与数学研究所、中国科学院物理研究所、中国科学技术大学等多家单位在实验上实现BEC,山西大学的张靖研究组实现了费米子的量子简并。目前,张靖研究组和中国科学技术大学陈帅研究组已经在规范场的量子模拟方面取得了很好的实验进展。另外,中国科学院物理研究所的刘伍明研究员在早期冷原子相干性质的研究中取得了非常重要的理论进展,他与合作者在理论上描述了玻色爱因斯坦能聚态的干涉现象,在理论上预言可调幅和调频的原子激光,发现分数量子涡旋晶格等。

5.3.2　微腔系统

尽管冷原子系统的实验取得了很大的进展,但是人们仍然面临许多挑战。一方面冷原子和BEC系统的实验要求的温度很低(一般为nK量级)。另一方面在实验中难以实现对单个原子的操控和测量。例如为了探测冷原子中的BEC是处于Mott态或是处在超流态,需要关闭光晶格来观察BEC云的膨胀行为。这种测量方式无疑会破坏被研究系统。最近一种荧光成像技术在实验中得到应用,允许人们直接观察处于Mott态的原子。尽管如此,这种方法仍然会带来格点上原子的损耗,破坏实验系统。

以上的种种局限性强烈限制了光晶格系统在量子模拟方面的应用。与此同时随着微波谐振腔制造技术的进步,人们又提出了一种新的实验方案——利用腔量子电动力学的实验方案。这种实验方案的基本思想如图5-5所示。将许多微腔排列成晶格形状,每个微腔中放置一个原子或人造原子(如Josephson节或量子点)。随后光子与每个微腔内的原子进行相互作用,从而把整个系统耦合起来。光子与原子的相互作用产生了一种新的准粒子激发——激子。这些激子的行为如同于光晶格中的Bose子。这意味着这些激子可以从一个微腔跃迁到另一个微腔中,跃迁概率正比于相邻两个腔的波函数的交叠积分。另一方面由于Kerr非线性效应,即光子阻塞现象,同一个微腔内的光子会有一个等效的排斥或吸引相互作用。因此该种系统能够模拟Bose-Hubbard模型。

这种系统的一个优势在于，微腔之间的距离比较大，实验中可以方便地对某一个微腔进行局部控制而无须破坏实验系统。另外由于在整个实验过程中原子始终处于微腔内，原子的热运动不会破坏实验系统，因此实验可以在室温条件下进行。尽管有上述优点，在应用中仍然有障碍需要克服。最主要的问题是减少光腔不必要的损耗，使光子与原子的耦合足够强。幸运的是随着近年来实验技术的进步，已经能达到强耦合条件。

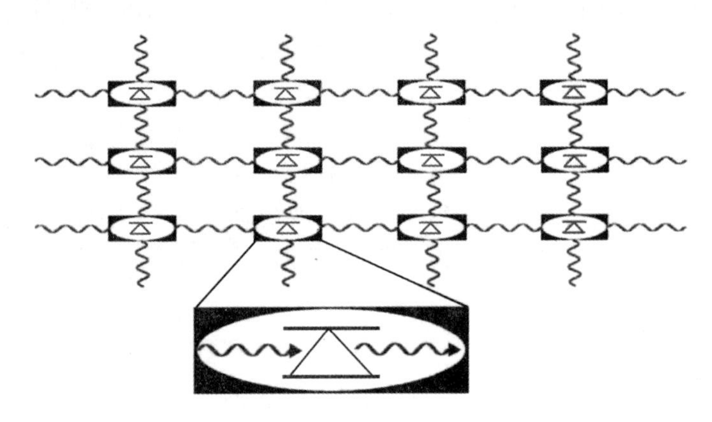

图 5-5　由多个微型光学腔组成的格点系统

在每个微腔内都有一个二能级系统。光子与每个微腔内的原子进行相互作用，从而把整个系统耦合起来。

现在介绍一个用微型光学腔组成的系统进行量子模拟的重要例子，即 Jaynes-Cumming Lattice 模型。这个模型最早由 Greentree 等提出。Jaynes-Cumming Lattice 模型可以模拟一些著名的强关联模型，而且自身具有一些独特的性质，所以引起了人们的广泛注意。

光子与原子的相互作用导致光学非线性现象，即光子之间会产生一种等效的排斥作用，也即发生光子阻塞效应。光子阻塞效应是 Jaynes-Cumming Lattice 模型重要的理论依据。Jaynes-Cumming Lattice 模型描述了一系列电磁谐振腔排成晶格结构，在每个腔里放置着一个二能级结构的系统。微腔内的光子与原子之间的相互作用导致光子之间存在排斥相互作用，光子能在最近邻的腔之间跃迁。这个模型打开了研究强关联光子系统和光的量子相变的一扇大门。

1. 光子阻塞效应

以图5-6中的结构为例，多个微型光学腔排成一列，每个光学腔中放有一个二能级原子。没有原子时系统的哈密顿量相当于一系列量子简谐振子的耦合

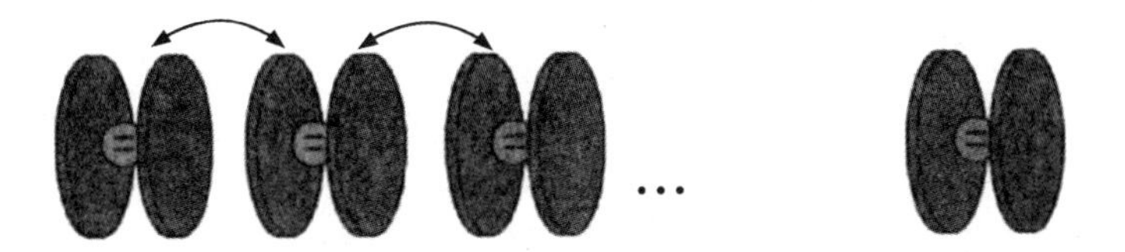

图5-6 由多个微型光学腔组成的一维链式系统

在每个微腔内都有一个二能级原子。光子与每个微腔内的原子进行相互作用，光子可以在最近邻的腔之间跃迁。

$$H=\sum_{i=1}^{N}\omega a_i^\dagger a_i+\sum_{i=1}^{N}\kappa(a_i^\dagger a_{i+1}+\text{H. C.}) \tag{5-50}$$

其中 $a_i^\dagger$ 和 a_i 是第 i 个微腔内的局域本征模(Wannier 函数)的产生和湮灭算符。光子的频率为 ω，光子在近邻的腔之间跃迁的跃迁能量为 κ。从上式可以看出系统没有非线性效应。在放入原子(激发态由 $|e\rangle_i$ 表示，基态由 $|g\rangle_i$ 表示)后系统的哈密顿量变为三部分：

$$H^{\text{free}}=\sum_{i=1}^{N}\omega a_i^\dagger a_i+\sum_{i=1}^{N}\omega_0\ |e\rangle_{ii}\langle e|, \tag{5-51}$$

$$H^{\text{int}}=\sum_{i=1}^{N}g(a_i^\dagger\ |g\rangle_{ii}\langle e|+\text{H. C.}) \tag{5-52}$$

$$H^{\text{hop}}=\sum_{i=1}^{N}\kappa(a_i^\dagger a_{i+1}+\text{H. C.}) \tag{5-53}$$

其中 H^{free} 是光子和原子的自由部分的哈密顿量，H^{int} 是光子与原子的相互作用的哈密顿量，H^{hop} 是光子在最近邻的光学腔之间跃迁的哈密顿量。不考虑光子在最近邻的光学腔之间跃迁的哈密顿量，和 $H^{\text{free}}+H^{\text{int}}$ 是可以精确求解的，本征态为 $|\pm,n\rangle_i$，本征能量是 $E_{n\pm}=n\omega+\Delta/2\pm\sqrt{(\Delta/2)^2+ng^2}$。本征态的形式为 $|+,n\rangle_i=(\sin\theta_n|g,n\rangle_i+\cos\theta_n|e,n-1\rangle_i)$，$|-,n\rangle_i=(\cos\theta_n|g,n\rangle_i-\sin\theta_n|e,n-1\rangle_i)$，其中 $\tan2\theta_n=2g\sqrt{n}/\Delta$，$\Delta=\omega_0-\omega$。本征态 $|\pm,n\rangle_i$ 是光子与原子的缀饰态，是一种准粒子激发被称为激子。J-C 模型的能级图如图5-7所示，可以看到随着 n 的增大 $|+,n\rangle$ 态和 $|-,n\rangle$ 态之间的能级分裂越来越大。注意图中的纵坐标是 $E_n-n\omega$。

因此在只考虑低能情况时，将忽略$|+,n\rangle$态的贡献。

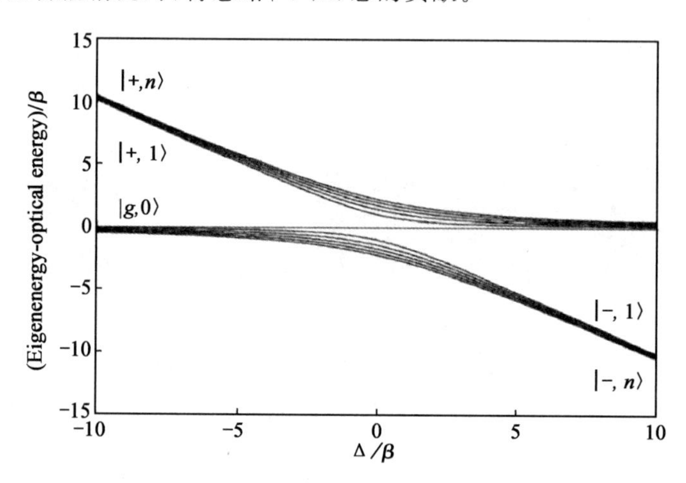

图 5-7　J-C 模型的能级示意图

能量 $E_n-n\omega$ 是失谐 Δ 的函数（注意此图中光子与原子耦合强度用 β 表示）。

能谱分为上下两支，上支为$|+,n\rangle$，下支为$|-,n\rangle$。

随着 n 的增大，能级分裂越来越大。

在每个腔内的光子数确定（给定填充数）的情况，此时系统处在 Mott 绝缘态。为了简单讨论共振的情况 $\Delta=0$，将系统的哈密顿量用激子的投影算符 $P_i^{(\pm n)}=|g,n\rangle_{ii}\langle n,\pm|$重新写成

$$\begin{aligned}H=&\sum_{i=1}^{N}\Big[\sum_{n=1}^{\infty}n(\omega-g)P_i^{(-n)\dagger}P_i^{(-n)}+\sum_{i=1}^{\infty}n(\omega+g)P_i^{(+n)\dagger}P_i^{(+n)}\\&+\sum_{n=1}^{\infty}g\left(n-\sqrt{n}\right)P_i^{(-n)\dagger}P_i^{(-n)}+\sum_{n=1}^{\infty}g\left(\sqrt{n}-n\right)P_i^{(+n)\dagger}P_i^{(+n)}\Big]\\&+\sum_{i=1}^{N}\kappa(a_i^{\dagger}a_{i+1}+\text{H. C.})\end{aligned}\tag{5-54}$$

假设系统的参数满足 $\kappa n\ll g\sqrt{n}\ll\omega$，则光子填充数不会受到原子跃迁项的影响。假定系统的基态为光子数为 n 的 η 态。在讨论低能问题时只需考虑式(5-54)的第一项，第三项和最后一项。哈密顿量的第一项的色散关系是线性的，对应于一个有效频率为 $\omega-g$ 的简谐振动模式。如果哈密顿量中只有这一项存在，那么在某一个微腔内增加一个光子的同时在另外一个微腔内减少一个光子的过程是不需要任何外界能量的。但是哈密顿量的第三项的存在使得$|-,\eta+1\rangle_i|-,\eta-1\rangle_j$ 态的能

量比$|-,\eta\rangle_i|-,\eta\rangle_i$态的能量高。其结果是在系统的总光子数确定的情况下，光子会均匀分布在每一个光腔内。得到了一种有效的非线性光子排斥相互作用，这就是光子阻塞效应的微观机制。

2. Jaynes-Cumming Lattice 模型

在简单介绍了光子阻塞效应之后，将讨论 Jaynes-Cumming Lattice 模型。其结构如图 5-8 所示。系统的哈密顿量为

$$H=\sum_{i=1}^{N}\omega a_i^{\dagger}a_i+\sum_{i=1}^{N}g(a_i^{\dagger}\sigma_i^{-}+a_i\sigma_i^{+})-\sum_{i=1}^{N}\kappa(a_i^{\dagger}a_{i+1}+\text{H. C.})-\mu N \quad (5\text{-}55)$$

用巨正则系综理论来进行研究，故上式中的最后一项表示化学势。同凝聚态系统的情况类似，化学势μ乘以总的粒子数$N=\sum_{i=1}^{N}(a_i^{\dagger}a_i+\sigma_i^{+}\sigma_i^{-})$作为拉格朗日乘子来固定平均粒子数$\langle N\rangle$。化学势在 Jaynes-Cumming Lattice 模型的相变行为中起重要作用。在当前的实验方案中化学势是由系统最初被制备的状态决定的。通过对光子阻塞效应的分析可知，Jaynes-Cumming Lattice 模型中存在光腔内光子之间的等效排斥作用。这种排斥作用和光子在最近邻光腔之间的跃迁，使得 Jaynes-Cumming Lattice 模型和 Bose-Hubbard 模型是类似的，会发生从 Mott 绝缘相到超流相的相变。这种相变的存在也可以从哈密顿量式(5-55)在不同参数极限下的行为看出来。

①原子极限，$\kappa\ll g$。在此极限下光子在最近邻光学腔之间的跃迁可以看作微扰项。此时光子被局域在每个光学腔内，光学腔之间没有耦合。每个光学腔的哈密顿量为$H_i^{\text{JC}}-\mu n_i$，$n_i=a_i^{\dagger}a_i+\sigma_i^{+}\sigma_i^{-}$是每个光学腔内的粒子数。系统的基态是每个光学腔的基态波函数的直积$|\Psi\rangle=|\Psi_1\rangle\otimes|\Psi_2\rangle\otimes|\Psi_3\rangle\cdots$由于化学势的存在会对$H_i^{\text{JC}}$的能级造成移动$E_{n\pm}^{\mu}=E_{n\pm}-\mu n$，其中$E_0=0$，

$$E_{n\pm}=n\omega+\frac{\Delta}{2}\pm\sqrt{\left(\frac{\Delta}{2}\right)^2+ng^2} \quad (5\text{-}56)$$

如前文所论述在低能情况下只考虑的$|-,n\rangle$态，系统的基态为$E_{n\pm}^{\mu}=\min\{E_0^{\mu},E_{-1}^{\mu},E_{-2}^{\mu}\cdots\}$。在$(\omega-\mu)\gg g$，$|\Delta|$的极限情况下式(5-56)中的第一项占主导地位，系统将处于$|-,0\rangle$态。减小$(\omega-\mu)$的值，第一项的影响变弱，增加一个光子变得容易。在到达简并点$E_0^{\mu}=E_{-1}^{\mu}$之后，系统能量最低的状态变为$|-,1\rangle$态。重复上述过程，可以发现简并点满足的关系$E_{-,n}^{\mu}=E_{-,n+1}^{\mu}$所对应的参数方程为

$$\frac{(\omega-\mu)}{g}=\sqrt{\left(\frac{\Delta}{2g}\right)^2+n}-\sqrt{\left(\frac{\Delta}{2g}\right)^2+n+1} \quad (5\text{-}57)$$

②光子跃迁极限，$\kappa \gg g$。在此情况下光子在最近邻光腔之间的跃迁将占主导地位，可以忽略光子与原子的耦合，系统的哈密顿量退化为

$$H = \sum_{i=1}^{N} (\omega - \mu) a_i^\dagger a_i + \sum_{i=1}^{N} \kappa (a_i^\dagger a_{i+1} + \text{H. C.}) \tag{5-58}$$

此模型可以通过对算符进行傅立叶变换进行求解。对于图 5-8 所示的二维蜂巢结构，系统的能量为 $E = N(\omega - \mu) - 2N\kappa \sum_{i=x,y} \cos(k,a)$ 可看出基态为 $k=0,\pi$ 的情况

$$E_0 = N(\omega - \mu) - 2N\kappa \tag{5-59}$$

当 $(\omega - \mu) < 2\kappa$ 时系统的基态能量是负的。此时系统的激发光子数越多系统的能量越低，这说明系统是不稳定的。这种情况与传统的 Bose-Hubbard 模型中化学势是负值的情况类似。

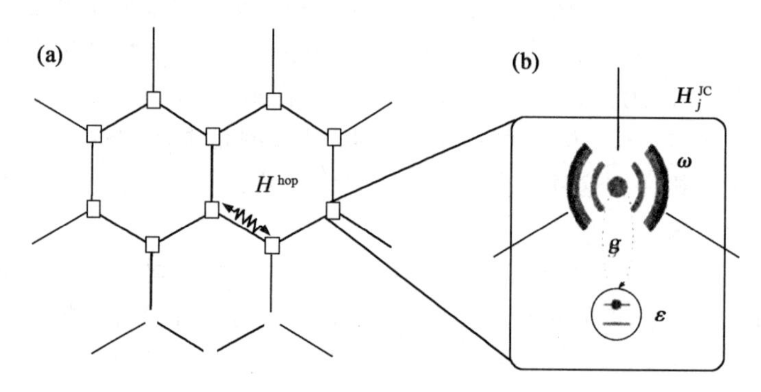

图 5-8 Jaynes-Cummings Lattice 模型的装置示意图

最近邻的腔之间存在光子的跃迁。在每个腔内光子与一个二能级原子相互作用。

通过上面的分析可知：在原子极限下，光子被束缚在每个光学腔中，系统处于类似于 Mott 绝缘态的状态。在光子跃迁极限下，光子在光学腔之间自由跃迁，系统处于类似于超流态的状态。和 Bose-Hubbard 模型的情况类似，可以用平均场论方法来研究 Jaynes-Cummings Lattice 模型的相变。平均场理论的基本思想是将格点间的相互作用退耦合。用最普遍的形式，$AB \to A\langle B\rangle + \langle A\rangle B - \langle A\rangle\langle B\rangle$，来将两个算符的相互作用用平均场代替。用这样的步骤处理 Jaynes-Cummings Lattice 模型中的跃迁项得到

$$H^{\text{hop}} = \sum_{i=1}^{N} \kappa (a_i^\dagger a_{i+1} + \text{H. C.}) = \kappa \sum_{i=1}^{N} \sum_{j \in NN(i)} a_i^\dagger a_j$$
$$\to \kappa \sum_{i=1}^{N} \sum_{j \in NN(i)} [\langle a_i^\dagger \rangle a_j + a_i^\dagger \langle a_j \rangle - \langle a_i^\dagger \rangle \langle a_j \rangle] \tag{5-60}$$

其中 $NN(i)$表示对第 i 个格点的最近邻的格点进行求和。按照平均场理论的基本假设系统具有平移对称性,所以每个格点的状态都相同,$\langle a_i \rangle = \langle a_j \rangle$。因此在引入一个参量 $\Psi = z\kappa \langle a_i \rangle$后,得到平均场近似下的哈密顿量

$$H_i^{\text{MF}} = (\omega - \mu) a_i^\dagger a + \frac{1}{2}(\omega_0 - \mu)\sigma_i^z + g(a_i^\dagger \sigma_i^- + a_i \sigma_i^+)$$
$$- \kappa (a_i^\dagger \Psi + a_i \Psi^*) + \frac{1}{z\kappa} |\Psi|^2 \tag{5-61}$$

这里的 z 是晶格结构的配位数。从上式可以看出平均场论和系统的维数无关,对于不同的晶格结构只需要注意配位数的值不相同。在 Mott 绝缘相,光子被束缚在每个格点上,所以$\langle a_i \rangle = 0$;在超流相,光子可以在格点间自由跃迁,所以$\langle a_i \rangle \neq 0$。因此 Ψ 也可以被认为是超流相的序参量,可以用 Ψ 的值是否为零来判断系统所处的状态。下面讨论在绝对零度时 Jaynes-Cummings Lattice 模型的量子相变。Greentree 及其合作者用直接对角化的方法来求解 H_i^{MF} 的基态能量 $E_0^{\text{MF}}(\Psi)$。当 $E_0^{\text{MF}}(\Psi)$对应的序参量值为 $\Psi = 0$ 时系统处于 Mott 绝缘相,当 $\Psi \neq 0$ 时系统处于超流相。得到的相图如图 5-9 所示。可从中看到随着化学势的升高系统能量最低的状态依次为$|g,0\rangle$,$|-,1\rangle$,$|-,2\rangle$…,随着跃迁能量的增大系统从 Mott 绝缘态过渡到超流态,整个相图呈现出类似于 Mott Lobe 的叶片结构。

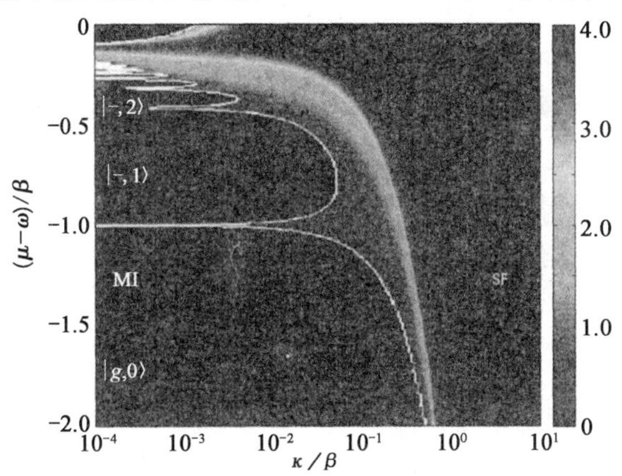

图 5-9　共振时 Δ=0,Jaynes-Cummings Lattice 模型的相图

注意图中的光子与原子的耦合强度用 β 表示。

事实上与 Bose-Hubbard 模型的情况类似，Jaynes-Cummings Lattice 模型的相变也可由朗道的连续相变描述。朗道的连续相变理论认为在临界点附近序参量的值很小，系统的基态能量可以进行泰勒级数展开

$$E_0^{\mathrm{MF}}(\Psi) = E_0^0 + r\,|\,\Psi\,|^2 + \frac{u}{2}\,|\,\Psi\,|^4 + O(|\,\Psi\,|^6) \tag{5-62}$$

普遍的规律是，在临界点序参量的二次项的系数变为零，$r=0$，系统发生二阶相变。对于 Jaynes-Cummings Lattice 模型，可以将平均场哈密顿量中的 $-\kappa(a_i^\dagger\Psi + a_i\Psi^*)$ 看成微扰项，对 $H_0=(\omega-\mu)a_i^\dagger a+\frac{1}{2}(\omega_0-\mu)\sigma_i^z+g(a_i^\dagger\sigma_i^-+a_i\sigma_i^+)$ 部分进行微扰展开。展开后的能量表达式中 Ψ 二次项的系数为 R_n。所以在临界点附近序参量的二次项的系数变为 $r=R_n+1/z\kappa$

$$R_{n=0} = \frac{1}{2}\sum_{a=-1,+1}\frac{1}{\mu-\omega+ag} \tag{5-63}$$

$$R_{n>0} = \frac{1}{4}\sum_{a=-1,+1}\left[\frac{\left(\sqrt{n}+a\sqrt{n-1}\right)^2}{-(\mu-\omega)-\left(\sqrt{n}-a\sqrt{n-1}\right)g}+\frac{\left(\sqrt{n+1}+a\sqrt{n}\right)^2}{(\mu-\omega)-\left(\sqrt{n}-a\sqrt{n+1}\right)g}\right] \tag{5-64}$$

其中 $n=0,1,2\cdots$ 代表临界点属于第 n 个 Mott Lobe 结构。于是 Mott 绝缘相和超流相分界线满足的方程为

$$\kappa_n = \frac{1}{zR_n} \tag{5-65}$$

5.3.3 离子阱系统

离子阱是利用电磁力将带电离子约束在势阱中的一种实验装置。离子阱体系比较纯净，可以利用激光或微波对单个离子进行操作，离子之间可通过振动模式进行有效的信息交换，与环境相干度低，从而成为实现量子计算和量子模拟的良好体系。

根据囚禁场的不同，离子阱可分为两大类，一类是利用电场与磁场实现离子囚禁的 Penning 阱，Penning 阱在轴向 z 加一个均匀强磁场以在径向 r 束缚离子，另外加一个四极电场来在轴向束缚离子。另一类是利用静电场与交变电场实现离子囚禁的 Paul 阱，Paul 阱用直流电和射频交流电形成的电场来束缚离子。阱的构型可以是曲面阱，包含两个双曲面的金属端帽电极及一个双曲形环电极，如图 5-10

左图所示，离子被束缚在三个电极中间。还有一种线性阱是在曲面阱基础上改进而成，由四根柱电极和两端的环电极组成，如图 5-10 右图所示。线性 Paul 阱在相对的两柱电极加交变电流，其余两柱电极接地，并在环电极加静电势。离子被束缚在与柱电极平行的轴线处。以下的讨论是基于这种线性 Paul 阱。

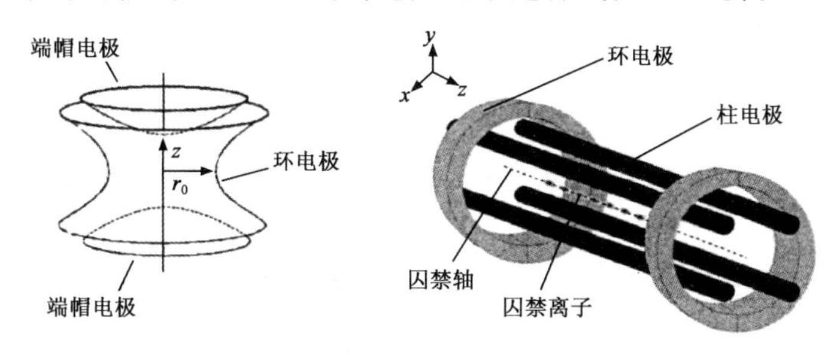

图 5-10　双曲面阱(左)与线性阱(右)示意图

这里首先介绍线性阱中囚禁离子的振动模式，其次讨论对囚禁离子的操作，最后介绍信息的读出。

1. 囚禁离子的振动态

图 5-10 右图所示的线性 Paul 阱结构，由于在环极加静电势，离子在阱中沿 z 方向(轴向)感受到静电势：$\Phi_{dc}=\kappa U_0[z^2-(x^2+y^2)]/2$(其中 κ 与阱的几何因素有关)。由 Earnshaw 定律，三维静电势不足以囚禁静电荷，因此为了囚禁住离子，需在两个相对柱电极间加快速振荡的电压(另外两个相对的柱电极接地)，从而在阱中产生含时电势 $\Phi_{rf}=(V_0\cos\Omega t+U_r)(1+(x^2-y^2)/R^2)/2$(其中 R 为阱的几何因子)。调节极电压和轴电压的比，使电子囚禁在 z 轴附近，成一条线。由静电势和射频电势，加上电子间的库伦斥力，可以得到 N 个离子在阱中的运动哈密顿量：

$$H=\sum_{i=1}^{N}\frac{m}{2}\left(\omega_x^2x_i^2+\omega_y^2y_i^2+\omega_z^2z_i^2+\frac{p_i^2}{m^2}\right)+\sum_{i,j=1,i<j}^{N}\frac{\mathrm{e}^2}{4\pi\varepsilon_0\mid r_i-r_j\mid}\tag{5-66}$$

其中 m 为离子质量，x,y,z 为离子位置坐标，$\omega_i(i=x,y,z)$为离子在 i 方向的囚禁频率，ε_0 为真空介电常数，N 为离子数。

在实验中，径向(xy 平面方向)的电势是轴向(z 方向)的电势的若干倍，因此离子在径向束缚得比较紧，所以可忽略离子径向运动，而只考虑轴向(z 方向)运动。通常量子计算只利用轴向振动模式，这给问题的讨论带来方便。离子哈密顿量可简化为只含 z 方向的运动：

$$H = \sum_{i=1}^{N} \frac{m\omega_z^2 z_i^2(t)}{2} + \frac{p_{zi}^2}{m^2} + \sum_{i,j=1,i<j}^{N} \frac{q^2}{4\pi\varepsilon_0} \frac{1}{|z_i(t) - z_j(t)|} \tag{5-67}$$

如果离子已经冷却到足够低的温度,可以将离子的位置写为在平衡位置附近的振动 $z_i(t)=z_{i0}+\Delta_i(t)$,其中 z_{i0} 为第 i 个离子的平衡位置,$\Delta_i t$ 为在 t 时刻 i 离子对平衡位置的小的偏移。将哈密顿量式(5-67)在平衡位置附近展开,保留到二阶项:

$$H \approx \frac{m}{2}\sum_{k=1}^{N}\Delta_k^2 - \frac{1}{2}\sum_{k,l=1}^{N}\left(\frac{\partial^2 V}{\partial z_k \partial z_l}\right)_{z=z_0} \tag{5-68}$$

其中 V 为式(5-66)中除去离子动能项的离子势能部分

$$V = \sum_{i=1}^{N} \frac{m\omega_z^2 z_i^2(t)}{2} + \sum_{i,j=1,i<j}^{N} \frac{q^2}{4\pi\varepsilon_0} \frac{1}{|z_i(t) - z_j(t)|} \tag{5-69}$$

将变量 Δ_i 做一个变换,将式(5-68)对角化(即哈密顿量中的交叉项“脱耦”)

$$\Delta_k(t) = \sum_{\alpha=1}^{N} D_k^{(\alpha)} Q_\alpha(t) \tag{5-70}$$

其中 $D^{(\alpha)}$ 为展开系数矢量。适当选取 $D^{(\alpha)}$,H 化为

$$H = \frac{1}{2m}\sum_{\alpha=1}^{N} p_\alpha^2 + \frac{m}{2}\sum_{\alpha=1}^{N} \nu_\alpha^2 Q_\alpha^2 \tag{5-71}$$

其中 $p_\alpha = mQ_\alpha$。此时 Q_α、p_α 分别叫作离子的正则坐标和正则动量,它们表示离子的集体振动模式。ν_α 为正则频率,即集体振动模式的频率。能量最低的一种振动模叫作质心模(COM mode),这种模式下所有离子像一个刚体一样整体一致运动。由于在质心模下激光束容易对离子定位,所在离子阱量子计算中,一般采用质心模作为通信比特。实验时离子被冷却到很低的温度,因此离子运动可以量子化。将式(5-71)正则坐标、正则动量量子化:

$$\begin{aligned} Q_\alpha \to \hat{Q}_\alpha &= \sqrt{\frac{\hbar}{2m\nu_\alpha}}(\hat{a}_\alpha^\dagger + \hat{a}_\alpha) \\ P_\alpha \to \hat{P}_\alpha &= i\sqrt{\frac{\hbar m\nu_\alpha}{2}}(\hat{a}_\alpha^\dagger - \hat{a}_\alpha) \end{aligned} \tag{5-72}$$

$\hat{a}^\dagger$、$\hat{a}$ 为声子(振动模的最小激发单位)的产生、湮灭算符。式(5-71)变为

$$\hat{H}_{\text{ext}} = \sum_{\alpha=1}^{N} \hbar\nu_\alpha\left(\hat{a}_\alpha^\dagger \hat{a}_\alpha + \frac{1}{2}\right) \tag{5-73}$$

量子计算中就使用哈密顿的这种形式表示离子的外部运动。用质心模的最小能量单位——声子作为信息在两离子间传递的载体。

这样，第 i 个离子的位置偏移 Δ_i 表达成算符的形式为：

$$\hat{\Delta}_i = \sum_{\alpha=1}^{N} D_i^{(\alpha)} \sqrt{\frac{\hbar}{2m\nu_\alpha}} (\hat{a}_\alpha^\dagger + \hat{a}_\alpha) = \sum_{\alpha=1}^{N} K_i^{(\alpha)} z_0 (\hat{a}_\alpha^\dagger + \hat{a}_\alpha) \tag{5-74}$$

为许多共振模式的叠加。其中 $K_i^{(\alpha)} = D_i^{(\alpha)} \sqrt{\frac{\omega_z}{\nu_\alpha}}$，$z_0 = \sqrt{\frac{\hbar}{2m\omega_z}}$为系数。

2. 激光与离子相互作用

离子阱中通常用囚禁离子的两个能态作为量子比特$|0\rangle$和$|1\rangle$。因此单量子比特的操作通过激光对离子内部能态的控制来完成。因为离子跃迁必须满足选择定则，所以特定频率和极化的激光可以将离子较好地约束在选定的二态空间中，使离子成为很好的二态量子系统。Ca^+ 离子内态的选取可以用离子基态和最低亚稳态，用单束激光操作，如图 5-11(a)Ca^+；也可选取基态的两个子能级，用两束激光通过虚拟中间态实现离子基态两个子能级之间的跃迁，见图 5-11(b)Be^+。

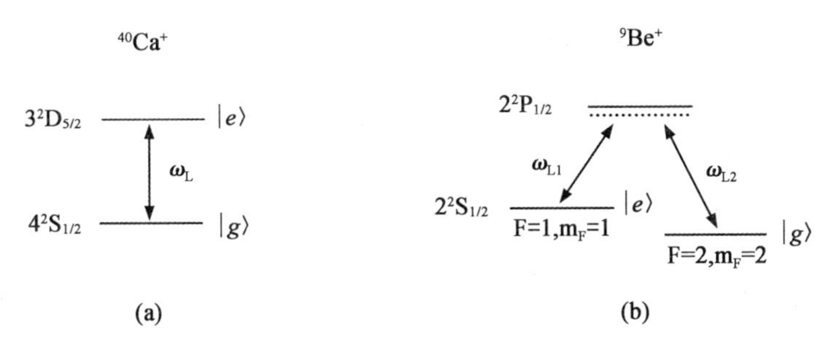

图 5-11　离子内态的选取及激光操作

当没有与激光作用时，离子的内部能态可表示为：

$$\hat{H}_{\text{int}} = E_e \mid e\rangle\langle e \mid + E_g \mid g\rangle\langle g \mid = \frac{\hbar\omega_0}{2}\sigma_z + \frac{E_e + E_g}{2} I \tag{5-75}$$

其中 $\hbar\omega_0 = E_e - E_g$，为两能级的能量差。$I$ 为单位矩阵。通常忽略含 I 的常数项。

激光与离子相互作用，因为此处使用的激光是强的相干光，所以激光场用经典物理表示，不进行量子化。但由于离子已经被冷却到很低的温度，离子的振动模式已量子化，且量子门操作中需要用到离子内态与离子振动态之间的状态交换，因此激光场中的位置算符要量子化，以便通过激光场实现量子门操作。激光场表示为：

$$\vec{E}=E_0\,\vec{\varepsilon}\cos(\omega_L t-\vec{\kappa}\cdot\vec{q}+\phi)=\frac{E_0\,\vec{\varepsilon}}{2}\left[\mathrm{e}^{-i(\omega_L t-\vec{\kappa}\cdot\vec{q}+\phi)}+\mathrm{e}^{i(\omega_L t-\vec{\kappa}\cdot\vec{q}+\phi)}\right] \tag{5-76}$$

其中 E_0 是激光场电场振幅，$\vec{\varepsilon}$ 是激光场极化矢量，ω_L 为激光频率，$\vec{\kappa}=(\omega_L/c)\vec{n}$ 为激光的波矢，$\vec{q}$ 是位置矢量，ϕ 是激光相位。

考虑光与离子阱中第 j 个离子相互作用，此处主要考虑电偶极相互作用（电四级以上的跃迁可忽略）：

$$\hat{V}^{\mathrm{D}}=-q_e\hat{\vec{r}}_j\cdot\vec{E}(t,\hat{\vec{R}}_j) \tag{5-77}$$

其中 q_e 为电子电荷，$\vec{r}$ 为离子中价电子的位置，$\hat{\vec{r}}_j$ 为离子内部位置算符；$\hat{\vec{R}}=(0,0,\hat{z})$为囚禁离子的位置坐标，$\hat{\vec{R}}_j$ 为外部位置算符。由式(5-74)，若只考虑质心模，则位置算符量子化为：

$$\hat{\vec{R}}_j=\hat{z}_j=z_{j0}+K_j z_0(a_\alpha^\dagger+a_\alpha) \tag{5-78}$$

z_{j0}为第 j 个离子的平衡位置。将式(5-77)的离子内坐标 $\hat{\vec{r}}_j$ 的两边插入单位算符 $\Pi=|e_j\rangle\langle e_j|+|g_j\rangle\langle g_j|$，并代入量子化的外部坐标算符 $\hat{R}$，可得：

$$\begin{aligned}
\hat{V}_j^{\mathrm{D}}&=-q_e[(|e_j\rangle\langle e_j|+|g_j\rangle\langle g_j|)\hat{\vec{r}}_j(|e_j\rangle\langle e_j|+|g_j\rangle\langle g_j|)]\cdot\\
&\quad\frac{E_0\,\vec{\varepsilon}}{2}[\mathrm{e}^{-i(\omega_L t-\eta_j(a^\dagger+a)+\phi)}+\mathrm{H.C.}]\\
&=-q_e[(\langle e_j|\hat{\vec{r}}_j|g_j\rangle|e_j\rangle\langle g_j|)+\langle g_j|\hat{\vec{r}}_j)|e_j\rangle|g_j\rangle\langle e_j|]\cdot\\
&\quad\frac{E_0\,\vec{\varepsilon}}{2}[\mathrm{e}^{-i(\omega_L t-\eta_j(a^\dagger+a)+\phi)}+\mathrm{H.C.}]\\
&=-q_e[(\vec{r}_{eg})_j\hat{\sigma}_{+j}+(\vec{r}_{ge})\hat{\sigma}_{-j}]\cdot\frac{E_0\,\vec{\varepsilon}}{2}[\mathrm{e}^{-i(\omega_L t-\eta_j(a^\dagger+a)+\phi)}+\mathrm{H.C.}]
\end{aligned} \tag{5-79}$$

其中$(\vec{r}_{eg})_j=\langle e_j|\hat{\vec{r}}_j|g_j\rangle$为跃迁矩阵元，$\hat{\sigma}_{+j}=|e_j\rangle\langle g_j|$、$\hat{\sigma}_{-j}=|g_j\rangle\langle e_j|$为离子内态的升、降算符。由于波函数的对称性，$r$ 相对于离子中心也为奇函数，因此$\langle e_j|\hat{\vec{r}}_j|e_j\rangle=\langle g_j|\hat{\vec{r}}_j|g_j\rangle=0$，因此上面展开式中不出现这两项。$\eta_j=K_j z_0\kappa\cos\theta$，$K_j$，$z_0$ 如式(5-74)定义，κ 为波矢大小，θ 是激光波矢与第 j 个离子位置矢量的夹角。

这样，第 j 个离子总的哈密顿量，包括离子外部运动哈密顿量 $\hat{H}_{\mathrm{ext}}$ 式(5-73)（此处只选取质心模）、离子内部能态哈密顿量 $\hat{H}_{\mathrm{int}}$ 式(5-75)、离子与激光的相互作用 $\hat{V}_j^{\mathrm{D}}$ 式(5-79)：

$$\hat{H}_j = \frac{\hbar\omega_0}{2}\sigma_{jz} + \hbar v\hat{a}^\dagger\hat{a} - q_e[(\vec{r}_{ge})_j\hat{\sigma}_{+j} + (\vec{r}_{eg})_j\hat{\sigma}_{-j}]\cdot\frac{E_0\vec{\varepsilon}}{2}[e^{-i(\omega_L t - \eta_j(\hat{a}^\dagger+\hat{a})+\phi)} + \text{H.C.}] \tag{5-80}$$

离子状态演化满足薛定谔方程：

$$i\hbar\frac{\partial}{\partial t}|\Psi\rangle = \hat{H}|\Psi\rangle \tag{5-81}$$

为更方便地看出逻辑门操作的物理意义，将薛定谔方程变换到相互作用表象，变换酉算符 $U_0=\exp\left(\frac{-i\hat{H}_{j0}}{\hbar}t\right)$，将波函数做变换 $|\Psi\rangle=\hat{U}_0|\Psi\rangle$，其中 $\hat{H}_{j0}$ 为第 j 个离子的自由演化哈密顿量 $\hat{H}_{j0}=\frac{\hbar\omega_0}{2}\sigma_{jz}+\hbar v\hat{a}^\dagger\hat{a}$，式(5-81)变为：

$$i\hbar\frac{\partial}{\partial t}\hat{U}|\Psi\rangle = U_0H_{j0}|\Psi\rangle + U_0 i\hbar\frac{\partial}{\partial t}|\Psi\rangle = (H_{j0}+V_j)U_0|\Psi\rangle \tag{5-82}$$

上式两边同时左乘 $U_0^\dagger$，并整理消去左右两边相同的项，可得：

$$i\hbar\frac{\partial}{\partial t}|\Psi\rangle = U_0^\dagger VU_0|\Psi\rangle \tag{5-83}$$

即相互作用表象下的哈密顿量变为：

$$\hat{H}_j = \hat{U}_0^\dagger\hat{V}_j\hat{U}_0 \tag{5-84}$$

将各表达式代入，因实验时，所用激光的频率 ω_L 与离子能级差频率 ω_0 很接近，因此可进行旋波近似(忽略含 $e^{\pm i(\omega_L+\omega_0)t}$ 的快速振荡项，只保留含 $e^{\pm i(\omega_L-\omega_0)t}$ 的慢变项)，可得到：

$$\hat{H}_j = \frac{\hbar\lambda_j e^{-i\phi_j}}{2}\sigma_+ e^{i\eta_j(\hat{a}^\dagger e^{ivt}+\hat{a}e^{-ivt})}e^{-i\delta t} + \frac{\hbar\lambda_j e^{i\phi_j}}{2}\sigma_- e^{-i\eta_j(\hat{a}^\dagger e^{ivt}+\hat{a}e^{-ivt})}e^{i\delta t} \tag{5-85}$$

其中 $\lambda_j=-\frac{q_eE}{\hbar}(\vec{r}_{eg}\cdot\vec{\varepsilon})$ 为耦合系数。$\delta=\omega_L-\omega_0$ 为激光频率与原子频率的差，也叫作失谐量。若失谐量是离子外部振动频率的倍数 $\delta=k\gamma$，对式(5-85)应用等式 $e^{\hat{A}+\hat{B}}=e^{\hat{A}}e^{\hat{B}}e^{-\frac{1}{2}[\hat{A},\hat{B}]}$，并作泰勒展开，进行弱耦合近似(耦合系数 λ 较小)：

$$\begin{aligned}\hat{H}_j = &\frac{\hbar\lambda_j e^{-i\phi_j}}{2}\sigma_+\sum_{\alpha=0}^{\infty}\frac{(i\eta)^{2\alpha+k}}{(\alpha+k)!\alpha!}(a^\dagger)^{\alpha+k}a^\alpha e^{-\frac{\eta^2}{2}} + \\ &\frac{\hbar\lambda_j e^{i\phi_j}}{2}\sigma_-\sum_{\alpha=0}^{\infty}\frac{(-i\eta)^{2\alpha+k}}{(\alpha+k)!\alpha!}(a^\dagger)^{\alpha+k}a^\alpha e^{-\frac{\eta^2}{2}}\end{aligned} \tag{5-86}$$

当失谐量 $\delta>0$($k>0$ 蓝失谐)时，哈密顿量为：

$$\hat{H}_j^{(+)}=\frac{\hbar\Omega_j}{2}\sigma_+(a^\dagger)^k \mathrm{e}^{-i\phi_j}+\frac{\hbar\Omega_j}{2}\sigma_- a^k \mathrm{e}^{i\phi_j} \tag{5-87}$$

当失谐量 $\delta<0$($k<0$ 红失谐)时，哈密顿量为：

$$\hat{H}_j^{(-)}=\frac{\hbar\Omega_j}{2}\sigma_+ a^{|k|} \mathrm{e}^{-i\phi_j}+\frac{\hbar\Omega_j}{2}\sigma_- (a^\dagger)^{|k|} \mathrm{e}^{i\phi_j} \tag{5-88}$$

其中 $\Omega_j=\lambda_j \mathrm{e}^{-\frac{\eta^2}{2}}(i\eta)^{|k|}\sum_{\alpha=0}^{\infty}\frac{(i\eta)^{2\alpha}}{(\alpha+k)!\alpha!}((a^\dagger)^\alpha a^\alpha)$ 为耦合常数。

可见，激光场已将离子的内部状态 $|e\rangle$、$|g\rangle$ 和外部运动模 $|n\rangle$ 耦合起来。在红失谐的情况下，离子内态升降与离子外部振动模式声子数的升降相反；在蓝失谐情况下，离子内态升降与外部声子数升降相同。共振、第一红失谐、第一蓝失谐的情况如图 5-12 所示。离子阱的边带冷却就是利用红失谐光及离子自身从高能态到低能态的自发辐射而将离子冷却到振动声子模的基态。单比特逻辑门操作利用共振光(图 5-12(a))，由于内态与外态的耦合，信息可通过声子在不同离子间传递，从而实现多比特量子门。

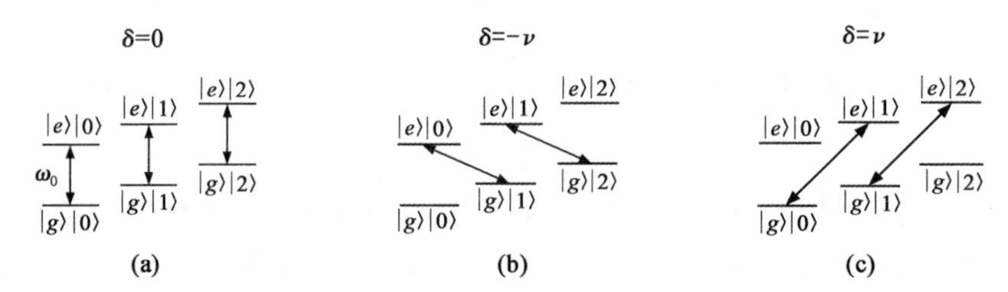

图 5-12　激光与离子相互作用跃迁示意图

3. 囚禁离子的逻辑门操作

由单比特操作和两比特 CNOT 操作，可以构成任何需要的量子门操作。因此离子阱的量子逻辑门操作，只需考虑单比特量子门和两比特受控非门的实现。

(1)单比特量子门操作

单比特量子门的操作可用共振光($\omega_L=\omega_0$)与离子的相互作用实现。式(5-87)令 $k=0$，得到共振哈密顿量：

$$\hat{H}_j=\frac{\hbar\Omega_j}{2}\sigma_+ \mathrm{e}^{-i\phi_j}+\frac{\hbar\Omega_j}{2}\sigma_- \mathrm{e}^{i\phi_j} \tag{5-89}$$

若调节激光相位 $\phi=0$、$\phi=-\pi/2$，$\hat{H}_j$ 分别为 $\frac{\hbar\Omega_j}{2}\sigma_x$、$\frac{\hbar\Omega_j}{2}\sigma_y$。则时间演化 $U=e^{\frac{-iHt}{\hbar}}$ 分别为 $e^{\frac{-i\Omega_j t}{2}\sigma_x}=R_{jx}(\Omega_j t)$、$e^{-\frac{i\Omega_j t}{2}\sigma_y}=R_{jy}(\Omega_j t)$。调节适当的激光相位和脉冲时间 t，用合适的脉冲组合可实现任意单比特演化。

(2)两比特受控非门操作

要对囚禁离子 i 和 j 实现两比特受控非门，需要用到离子的声子共振模和一个辅助能级(有不需要辅助能级的实验方案如文献[5])。首先将 CNOT 门进行分解：

$$U_{\mathrm{CN}}^{ij}=\frac{1}{\sqrt{2}}(I_i\otimes H_j)\cdot K_{ij}\cdot\frac{1}{\sqrt{2}}(I_i\otimes H_j) \tag{5-90}$$

其中下标 i,j 表示对第 i,j 个离子作用。H_j 表示对第 j 个离子的 Hardmard 门操作。I_i 为第 i 个离子的单位算符。K_{ij} 为受控相位门：

$$K_{ij}=U_{\mathrm{CPF}}^{ij}=\begin{bmatrix}1&0&0&0\\0&1&0&0\\0&0&1&0\\0&0&0&-1\end{bmatrix}$$

单比特 Hardmard 门可由 $H=e^{i\frac{\pi}{2}}R_x(\pi)R_y\left(\frac{\pi}{2}\right)$，通过调节式(5-89)中的相位和时间来实现。

此处介绍利用辅助能级 $|r\rangle$ 实现受控相位门 K 的方案。

由式(5-88)，一阶红失谐 $k=-1$ 时，

$$\hat{H}_j^{(-)}=\frac{\hbar\Omega_j}{2}\sigma_+ a e^{-i\phi_j}+\frac{\hbar\Omega_j}{2}\sigma_- a^\dagger e^{i\phi_j} \tag{5-91}$$

在实验中，将离子的振动态制备在基态 $|0\rangle$，实验中使用红失谐光，因此离子的振动态限制在质心模的基态 $|0\rangle$、第一激发态 $|1\rangle$ 中，形成一个量子比特。质心模是所有离子共有的振动模，因此声子比特可以作为信息传递比特。由式(5-91)一阶红失谐光引起能态在 $|g0\rangle$ 和 $|e1\rangle$ 之间转换。其时间演化：

$$\begin{aligned}\hat{R}_j=e^{\frac{-iH_j^{(-)}t}{\hbar}}&=\cos\left(\frac{\Omega t}{2}\right)(\sigma_+\sigma_- aa^\dagger+\sigma_-\sigma_+ a^\dagger a)-\\&\quad i\sin\left(\frac{\Omega t}{2}\right)(\sigma_+ a e^{-i\phi}+\sigma_- a^\dagger e^{i\phi})+\sigma_-\sigma_+ aa^\dagger\end{aligned} \tag{5-92}$$

以上对 $e^{\frac{-iH_j^{(-)}t}{\hbar}}$ 展开时用到了$(\sigma_{\pm})^k=0(k>1)$。由以上演化,K_{ij} 可做如下分解：

$$K_{ij} = \hat{R}_i(t = \pi/\Omega),\hat{R}_i^r(t = 2\pi/\Omega),\hat{R}_i(t = \pi/\Omega) \tag{5-93}$$

其中第一个、第三个操作是对第 i 个离子在量子比特的两个内态 $|g\rangle$、$|e\rangle$ 和声子比特间操作,第二个操作 $\hat{R}_i^r$ 是对第 j 个离子在基态 $|g\rangle$ 和辅助能级 $|r\rangle$ 两个内态和声子比特之间操作(图 5-13)。由于声子态是共有的,简单的运算可证明式(5-93)实现了受控相位门。综合式(5-90)、式(5-93)两式及对激光操作的讨论,可以在离子阱体系中实现两比特受控非门。

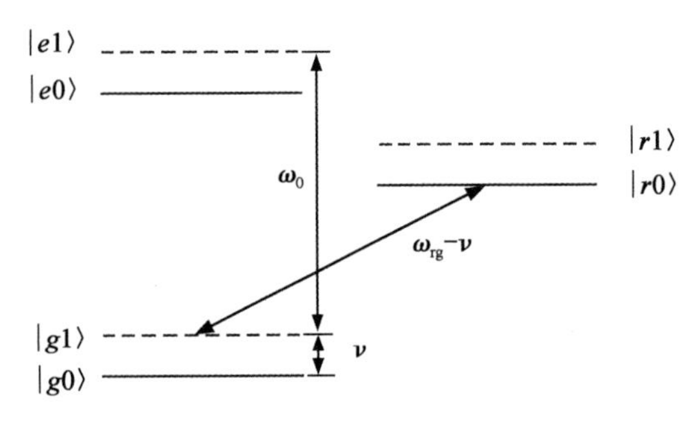

图 5-13　利用辅助能级实现受控相位门示意图

以上介绍了离子阱系统中用激光与离子内态、外态相耦合的最基本量子门实现方案。人们在此基础上提出了很多其他实现方案,如在外加强梯度磁场下使用微波与离子间 J 耦合的实验方案。

4. 囚禁离子初态制备和信息读出

(1)初态制备

离子阱中囚禁离子的初态一般需要制备到振动基态以及实验需要的初始内态上。

离子的振动态依次用多普勒冷却和边带冷却两种方法冷却到振动基态 $|0\rangle$。多普勒冷却利用多普勒效应的原理来冷却离子。光子携带能量,也携带动量 $p=h/\lambda$,其中 h 是普朗克常数,λ 是光的波长。当离子与光子相向运动时,离子对光子的跃迁频率会略高于静止时的频率;当离子与光子反向运动时,离子对光子的跃迁频率会变得略低于静止频率。如果调节激光频率略高于离子静止时的跃迁频率,则离子只吸收与它运动速度相反的光子,由于动量守恒,离子在吸收光子时速度减慢,会损失一部分动能而被冷却。多普勒冷却可将囚禁离子冷却到极限 $K_B T\approx\hbar\Gamma/2$,其中 Γ 是用于冷却的能级间的辐射宽度。

多普勒冷却还不能将离子冷却到声子基态，这时需要用边带冷却将离子振动动能进一步降低。边带冷却原理如图5-12(b)所示。红失谐的激光将离子由$|g,n\rangle$态运输到$|e,n-1\rangle$态，离子自发辐射将使其以同等概率返回到基态$|g,n-2\rangle$、$|g,n-1\rangle$、$|g,n\rangle$其中的一个态，红失谐光再对其进行输运，每一次减少一个振动声子数。由于只有$|g,0\rangle$态红失谐光无法输运，最终离子将被剩余到这个态$|g,0\rangle$。边带冷却可以将离子冷却到极限$K_B T \ll \hbar\nu$，这个温度可避免热涨落的影响，足够完成量子操作。

离子内态可用激光对离子进行单量子比特门操作制备到所需要的初态。

(2)信息读出

离子信息读出利用荧光测量来实现。离子内态的测量，原理类似于图5-13(选用能级位置可能不同)，利用适当的极化偏振激光耦合用于量子计算的一个量子态(例如$|0\rangle$)和一个辅助能态(例如$|r\rangle$)，另一个计算能态($|1\rangle$)不与辅助能态耦合。如果有荧光出现，就说明离子处于耦合的能态上($|0\rangle$)，否则说明离子处于另一能态($|1\rangle$)。荧光的强度正比于离子处于该能态的概率。这是一种投影测量。这种测量方法非常有效，离子吸收一个光子，从$|0\rangle$跃迁到$|r\rangle$，之后自发辐射出一个光子，跃迁回$|0\rangle$态。在测量期间可有上千次这样的激发—辐射循环，形成可靠的统计数据。

对离子振动态的测量，则先用红失谐光操作式(5-92)$\hat{R}(t=\pi/\Omega)$将离子振动态和内态相交换($|e0\rangle \Leftrightarrow |g1\rangle$)，再利用上述荧光测量，就可得到离子振动量子态的信息。

5.3.4　核磁共振系统

根据量子力学原理，把具有磁偶极矩的微观粒子放置在一个静磁场中，磁矩相对于沿着磁场方向只能取一些特定的方向，如果在垂直于磁场的方向加一个交变磁场，在一定条件下，该微观粒子能够以特定频率吸收交变磁场能量的现象，就是磁共振现象。常见的磁共振包括电子自旋共振、核磁共振、铁磁共振、核四极共振等，其中核磁共振是被研究和应用最广泛的磁共振技术之一。从拉比发明测量原子核磁性共振方法以来，核磁共振技术以一种惊人的速度发展着，目前为止与核磁共振有关的研究成果已经获得5次诺贝尔奖，应用范围也从最初的物理学领域扩展到各个领域：①材料领域，如研究高分子材料的结构等；②土壤领域，如检测土壤有机质的各种功能；③石油领域，如研究测量储层(油层、气层、水层)自由流体孔隙度；④医学领域，如核磁共振成像等。

在20世纪90年代末，I. L. Chuang等提出了一种方法可以在核磁共振系统中制备赝纯态，这就打开了在核磁共振系统中进行量子计算和量子模拟的大门[6]。相比其他系统，核磁共振系统具有明显的优势，比如说较长的退相干时间、成熟的操控技术，因此核磁共振系统在量子计算与量子信息领域的发展非常迅速。

5.3.4.1 核磁共振基本原理

除了电子具有自旋角动量和自旋磁矩，原子核也具有自旋角动量和自旋磁矩。原子核是由质子和中子组成的，它们都有自旋角动量。在微观世界，自旋和质量一样是所有微观粒子的基本属性。质子和中子的自旋量子数皆为 1/2。在原子核中，质子和中子都有自旋运动和轨道运动，原子核自旋角动量等于组成它的所有核子的总角动量之矢量和，可表示为：

$$|P| = \sqrt{I(I+1)}\hbar$$

其中 $\hbar=h/(2\pi)$ 为角动量的单位，h 是普朗克常量，I 是核自旋量子数，通常可以取半整数和包括零在内的整数。目前在实验中已经总结一些经验规律：当原子核的质子数与中子数都是偶数时，核自旋的量子数 I 为零，常见的有 $^{12}C_6$，$^{16}O_8$ 等核；当质子数和中子数都是奇数，核自旋 I 取整数，如 $I=1$ 的核有 $^2H_1$，$^6Li_3$，$^{14}N_7$ 等；$I=4$ 的核有 $^{40}K_{19}$ 等；当质子数与中子数相加之和是奇数时，核自旋 I 取半整数，如 $^1H_1$，$^{13}C_6$，$^{15}N_7$ 等。

1. *静磁场*

由于原子核同时带有电荷与自旋，因此根据经典电磁学知识，原子核会产生相应的磁矩：$\vec{\mu}=\gamma\vec{I}$，其中 γ 是旋磁比，不同的核有不同的旋磁比，大多数情况下 γ 为正。如果将原子核放入沿着 z 方向的外磁场 B_0 中，相互作用的哈密顿量可以表示为：

$$H = -\vec{\mu}\cdot\vec{B}_0 = -\mu_z B_0 = -\gamma\hbar I_z B_0 \tag{5-94}$$

根据量子力学原理，核自旋在外磁场方向的投影只能是离散取值：$I_z=m\hbar$，其中 $m=I, I-1, \cdots, -(I-1), -I$，因此哈密顿量式(5-94)对应的能级共有 $(2I+1)$ 个，相应的能级本征值是：$E_m=-\gamma m\hbar B_0$。在外磁场条件下，这种由于能级简并被解除而发生能级分裂的现象叫作塞曼(Zeeman)分裂，这些能级也叫塞曼能级。如果 $I=1/2$，此时只有两个塞曼能级，如图 5-14 所示。对于 $I>1/2$ 的情况，称之为高自旋。一般只讨论自旋量子数 $I=\dfrac{1}{2}$ 的情形。

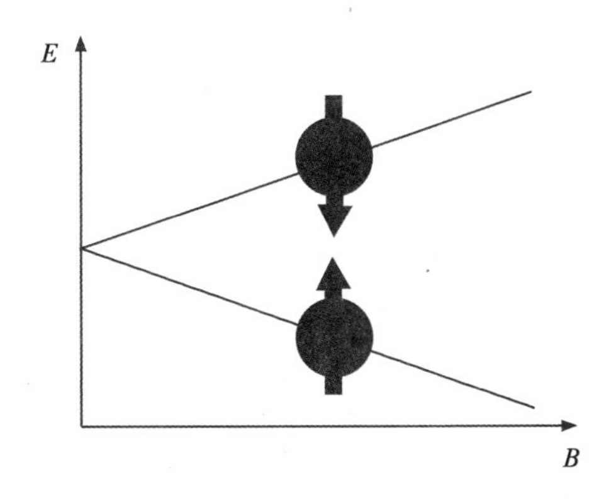

图 5-14 外磁场中原子核的塞曼效应示意图

此外根据经典力学,具有磁矩的原子核在外磁场下受到的力矩为 $\vec{\mu} \times \vec{B}_0$,使得原子核绕着 B_0 的方向向 z 轴产生进动,这和经典情形下陀螺由于重力作用导致的进动现象类似,叫作拉摩尔进动,进动的频率可以表示为:$\omega_L = \gamma B_0$。注意 $\hbar\omega_L$ 恰好等于塞曼分裂中两个能级之间的能量差 $\Delta E_m = \gamma \hbar B_0$。

2. 射频场

如果对系统施加一个垂直于静磁场方向且强度为 $2B_1$ 的电磁场:

$$\vec{B}_1(t) = 2B_1 \cos(\omega_1 t + \varphi)\hat{i} \tag{5-95}$$

其中 ω_1、φ 分别是射频场的角频率和初始相位角,注意定义 $\hat{i}$、$\hat{j}$、$\hat{k}$ 分别表示沿着 x 轴、y 轴、z 轴方向的单位矢量。射频场与核磁矩之间的相互作用为:

$$H_{rf} = -\vec{\mu} \cdot \vec{B}_1(t) = -\gamma \hbar I_x 2B_1 \cos(\omega_1 t + \varphi) \tag{5-96}$$

由于 B_1 的量级(大约 10^{-4} T)远远小于静磁场的大小,因此可以把 H_{rf}看作是 H_0 的微扰项,根据标准的含时微扰理论就可以计算出射频场对于系统的影响。简单来说就是:当射频场的频率和拉摩尔频率之间满足关系 $\omega_1 = \omega_L$ 时,系统就会在两个量子态 $|m\rangle$、$|n\rangle$ 之间发生共振跃迁,根据 Fermi golden 规则,相应的跃迁速率为:

$$P_{m \to n} = P_{n \to m} \propto \gamma^2 \hbar^2 B_1^2 \, |\langle m \mid I_x \mid n \rangle|^2 \tag{5-97}$$

从上式可以看到,只有射频场 $B_1(t)$ 垂直于静磁场方向而且需要满足跃迁规则:$\Delta m = \pm 1$ 系统才会发生共振跃迁。

3. 旋转坐标系

可以将射频场式(5-96)分解为两个圆偏振光：$B_1(t)=B_1^+(t)+B_1^-(t)$，其中

$$B_1^+(t) = B_1 e^{i(\omega_1 t+\varphi)}, \quad B_1^-(t) = B_1 e^{-i(\omega_1 t+\varphi)} \tag{5-98}$$

如果 $\omega_1=\omega_L$，B_1^+ 会和核自旋一起同步地绕着 z 轴以拉摩尔频率进动，满足共振条件。与此同时，另外一部分射频场 B_1^- 沿着相反的方向(z 轴负方向)转动，由于转动方向和核自旋不再同步，因此这一部分射频场不会导致共振发生。通常可以忽略 B_1^- 部分，只有当射频场的强度足够大的时候，才需要考虑其导致 Bloch-Sieger 效应[7]。

现在假定有一个绕着 z 轴以频率 $\omega_2=\omega_1$ 旋转的坐标系，此时射频场的作用可以用一个和 x 轴夹角为 φ 的静磁场表示：$\vec{B}_1(t)=B_1\{\cos(\varphi)\hat{i}+\sin(\varphi)\hat{j}\}$。如果旋转坐标系的频率 $\omega_2\neq\omega_1$，此时旋转坐标系会在 z 方向产生一个等效的磁场：$B'_0=B_0-\dfrac{\omega_2}{\gamma}$，那么总有效磁场可以表示为：$\vec{B}_{\text{eff}}=\left(B_0-\dfrac{\omega_2}{\gamma}\right)\hat{k}+B_1\hat{i}$，如图 5-15 所示：

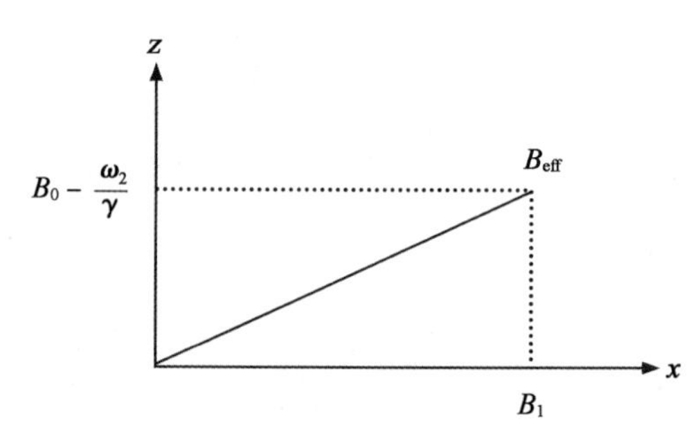

图 5-15 旋转坐标系下的等效磁场

在旋转坐标系下，系统的哈密顿量可以表示为：

$$H_{\text{eff}} = -\bar{\mu}\cdot\bar{B}_{\text{eff}}(t) = (\gamma B_0-\omega_2)\hbar I_z + B_1\hbar\{\cos(\varphi)I_x+\sin(\varphi)I_y\} \tag{5-99}$$

系统相应的演化可以表示为：$\rho(t)=e^{-iH_{\text{eff}}t}\rho(0)e^{iH_{\text{eff}}t}$，$\rho(0)$ 是系统的初始态。一旦旋转频率与核自旋的拉摩尔频率相等：$B_0-\omega_2/\gamma=0$，并且满足 $\varphi=0$。此时磁矩只受到沿着 x 轴的 B_1 的作用，通过改变射频脉冲的功率 B_1 和作用时间 t_0，可以实现绕着 x 轴的操作 $\theta_x=\gamma B_1 t_0$。图 5-16 给出了初始状态为 I_z 的单自旋系统在不同脉冲角度作用下的演化示意图。

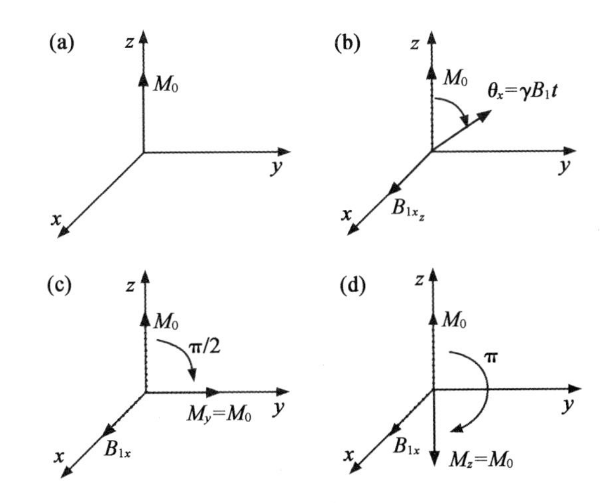

图 5-16 射频脉冲的作用效果示意图

(a)系统的初始状态为 I_x (b)射频脉冲 θ_x 的作用效果图

(c)、(d)分别表示作用 $\pi/2$、π 的作用效果

4. 相互作用形式

在上一部分,介绍了原子核与外部场(包括静磁场、射频场)之间的相互作用,在原子核内部之间不可避免地也存在着相互作用。在液体核磁和固体核磁中,常见的相互作用形式通常有以下几类:原子核与周围电子云之间的相互作用,即化学位移;核与核之间直接的相互作用,即偶极-偶极作用;核与核之间的间接相互作用,即J耦合相互作用。除此之外,在高自旋样品(自旋 $I>1/2$)中,还有核四极矩相互作用存在。

(1)化学位移

分子中的原子核通常实际感受到的磁场和外界静磁场 B_0 有所不同,这是由于原子核附近的抗磁性电子会诱导产生一个额外的磁场。由于电子云的密度依赖于原子核的化学环境,因此这个磁场通常是局域场,可以表示为:

$$B_{cf} = B_0(1-\chi_0) \tag{5-100}$$

其中 χ_0 是化学位移张量,尽管 B_{cf} 相比于静磁场 B_0 很小,但是可以在拉摩尔频率的基础上造成一定的偏移,称之为化学位移,它对于研究物质的结构有重要意义。

(2)偶极-偶极相互作用

邻近的原子核之间存在直接的偶极-偶极相互作用。这种相互作用的特点是仅仅与核自旋的空间方向有关,两个核自旋之间的偶极-偶极相互作用哈密顿量可以表示为:

$$H_{DD} = \frac{\mu_0}{4\pi}\frac{\gamma_1\gamma_2\hbar^2}{r_{12}^3}\left[\vec{I}_1 \cdot \vec{I}_2 - \frac{3}{r_{12}^2(\vec{I}_1 \cdot \vec{r}_{12})(\vec{I}_2 \cdot \vec{r}_{12})}\right] \quad (5\text{-}101)$$

其中 μ_0 表示真空中的磁导率，γ 表示相应原子核的旋磁比，$\vec{r}_{12}$ 表示两个原子核之间的空间距离矢量。如果两个核的化学位移之差远远大于它们之间的相互作用强度，上式可以近似为一个标量耦合的形式：

$$H_{DD} = \frac{\mu_0}{4\pi}\frac{\gamma_1\gamma_2\hbar^2}{r_{12}^3}I_{1z} \cdot I_{2z}(1 - 3\cos^2\theta_{12})$$

注意在液体核磁中，大量的样品分子进行混乱而快速的运动，因此偶极-偶极相互作用会被平均掉，所以在液体核磁量子计算中通常不考虑 H_{DD} 的影响。

(3)J 耦合相互作用

J 耦合也是核自旋之间的一种相互作用形式，但是与偶极-偶极相互作用不同，J 耦合与核的空间方位没有关系，是通过化学键传递的间接相互作用，经过的化学键数目越多，J 耦合就越小。一般而言，J 耦合大小可以从几个 Hz 到几百 Hz 之间分布。通常液体中两个核自旋之间的 J 耦合相互表示为：

$$H_J = 2\pi\hbar J\vec{I}_1 \cdot \vec{I}_2 = 2\pi\hbar J I_1(I_{1z} \cdot I_{2z} + I_{1x} \cdot I_{2x} + I_{1y} \cdot I_{2y}) \quad (5\text{-}102)$$

如果满足弱耦合的情况(J 耦合远远小于两个核的化学位移之差)，上式可以近似为：$H = 2\pi\hbar J I_{1z} \cdot I_{2z}$。可以将其看作是对塞曼作用的一个微扰，使得核磁谱线进一步发生劈裂，如图 5-17 所示。

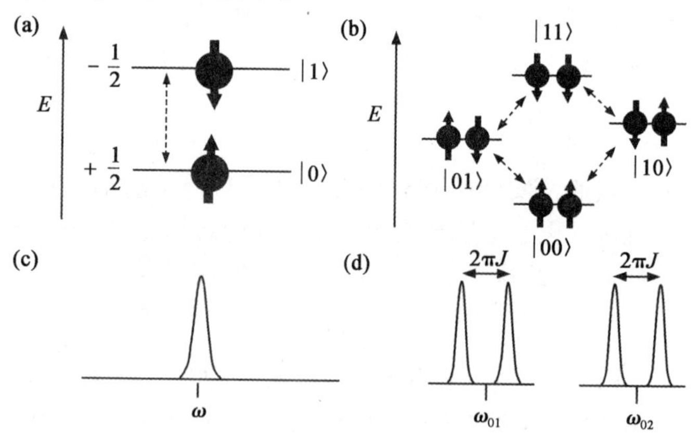

图 5-17　核自旋编码量子比特

(a)单个原子核的塞曼效应　(c)相应的核磁共振谱线示意图

(b)两个有相互作用的核自旋　(d)相应的核磁共振谱线示意图(由于 J 耦合相互作用导致谱线进一步发生了劈裂)

5. 实验装置

一般而言，核磁共振谱仪可以分为：电磁铁谱仪（100 MHz 以下）和超导谱仪（100 MHz 以上），在这里只介绍超导谱仪，如图 5-18 所示。整个谱仪主要可分为超导磁体、仪器控制台两个部分。超导磁体是一个装有液氮的不锈钢容器，在其内部有一个超导线圈浸放在液氦之中，可以产生静磁场 B_0（几个特斯拉的量级）。在超导磁体的下方有一个内孔，探头可以从底部伸入，同时将装有样品的样品管从上部缓慢放入探头之中，这样缠绕在探头上的线圈一方面可以产生射频脉冲、梯度场等对样品控制操作，另一方面也可以接收由于原子核进动诱导出的振荡电流信号。控制台实验过程中的操作平台，通过计算机来控制脉冲的输入、信号的测量等。

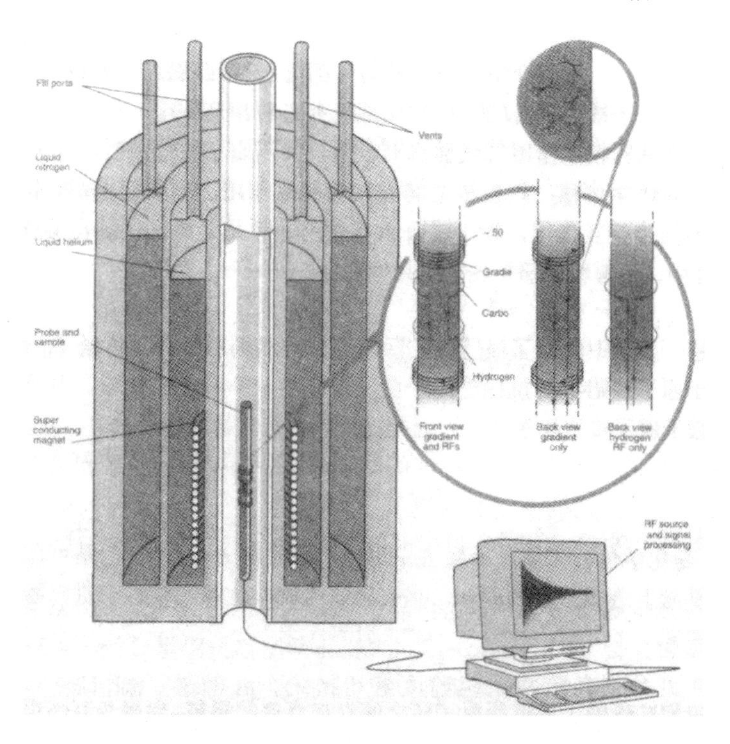

图 5-18　核磁共振仪器示意图

5.3.4.2　核磁共振实现量子模拟

如果要实现量子计算机并进行量子模拟，首先需要考虑的是找到一个合适的物理系统。在前文中介绍了一些可以作为量子计算机的不同物理体系，其中一个

就是核磁共振系统。在外磁场条件下，自旋为1/2的原子核发生的塞曼劈裂可以自然而然地用来编码量子比特。在 I_z 的基矢下，核自旋的任意状态可以表示为：$|\Psi\rangle=\alpha|1/2\rangle+\beta|-1/2\rangle$。如图5-17所示，如果把自旋朝上的态 $|1/2\rangle$ 标记为 $|0\rangle$，把自旋朝下的态 $|-1/2\rangle$ 标记为 $|1\rangle$，就可以表示一个量子比特的信息。

至于多量子比特的编码，除了塞曼相互作用之外，需要利用核自旋之间的其他相互作用来实现，如化学位移、J耦合等。由于每个1/2自旋可以表示一个量子比特，因此包含有 n 个自旋的系统就可以表示 n 量子比特。比如对于一个两自旋的弱耦合系统，哈密顿量可表示为

$$H=H_z+H_J=-\hbar\omega_{01}I_{1z}-\hbar\omega_{02}I_{2z}+2\pi\hbar JI_{1z}\cdot I_{2z} \tag{5-103}$$

其中 ω_{01}，ω_{02} 是已经把化学位移贡献考虑在内时每个核的共振频率，其能级结构如图5-17所示。可以用与单个核自旋相同的方式来标记两量子比特态：$|0\rangle\otimes|0\rangle=|00\rangle$，$|0\rangle\otimes|1\rangle=|01\rangle$，$|1\rangle\otimes|0\rangle=|10\rangle$，$|1\rangle\otimes|1\rangle=|11\rangle$。需要注意的是，核磁共振是一个系综系统，在液体中分子之间的相互作用可以忽略不计，可以把溶液中的大量分子当成独立的量子处理器。下面从三个方面说明如何利用核磁共振量子计算机进行量子模拟实验，主要包括：初态制备、哈密顿量模拟、读出测量。

1. 初态制备

当处于绝对温度为 T 的环境时，系统的热平衡态满足玻尔兹曼分布：

$$\rho_{\mathrm{eq}}=\frac{\mathrm{e}^{-H/kT}}{\mathrm{Tr}(\mathrm{e}^{-H/kT})} \tag{5-104}$$

其中 k 表示玻尔兹曼常数，H 是系统的哈密顿量。根据量子力学知识知道在哈密顿量 H 的表象下，上式的非对角元全部为零。假定 H 的本征函数是 $\{|i\rangle\}$，且满足 $H|i\rangle=E_i|i\rangle$。在 $\{|i\rangle\}$ 表象 ρ_{eq} 下可以表示为：

$$\rho_{\mathrm{eq}}=\sum_i\frac{\mathrm{e}^{-E_i/kT}}{\mathrm{Tr}(\mathrm{e}^{-E_i/kT})} \tag{5-105}$$

可以看到密度矩阵对角元与系统温度密切相关。由于在室温情况下（$T\approx300$ K）$E_i\ll kT$，可以将 $\mathrm{e}^{-H/kT}$ 进行高温近似展开到一阶：$\rho_{\mathrm{eq}}\approx\dfrac{I-H/kT}{\mathrm{Tr}(E)}$，其中 I 是单位矩阵。在外磁场较大的情况下塞曼作用占主导地位，可以忽略其他相互作用，系统的哈密顿量可表示为：$H=-\gamma B_0\hbar\sum\limits_k I_z^k$，最终室温下的热平衡态可以表示为：

$$\rho_{\mathrm{eq}}\approx\frac{I+B_0\hbar/kT\sum\limits_k\gamma^kI_z^k}{\mathrm{Tr}(I)}=\frac{I}{2^N}+\varepsilon\sum_k\gamma^kI_z^k \tag{5-106}$$

ε 是极化率，通常在 10^{-5} 量级，γ^k 表示第 k 个核的旋磁比。注意到在核磁共振中的单位矩阵对信号是没有贡献的，可以忽略不计，系统热平衡态最终可以表示为：

$$\rho_{eq} = \varepsilon \sum_k \gamma^k I_z^k \tag{5-107}$$

显然上式是一个混态，知道完成量子计算任务往往需要系统的初始化到一个纯态，比如基 $|00\cdots0\rangle$ 态，这表示系统的粒子都处在最低能级上。如果在核磁系统中想要实现 $|00\cdots0\rangle$，需要使得系统的温度接近绝对零度或者提高外磁场的强度到 10^5 量级，这远远超过了目前的硬件技术能力（大约 25 T）。针对这个问题，I. L. Chuang 等引入了赝纯态的概念，通过赝纯态可以在常温下完成核磁共振量子计算。

赝纯态：对于具有下面形式的密度算符：

$$\rho_{eff} = \frac{1-\varepsilon}{2^N} + \varepsilon\ |\ \varphi\rangle\langle\varphi\ | \tag{5-108}$$

由于单位矩阵对核磁信号没有贡献，发现上式的动力学行为和纯态 $\rho_{pure} = \varepsilon|\varphi\rangle\langle\varphi|$ 一样，称 ρ_{eff} 为有效纯态，也就是赝纯态。很明显，赝纯态的特点是密度矩阵对角元都相等，除了其中的一项。注意到式(5-106)中 ρ_{eq} 也是在密度矩阵的对角线上分布，但是对角元的大小是不相等的。因此在核磁实验中通过调节 ρ_{eq} 中的布局分布可以实现 ρ_{eff}。图 5-19 给出了两比特系统的热平衡态、纯态和赝纯态的示意图。在核磁中制备赝纯态的方法有空间平均法、时间平均法、线选方法等。

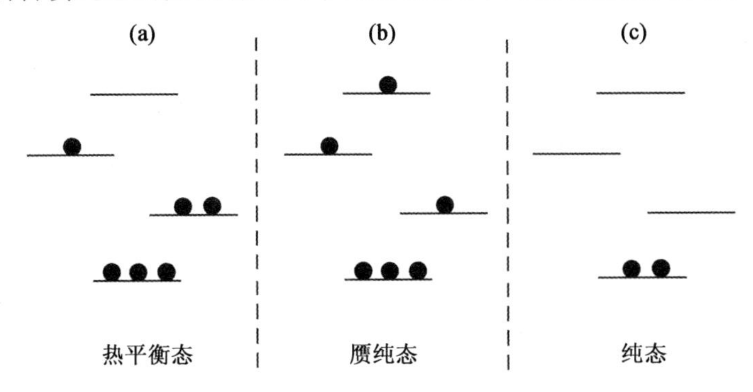

图 5-19　两比特系统的赝纯态示意图

(a)、(b)、(c)分别表示热平衡态、赝纯态、纯态情况下的布局分布示意图。

(1)空间平均法

空间平均法是通过使用包括梯度场在内的脉冲序列来使除了基态布局之外的

布局均匀分布。这种方法的优点是只需要一次实验就可以制备出赝纯态，缺点是随着系统比特数目的增多，信号强度呈指数式下降，同时设计相应的脉冲序列会变得越来越复杂和困难。下面以两比特系统为例，说明如何用空间平均法制备赝纯态

$$
\begin{aligned}
I_z^1 + I_z^2 &\xrightarrow{\left(\frac{\pi}{3}\right)_x^2} I_z^1 + \frac{1}{2}I_z^2 + \frac{\sqrt{3}}{2}I_y^2 \\
&\xrightarrow{G_z} I_z^1 + \frac{1}{2}I_z^2 \\
&\xrightarrow{\left(\frac{\pi}{4}\right)_x^1} \frac{1}{\sqrt{2}}I_z^1 - \frac{1}{\sqrt{2}}I_y^1 + \frac{1}{2}I_z^2 \\
&\xrightarrow{\left(\frac{1}{2J_{12}}\right)} \frac{1}{\sqrt{2}}I_z^1 + \frac{1}{\sqrt{2}}2I_x^1I_z^2 + \frac{1}{2}I_z^2 \\
&\xrightarrow{\left(\frac{\pi}{4}\right)_{-y}^1} \frac{1}{2}I_z^1 - \frac{1}{2}I_x^1 + \frac{1}{2}2I_x^1I_z^2 + \frac{1}{2}2I_z^1I_z^2 + \frac{1}{2}I_z^2 \\
&\xrightarrow{G_z} \frac{1}{2}I_z^1 + \frac{1}{2}2I_z^1I_z^2 + \frac{1}{2}I_z^2
\end{aligned}
\tag{5-109}
$$

G_z 表示沿着 z 方向的梯度场，它使样品管中不同区域的磁化矢量以不同的频率进动，最终消除掉横向磁化矢量。从上式看出，每施加一个梯度场都会使信号明显衰减，最终强度只有初始热平衡态的一半。

(2)时间平均法

时间平均法利用的是量子力学的叠加性原理，可以把初始态分成若干个在实验中容易制备的态，然后分别进行实验，最后把实验结果进行相加，这和直接用初始态进行实验的结果是完全一致的。下面以两比特系统为例来说明时间平均法。通过上面的推导知道两比特赝纯态用积算符可表示为 $\rho_{\text{pps}} = I_z^1 + I_z^2 + 2I_z^1I_z^2$，一种最简单的想法是分别以 I_z^1、I_z^2、$2I_z^1I_z^2$ 作为初始态进行实验，最后把这三组实验结果进行相加就可以。这种思路很容易推广到更大的系统：对于包含有 n 个自旋的系统，只需要进行 $2^n - 1$ 次独立实验就可以达到目标。当然，时间平均法也可不拘泥于此种方法。比如可以将 ρ_{pps} 拆成容易在实验中实现的三项：$I_z^1 + I_z^2$(热平衡态)、$I_z^1 + 2I_z^1I_z^2$、$I_z^2 + 2I_z^1I_z^2$(对热平衡态施加一个控制非门操作)。相比于空间平均法，由于没有梯度场的作用，最终的信号强度较大。但是随着系统自旋数目的增加，对初态进行拆分的操作是指数增加的，需要消耗大量的实验时间。

(3)逻辑标记法

与上面两种制备赝纯态的方法不同，逻辑标记法用脉冲序列重新分配热平衡态的布局，将密度矩阵分成不同的子空间，在子空间中对角元素满足赝纯态的密度

矩阵要求(除了其中一个矩阵元外,其余全部相等),对这个子空间进行编码之后可以完成量子计算任务。以一个三比特的同核系统来说明,其热平衡态可以表示为:

$$\rho_{eq} = I_z^1 + I_z^2 + I_z^3 = \frac{1}{2}\text{diag}\{3,1,1,-1,1,-1,-1,-3\} \tag{5-110}$$

diag 表示花括号内是矩阵中的对角元大小,其他部分为零。尽管这个矩阵不是三比特系统的赝纯态,但是通过控制非操作,将不同能级上的布局数进行交换:$|001\rangle \leftrightarrow |101\rangle$,$|101\rangle \leftrightarrow |010\rangle$,此时热平衡态可以表示为:

$$\rho_{eq} = \frac{1}{2}\text{diag}\{3,-1,-1,-1,1,1,1,-3\} \tag{5-111}$$

此时前四个态$|000\rangle$,$|001\rangle$,$|010\rangle$,$|011\rangle$对应的能级布局和两比特系统的赝纯态:

$$I_z^1 + I_z^2 + 2I_z^1 I_z^2 = \frac{1}{2}\text{diag}\{3,-1,-1,-1\} \tag{5-112}$$

布局数恰好一样,因此可以作为一个两比特的赝纯态系统。注意到这四个态都在第一个比特$|0\rangle$态所标记的子空间内。在制备了逻辑标记的赝纯态之后,在实验中将第一个比特与第二、第三个比特之间的耦合重聚掉,就可以在第二、第三比特之间进行量子计算任务了。相比其他方法,逻辑标记法需要消耗额外的辅助比特,而且信号强度按照 $n/2^n$ 下降。

除了上述的几种常见的方法之外,还有猫态法、线选脉冲方法等手段可以用来制备赝纯态。要强调一点,在量子计算与量子信息实验中,并不是所有初始态都需要从纯态开始,也可以从混态开始,因此对于初态的制备而言,要结合具体的理论方案和实验中样品性质来选择合适的初态制备方法。

2. 哈密顿量的模拟

(1)基本逻辑门的实现

下面介绍在核磁共振中如何通过射频脉冲和样品分子内部的哈密顿量来实现常见的单比特操作和受控非门。

单比特门:对于单自旋系统,知道旋转坐标系下的哈密顿量可以表示为:

$$H_{eff} = -\bar{\mu} \cdot \bar{B}_{eff}(t) = (\gamma B_0 - \omega_2)\hbar I_z + B_1 \hbar\{\cos(\varphi) I_x + \sin(\varphi) I_y\} \tag{5-113}$$

如果系统满足共振条件 $\gamma B_0 - \omega_2 = 0$,且 $\varphi = 0$,上式就可以化简为只有射频场的形式:$H_{eff} = B_1 \hbar I_z$。这时候通过控制射频脉冲的作用时间 t_p,就可以实现绕着 x 轴的任意旋转角度：$\theta_x = \mathrm{e}^{-iH_{\text{eff}}t_p}$，其中 $\theta = B_1 \hbar t_p$。采用类似的方法，令 $\varphi = \pi/2, \pi, 3\pi/2$ 就可以实现绕着 $-x, y, -y$ 轴的任意旋转角 $\theta_y, \theta_{-x}, \theta_{-y}$ 比如说单比特非门的实现：

$$\pi_x = -i\begin{bmatrix} 0 & 1 \\ 1 & 0 \end{bmatrix} \tag{5-114}$$

注意到上式中有一个整体相位因子，一般而言可以忽略不计；比如说哈达玛门的实现：

$$\left(\frac{\pi}{2}\right)_y \pi_x = \frac{1}{\sqrt{2}}\begin{bmatrix} 1 & 1 \\ 1 & -1 \end{bmatrix} \tag{5-115}$$

比如说相位门的实现：

$$(\phi)_z = \left(\frac{\pi}{2}\right)_x (\phi)_y \left(\frac{\pi}{2}\right)_{-x} = \frac{1}{\sqrt{2}}\mathrm{e}^{-i\phi/2}\begin{bmatrix} 1 & 0 \\ 0 & \mathrm{e}^{i\phi} \end{bmatrix} \tag{5-116}$$

需要注意的是，在核磁实验中只能施加垂直于磁场方向的射频脉冲，沿着 z 轴的操作可以通过 x 轴和 y 轴的组合脉冲实现。

两比特控制非门：对于两比特的控制非门，需要系统中的核自旋有直接或者间接的相互作用才能够实现。考虑一个相互作用形式最简单的两粒子系统，哈密顿量表示为：$H_j = 2\pi\hbar J I_{1z} \cdot I_{2z}$。在 t 时间内的演化结果为：

$$U(t) = \begin{bmatrix} \mathrm{e}^{-i\pi Jt/2} & 0 & 0 & 0 \\ 0 & \mathrm{e}^{i\pi Jt/2} & 0 & 0 \\ 0 & 0 & \mathrm{e}^{i\pi Jt/2} & 0 \\ 0 & 0 & 0 & \mathrm{e}^{-i\pi Jt/2} \end{bmatrix} \tag{5-117}$$

把第一个自旋设为控制比特，第二个自旋设为目标比特，经过四个步骤就可以实现控制非门：①对目标比特实施一个沿着 y 轴的 $\pi/2$ 旋转角度 $\left(\frac{\pi}{2}\right)_y$；②使系统经过 J 耦合演化时间 $t = \frac{1}{2J}$，$U\left(\frac{1}{2J}\right)$；③对目标比特施加一个沿着 x 轴的 $\pi/2$ 旋转角度 $\left(\frac{\pi}{2}\right)_x$；④最后对控制比特和目标比特同时施加一个沿着 z 轴的 $\pi/2$ 操作 $\left(\frac{\pi}{2}\right)_z$。整个过程可以表示为：

$$C_{\text{NOT}}(\phi)_z = \left(\frac{\pi}{2}\right)_z^1 \left(-\frac{\pi}{2}\right)_z^2 \left(\frac{\pi}{2}\right)_x^1 U_J\left(\frac{1}{2J}\right)\left(\frac{\pi}{2}\right)_y^2 \tag{5-118}$$

注意上述脉冲序列会产生一个可以忽略的整体相位。

(2)其他方法

希尔伯特空间的任意维度的幺正操作最终都可以分解成单比特量子门和受控非门来实现。但是当样品的自旋数目比较大时,系统的哈密顿量会变得很复杂,此时如果采用拆成基本逻辑门的方法,往往需要过多的操作个数,在实验中会产生很大的误差。对于这种情况,可以使用更高级的脉冲技术来实现哈密顿量的模拟。

组合脉冲:在核磁实验中,为了提高脉冲操作的精度,可以使用组合脉冲的方法。由于在理论设计上已经比较充分地考虑了系统内误差以及其他额外的系统效应,组合脉冲的操作精度比不用组合的脉冲效果更高,尤其是对于射频场的不均匀性、脉冲宽度的不准确性等问题效果明显。组合脉冲的形式有很多,在实验中经常用到的一种组合脉冲是BBI组合脉冲。

以单比特操作 $R_x\left(\frac{\pi}{2}\right)=\left(\frac{\pi}{2}\right)_x=\mathrm{e}^{-i\left(\frac{\pi}{4}\right)\sigma_x}$ 为例说明BBI组合脉冲的工作原理,假定系统的误差导致的旋转角度误差是 ε,此时产生的操作可以表示为:$\bar{R}_x\left(\frac{\pi}{2}\right)=\mathrm{e}^{-i\left(\frac{\pi}{4}\right)(1+\varepsilon)\sigma_z}$。可以计算单比特操作 $\bar{R}_x$ 与 R_x 之间的门平均保真度:

$$F_{\mathrm{avg}}\left(R_x\left(\frac{\pi}{2}\right),\bar{R}_x\left(\frac{\pi}{2}\right)\right)=\frac{1}{3}\left[2+\cos\left(\frac{\varepsilon\pi}{2}\right)\right]\approx 1-\frac{\pi^2\varepsilon^2}{24} \tag{5-119}$$

也就是说明在 ε 比较小的情况下,保真度受误差的影响呈现二次曲线关系。

单比特旋转角度为 θ 的BBI组合脉冲形式为:

$$\mathrm{BBI}(\theta)=\bar{R}_\phi(\pi)\bar{R}_{3\phi}(2\pi)\bar{R}_z(\theta) \tag{5-120}$$

其中 $\phi=\cos^{-1}(-\theta/4\pi)$,表示绕着轴$[\cos(\phi),\sin(\phi),0]$旋转。而在同样的误差 ε 下,BBI($\pi/2$)组合脉冲的门平均保真度为:

$$F_{\mathrm{avg}}\left(R_x\left(\frac{\pi}{2}\right),\mathrm{BBI}\left(\frac{\pi}{2}\right)\right)\approx 1-\frac{21\pi^6\varepsilon^6}{16\ 384} \tag{5-121}$$

保真度受误差的影响是六次曲线关系。如图5-20所示,看到使用BBI组合脉冲的效果更好。

组合脉冲的一个限制是往往需要对系统的哈密顿量以及误差类型足够的了解,只有这样才能有针对性地设计脉冲,这也正是在一些复杂的系统中很少使用组合脉冲的原因。

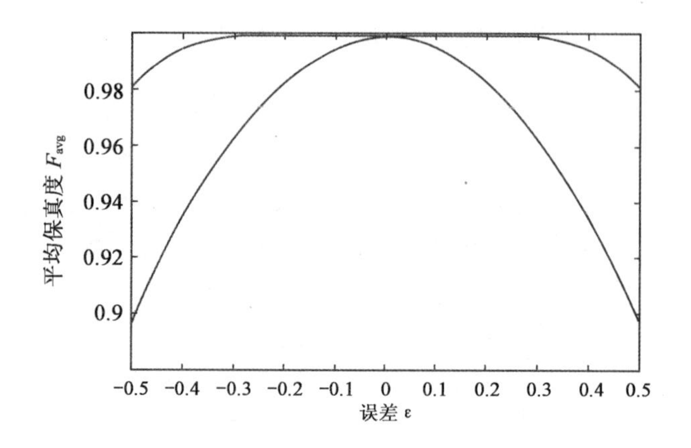

图 5-20 不同操作的门平均保真度

GRAPE 脉冲：对于更复杂的操作需要通过现代计算强大的计算能力来设计形状脉冲，目前在实验中经常用到的一种方法是 Glaser 等提出的 GRAPE 方法。如果把射频场的作用考虑在内，系统的哈密顿量可以表示为

$$H = H_{in} + \sum_{k=1} \mu_k(t) H_k \tag{5-122}$$

其中 H_{in}表示系统内部的哈密顿量，μ_k 表示可以控制的射频场幅度，H_k 表示系统的控制哈密顿量，在核磁系统中形式为 I_x，I_y。

把系统的演化时间 T 平均地分成 N 个时间间隔为 $\tau=\frac{T}{N}$ 的离散片段，并保证每个片段内的 μ_k 不变，在第 j 段的演化因子可以表示为：

$$U_j = \mathrm{e}^{-i\tau(H_{in}+\sum\limits_{k=1}\mu_k(j)H_k)} \tag{5-123}$$

在经过时间 T 后，系统的总演化因子：

$$U(T) = U_N U_{N-1} \cdots U_2 U_1 \tag{5-124}$$

如果用 V 表示目标操作，V 与 $U(T)$之间的保真度定义为：

$$F = f(U(T), V) = |\mathrm{Tr}(U(T)V^{\dagger})|^2 \tag{5-125}$$

当这 V 和 $U(t)$相同时，保真度为 1。目标就是搜索到一组合适的参数 μ_k 使保真度尽可能地接近于 1。

GRAPE 技术的原理是利用保真度 F 与每个参数之间的梯度来不断地优化参数 $\mu_k(j)$。对于第 j 段演化，将保真度 F 改写为：

$$
\begin{aligned}
F &= f(U(T),V) \\
&= |\operatorname{Tr}(U_j \cdots U_1 V^\dagger U_N \cdots U_{j+1})|^2 \\
&= |\operatorname{Tr}((U_j \cdots U_1)(U_{j+1}^\dagger \cdots U_N^\dagger V)^\dagger)|^2 \\
&= f(P_j, X_j)
\end{aligned} \tag{5-126}
$$

其中 $X_j = U_j \cdots U_1$，$P_j = U_{j+1}^\dagger \cdots U_N^\dagger V$。利用刘维尔(Liouviille)方程，可以计算保真度与 $\mu_k(t)$之间的梯度关系：

$$
\frac{\delta F}{\delta u_k(j)} = -2\operatorname{Re}\{f(P_j, i\tau H_k X_j) f(X_j, P_j)\} \tag{5-127}
$$

根据这个梯度的正负大小，就可以得到参数 $\mu_k(t)$的优化方向。对其他时间段重复上述过程，可以观测到保真度 F 不断地上升，可以逐渐地实现目标操作 V。

与传统的拆解逻辑门的方法相比，GRAPE 脉冲可以大大缩短实验中的操控总时间，减少弛豫作用的影响。此外，也可以把实验中的一些误差考虑在内，如化学位移分布不均匀、射频场的不均匀性等，设计出具有一定鲁棒性的 GRAPE 脉冲。

3. 读出测量

在完成初态制备、哈密顿量模拟之后，需要对实验结果进行测量读出。与其他体系不同，在核磁共振系统中不能对单个核自旋信号进行测量，只能在宏观上测量大量核自旋的信号平均值。受激发的核自旋在磁场中的进动会在读出线圈中产生感应电流，同时弛豫效应会造成感应电流的强度逐渐衰减，因此这种现象也叫作自由感应衰减(free induction decay)。实验中正是通过自由感应衰减信号进行读出的，假定末态为 ρ，其测量信号是：

$$
S(t) \propto \operatorname{Tr}\left[\mathrm{e}^{-iHt}\rho\mathrm{e}^{iHt}\sum_k (I_x^k + iI_y^k)\right] \tag{5-128}
$$

其中 $I_x^k + iI_y^k$ 是第 k 个核的测量算符，对上式傅立叶变换之后可得到 NMR 谱线。

量子态层析：公式(5-128)表明在密度矩阵里只有单量子相干项可以被观测到。一般而言往往要求知道密度矩阵的全部信息，这就需要利用量子层析技术(quantum state tomography)对整个密度矩阵进行态重构。

量子态层析主要思路是对同一个量子态在不同测量基下进行重复测量，通过测量结果求解线性方程组，直到所有的密度矩阵元被确定下来。实际上，如下所示：

$$
\operatorname{Tr}[\rho(UMU^\dagger)] = \operatorname{Tr}[(U^\dagger \rho U)M] \tag{5-129}
$$

也可以换一个角度理解量子态的层析过程：对密度矩阵施加不同的幺正操作，然后在一个固定的测量基下测量。具体到核磁共振系统中，测量算符 $\sum_k (I_x^k + iI_y^k)$ 固定不变，在实验中被观测到的密度矩阵元只能是单量子相干项，必须通过一些幺正操作其他相干变换到单量子相干项进行读出。

量子态层析技术面临的一个问题是：随着系统比特数的增大，密度矩阵元的个数呈指数增长。比如说三比特系统的态层析过程需要 16 次实验，而四比特系统就需要 44 次实验才可以。在大尺度的系统内进行量子态层析是一个非常困难的工作，因此有的时候可以实施部分态层析方法(partial quantum state tomography)，利用态的部分信息进行粗略的评估。

保真度：在测量出末态的密度矩阵之后，需要判断实验结果和理论预期之间的偏差程度。引入量子态保真度的概念，对于两个纯态系统 $|\Psi_1\rangle$、$|\Psi_2\rangle$，保真度 F 定义为两个态的叠加部分的绝对值：

$$F = |\langle \Psi_1 | \Psi_2 \rangle| \tag{5-130}$$

对于更一般的情况，将保真度推广到初始态和末态都是混态的情形：

$$F = \mathrm{Tr}\sqrt{\sqrt{\rho_2}\rho_1\sqrt{\rho_2}} \tag{5-131}$$

其中 ρ_1、ρ_2 分别表示两个混态密度矩阵。当 ρ_1、ρ_2 是纯态的时候，上式就退化为式(5-130)。当然除了保真度值之外，也经常用希尔伯特空间中量子态的相关性(correlation)来衡量两个态之间的相似度，其形式为：

$$C = \frac{\mathrm{Tr}(\rho_1\rho_2)}{\sqrt{\mathrm{Tr}(\rho_1^2)\mathrm{Tr}(\rho_2^2)}} \tag{5-132}$$

和保真度不一样，相关性 C 的定义经过了归一化处理，消除了退相干的影响，因此计算出的结果要比保真度 F 高一些。

参考文献

[1] Feynman R P. Simulating physics with computers[J]. International journal of theoretical physics, 1982, 21(6): 467-488.

[2] Somaroo S, Tseng C H, Havel T F, et al. Quantum Simulations on a Quantum Computer[J]. Physical Review Letters, 1999, 82(26): 5381.

[3] Georgescu I M, Ashhab S, Nori F. Quantum simulation[J]. Reviews of Modern Physics, 2014, 86: 153-185.

[4] Manousakis E. A quantum-dot array as model for copper-oxide superconductors:A dedicated quantum simulator for the many-fermion problem[J]. Journal of low temperature physics,2002,126(5-6) :1501-1513.

[5] Monroe C,Leibfried D,King B E,et al. ,Simplified Quantum Logic with Trapped Ions[J]. Phys Rev A,1997,55:R2489.

[6] Gershenfeld N A,et al. Bulk spin-resonance quantum computation[J]. Science,1997,275:350.

[7] Bloch F,et al. Magnetic Resonance for Nonrotating Field[J]. Phys Rev, A,1998,57:1634.

第 6 章　量子度量学

6.1　量子度量学概况

度量学是一门既古老又现代的科学。说它古老,是因为自从发明计量单位以来,人类就在不停地探索和寻找精确测量物理量的方法,比如测量一个物体的长度,测量方法从用直尺单次测量发展到反复测量取平均值,或是将数个相同物体叠加排放测总长度后再除以物体个数。这些都是人类在实践积累中总结出的最朴素的测量方式。与此同时,度量学又是一门现代科学。在科学理论,尤其是基本理论的发展中,很多理论的正确与否需要通过一些物理量的高精度值来判断。迈克尔逊-莫雷(Michelson-Morley)实验对以太理论的否定就是一个很好的例子。在当代科学中,中微子的静止质量是否为零将会左右现有粒子理论的形态;引力波的存在与否也会对引力理论的建立产生影响。于是,在这些问题中,物理量的精确测量就变得意义非凡了。高精度测量的研究不仅能够推动基本理论的发展,也是技术进步的需求和必然产物。上到卫星等高精密仪器的制造,下到手机、电脑中芯片的加工等,无不与高精度测量相关。即使是同种设备,面对不同目标时,其对精度的需求也会有所不同,军用定位系统必然比相应的民用设备需求更高的精度。这些生动的例子说明,度量学不仅在过去的科学技术发展中拥有重要地位,也将是未来推动科技进步的主要动力之一。

量子度量学,顾名思义,就是使用量子系统或利用量子力学特性来进行参数估计的过程。由于量子力学中存在很多反直觉或是经典理论中不可能出现的性质和现象,人们有理由相信,这些现象如果被应用在参数估计中,所得精度极有可能会比经典估计所得的结果要高。在经典度量学中,散粒噪声极限(也称为标准量子极限)是参数估计能达到的理论极限精度。所谓散粒噪声,是指对以粒子数目为载体的物理量(比如电流和光强)进行观测时,粒子数的量子涨落形成的噪声。比如在电路系统中,它是量子化的结果[1]。散粒噪声的分布符合泊松分布,因此其粒子数涨落正比于平均粒子数 N,从而待估计参数的方差正比于 $1/N$,标准差正比于

$1/\sqrt{N}$，这就是通常所说的散粒噪声极限。

散粒噪声极限一直以来都是经典度量学不得不面对的一条鸿沟，经典电路、光学、通信等理论中均有它的身影出现。由于该极限是由量子力学给出的，人们自然期待能够通过量子力学的相关性质来超越散粒噪声极限。然而，起初对光学干涉仪的研究中，这一情况并不理想。在经典光学中，标准的光学干涉过程是将一束光打入分束器后拆分成两条光路，接着在这两条光路间设置路径差用以产生两臂间的相位差，然后将这两束光重新通过另一个分束器进行干涉，这样通过观测干涉条纹，或是读取输出端口的光子数目，就可以得到干涉仪两臂之间的相位差。一直以来，无论使用怎样的光源，在这一干涉仪中进行的测量始终都无法突破散粒噪声极限。这给学界带来了极大的困扰，甚至开始有人认为量子力学并不能给待测参数精度带来实质性的提高。直到 20 世纪 80 年代，这一问题才最终由 C. M. Caves 给予解答。在 1980 年和 1981 年，时任加州理工大学研究员的 C. M. Caves 教授分别在 Phys. Rev. Lett. 和 Phys. Rev. D 上发表了两篇文章[2,3]，并在其中指出，标准光学干涉仪之所以无法突破散粒噪声极限，并不是由光源中的涨落造成的，而是此干涉仪的内秉性质。在这一设备中，散粒噪声的根源是由于该干涉仪实际上有两个输入端口，但其中一个被忽略，并无输入态存在。在此情况下，该端口的真空涨落会对观测阶段的光子计数误差产生巨大影响。为了解决此问题，Caves 进而指出如果在这一端口输入压缩真空态，那么该干涉仪就能够突破散粒噪声极限，实现比以前标准干涉仪更高的参数精度。自此，量子力学对参数估计的正面作用得到了充分肯定，也标志着量子度量学的真正诞生。

Fisher 信息，现在通常称之为经典 Fisher 信息，在量子度量学兴起前就已经被广泛应用于参数估计中。它最早由英国统计学家 Ronald Aylmer Fisher 爵士于 1924 年提出。经典 Fisher 信息之所以被称之为“信息”，是因为它可以刻画一个随机变量中所包含的关于未知参数的信息量。这种信息量可以在 Cramér-Rao 理论中得以体现。在由 H. Cramér 和 C. R. Rao 提出的 Cramér-Rao 不等式中，Fisher 信息的倒数为待估计参数方差的下限。这意味着，Fisher 信息实际上给出了待估计参数能够实现的最好理论精度。在量子度量学发展起来之后，经典 Fisher 信息被自然推广到了量子领域。1994 年，S. L. Braunstein 和 C. M. Caves 完成了这一推广，并证明了量子 Fisher 信息是经典 Fisher 信息取遍所有可能测量后的最大值。从此开始，量子 Fisher 信息作为在量子系统中进行参数估计的最高理论精度被大量研究。

一般情况下，量子度量过程可以分为三个部分[4]，首先是探测器的制备，其次是探测器与待测系统的相互作用，最后是从探测器中读出数据。这三个部分中每个部分都有可能引入误差，比如在探测器制备阶段，当探测器为量子态时，态制备是否完善，量子态的存储和传输过程是否封闭等，均会对待估计参数的最终精度产生影响；在相互作用阶段，相互作用的方式与强度不同，会造成精度上的差别；在读取数据阶段，也就是测量阶段，不同的测量方式会显著地影响参数精度。因此，在一个完整的量子度量学过程的研究中，为了最大化待估计参数的精度，需要在以上三个部分中分别寻找最佳的方案，并确定它们是否能够共同组合成一个完整的测量方案。这就是量子度量学的普遍研究方法。

6.2 量子 Fisher 信息

6.2.1 经典 Fisher 信息

Fisher 信息最早由英国统计学家 Ronald Aylmer Fisher 爵士提出。这一概念的提出是为了量化描述一组可观测的随机变量所携带的待测参数的信息量。在经典统计理论中，假设待测参数为 θ，Fisher 信息的定义为

$$I = \int p(\xi \mid \theta)\left(\frac{\partial \ln p(\xi \mid \theta)}{\partial \theta}\right)^2 \mathrm{d}\xi \tag{6-1}$$

其中 $p(\xi \mid \theta)$ 表示在参数 θ 下得到测量值 ξ 的条件概率。在量子力学中，测量过程由厄密算符 $\Pi(\xi)$ 表征，其中 ξ 表示测量所得到的结果。于是，用 $\Pi(\xi)$ 测量 θ 时得到测量值 ξ 的条件概率 $P(\xi \mid \theta)$ 可表示为

$$p(\xi \mid \theta) = \mathrm{Tr}(\Pi\rho) \tag{6-2}$$

这里 ρ 为实验所用系统的密度矩阵。当一个量子系统在经过完全测量之后，量子效应随即消失，其后的过程可用经典统计理论描述。所以，在系统经过完全测量之后，待测参数的精度下限可用经典 Cramér-Rao 不等式以及经典 Fisher 信息来描述。另外，在量子力学中，可以选取一个合理的可观测量 O 作为待测参数的估计子。当 O 为无偏估计子时，$\langle O\rangle=\theta$。于是，在量子力学中，经典 Cramér-Rao 不等式可表示为

$$\langle \Delta^2 O\rangle \geqslant \frac{1}{I} \tag{6-3}$$

这里 $\langle \Delta^2 O\rangle := \langle O^2\rangle - \langle O\rangle^2$ 表示可观测量 O 在态 ρ 下的方差。同时，上式中的经

典 Fisher 信息可表示为

$$I = \int \frac{[\mathrm{Tr}(\Pi \partial_\theta \rho)]^2}{\mathrm{Tr}(\Pi \rho)} \mathrm{d}\xi \tag{6-4}$$

由上式可见,量子测量会对经典 Fisher 信息产生非常大的影响,进而影响待测参数的精度下限。

6.2.2 量子 Fisher 信息

1. 任意秩密度矩阵下的计算

量子 Fisher 信息是经典 Fisher 信息在量子力学中的推广。S. Braunstein 与 C. Caves 在 1994 年的文章中指出[5],量子 Fisher 信息是经典 Fisher 信息的下限。在量子度量学中,量子 Fisher 信息的定义为

$$F := \mathrm{Tr}(\rho L^2) \tag{6-5}$$

上式中 ρ 是含待测参数 θ 的密度矩阵,L 是一个厄密算符,通常被称为对称对数导数,并由如下式决定:

$$\partial_\theta \rho = \frac{1}{2}(\rho L + L\rho) \tag{6-6}$$

这里 $\partial_\theta \rho$ 是 $\partial \rho / \partial \theta$ 的简写。一般情况下,量子 Fisher 信息的计算是在密度矩阵的本征空间下实现的。首先,把密度矩阵 ρ 的谱分解记为

$$\rho = \sum_{i=1}^{M} p_i \mid \Psi_i \rangle \langle \Psi_i \mid \tag{6-7}$$

其中 p_i 与 Ψ_i 分别是ρ 的第i 个本征值和本征态,M是ρ 支集的维度。所谓密度矩阵的支集,是指其所有非零本征值相对应的本征态构成的子空间。由此可知,上式中所有的 p_i 均大于零。假设密度矩阵的总维度为 d,自然可知 $M \leqslant d$。当 $M = d$ 时,ρ 无零本征值,为满秩矩阵。对于一个满秩矩阵,它的行列式不为零。即,当 $M = d$ 时,$\det \rho \neq 0$。

在由$\{p_i\}$构成的密度矩阵本征空间中,式(6-6)可被改写为

$$\mid \partial_\theta \rho \mid_{ij} = \frac{1}{2}(p_i + p_j) L_{ij} \tag{6-8}$$

这里$|\partial_\theta \rho|_{ij} := \langle \Psi_i | \partial_\theta \rho | \Psi_j \rangle$,$L_{ij} := \langle \Psi_i \rangle L | \Psi_j \rangle$表示 $\partial_\theta \rho$ 和 L 在密度矩阵本征空间中的矩阵元。同时,通过对式(6-7)两边对 θ 求导可知

$$|\partial_\theta \rho|_{ij} = \partial_\theta p_i \delta_{ij} + (p_j - p_i)\langle \Psi_i | \partial_\theta \Psi_j \rangle \tag{6-9}$$

δ_{ij} 如为克罗内克 δ 符号，当 i，j 相同时，其值为 1；i，j 不同时，其值为零。在推导式(6-9)时用到了公式

$$\langle \Psi_i | \partial_\theta \Psi_j \rangle = -\langle \partial_\theta \Psi_i | \Psi_j \rangle \tag{6-10}$$

此公式可从对方程 $\langle \Psi_i | \Psi_j \rangle = \delta_{ij}$ 两边求偏导而得到。结合式(6-8)和式(6-9)可知，当 $i \leqslant M$ 或者 $j \leqslant M$ 时，

$$L_{ij} = \frac{\partial_\theta p_i}{p_i}\delta_{ij} + \frac{2(p_j - p_i)}{p_j + p_i}\langle \Psi_i | \partial_\theta \Psi_j \rangle \tag{6-11}$$

由此式可以看出 L 的厄密性。当 i 和 j 均大于 M 时，由式(6-9)可知，$[\partial_\theta \rho]_{ij} = 0$，于是式(6-8)左右两边均自然为零，此时 L_{ij} 可以为任意值。虽然对于一个不满秩密度矩阵而言，其对称对数导数具有不唯一性，但此不唯一性并不会影响量子 Fisher 信息的值。将在接下来的计算中说明这一点。

在密度矩阵的本征空间中，根据量子 Fisher 信息的定义，其可写为

$$F = \sum_{i=1}^{M} p_i \langle \Psi_i | L^2 | \Psi_i \rangle \tag{6-12}$$

在此方程中插入单位矩阵 $I = \sum_{i=1}^{d} | \Psi_i \rangle \langle \Psi_i |$，量子 Fisher 信息可表示为

$$F = \sum_{i=1}^{M} \sum_{j=1}^{d} p_i | L_{ij} |^2 \tag{6-13}$$

这里使用了对称对数导数的厄密性。在上式中，指标均大于 M 的 L_{ij} 并没有出现，说明对称对数导数的这部分矩阵元并不会影响量子 Fisher 信息的值。也就是说，对称对数导数的不确定性并不会影响量子 Fisher 信息。所以，在计算量子 Fisher 信息时，可做一个简单的假设：当 i 和 j 均大于 M 时，$L_{ij} = 0$。接下来，将式(6-11)代入上式中，可得

$$F = \sum_{i=1}^{M} \frac{(\partial_\theta p_i)^2}{p_i} + \sum_{i=1}^{M} \sum_{j=1}^{d} \frac{4 p_i (p_i - p_j)^2}{(p_j + p_i)^2} | \langle \Psi_i | \partial_\theta \Psi_j \rangle |^2 \tag{6-14}$$

已知 $\sum_{j=1}^{d} = \sum_{j=1}^{M} + \sum_{j=M+1}^{d}$，于是上式中的第二项可依次拆成两项，第一项为

$$\sum_{i,j=1}^{M} \frac{4 p_i (p_i - p_j)^2}{(p_j + p_i)^2} | \langle \Psi_i | \partial_\theta \Psi_j \rangle |^2 \tag{6-15}$$

第二项为

$$\sum_{i=1}^{M}\sum_{j=1}^{d}4p_i\mid\langle\partial_\theta\Psi_i\mid\Psi_j\rangle\mid^2=$$

$$\sum_{i=1}^{M}4p_i\mid\langle\partial_\theta\Psi_i\mid\partial_\theta\Psi_i\rangle-\sum_{i,j=1}^{M}4p_i\mid\langle\Psi_i\mid\partial_\theta\Psi_j\rangle\mid^2 \tag{6-16}$$

此式的推导又一次用到了归一化条件

$$\sum_{j=M+1}^{d}\mid\Psi_j\rangle\langle\Psi_j\mid=I-\sum_{j=1}^{M}\mid\Psi_j\rangle\langle\Psi_j\mid \tag{6-17}$$

由此，量子 Fisher 信息可以表示为

$$F=\sum_{i=1}^{M}\frac{(\partial_\theta p_i)^2}{p_i}+\sum_{i=1}^{M}4p_i\langle\partial_\theta\Psi_i\mid\partial_\theta\Psi_i\rangle-\sum_{i,j=1}^{M}\frac{8p_ip_j}{p_i+p_j}\mid\langle\Psi_i\mid\partial_\theta\Psi_j\rangle\mid^2 \tag{6-18}$$

式(6-18)即为任意秩密度矩阵对应的量子 Fisher 信息的一般表达式。从这一表达式可以看到，量子 Fisher 信息仅仅由密度矩阵的支集决定，不受支集之外的本征态影响。与此同时，上式中的第一项只与密度矩阵本征值有关，故可视为经典贡献，第二项和第三项可视为量子贡献。将量子贡献记为 $F_q(\rho)$，其表达式亦可写为

$$F_q(\rho)=\sum_{i=1}^{M}p_iF_q(\mid\Psi_i\rangle)-\sum_{i\neq j}^{M}\frac{8p_ip_j}{p_i+p_j}\mid\langle\Psi_i\mid\partial_\theta\Psi_j\rangle\mid^2 \tag{6-19}$$

其中

$$F_q(\mid\Psi_i\rangle)=4(\langle\partial_\theta\Psi_i\mid\partial_\theta\Psi_i\rangle-\mid\langle\Psi_i\mid\partial_\theta\Psi_i\rangle\mid^2) \tag{6-20}$$

是本征态 $\mid\Psi_i\rangle$ 的量子 Fisher 信息。从式(6-18)中，可以直接得出，对于一个纯态 $\mid\Psi\rangle$ 而言，支集维度 $M=1$，其量子 Fisher 信息的表达式为

$$F_{\mathrm{pure}}=4(\langle\partial_\theta\Psi_i\mid\partial_\theta\Psi_i\rangle-\mid\langle\Psi_i\mid\partial_\theta\Psi_i\rangle\mid^2) \tag{6-21}$$

2. 与经典 Fisher 信息关系

量子描述下的经典 Fisher 信息可表示为

$$I=\int\frac{[\mathrm{Tr}(\Pi\partial_\theta\rho)]^2}{\mathrm{Tr}(\Pi\rho)}\mathrm{d}\xi=\int\frac{(\mathrm{Re}[\mathrm{Tr}(\Pi\rho L)])^2}{\mathrm{Tr}(\Pi\rho)}\mathrm{d}\xi \tag{6-22}$$

这里 Re()表示实部。利用柯西-施瓦兹不等式，有

$$I \leqslant \int \frac{\mathrm{Tr}(\Pi\rho L)\ |^2}{\mathrm{Tr}(\Pi\rho)}\mathrm{d}\xi = \int \mathrm{d}\xi \left| \mathrm{Tr}\left(\frac{\sqrt{\rho}\sqrt{\Pi}}{\sqrt{\mathrm{Tr}(\rho\Pi)}}\sqrt{\Pi}\,L\sqrt{\rho}\right)\right|^2 \tag{6-23}$$

再次利用柯西不等式,可得

$$I \leqslant \int \mathrm{Tr}(\Pi L\rho L)\mathrm{d}\xi = \mathrm{Tr}(\rho L^2) = F \tag{6-24}$$

在上式的推导中用到了

$$\left|\mathrm{Tr}(\sqrt{\rho}\sqrt{\Pi})\right|^2 \leqslant \mathrm{Tr}(\rho)\mathrm{Tr}(\Pi) = 1 \tag{6-25}$$

和 $\int \Pi \mathrm{d}\xi = 1$。从式(6-24)中可以看到,量子 Fisher 信息是经典 Fisher 信息的上限。量子 Fisher 信息所标定的参数精度是所有测量中的最优值,是待估参数精度的理论下限。

3. 与保真率关系

保真度在量子信息乃至整个量子力学中都是一个重要的基本概念,它表征两个量子态之间的相似程度。保真度的取值范围在 0 和 1 之间。当值为 1 时,两个量子态完全相同。随着保真度值的降低,两者的相似度逐渐减少。对于两个密度矩阵 ρ_1 和 ρ_2,保真度 $f(\rho_1,\rho_2)$的定义为

$$f(\rho_1,\rho_2) = \mathrm{Tr}\sqrt{\sqrt{\rho_1}\ \rho_2\ \sqrt{\rho_1}} \tag{6-26}$$

假设量子态 ρ 是参数 θ 的函数,即 $\rho=\rho(\theta)$,同时定义 $\delta\theta$ 为 0 的一个极小变化,那么将 $\rho(\theta)$与 $\rho(\theta+\delta\theta)$之间的保真度在零点附近做泰勒展开时,其一阶小量会消失,二阶小量的系数的导数即被定义为保真率,其公式形式为

$$\chi = -\frac{\partial^2 f(\rho(\theta),\rho(\theta+\delta\theta))}{\partial(\delta^2\theta)} \tag{6-27}$$

接下来将细致讨论对于一个任意秩的密度矩阵,保真率与量子 Fisher 信息之间的关系。为了便于计算,定义如下算符

$$M := \sqrt{\rho(\theta)}\rho(\theta+\delta\theta)\sqrt{\rho(\theta)} \tag{6-28}$$

利用此算符,保真度可表示为 $f=\mathrm{Tr}\sqrt{M}$。现在将 $\rho(\theta+\delta\theta)$展开至二阶:

$$\rho(\theta+\delta\theta) = \rho(\theta) + \partial_\theta\rho\delta\theta + \frac{1}{2}\partial_\theta^2\rho\delta^2\theta \tag{6-29}$$

其中 $\partial_\theta^2\rho:=\partial^2\rho/\partial\theta^2$。将此式代入 M 的表达式中，可得

$$M=\rho^2(\theta)+A\delta\theta+\frac{1}{2}B\delta^2\theta \tag{6-30}$$

这里的系数为

$$A=\sqrt{\rho(\theta)}\partial_\theta\rho\sqrt{\rho(\theta)},\quad B=\sqrt{\rho(\theta)}\partial_\theta^2\rho\sqrt{\rho(\theta)} \tag{6-31}$$

M 的这一表达形式允许假设其平方根算符的形式为

$$\sqrt{M}=\rho(\theta)+X\delta\theta+Y\delta^2\theta \tag{6-32}$$

将此式两边同时平方，并且对比式(6-30)，可得以下两式

$$A=\rho X+X\rho,\quad \frac{1}{2}B=\rho Y+Y\rho+X^2 \tag{6-33}$$

当 A 和 B 已知时，X 和 Y 可由上述方程获得。通过式(6-32)，保真度可表示为

$$f=1+\delta\theta\mathrm{Tr}X+\delta^2\theta\mathrm{Tr}Y \tag{6-34}$$

这里 $\mathrm{Tr}X$，$\mathrm{Tr}Y$ 即为保真度的一、二阶小量系数。由此，可以知道保真率实际为

$$X=-2\mathrm{Tr}Y \tag{6-35}$$

为了更加直观地展示保真率与量子 Fisher 信息的关系，接下来在密度矩阵的本征空间中具体地计算保真率的形式。前文中已经假设了密度矩阵 ρ 的谱分解形式为

$$\rho=\sum_{i=1}^{M}p_i\mid\Psi_i\rangle\langle\Psi_i\mid \tag{6-36}$$

其中 p_i 和 $|\Psi_i\rangle$ 分别为 ρ 的第 i 个本征值和本征态，M 为 ρ 支集的维度。将此式代入式(6-31)中，可得

$$A_{ij}=\sqrt{p_ip_j}[\partial_\theta\rho]_{ij},\quad B_{ij}=\sqrt{p_ip_j}[\partial_\theta^2\rho]_{ij} \tag{6-37}$$

这里的矩阵元均表示在密度矩阵本征空间中的矩阵元，即 $[\cdot]_{ij}=\langle\Psi_i|\cdot|\Psi_j\rangle$。从这两个公式中可看到，当 i 或者 j 大于 M 时，A_{ij} 和 B_{ij} 均为零。也就是说，A 和 B 均为块对角矩阵，且只有支集内的部分非零。如果将 A 和 B 的 M 维非零子块记为 A_s，B_s，将密度矩阵的 M 非零子块记为 ρ_s，那么，矩阵 M 就可以被写为

$$M=\begin{pmatrix}\rho_s^2+A_s\delta\theta+\frac{1}{2}B_s\delta^2\theta & O_{(d-M)\times M}\\ O_{(d-M)\times M} & O_{(d-M)\times(d-M)}\end{pmatrix}\tag{6-38}$$

这里 d 为密度矩阵的总维度。由于块对角矩阵的对角化可以分块进行，于是有

$$\sqrt{M}=\begin{pmatrix}\sqrt{\rho_s^2+A_s\delta\theta+\frac{1}{2}B_s\delta^2\theta} & O_{(d-M)\times M}\\ O_{M\times(d-M)} & O_{(d-M)\times(d-M)}\end{pmatrix}\tag{6-39}$$

从式(6-32)中可以看到，$\sqrt{M}$的结构完全决定了 X 和 Y 的结构。所以，X 和 Y 只能为块对角矩阵且只有支集内的矩阵元非零。

对密度矩阵谱分解公式两边求导，可得其一阶导数矩阵元为

$$[\partial_\theta\rho]_{ij}=p_i(\partial_\theta p_i)\delta_{ij}+(p_i-p_j)\langle\partial_\theta\Psi_i\mid\Psi_j\rangle\tag{6-40}$$

将上式代入式(6-37)中，然后再结合式(6-33)，可以得到 X 的具体表达式为

$$X_{ij}=\begin{cases}X_{ij}=\left\{\frac{1}{2}(\partial_\theta p_i)\delta_{ij}+\frac{\sqrt{p_ip_j}(p_i-p_j)}{p_i+p_j}\langle\partial_\theta\Psi_i|\Psi_j\rangle,\quad i,j\in[1,M]\right.\\ 0，其余情况\end{cases}\tag{6-41}$$

从本式中可得到

$$\mathrm{Tr}(X)=\frac{1}{2}\sum_{i=1}^{M}\partial_\theta p_i=\frac{1}{2}\partial_\theta\mathrm{Tr}\rho=0\tag{6-42}$$

也就是说，保真度的一阶小量为零。

为了通过式(6-35)求得保真率，需要知道矩阵 Y 的对角元。首先，对式(6-40)两边同时求导，可得密度矩阵二阶导数矩阵元为

$$\begin{aligned}[\partial_\theta^2\rho]_{ij}&=\partial_\theta^2p_i\delta_{ij}+2(\partial_\theta p_i-\partial_\theta p_j)\langle\partial_\theta\Psi_i\mid\Psi_j\rangle+p_j\langle\Psi_i\mid\partial_\theta^2\Psi_j\rangle\\&\quad+p_i\langle\partial_\theta^2\Psi_i\mid\Psi_j\rangle+\sum_{k=1}^{M}2p_k\langle\Psi_i\mid\partial_\theta\Psi_k\rangle\langle\partial_\theta\Psi_k\mid\Psi_j\rangle\end{aligned}\tag{6-43}$$

将此式代入式(6-37)中，并取 $i=j$，可以得到 B 的对角元为

$$B_{ii}=p_i\partial_\theta^2p_i-2p_i^2\langle\partial_\theta\Psi_i\mid\partial_\theta\Psi_i\rangle+\sum_{k=1}^{M}2p_ip_k\mid\langle\Psi_i\mid\partial_\theta\Psi_k\rangle\mid^2\tag{6-44}$$

其中用到了等式

$$\langle\partial_\theta^2\Psi_i\mid\Psi_i\rangle+\langle\Psi_i\mid\partial_\theta^2\Psi_i\rangle=-2\langle\partial_\theta\Psi_i\mid\partial_\theta\Psi_i\rangle\tag{6-45}$$

接下来结合式(6-33)以及 X_{ij},B_{ii} 的表达式,可得到 Y 的对角元为

$$Y_{ii} = \frac{1}{4}\partial_\theta^2 p_i - \frac{1}{8p_i}(\partial_\theta p_i)^2 - \frac{1}{2}p_i\langle\partial_\theta\Psi_i \mid \partial_\theta\Psi_i\rangle + \sum_{k=1}^{M}\frac{2p_i p_k^2}{(p_i+p_k)^2}\left|\langle\Psi_i \mid \partial_\theta\Psi_k\rangle\right|^2 \tag{6-46}$$

根据此式,保真率的表达式就可以被完全写出:

$$X = -2\sum_{i=1}^{M}Y_{ii} = \sum_{i=1}^{M}\frac{1}{4p_i}(\partial_\theta p_i)^2 + \sum_{i=1}^{M}p_i\langle\partial_\theta\Psi_i \mid \partial_\theta\Psi_i\rangle - 2\sum_{i,k=1}^{M}\frac{2p_i p_k^2}{(p_i+p_k)^2}\left|\langle\Psi_i \mid \partial_\theta\Psi_k\rangle\right|^2 \tag{6-47}$$

其中用到了等式

$$\sum_{i=1}^{M}\frac{1}{4}\partial_\theta^2 p_i = \frac{1}{4}\partial_\theta^2\,\mathrm{Tr}\rho = 0 \tag{6-48}$$

另外,上面保真率表达式中最后一项可作对称化处理

$$\sum_{i,k=1}^{M}\frac{2p_i p_k^2}{(p_i+p_k)^2}\left|\langle\Psi_i \mid \partial_\theta\Psi_k\rangle\right|^2 = \sum_{i,k=1}^{M}\frac{p_i p_k}{p_i+p_k}\left|\langle\Psi_i \mid \partial_\theta\Psi_k\rangle\right|^2 \tag{6-49}$$

于是,保真率 X 可最终表示为

$$X = \sum_{i=1}^{M}\frac{1}{4p_i}(\partial_\theta p_i)^2 + \sum_{i=1}^{M}p_i\langle\partial_\theta\Psi_i \mid \partial_\theta\Psi_i\rangle - \sum_{i,k=1}^{M}\frac{2p_i p_k}{p_i+p_k}\left|\langle\Psi_i \mid \partial_\theta\Psi_k\rangle\right|^2 \tag{6-50}$$

这就是对于任意秩密度矩阵的保真率的表达式。对比量子 Fisher 信息的表达式(6-18),可以轻易发现保真率与量子 Fisher 信息的关系为:

$$X = \frac{1}{4}F \tag{6-51}$$

保真率来源于量子态之间的可分辨性的度量,而量子 Fisher 信息则是刻画参数精度的核心物理量,这两者的等价关系表明了两套理论之间的内在统一性。实际上,无论是保真率还是量子 Fisher 信息,都可追溯到投影希尔伯特空间中的 Fubini-Study 度规,这一度规是量子力学进行几何化时出现的自然度规,从可分辨性角度而言,两个相距很近的态所反映的性质正是这两个态附近的空间结构;同时,从参数估计角度来看,一个态所能够达到的参数精度本身也是由态在空间中的位

置所决定的。所以保真率和量子 Fisher 信息具有等价性也就可以理解了。

6.3 Cramér-Rao 不等式

6.3.1 经典 Cramér-Rao 不等式

在经典统计理论中,Cramér-Rao 不等式描述了对一个未知参数进行测量时,该测量所能达到的参数精度下限。这里的参数精度是由所选取估计函数(即估计子)的测量值的方差标定的。假设待测参数为 θ,且对应于该参数的估计子为 $\hat{\theta}$,那么对于单次测量而言,经典 Cramér-Rao 不等式的表达形式为

$$\delta^2\hat{\theta} \geqslant \frac{1}{I} \tag{6-52}$$

这里 $\delta^2\hat{\theta}$ 表示方差,I 被称之为经典信息。假设通过估计子测量后的实际值为 ξ,相应的概率密度为 $p(\xi|\theta)$,那么经典 Fisher 信息 I 的定义式可被表示为

$$I = \int p(\xi \mid \theta)\left(\frac{\partial \ln p(\xi \mid \theta)}{\partial \theta}\right)^2 \mathrm{d}\xi \tag{6-53}$$

接下来简要地讨论经典 Cramér-Rao 不等式式(6-52)的证明。首先,根据经典统计中平均值的定义,可以得到

$$\int p(\xi \mid \theta)(\hat{\theta} - E(\hat{\theta}))\mathrm{d}\xi = 0 \tag{6-54}$$

这里 $E(\hat{\theta})$表示平均值。由于估计子 $\hat{\theta}$ 是 ξ 的函数,而不是参数 θ 的函数,故对上式两边求导,可得

$$\frac{\partial E(\hat{\theta})}{\partial \theta} = \int p(\xi \mid \theta) \frac{\partial \ln p(\xi \mid \theta)}{\partial \theta}(\hat{\theta} - E(\hat{\theta}))\mathrm{d}\xi \tag{6-55}$$

根据复积分形式的柯西-施瓦兹不等式

$$\left|\int f^*(x)g(x)\mathrm{d}x\right|^2 \leqslant \int |f(x)|^2 \mathrm{d}x \cdot \int |g(x)|^2 \mathrm{d}x \tag{6-56}$$

从式(6-55)中可以得到

$$\left(\frac{\partial E(\hat{\theta})}{\partial \theta}\right)^2 \leqslant \int\left(\sqrt{p(\xi \mid \theta)}\, \frac{\partial \ln p(\xi \mid \theta)}{\partial \theta}\right)^2 \mathrm{d}\xi \cdot \int \left[\sqrt{p(\xi \mid \theta)}(\hat{\theta} - E(\hat{\theta}))\right]^2 \mathrm{d}\xi \tag{6-57}$$

根据经典 Fisher 信息的定义以及方差的表达式 $\delta^2\hat{\theta} := E(\hat{\theta}^2) - E^2(\hat{\theta})$，上式可写为

$$\left(\frac{\partial E(\hat{\theta})}{\partial\theta}\right)^2 \leqslant I \cdot \delta^2\hat{\theta} \tag{6-58}$$

当估计子为无偏估计子时，$E(\hat{\theta})=\theta$，上式即可写为式(6-52)的形式。由此，证明了经典 Cramér-Rao 不等式。

对于多次经典重复实验而言，Cramér-Rao 不等式可表示为

$$\delta^2\hat{\theta} \geqslant \frac{1}{nI} \tag{6-59}$$

其中 n 为实验重复次数。

6.3.2　量子 Cramér-Rao 不等式

量子 Cramér-Rao 不等式是经典 Cramér-Rao 不等式的量子对应，其在量子度量学，尤其是度量学理论中占有非常重要的地位。经典统计学中，选取优化的估计子能够产生较高的经典参数精度。然而，在量子力学中，测量对量子过程有着众所周知的影响，因为它会造成量子态的坍塌。因此，在量子度量学中，不同的测量也会产生不同的理论参数精度。由于测量的影响，经典参数精度有可能被超越。于是，在量子参数估计中，有第二个过程可以用来提高参数精度，那就是取遍所有可能的测量，寻找其中的最优测量方案以及对应的最佳精度。

量子 Cramér-Rao 不等式就具备反映最佳精度的能力。通过量子 Cramér-Rao 不等式，能够得到所有测量所产生的参数精度中的最优值。

1. 单参数不等式

在单参数问题中，对于单次实验，假设可观测量 O 为无偏估计子，即 $\langle O\rangle=\theta$，那么量子 Cramér-Rao 不等式可表达为

$$\langle\Delta^2 O\rangle \geqslant \frac{1}{F} \tag{6-60}$$

这里 F 为量子 Fisher 信息，其定义式为

$$F := \mathrm{Tr}(\rho L^2) \tag{6-61}$$

其中 L 被称之为对称对数导数，由如下微分方程决定

$$\frac{\partial\rho}{\partial\theta} = \frac{1}{2}(\rho L + L\rho) \tag{6-62}$$

接下来详细讨论不等式(6-60)的证明。整个证明的核心是矩阵形式下的柯西-施瓦兹不等式,其可表示为

$$\frac{1}{4}|\mathrm{Tr}(X^{\dagger}Y+Y^{\dagger}X)|^{2}\leqslant\mathrm{Tr}(X^{\dagger}X)\mathrm{Tr}(Y^{\dagger}Y) \tag{6-63}$$

定义如下算符

$$X=L\sqrt{\rho},Y=(O-\langle O\rangle)\sqrt{\rho} \tag{6-64}$$

根据此定义,可以得到

$$\mathrm{Tr}(X^{\dagger}X)=\mathrm{Tr}(\rho L^{2})=F \tag{6-65}$$

$$\mathrm{Tr}(Y^{\dagger}Y)=\langle O^{2}\rangle-\langle O\rangle^{2}:=\langle\Delta^{2}O\rangle \tag{6-66}$$

这里$\langle\Delta^{2}O\rangle$为可观测量$O$在态$\rho$上的方差。同时,也可以得到

$$\mathrm{Tr}(X^{\dagger}Y+Y^{\dagger}X)=\mathrm{Tr}(\rho\{L,O\})=\mathrm{Tr}(\{\rho,L\}O) \tag{6-67}$$

其中$\{\cdot,\cdot\}$表示反对易。最后一个等号的成立利用了迹的可轮换性。接下来,根据对称对数导数的决定公式,上式可改写为

$$\mathrm{Tr}(X^{\dagger}Y+Y^{\dagger}X)=2\mathrm{Tr}\left(O\frac{\partial\rho}{\partial\theta}\right) \tag{6-68}$$

由于可观测量与参数θ无关,故上式可最终写为

$$\mathrm{Tr}(X^{\dagger}Y+Y^{\dagger}X)=2\frac{\partial\langle O\rangle}{\partial\theta} \tag{6-69}$$

对于无偏估计而言,$\langle O\rangle=\theta$。于是,上式可约化为

$$\mathrm{Tr}(X^{\dagger}Y+Y^{\dagger}X)=2 \tag{6-70}$$

将式(6-65)、式(6-66)和式(6-70)代入柯西-施瓦兹不等式(6-63)中,即可得到单参数下的量子 Cramér-Rao 不等式(6-60)。

2. 多参数不等式

多参数估计下的量子 Cramér-Rao 不等式为矩阵不等式。假设有一组待估计的参数$\{\theta_1,\theta_2,\cdots,\theta_i,\cdots\}$。另外,有一组可观测量$\{O_1,O_2,\cdots,O_i,\cdots\}$,其对应的协方差矩阵$C$的矩阵元为

$$C_{ml}=\mathrm{cov}(O_m,O_l)=\frac{1}{2}(\{O_m,O_l\}-\langle O_m\rangle\langle O_l\rangle) \tag{6-71}$$

这里$\{O_m, O_l\}=O_mO_l+O_lO_m$代表$O_m$与$O_l$之间的反对易，$\langle O_m\rangle=\mathrm{Tr}(\rho O_m)$表示可观测量$O_m$在量子态$\rho$上的平均值。协方差矩阵的对角元$C_{mm}$为可观测量$O_m$的方差，即$C_{mm}=\langle\Delta^2 O_m\rangle:=\langle O_m^2\rangle-\langle O_m\rangle^2$。从上式中可以看出，协方差矩阵$C$为实对称矩阵。另外假设这组可观测量的平均值为待测参数的真实值，即$\langle O_m\rangle=\theta_m$。

对于一个量子多参数问题，在单次实验中，其 Cramér-Rao 不等式为如下形式

$$C \geqslant F^{-1} \tag{6-72}$$

这里F被称之为量子 Fisher 信息矩阵，其矩阵元的定义式为

$$F_{ml}=\frac{1}{2}\langle\{L_m, L_l\}\rangle \tag{6-73}$$

其中$L_{m(l)}$为针对参数$\theta_{m(l)}$的对称对数导数，是一个厄密算符。该对称对数导数由如下公式决定

$$\partial_{\theta_{m(l)}}\rho=\frac{1}{2}(\rho L_{m(l)}+L_{m(l)}\rho) \tag{6-74}$$

上式中$\partial_{\theta_{m(l)}}\rho$为$\partial\rho/\partial\theta_{m(l)}$的缩写。从上式中可以看出，与协方差矩阵相同，量子 Fisher 信息矩阵也是一个实对称矩阵。

下面给出式(6-72)的详细证明。与单参数情况下的证明类似，多参数量子 Cramér-Rao 不等式的证明依然以柯西-施瓦兹不等式为基础。首先，定义两个算符

$$X=\sum_m x_m L_m\sqrt{\rho} \tag{6-75}$$

$$Y=\sum_m y_m(O_m-\langle O_m\rangle)\sqrt{\rho} \tag{6-76}$$

其中对于任意指标m而言，x_m与y_m均为实数。根据上面的定义，可以得到

$$\mathrm{Tr}(X^\dagger X)=\sum_{ml}x_m x_l F_{ml} \tag{6-77}$$

$$\mathrm{Tr}(Y^\dagger Y)=\sum_{ml}y_m y_l C_{ml} \tag{6-78}$$

这里C_{ml}与F_{ml}的表达式见式(6-71)和式(6-73)。上式的计算中用到了对称对数导数的厄密性。如果定义向量$x^{\mathrm{T}}=(x_1, x_2, \cdots, x_m, \cdots)^{\mathrm{T}}$，$y^{\mathrm{T}}=(y_1, y_2, \cdots, y_m, \cdots)$，那么上面两式可重写为如下的二次型(quadratic form)形式

$$\mathrm{Tr}(X^\dagger X)=x^{\mathrm{T}}Fx \tag{6-79}$$

$$\mathrm{Tr}(Y^{\dagger}Y) = y^{\mathrm{T}}Fy \tag{6-80}$$

另外，通过直接计算，也可以得到

$$\frac{1}{2}\mathrm{Tr}(X^{\dagger}Y + XY^{\dagger}) = x^{\mathrm{T}}By \tag{6-81}$$

其中 $B_{ml}=\langle\{L_m,O_l\}\rangle$。很容易发现

$$B_{ml} = \frac{1}{2}\mathrm{Tr}(\rho\{L_m,O_l\}) = \frac{1}{2}\mathrm{Tr}(\{\rho,L_m\},O_l) \tag{6-82}$$

根据对称对数导数的决定方程，上式可进一步化简为

$$B_{ml} = \mathrm{Tr}(O_l\partial_{\theta_m}\rho) \tag{6-83}$$

由于可观测量中不含待测参数，上式可写为

$$B_{ml} = \partial_{\theta_m}\langle O_l\rangle = \partial_{\theta_m}\theta_l = \delta_{ml} \tag{6-84}$$

该式表明矩阵 B 实际为单位矩阵 I。由此，利用柯西-施瓦兹不等式(6-63)，可以得到如下不等式

$$x^{\mathrm{T}}Fxy^{\mathrm{T}}Cy \geqslant (x^{\mathrm{T}}y)^2 \tag{6-85}$$

当量子 Fisher 信息矩阵是可逆矩阵时，可以取 $x=F^{-1}y$，于是上式可重写为

$$y^{\mathrm{T}}F^{-1}yy^{\mathrm{T}}Cy \geqslant (y^{\mathrm{T}}F^{-1}y)^2 \tag{6-86}$$

由于满秩时量子 Fisher 信息矩阵为正定(positive definite)矩阵，故上式可进一步简化为

$$y^{\mathrm{T}}Cy \geqslant y^{\mathrm{T}}F^{-1}y \tag{6-87}$$

注意此式中的 y 仍然为任意实向量。根据二次型的性质，上式约化为

$$C \geqslant F^{-1} \tag{6-88}$$

这就是多参数下的量子 Cramér-Rao 不等式。从此不等式中可以看到，多参数下的 Cramér-Rao 不等式为矩阵不等式，作为估计子的可观测量的协方差矩阵的下限由量子 Fisher 信息矩阵的逆矩阵决定。

应当注意，在上面的证明中，使用了一个强假设，即假设量子 Fisher 信息矩阵为满秩矩阵。然而，事实上很多实际问题中量子 Fisher 信息矩阵未必总是满秩的，也就是说，未必总是有逆矩阵存在。尽管不满秩时不存在一般定义上的逆矩阵，但利用支集这一概念，仍然可以定义 H 在支集上的逆矩阵 F^{-1}，它满足

$$FF^{-1}=I_{\mathrm{su}} \tag{6-89}$$

其中 $I_{\mathrm{su}}=\mathrm{diag}\{I_M,0\}$是 F 支集上的单位矩阵，M 是支集维度。在式(6-85)中，仍然取 $x=F^{-1}y$，那么式(6-86)仍然可写为

$$y^{\mathrm{T}}F^{-1}yy^{\mathrm{T}}Cy\geqslant(y^{\mathrm{T}}F^{-1}y)^2 \tag{6-90}$$

然而，与满秩情况不同的是，由于 F^{-1}不是正定而是半正定的，故此时无法在上式之后继续重复 F 满秩时的计算流程。这意味着无法得到满秩时的 Cramér-Rao 不等式(6-88)。尽管如此，由于上式中向量 y 为任意实向量，可取其形式为 $y=(0,\cdots,0,1_m,0,\cdots)^{\mathrm{T}}$，其中 1_m 表示第 m 个元素为 1，当 $m\leqslant M$ 时，上式可以约化为与单参数 Cramér-Rao 不等式类似的形式

$$\langle\Delta^2O_m\rangle=C_{mm}\geqslant F_{mm}^{-1} \tag{6-91}$$

与单参数情况不同的是，上式方差的下限是量子 Fisher 信息矩阵在支集上的逆矩阵的对角元。由于逆矩阵的计算是非线性操作，这意味着第 m 个可观测量的方差仍然会受到其他参数的影响。当 $i>M$ 时，此公式退化为平庸的不等式 $C_{mm}\geqslant 0$，该式无法给出关于方差下限的任何有效信息。也就是说，当量子 Fisher 信息不满秩时，那些零本征值对应的参数无法通过 Cramér-Rao 不等式进行估计。

另外，对于满秩情况，在式(6-87)中取 $y=(0,\cdots,0,1_m,0,\cdots)^{\mathrm{T}}$，同样可以得到公式(6-91)，也就是说，该式对满秩或非满秩的量子 Fisher 信息矩阵而言均有效。继而可以推导出

$$\sum_m\langle\Delta^2O_m\rangle\geqslant\mathrm{Tr}F^{-1} \tag{6-92}$$

这一不等式表明，无论量子 Fisher 信息矩阵是否满秩，系统所有待估计参数的总方差的下限均由量子 Fisher 信息矩阵逆矩阵的迹标定。

对于双参数估计问题，假设待估计参数为 θ 和 ϕ，那么量子 Fisher 信息矩阵的逆矩阵可表示为

$$F^{-1}=\frac{1}{\det F}\begin{pmatrix}F_{\phi\phi} & -F_{\theta\phi}\\ -F_{\theta\phi} & -F_{\theta\theta}\end{pmatrix} \tag{6-93}$$

于是可得

$$\mathrm{Tr}F^{-1}=\frac{\mathrm{Tr}F}{\det F} \tag{6-94}$$

因此双参数估计中的式(6-92)约化为

$$\sum_m \langle \Delta^2 O_m \rangle \geqslant \frac{\mathrm{Tr}F}{\det F} \tag{6-95}$$

也就是说，对于一个双参数问题，参数总方差下限由量子 Fisher 信息矩阵的迹和行列式的比值决定。

纯态下边界取得条件

通常情况下，多参数下的量子 Cramér-Rao 下界是不可及的，尤其是对于混态而言。而且，即使此下界可及，如果每个参数对应的最优测量之间不对易，这些参数也不可能进行最优的联合测量。这些问题极大限制了多参数估计的理论发展，是未来量子度量学的研究中需要解决的重大问题。近几年在这方面已经有了一些进展。对纯态$|\Psi\rangle$而言，多参数 Cramér-Rao 下界可及的条件为

$$\mathrm{Im}\langle \Psi | L_m L_n | \Psi \rangle = 0, \forall n,m \tag{6-96}$$

其中 Im(·)表示虚部，L_m 和 L_n 分别为第 m 个和 n 个参数对应的对称对数导数。这一表示等同于

$$\langle \Psi | L_m L_n | \Psi \rangle = 0 \tag{6-97}$$

上面这一表达式意味着只有当 L_m 和 L_n 在该纯态下对易时，Cramér-Rao 下界才是可及的。通过验证可知，纯态下对称对数导数可表达为

$$L_m = 2\partial_m(|\Psi\rangle\langle\Psi|) = 2(|\partial_m\Psi\rangle\langle\Psi| + |\Psi\rangle\langle\partial_m\Psi|) \tag{6-98}$$

将此式代入式(6-97)中，可得该方程的另外一个等价表示为

$$\langle \partial_l \Psi | \partial_m \Psi \rangle \in \mathbf{R}, \forall l,m \tag{6-99}$$

这里 **R** 表示实数集合。当参数化过程为幺正过程，即$|\Psi\rangle = U|\Psi_{in}\rangle$且$|\Psi_{in}\rangle$不含参数时，上面的条件约化为

$$\langle \Psi_{in} | (\partial_l U^\dagger)(\partial_m U) | \Psi_{in} \rangle \in \mathbf{R}, \forall l,m \tag{6-100}$$

如果参数化中的幺正算符 U 可表示为

$$U = \exp\left(\sum_m i\theta_m H_m\right) \tag{6-101}$$

且对于任意的 l 和 m，均有$[H_m, H_l]=0$。将上式代入可及条件中，可发现，可及条件是成立的。这说明，对于一个幺正的参数化过程式(6-101)而言，如果对于不同参数的生成函数 H_m 均对易，那么，该情境下 Cramér-Rao 下界在理论上是天然可及的。这一情况最简单的例子为所有的参数均处在不同的子空间中，同时 H_m 为

与其对应的子空间中的局域算符。

6.4　Mach-Zehnder 干涉仪

6.4.1　Mach-Zehnder 干涉仪简介

在量子度量中，最常见的度量装置就是 MZI[6]。人们通常的做法是：输入强相干光进入到干涉仪的一个输入端口，其相应的一个输出端口输出的光束保持不变以作为参考光(图 6-1 中的光束 a)；另一个输入端口输入的是用于探测的光束，此光束在经过 MZI 的过程中将经过相移装置，故其相应的输出光束是有相移的光束(图 6-1 中的光束 b)。下面以 MZI 为例，讨论分析相位探测方案。此处，首先对 MZI 的结构进行简单介绍。

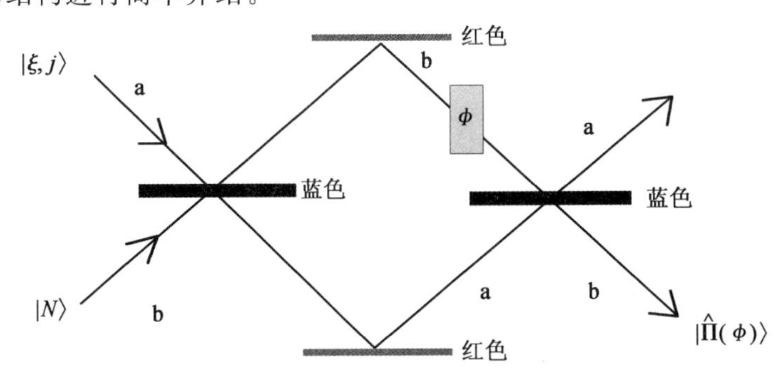

图 6-1　Mach-Zehnder 干涉仪示意图

如图 6-1 所示，Mach-Zehnder 干涉仪由两个全反射镜(红色)和两个 50：50 的分束器(蓝色)组成。干涉仪的第二块分束器的光束输出端可以放置探测仪器，以备用来探测光子数的奇偶或光子数之差。输入光束(输入量子态)先经过第一块分束器，然后经两块全反射镜反射，再进入到第二块分束器，继而从第二块分束器出射的光束(输出量子态)会进入到探测仪器中。

在光束经过 MZI 的过程中，两分束器对光束均起到一定的分束作用。此外，二者之间因存在光程差从而导致两光束间相位差 ϕ 的存在。同理，在量子态经过 MZI 的过程中，输入态的变换过程可以描述如下

$$|\,\text{out}\rangle = \hat{U}_{\text{BS}}\hat{U}_{\phi}\hat{U}_{\text{BS}}\,|\,\text{in}\rangle \tag{6-102}$$

式中$|\mathrm{in}\rangle$表输入量子态，$|\mathrm{out}\rangle$表输出量子态，$\hat{U}_{\mathrm{BS}}$为分束器的变换操作，$\hat{U}_{\phi}$为上下两路径的光子间的相位差对应的变换操作。若将操作$\hat{U}_{\mathrm{BS}}$以及操作$\hat{U}_{\phi}$以矩阵的形式表示，可以表示成如下形式

$$\hat{U}_{\mathrm{BS}}=\exp\left(i\frac{\alpha}{2}\hat{\sigma}_x\right)=\begin{pmatrix}\cos\frac{\alpha}{2} & i\sin\frac{\alpha}{2}\\ i\sin\frac{\alpha}{2} & \cos\frac{\alpha}{2}\end{pmatrix} \tag{6-103}$$

其中α是与透射率和反射率相关的参数，$T=\cos\left(\frac{\alpha}{2}\right)^2$，$R=\sin\left(\frac{\alpha}{2}\right)^2$，因为这里考虑的是50∶50的分束器，所以此处$\alpha=\frac{\pi}{2}$。对于相位差算符$\hat{U}_{\phi}$，其矩阵形式可表示如下

$$\hat{U}_{\phi}=\exp\left(-i\frac{\phi}{2}\hat{\sigma}_z\right)=\begin{pmatrix}\exp(-i\phi/2) & O\\ O & \exp(-i\phi/2)\end{pmatrix} \tag{6-104}$$

6.4.2 分束器的变换操作及光子数分布

为方便讨论，将进入分束器之前的光束记为a和b，经过分束器之后的光束记为a′和b′，则相应的通过分束器前后的玻色算符$(\hat{a},\hat{b})$和$(\hat{a}',\hat{b}')$的变换关系可以描述如下

$$\left(\hat{a}'=\frac{1}{\sqrt{2}}(\hat{a}+i\hat{b}),\ \hat{b}'=\frac{1}{\sqrt{2}}(\hat{b}+i\hat{a})\right) \tag{6-105}$$

其中虚数i表示光束在分束器上反射时的半波损失。然而，为了研究问题的计算方便，一般对分束器进行一定的处理，使其不会引起半波损失，此时式(6-105)变为

$$\left(\hat{a}'=\frac{1}{\sqrt{2}}(\hat{a}+\hat{b}),\ \hat{b}'=\frac{1}{\sqrt{2}}(\hat{b}-\hat{a})\right) \tag{6-106}$$

以输入态$|N\rangle|N\rangle=\hat{a}^{\dagger N}\hat{b}^{\dagger N}|0\rangle_{\mathrm{a}}0|_{\mathrm{b}}/N!$为例，其经过分束器之后的输出态为

$$|\mathrm{out}\rangle=\frac{1}{\sqrt{(2^{2N})N!}}(\hat{a}^{\dagger}-\hat{b}^{\dagger})^N(\hat{a}^{\dagger}+\hat{b}^{\dagger})^N|0\rangle_{\mathrm{a}}|0\rangle_{\mathrm{b}} \tag{6-107}$$

上述分束器的变换操作是通过算符的变换来实现的，若从量子态本身考虑分束器的变换作用，其变换方式又当如何呢？此处，以相干态作为输入态为例，给出

分束器对量子态的变换方法。将相干态$|\alpha\rangle_a$和$|\beta\rangle_b$输入到分束器当中，分束器对量子态的变换操作可以写成如下形式

$$|\alpha\rangle_a|\beta\rangle_b \xrightarrow{\text{BS}} \left|\frac{\alpha+i\beta}{\sqrt{2}}\right\rangle_{a'}\left|\frac{\beta+i\alpha}{\sqrt{2}}\right\rangle_{b'} \tag{6-108}$$

需要注意的是，式中两光束的总的平均光子数$|\alpha|^2+|\beta|^2$在整个过程中保持不变。

说到分束器的变换操作，就不得不提到光子数分布。由式(6-108)可知，量子态在经过分束器前后，其状态发生了改变，而量子态的改变则意味着量子态中光子数分布的重新排列。故分束器有改变光子数分布的作用，即量子态在进入分束器之后的光子数分布较之进入分束器之前的光子数分布不同。

光子数分布的情况对应着量子态的量子效应的显著程度，量子效应一个明显的特征就是纠缠。目前人们已经知道，与可分离态相比，很多纠缠态对参数变化的敏感度更高，故而常被用作提高测量精度的资源。

6.4.3 量子态在经过MZI过程中的变换

这里以相干态$|\alpha\rangle$和真空态$|0\rangle$分别作为MZI两端的输入态为例，具体分析量子态在此过程中所经历的变换操作。即将式(6-108)中的β取0，则式(6-108)变为

$$|\alpha\rangle_a|0\rangle_b \xrightarrow{\text{BS}_1} \left|\frac{\alpha}{\sqrt{2}}\right\rangle_a\left|\frac{i\alpha}{\sqrt{2}}\right\rangle_b \tag{6-109}$$

下面讨论两条路径之间的光程差导致的两路径上光子的相位差ϕ，假设此相位差在b路径上，相位差ϕ可用幺正算符$\hat{U}_\phi=\exp(i\varphi\hat{n}_b)$表示，其中相位差$\phi=2\pi x/\lambda$，$x$为MZI中两路径间的光程差。若将相移算符$\hat{U}_\phi$作用在第一块分束器的输出态$|\Psi_{\text{out1}}\rangle=\left|\frac{\alpha}{\sqrt{2}}\right\rangle_a\left|\frac{i\alpha}{\sqrt{2}}\right\rangle_b$上，利用$\exp(i\phi\hat{n}_b)|n\rangle_b=\exp(in\phi)|n\rangle_b$，可得到如下表达式

$$\hat{U}_\phi|\Psi_{\text{out1}}\rangle=\left|\frac{\alpha}{\sqrt{2}}\right\rangle_a\left|\frac{i\alpha\exp(i\phi)}{\sqrt{2}}\right\rangle_b \tag{6-110}$$

之后，以上量子态再经过第二块分束器，进行相应变换，得到下式

$$\left|\frac{\alpha}{\sqrt{2}}\right\rangle_{a}\left|\frac{i\alpha\exp(i\phi)}{\sqrt{2}}\right\rangle_{b}\xrightarrow{\text{BS}_2}\left|\frac{\alpha}{\sqrt{2}}(1-\exp(i\phi))\right\rangle_{a}\left|\frac{i\alpha}{\sqrt{2}}(1+\exp(i\phi))\right\rangle_{b} \tag{6-111}$$

6.4.4 影响量子度量精度的因素

当两路光束经过 MZI 装置时，人们可以测量出两路光束之间的光程差，进而得知两光束之间的相位差。然而，人们所关注的即研究的重心，是相位测量的精确度（又叫相位敏感度）。那么对相位精确度产生影响的因素又有哪些呢？从理论上分析测量装置，容易得知对测量精度产生影响的因素主要有以下几个方面：

首先，它取决于所使用的输入态，不同的输入态会对测量的精确度造成不同的影响。也正因为如此，近些年来，人们尝试了很多种量子态作为输入态进行探测，以期获得较为理想的结果。目前，NOON 态[6]、纠缠相干态[7]、对数相干态[8]、双模压缩真空态[9]等已被作为输入态进行研究过。这些研究均对相位测量精确度的提高起到一定的推动作用。

其次，干涉仪本身的结构对测量的精确度会产生一定的影响。如分束器的透射率会对量子态的变换操作 UBS 造成直接影响，继而，量子输出态和相移测量的精度均会随之受到一定的影响。在一般情况下，人们选用的分束器是 50∶50 的半透镜，本文亦是如此。另外，干涉仪中的相移操作 $\hat{U}_\phi$ 也会对测量结果的精度产生一定的影响，相移操作 $\hat{U}_\phi$ 的形式一般取决于干涉仪中所用的介质。一般干涉仪中的介质是真空，但是目前也有研究者将干涉仪中的介质换成 kerr 介质等。此外，目前的研究中所涉及的相移操作 $\hat{U}_\phi$ 包括线性操作和非线性操作两种，这也是对测量结果造成影响的原因之一。再者，测量方式的不同也会对测量精度产生一定的影响。在现今的理论测量方案中，常见的有探测光子数之差法、宇称算符探测法，利用费舍信息求解测量极限的方法。其中探测光子数之差法和宇称算符探测法可以在实验中实现测量。下面对这两种测量方式进行简单的介绍。

（1）探测光子数之差法

探测光子数之差[6]的方法是最为常见的获取相移 ϕ 的方法，它因简单易行而被广泛应用于实验研究中。如图 6-2 所示，在干涉仪的两个输出端放置两个光子计数器，测得干涉仪的两个输出态之间的光子数之差 $\hat{J}=\hat{n}_b-\hat{n}_a$，然后根据误差传播公式

$$\Delta\phi=\frac{\Delta J}{|\partial\langle\hat{J}\rangle/\partial\phi|} \tag{6-112}$$

其中$(\Delta J)^2=\langle \hat{J}^2\rangle-\langle \hat{J}\rangle^2$，可以求出相移的不确定度 $\Delta\phi$ 或者说是这一测量方案的精确度 $\Delta\phi$。

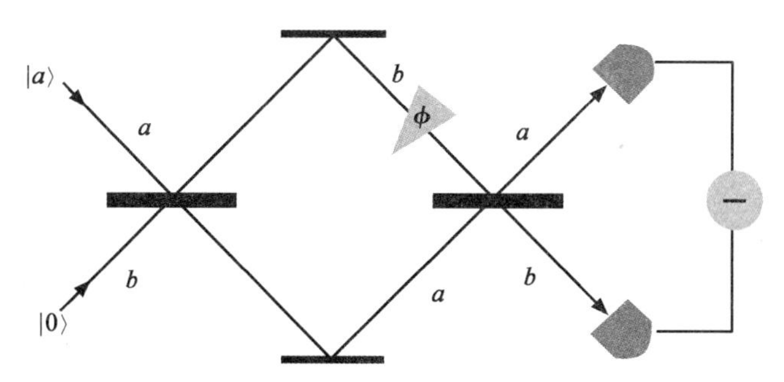

图 6-2　探测光子数之差示意图

探测光子数之差的方法虽然简单易行，但是它也有一定的局限性，它只能用于输出态两端光子数之差不为零的情况。当两端输出态的光子数相同时，光子数之差为零，此时，这一方案便不再适用。这时，一般会求助于下面将要介绍的宇称探测方法。

(2)宇称算符探测法

关于宇称算符，其在希尔伯特空间中的定义为：$\hat{\Pi}=(-1)^{\hat{l}}$，作用到量子态有 $\hat{\Pi}|l\rangle=(-1)^{l}|l\rangle$，其中$|l\rangle$为算符 $\hat{l}$ 的本征矢，满足 $\hat{l}|l\rangle=l|l\rangle$。如对于一维谐振子系统，由 $\hat{H}=\hbar\omega\left(\hat{n}+\frac{1}{2}\right)$，$\hat{H}|n\rangle=E_n|n\rangle$，$E_n=\hbar\omega\left(\hat{n}+\frac{1}{2}\right)$推得 $\hat{n}|n\rangle=n|n\rangle$，故而其宇称算符可写为 $\hat{\Pi}=(-1)^{\hat{n}}$；而对于以$|j,m\rangle$为表象的角动量量子系统，其相应的宇称算符可定义为 $\hat{\Pi}=(-1)^{j+\hat{J}_z/\hbar}$ 或 $\hat{\Pi}=(-1)^{j-\hat{J}_z/\hbar}$，其中 $\hat{J}_z|j,m\rangle=\hbar m|j,m\rangle$。由此看来，在利用宇称算符计算时，要注意宇称算符的形式。

而对于使用宇称算符进行测量，目前给出的理论方案是：在 MZI 一端的光束输出端上运用宇称算符探测方法进行测量计算。如图 6-3 所示，当在光束 b 的输出端运用宇称算符进行测量时，其相应的宇称算符为 $\hat{\Pi}_{\mathrm{b}}=(-1)^{\hat{b}^{\dagger}\hat{b}}=\exp(i\pi\hat{n}_{\mathrm{b}})$，其中 $\hat{n}_{\mathrm{b}}$ 为 b 模上的光子数算符。

上面已经给出了不同量子体系的宇称算符的选取，而宇称算符在测量理论中是如何运用的呢？这将取决于宇称算符平均值的计算，即

$$\hat{\Pi}_{\mathrm{b}}=\langle \mathrm{out}\mid \hat{\Pi}_{\mathrm{b}}\mid \mathrm{out}\rangle \tag{6-113}$$

由于$|\mathrm{out}\rangle=\hat{U}_{\mathrm{BS}}\hat{U}_{\phi}\hat{U}_{\mathrm{BS}}|\mathrm{in}\rangle$，且 $\hat{U}_{\phi}$ 表相移操作，故通过上式，可以找出宇称算符的平均值$\langle\hat{\Pi}_{\mathrm{b}}\rangle$与两光路中光子间的相位差 ϕ 的关系。进而给出二者之间的关系曲

线，通过分析光子数 N 取不同值时 $\langle\hat{\Pi}_b\rangle$ 随 ϕ 的变化曲线，可得知精确度的变化规律。

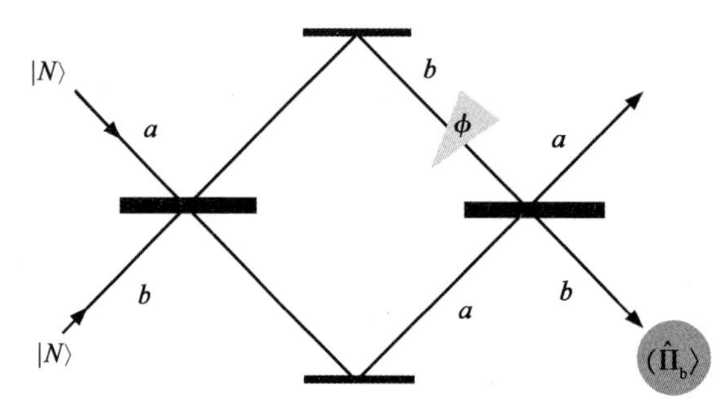

图 6-3　宇称探测(parity detection)示意图

而对于相移精度 $\Delta\phi$ 的更具体的数值，即相位敏感度具体为多少，可以通过以下公式求得

$$\Delta\phi = \frac{\Delta\hat{\Pi}_b}{|\ \partial\langle\hat{\Pi}(\phi)\rangle/\partial\phi\ |} \tag{6-114}$$

其中 $\Delta\hat{\Pi}_b = \sqrt{\langle\hat{\Pi}^2(\phi)\rangle - \langle\hat{\Pi}_b(\phi)\rangle^2}$ 。上式将给出相应测量方案的相位精度极限，将这一精度极限与量子标准极限及海森堡极限相比较，可以得知测量方案的优劣程度。

自诞生起至今的 30 多年间，量子度量学得到了长足的发展。目前，量子度量学过程已经广泛出现于光学系统、冷原子系统以及固态系统中。在光学系统中，除了压缩真空态外，单模粒子数压缩、双模压缩真空态、纠缠相干态、NOON 态等很多量子态均被证明有能力提高待估计参数精度并在理论上突破散粒噪声极限，有些甚至可达到海森堡标度。上面介绍的量子态都拥有一个共同的量子特性——纠缠。纠缠是一种在经典理论中完全不存在的量子性质。多年来，它已经被证明是一种优秀的资源，可用于量子通信、量子秘钥分发以及量子度量等诸多量子技术中。NOON 态就是一种拥有极高纠缠度的量子态，以它作为光学干涉仪的输入态，从理论上可以使得被估计参数的精度达到海森堡标度。尽管有着如此优良的性质，但 NOON 态仍然无法被广泛应用于量子度量过程中，其主要原因就是它制备非常困难且极不稳定。目前高密度的 NOON 态还几乎无法制备。NOON 态的不稳定性使得它极易受到外界干扰，且无法长期保存，这也成为它的应用瓶颈。纠缠相干态近年来也在量子度量学中得到了广泛的关注，它比 NOON 态更加易于制备，更加稳定，且在理论上也可以达到海森堡标度。这一系列的性质有可能使其成为新的量子度量学研究热点。尽管目前已经有大量的可突破散粒噪声极限的以光子为载体的量子态被发现,但这些态在制备、运输、长期存储以及抗噪声能力等方面依旧面临着巨大的挑战,这也是量子度量学以及整个量子技术领域不得不面对的问题,在未来仍然需要大量而细致的研究。此外,绝大多数光学干涉仪可视为幺正参数化过程,对幺正参数化过程的研究和分析有可能对这些问题的解决提供一些帮助。

随着激光冷却技术的发展,冷原子系统已经越来越多地被作为科学实验的平台使用。原子干涉仪和玻色-爱因斯坦凝聚体就是其典型应用。目前,原子干涉仪已经被广泛用于引力常数的测量化及引力波的探测中。另外,它也可用于构造量子陀螺仪、原子钟等。尽管原子干涉仪与光学干涉仪的实现原理不同,但二者均可以映射为已被广泛研究的干涉仪。因此,多数以 Mach-Zehnder 干涉仪为背景的参数估计方案均可以移植到原子干涉仪中。更重要的是,由于原子干涉仪,尤其是 Ramsey 干涉仪使用的是原子内态干涉,因此其能够产生比光更高的分辨率,进而提供更高的参数精度。这一优势已经使原子干涉仪成为目前干涉研究的重要平台。当然,原子干涉仪并不是完美的。多数以磁光阱为基础的冷原子系统通常会具有较大的体积,这使得干涉平台不易移动,且易受到外界环境干扰。因此,系统小型化将是未来冷原子度量学的主要目标之一。玻色-爱因斯坦凝聚虽然在理论上早已得到预言,但直到 1995 年才正式在实验上实现。利用双势阱中的玻色-爱因斯坦凝聚体,可以构成具有自旋压缩的系统,比如单轴和双轴扭曲系统。这些系统能够产生非常良好的非线性效应,而非线性效应往往能够对参数精度的提高起到正面作用。因此,有理由相信,在未来的一段时间内,基于冷原子系统的量子度量学还会有很大的发展空间。

考虑小型化的能力和应用潜力,固态系统自然是度量学设备的最佳选择。目前的固态度量系统一般包括超导电路,核磁共振,量子点以及氮缺陷中心等设备。一直以来,超导电路都被认为是一种最有可能实现量子计算机的方式。它具有体积小,可控性好,易于集成等特点。尤其是在易于集成方面,超导电路展现了巨大的潜力。目前,超导电路与氮缺陷中心等系统构成的混杂设备已经得到了大量的关注和研究。因此,它也自然成为一个重要的度量学研究平台。然而,超导电路虽然本身体积非常小,但其需要极低的温度环境才能正常运行,这意味着超导电路需要配套庞大的冷却设备才能持续工作,这无疑成为制约其发展的重要因素。希望随着高温超导的不停发展,这一问题在未来能得以部分解决。

以上是目前主要研究的度量学系统。尽管量子度量学是一门量子技术,但其中的理论仍然与很多量子基本理论,如海森堡不确定关系、波粒二象性等紧密相关。因此,量子度量学理论仍然有很大进步空间。对于单参数估计而言,量子Fisher信息已经能够刻画系统待估计参数的最优精度。然而,通过何种测量实现这一最优精度,即寻找可实现的最优测量仍然是一类庞大且复杂的问题。同时,对于多参数估计而言,Cramér-Rao理论中量子Fisher信息矩阵刻画的下限并非总是下限,这极大影响了它的有效性。因此,寻找更为有效和紧致的多参数估计理论对于未来量子度量学的发展具有重大的意义。此外,虽然海森堡极限在量子度量学中一直被广泛使用,并被作为量子力学给出的不可逾越的精度下限讨论。但实际上,海森堡极限这一概念至今未能给出严格的受到广泛认可的定义。目前已经有部分学者在朝着这个方向努力,并且已经取得了一些成果。在学界的不断努力下,这一问题有望能在不久的将来得以解决。

参考文献

[1] Blanter Y M, Buttiker M. Shot noise in mesoscopic conductors[J]. Physics Reports,2000,336,1-166.

[2] Caves C M. Quantum-Mechanical Radiation-Pressure Fluctuations[J]. Phys Rev Lett,1980,45,75-79.

[3] Caves C M. Quantum-Mechanical noise in an Interferometer[J]. Phys Rev D,1981,23:1693-1708.

[4] Giovannetti V, Lloyd S, Maccone L. Advances in quantum metrology [J]. Nature Photonics,2011,5:222-229.

[5] Braunstein S L, Caves C M. Statistical distance and the geometry of quantum states[J]. Phys Rev Lett,1994,72:3439-3443.

[6] Gerry C C, Mimih J. The parity operator in quantum optical metrology [J]. Contemporary Physics,2010,51(6): 497-511.

[7] Joo J, Munro W J, Spiller T P. Quantum metrology with entangled coherent states [J]. Physical Review Letters,2011,107(8):083601.

[8] Gerry C C, Mimih J. Heisenberg-limited interferometry with pair coherent states and parity measurements [J]. Physical Review A, 2010, 82(1): 013831.

[9] Anisimov P M, Raterman G M, Chiruvelli A, et al. Quantum metrology with two-mode squeezed vacuum: parity detection beats the Heisenberg limit [J]. Physical Review Letters, 2010,104(10):103602.

第7章 量子克隆

量子克隆是量子信息学的一个重要分支。对于未来的量子计算机和量子通信网络而言，量子信息在量子系统中或量子系统之间进行复制是必需的，也是极为重要的。以当前观念来看，未来量子计算机的复制功能至少应具有：将某文本（复杂的，已知的或目前尚未彻底研究清楚的初态物理系统）通过特定的操作（酉的，非酉的），进行局域或非局域地复制到满足用户需要的文本（终态物理系统）的功能。但是量子不可克隆定理指出：对任意一个未知量子态进行拷贝（克隆），不可能得到完美的拷贝子。由于完美的拷贝不可期望，越来越多的人将精力转向近似量子克隆方面的研究，致力于得到对量子系统最优近似的拷贝。量子克隆在量子信息科学中有着广泛的应用，例如量子态估测、量子密码术中的窃听攻击等。

7.1 量子克隆简介

7.1.1 量子不可克隆定理

关于量子克隆的研究，最早可以追溯到1982年Nick Herbert提出的用量子关联实现超光速通信的方案。Herbert把这一方案称为FLASH（first light amplification superluminal hookup），并指出利用该方案可以实现信息的超光速传送。这一结论与狭义相对论相矛盾，因而立即引起了很多物理学家的兴趣，他们开始谨慎地审视这一新方法。当然，更多的人是希望找出它的不可行之处，以维护在当时已经得到公认的狭义相对论。慢慢地，人们的注意力集中到了方法中所必需的一种放大器上，FLASH方案中用到的这种放大器具有可精确“克隆”光子的性能。也就是说，将任意一个处于某种偏振态的光子送入该放大器，都会在输出端出现多个处于完全相同偏振态的光子。人们很快发现，自发辐射会给放大过程带来足够大的噪声，从而导致FLASH方案的失效。

Herbert提出的FLASH方案虽然是失效的，但该工作激发了很多科研工作者在这方面的研究。得克萨斯大学奥斯汀分校的Wootters和Zurek在研究同样的问题时发现，不仅仅是 Herbert 的放大器不可能实现，即使是允许所有可能的量子力学操作，将处于任意态的单粒子变换到处于相同态的两粒子的物理过程都必将违反量子力学的基本原理，因此对任意态都起作用的精确克隆是不可能实现的。这就是量子信息理论中的“量子不可克隆原理”。

量子不可克隆原理已经成为量子信息的重要基础之一。该原理可以表述为：一个任意的未知量子态不能被精确克隆。下面以 1→2(表示输入一个未知量子态，并对应输出两份复制量子态)量子比特克隆为例，简单回顾一下量子不可克隆原理的证明。

以二能级量子系统为例，其基态选为$|0\rangle$和$|1\rangle$。该系统中的量子态$|\Psi\rangle$通常被称为量子比特，并且可以表示为

$$|\Psi\rangle=\alpha|0\rangle+\beta|1\rangle \tag{7-1}$$

其中α和β是未知的复值参数，并且满足归一化条件$|\alpha|^2+|\beta|^2=1$。如果假设存在一个 1→2 的对任意量子比特都适用的精确克隆过程，则对应有一个幺正算子U可以实现该克隆操作，即有

$$|\Psi\rangle|R\rangle\xrightarrow{U}|\Psi\rangle|\Psi\rangle|R_\Psi\rangle \tag{7-2}$$

其中，$|R\rangle$表示备用系统和辅助系统的复合初始态，$|R_\Psi\rangle$表示辅助系统的末态，$|\Psi\rangle$是输入的量子态，$|\Psi\rangle|\Psi\rangle$表示两个完全相同(并且与输入态相同)的克隆输出态。

当把该量子克隆变换作用到基态$|0\rangle$和$|1\rangle$上时，有

$$\begin{cases}|0\rangle|R\rangle\xrightarrow{U}|0\rangle|0\rangle|R_0\rangle\\|1\rangle|R\rangle\xrightarrow{U}|1\rangle|1\rangle|R_1\rangle\end{cases} \tag{7-3}$$

利用量子态的叠加原理，把关系式(7-3)代入到式(7-2)的左边，得到下面的关系式：

$$(\alpha|0\rangle+\beta|1\rangle)|R\rangle\xrightarrow{U}\alpha|0\rangle|0\rangle|R_0\rangle+\beta|1\rangle|1\rangle|R_1\rangle \tag{7-4}$$

另一方面，式(7-2)的右边为

$$\begin{aligned}&(\alpha|0\rangle+\beta|1\rangle)\otimes(\alpha|0\rangle+\beta|1\rangle)\otimes|R_\Psi\rangle\\&=(\alpha^2|00\rangle+\beta^2|11\rangle+\alpha\beta(|01\rangle+|10\rangle))\otimes|R_\Psi\rangle\end{aligned} \tag{7-5}$$

比较式(7-4)和式(7-5)两边：如果$|R_0\rangle\neq|R_1\rangle$，则对$\alpha|0\rangle|0\rangle|R_0\rangle+\beta|1\rangle|1\rangle|R_1\rangle$

关于辅助系统取偏迹后得到的输出量子比特处于混合态，而$(\alpha|0\rangle+\beta|1\rangle)\otimes(\alpha|0\rangle+\beta|1\rangle)$却是一个可分的纯态；另一方面，如果$|R_0\rangle=|R_1\rangle$。则有关系式

$$\alpha\mid 00\rangle+\beta\mid 11\rangle=\alpha^2\mid 00\rangle+\beta^2\mid 11\rangle+\alpha\beta(\mid 01\rangle+\mid 10\rangle) \tag{7-6}$$

知道这是不可能的，因为参数α,β是未知的，不能令$\alpha=0$或$\beta=0$(这样就违背了输入态是未知的最初假设)。这就得出了矛盾，即由式(7-2)给出的精确克隆机是不存在的。更一般地，可以证明，如果克隆过程由一幺正变换实现，则对于任意给定的量子态集合，存在一个克隆变换对该集合中的所有量子态都能精确克隆的充分必要条件是该集合中的任意两个量子态相互正交。这一结果可以简单地表述为任意未知的非正交量子态不可以被精确克隆。

由上面的证明可以看出，量子不可克隆原理是由量子力学线性叠加原理所保证的。不可克隆原理是量子世界的一个内在性质，它并不是由于实验物理的局限性决定的。由于一个未知的量子态不能被精确克隆，因而用量子效应进行信息传输的速度也不可能超过光速。另外，量子不可克隆原理与量子力学的另一个基本内在性质——测不准原理有密切关系。对于一个未知量子态，测量两个不对易的力学量，是不可能同时得到精确值的，它们之间满足测不准关系。如果假设可以精确克隆这个未知的量子态，那么就可以对两个完全相同的量子态分别进行不同力学量的测量，从而可以同时得到这两个不对易的力学量的精确测量值。这与测不准原理是相矛盾的。因而量子不可克隆原理与测不准原理也是一致的。

量子不可克隆原理事实上指出了量子操作的某种局限性，它限制了对量子信息、量子态处理的能力。但同时它也是一把双刃剑，带来不可逾越的界限的同时，也开辟了一片广阔的新天地。事实上，量子不可克隆原理已经成为量子信息科学的重要理论基础之一。举例来说，正是因为非正交量子态不可以被精确克隆，才可能设计出绝对安全的量子通信协议。目前已经实现的一个简单的量子保密通信方案就是随机地传送两个非正交的量子态，量子不可克隆原理及其各种加强形式保证了窃听者无法通过克隆通信信号的方式窃取信息。

7.1.2 量子克隆问题的研究现状

由于量子不可克隆原理限制了对量子信息的复制操作，它作为量子密码安全性的论据才被确立起来。Wootters 和 Zurek 提出的不可克隆原理表明，任意一个未知的量子态不能被精确克隆。随后，Barnum 等讨论了相互不对易的混合态的精确克隆问题，并得出了与纯态不可克隆原理相同的结论：两个相互不对易的混合态也不能被精确克隆[1]。

尽管量子不可克隆原理已经被确立为量子信息和量子计算中的基本原理之一，但这并不限制对量子态进行近似克隆。人们依然对怎样能够尽可能好地克隆量子态感兴趣。于是，在 1996 年 9 月 Buzek 和 Hillery 在 Physical Review A 上发表了一篇题为“Quantum copying：Beyond the no-cloning theorem”的文章。他们在承认量子不可克隆原理的前提下，探讨了量子态近似克隆的问题，并找到了实现该近似克隆的一种幺正变换 U，

$$|\Psi\rangle_{\mathrm{A}}|R\rangle_{\mathrm{B}}|M\rangle_{\mathrm{Q}}\xrightarrow{U}|\Psi\rangle_{\mathrm{ABQ}} \tag{7-7}$$

使得在保真度(fidelity)意义下，该近似克隆达到了最优。式(7-7)表示的克隆过程通常被称为量子克隆机(quantum cloning machine，QCM)。这种幺正变换 U 可以使克隆机输出的单量子比特的密度算子相等并且满足

$$\rho_{\mathrm{A}}=\rho_{\mathrm{B}}=F|\Psi\rangle\langle\Psi|+(1-F)|\Psi^{\perp}\rangle\langle\Psi^{\perp}| \tag{7-8}$$

式(7-8)中 F 为保真度，在该最优量子克隆机中它的取值不依赖于输入态 $|\Psi\rangle$，并且对于 $1\rightarrow2$(即 1 个量子比特输入，2 个量子比特输出)最优量子克隆均为 $F=5/6$。这就是由 Buzek 和 Hillery 提出的第一个最优普适量子克隆机。该工作引发了关于量子克隆的广泛研究。

在 Buzek 和 Hillery 提出了第一个 $1\rightarrow2$ 最优对称普适量子克隆机之后不久，Gisin 和 Massar 迅速将该量子克隆机进行了推广，提出了 $N\rightarrow M$ 最优对称普适量子克隆机。随后，又被进一步推广到任意有限维系统的情况。$1\rightarrow1+1$ 的最优非对称量子克隆机最早由 Cerf 提出，后来 $1\rightarrow M+1$ 以及更一般的 $N\rightarrow M_1+M_2$ 最优非对称量子克隆机也得到了研究。这些克隆机考虑的输入量子态都是分布在全空间上的。换句话说，就是在克隆之前不知道输入量子态的任何分布信息。与此不同的，范桁等最早提出了相位协变量子克隆机(phase-covariant quantum cloning machine，PQCM)。研究结果表明，PQCM 的克隆效果要比 UQCM 的好，也就是说当知道了输入量子态的一些先验分布信息，在构造量子克隆机时有可能利用这些信息从而得到效果更好的克隆机。在此之后，又有大量关于克隆带有先验分布信息的输入态的研究。同时，结果已经得到实验验证[2]。除此之外，Duan 和 Guo 提出的概率量子克隆机，为有效提取量子信息提供了新的途径。以上所述都是关于单体纯态量子克隆机的研究。在研究单体量子克隆的基础上，对纠缠态的量子克隆也得到了研究。另外人们还研究了量子克隆机的实现方案，例如通过量子隐形传态实现远程量子克隆；通过序贯化产生多体纠缠态的方法实现序贯量子克隆机等。

在实际量子系统中，由于系统之间以及系统与环境之间的相互作用，被克隆的量子态不可避免地会处于混合态。因此，关于混合态量子克隆的研究具有非常重要的实际意义。但是与纯态量子克隆的研究工作相比，对于混合态量子克隆的研究还相对有限。Cirac、Ekert 和 Macchiavello 最先探讨了混合态的量子克隆问题。随后，他们又提出了混合态的超量子克隆机（superbroadcasting quantum cloning machine）。这个混合态超量子克隆机不是普适的，最早的混合态普适量子克隆机是由 Fan 等提出的。后来 Dang 又把这一结果推广到一般的情况，得到了 $N \to M$ 最优普适混合态量子克隆机。

量子克隆机本身对应一个幺正变换，通过该幺正变换得到的输出量子态在通常情况下是一个多体纠缠态。一般说来，在实验上通过一个幺正操作生成多体纠缠态是很困难的。为了克服这一困难，Schon 等提出了序贯化生成多体纠缠态的方法，该方法可以利用一个维数较小的辅助系统依次与每个量子比特相互作用，从而生成多体量子纠缠态。由于每次相互作用的幺正算子的维数远远低于只用一个幺正操作的情况，因此在实验上更容易操作。也是基于这个优点，该方法已得到了广泛的关注。Delgado 等把序贯化生成多体纠缠态的方法用到克隆机的构造上来，提出了序贯量子克隆机。随后，Dang 把这一结果推广到了 $N \to M$ 的情况。

7.1.3　量子克隆机的基本概念

一个确定的 1→2 纯态量子克隆机需要有下面这些组成部分：输入量子态 $|\Psi\rangle$，备用量子态 $|R\rangle$，处于量子态 $|M\rangle$ 的辅助系统，以及作用在这三个系统上的幺正变换 U。该量子克隆机的数学表达式为：

$$|\Psi\rangle_{\mathrm{A}}|R\rangle_{\mathrm{B}}|M\rangle_{\mathrm{Q}} \xrightarrow{U} |\Psi\rangle_{\mathrm{ABQ}} = U|\Psi\rangle_{\mathrm{A}}|R\rangle_{\mathrm{B}}|M\rangle_{\mathrm{Q}} \tag{7-9}$$

在幺正变换 U 对 A，B，Q 三系统作用后，输入量子态 $|\Psi\rangle_{\mathrm{A}}$ 的量子信息被分散到 A 和 B 两量子系统（甚至辅助系统 Q）中。它们的约化密度算子分别为：

$$\rho_{\mathrm{A}} = \mathrm{Tr}_{\mathrm{BQ}}(|\Psi\rangle_{\mathrm{ABQ}}\langle\Psi|) \tag{7-10}$$

$$\rho_{\mathrm{B}} = \mathrm{Tr}_{\mathrm{AQ}}(|\Psi\rangle_{\mathrm{ABQ}}\langle\Psi|) \tag{7-11}$$

根据量子不可克隆原理，未知量子态的精确克隆是不存在的。所以需要使输出量子态 ρ_{A}（或 ρ_{B}）与输入量子态 $\rho_{\mathrm{in}} = |\Psi\rangle\langle\Psi|$ 尽可能接近。

上面式(7-9)给出的是 1→2 量子克隆机的定义。可以把 1→2 量子克隆机的定义直接推广到 $N \to M$ 的情况，如图 7-1 所示，对应的表达式为

$$|\Psi\rangle^{\otimes N}\otimes|R\rangle^{\otimes(M-N)}\otimes|M\rangle \xrightarrow{U} |\Psi\rangle \tag{7-12}$$

其中，$|\Psi\rangle^{\otimes N}$表示N个被克隆的粒子都处在相同的量子态$|\Psi\rangle$，$|R\rangle^{\otimes(M-N)}$是都处在$|R\rangle$态的$M-N$个备用粒子。需要指出的是，在克隆之前，被克隆的N个粒子与备用的$M-N$个粒子以及辅助系统$|M\rangle$之间是非纠缠的，它们处于直积态中。在对整个系统进行幺正操作U之后，输入态的量子信息被分散到各个系统中，因此输出的M个粒子甚至还有辅助系统Q将不可避免地纠缠在一起。于是，当考虑单个粒子时，它们都将处于混合态。为了衡量该克隆机的性能，即输出量子态与输入量子态的接近程度，需要考察每个输出粒子的约化密度算子。

在式(7-12)中，给出的是纯态量子克隆机的定义，对于混合态的情况完全类似。式(7-12)表示的克隆过程被定义为量子克隆机(quantum cloning machine，QCM)。量子克隆机可以被看作一个量子信息处理器，可以根据辅助系统$|M\rangle$的始末态变换实现输入量子信息的处理，因而有时也把辅助系统$|M\rangle$称为克隆机系统。见图7-1。

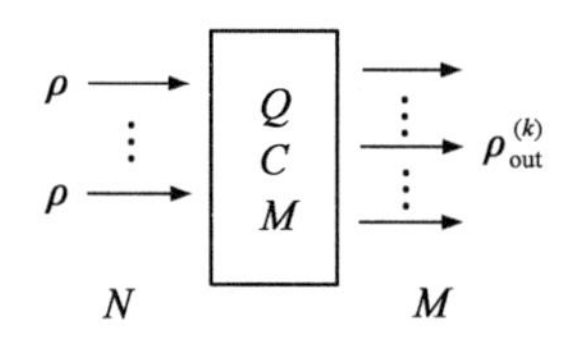

图7-1 量子克隆机示意图

输入的是N个全同的量子态，每个量子态由密度算子ρ表示。对应有M个量子态作为输出。通常情况下，输出量子态为多体纠缠态。对应第k个单体量子态用密度算子ρ_{out}^{k}表示。

因为量子克隆机只能实现对输入态ρ_{in}的近似克隆，为了衡量量子克隆机的好坏，需要对比量子克隆机的输出态与输入态(也就是精确克隆态)的近似程度，即度量描述它们的密度算子之间的距离。关于两个量子态之间近似程度的度量，常见的有下面几个：

(1)Trace Distance

ρ_1和ρ_2分别表示系统1和系统2所处量子态的密度算子，则它们之间的迹距离(trace distance)可以定义为：

$$\mathrm{D_t}(\rho_1,\rho_2)=\frac{1}{2}\mathrm{Tr}\,|\rho_1-\rho_2| \tag{7-13}$$

其中，$|\rho|\equiv\sqrt{\rho^{\dagger}\rho}$。对于量子比特的情况，迹距离在Bloch球表象中可以得到形象

的表述。假定 ρ_1 和 ρ_2 的 Bloch 矢量分别为 $\vec{r}_1$ 和 $\vec{r}_2$，则它们可以表示为

$$\rho_1=\frac{\vec{I}+\vec{r}_1\cdot\sigma}{2},\quad \rho_2=\frac{\vec{I}+\vec{r}_2\cdot\sigma}{2} \tag{7-14}$$

把式(7-14)代入到式(7-13)，有

$$D_t(\rho_1,\rho_2)=\frac{1}{2}\mathrm{Tr}\mid\rho_1-\rho_2\mid=\frac{1}{2}\mathrm{Tr}\mid(\vec{r}_1-\vec{r}_2)\cdot\sigma\mid \tag{7-15}$$

由于 $(\vec{r}_1-\vec{r}_2)\cdot\sigma$ 的本征值为 $\pm|\vec{r}_1-\vec{r}_2|$，因此 $|(\vec{r}_1-\vec{r}_2)\cdot\sigma|$ 的迹为 $2|\vec{r}_1-\vec{r}_2|$。于是式(7-15)可以化简为

$$D_t(\rho_1,\rho_2)=\frac{1}{2}\mid\vec{r}_1-\vec{r}_2\mid \tag{7-16}$$

由式(7-16)可知，两个单量子比特 ρ_1,ρ_2 之间的迹距离等于它们对应的 Bloch 矢量欧几里得距离的一半。对于迹距离有 $0\leqslant D_t(\rho_1,\rho_2)\leqslant 1$，当 $D_t(\rho_1,\rho_2)=0$ 时，表示两个量子态相同 $\rho_1=\rho_2$；当 $D_t(\rho_1,\rho_2)=1$ 时，它们相互垂直，此时相差最大。特别地，若两量子比特 ρ_1 和 ρ_2 满足 $D_t(\rho_1,\rho_2)=1$，则表示它们分别处于 Bloch 球某一直径上的两端点。

由于算子的迹在幺正变换下保持不变，从而得出在幺正变换下迹距离也保持不变，即对任意幺正变换 U，有

$$D_t(U\rho_1U^{\dagger},U\rho_2U^{\dagger})=D_t(\rho_1,\rho_2) \tag{7-17}$$

(2) Hilbert-Schmidt Norm

表示两个密度算子之间差别的 Hilbert-Schmidt 范数的平方可以用来表示这两个密度算子之间的接近程度。一个算子 A 的 Hilbert-Schmidt 范数的平方表示为 $\mathrm{Tr}(A^{\dagger}A)$。由于密度算子都是厄米的，因此有 $\rho^{\dagger}=\rho$，于是两个密度算子之间的距离可以定义为：

$$D_H(\rho_1,\rho_2)=\mathrm{Tr}[(\rho_1-\rho_2)^{\dagger}(\rho_1-\rho_2)]=\mathrm{Tr}(\rho_1-\rho_2)^2 \tag{7-18}$$

事实上，式(7-18)与式(7-13)之间是等价的。类似上面对迹距离的讨论，在量子比特的情况下，式(7-18)可以进一步表述成：

$$D_H(\rho_1,\rho_2)=\frac{1}{4}\mathrm{Tr}[(\vec{r}_1-\vec{r}_2)\cdot\sigma]^2 \tag{7-19}$$

式(7-18)能够表示两个算子之间距离的基点在于：如果两个密度算子很接近，那么它们在同一个基矢空间中的概率分布也很接近。对于二维 Hilbert 空间，通常认

为 Hilbert-Schmidt 范数在对比两个密度算子时能够给出一个合理的结果。但是，随着空间维数的增加，在有限维空间中它给出的结果将越来越不具有参考价值。

(3)Fidelity

对于任意两个量子态 ρ_1 和 ρ_2，它们之间的保真度(fidelity)可以定义为：

$$F(\rho_1,\rho_2)=\left(\mathrm{Tr}\sqrt{\sqrt{\rho_1}\ \rho_2\ \sqrt{\rho_1}}\right)^2 \tag{7-20}$$

利用密度算子的定义，知道保真度的取值范围是 $0\leqslant F(\rho_1,\rho_2)\leqslant 1$。这一定义对于任何系统普遍适用。当 $F(\rho_1,\rho_2)=1$ 时，两个量子态 ρ_1 和 ρ_2 完全相同，即 $\rho_1=\rho_2$。当态 ρ_1 和 ρ_2 其中一个是纯态时，不妨设 $\rho_1=|\Psi\rangle\langle\Psi|$，则有

$$F(|\Psi\rangle,\rho_2)=\left(\mathrm{tr}\sqrt{\langle\Psi|\rho_2|\Psi\rangle|\Psi\rangle\langle\Psi|}\right)^2=\langle\Psi|\rho_2|\Psi\rangle \tag{7-21}$$

其中，ρ_2 可以是任意量子态。容易验证保真度也满足幺正变换不变性，即对于任意幺正变换 U，有

$$F(U\rho_1U^\dagger,U\rho_2U^\dagger)=F(\rho_1,\rho_2) \tag{7-22}$$

值得指出的是，人们在研究量子克隆问题时，大多数情况下首先选用保真度来衡量克隆机的好坏。

(4)Shrinking Factor

通常情况下，量子克隆机输出的单粒子态处于混合态 ρ_{out}，对于输入量子态 ρ_{in}，存在下面的关系式：

$$\rho_{\text{out}}=\eta\rho_{\text{in}}+\frac{1-\eta}{d}\vec{I} \tag{7-23}$$

其中 η 被称为收缩因子(shrinking factor)。在式(7-23)中，输入态 ρ_{in} 可以是纯态，也可以是混合态。当输入态是纯态，即 $\rho_{\text{in}}=|\Psi\rangle\langle\Psi|$ 时，利用上面保真度的定义，有下面的关系式

$$\rho_{\text{out}}=F|\Psi\rangle\langle\Psi|+(1-F)\sum_i|\Psi_i^\perp\rangle\langle\Psi_i^\perp| \tag{7-24}$$

其中，F 是由式(7-20)定义的保真度，$|\Psi_i^\perp\rangle$ 是与输入态 $|\Psi\rangle$ 正交的量子态，即 $\langle\Psi||\Psi_i^\perp\rangle=0$。进一步，有下面的关系

$$\rho_{\text{out}}=(2F-1)|\Psi\rangle\langle\Psi|+(1-F)\vec{I}=(2F-1)\rho_{\text{in}}+(1-F)\vec{I} \tag{7-25}$$

比较(7-23)和(7-25)两式，得到 $\eta=2F-1$。由此可以看出，对于纯态的情况，保真度和收缩因子在衡量克隆效果上是等价的。但对于混合态的情况，则没有这

样的等价关系。

由式(7-23)和式(7-25)可知,克隆机的输出态可以看作是在输入态中添加了一部分白噪声,而噪声部分不包含输入态的任何信息。所以收缩因子描述了输入态在输出态中所占的概率,从这个意义上说收缩因子可以用来衡量克隆机的好坏。收缩因子的取值范围也满足 $0\leqslant\eta\leqslant1$,并且当 $\eta=1$ 时对应精确克隆。另外值得说明的是,对于纯态克隆的情况保真度可以利用式(7-21)简单计算得到,但对于混合态克隆的情况由式(7-20)定义的保真度计算比较复杂。而收缩因子无论对纯态克隆还是混合态克隆计算起来都比较直观,因而得到了广泛的应用。

以上是介绍了度量量子克隆机好坏的几个概念。针对量子克隆过程中输入量子态、输出量子态以及克隆变换本身的特点,量子克隆有下面的不同分类:

(1)普适量子克隆机与态依赖量子克隆机

对于任意输入量子态,如果量子克隆机能够以同样好的品质进行克隆,则称该克隆机为普适量子克隆机(universal quantum cloning machine,UQCM)。这种情况下,克隆机的克隆效果与输入态无关,而只是克隆机本身的一个内在品质特征。非普适克隆机被称为态依赖量子克隆机(state-dependent QCM)。

(2)对称量子克隆机与非对称量子克隆机

对某个任意输入量子态 ρ_{in},如果量子克隆机的所有输出单粒子态都具有相同的约化密度算子,此时它们与输入态具有相同的近似程度。称具有这种性质的克隆机为对称量子克隆机(symmetric quantum cloning machine),否则就称为非对称量子克隆机。非对称量子克隆机根据输出态的特征还可以进一步分类。例如:$1\to1+1$ 非对称量子克隆机表示输出的两个量子态不同;$1\to1+2$ 非对称量子克隆机表示输出的三个量子态中,有两个是相同的等。

(3)最优化量子克隆机

如果量子克隆机在某种度量(例如保真度)意义下达到了此类量子克隆机所能取得的最大值,则称为最优化量子克隆机(optimal quantum cloning machine)。一般情况下,如果 S 是需要被克隆的量子态的集合,则有下面两种常见的定义最优性的方式:一种是对所有可能的输入态求平均,以保真度为例就是 $\bar{F}=\int_S F(\Psi)\mathrm{d}\Psi$;另一种是取克隆效果中最差的,以保真度为例就是 $F_{\min}=\min_{|\Psi\rangle\in S}F(\Psi)$。

值得指出的是,上面给出的这几种分类并不是互不相容的。例如 Buzek 和 Hillery 给出的那个 $1\to2$ 克隆机就是一个最优对称并且普适的量子克隆机[3]。除了上面提到的这些克隆机外,还有一种重要的克隆机——相位协变量子克隆机(phase-covariant quantum cloning machine,PQCM),这种克隆机对应的输入量子态是全体赤道(equatorial)量子比特。

7.2 纯态量子克隆

从 Buzek 等提出第一个量子克隆机[3]到现在,纯态量子克隆机已经得到了广泛而深入的研究。在这一节中,将从 Buzek 等给出的量子比特的对称克隆这一最简单的情况开始,分四大部分来综述纯态量子克隆机的主要研究成果及目前的状况。其中包括对称量子克隆、非对称量子克隆、态依赖量子克隆和概率量子克隆。

7.2.1 对称量子克隆

通过对称量子克隆机得到的所有输出量子比特具有相同的量子态,因而与输入态都有着相同的近似程度。关于量子克隆机的研究最早就是从对称量子克隆机开始的,到目前为止,对称量子克隆机的研究已经比较完善。下面将分别讨论几种具有代表性的对称量子克隆机。

7.2.1.1 1→2 最优普适量子克隆机

首先回顾一下由 Buzek 和 Hillery 提出的第一个量子克隆机。该量子克隆机是一个 1→2 量子比特的最优对称普适量子克隆机。首先,输入量子态是二维 Hilbert 空间中的任意一个纯态量子比特,可以表示为

$$|\Psi\rangle = \alpha|0\rangle + \beta|1\rangle \tag{7-26}$$

其中,α 和 β 都是复值参数并且满足归一化关系 $|\alpha|^2+|\beta|^2=1$,$\{|0\rangle,|1\rangle\}$ 是该 Hilbert 空间中的一组标准正交基。对于量子比特,人们习惯借助单位球坐标对其进行形象的表示,也就是由式(7-26)表示的任意量子比特与 Bloch 球面上的点一一对应。这样一来,式(7-26)表示的量子比特也可以等价地写成下面的形式

$$|\Psi\rangle = \cos\frac{\theta}{2}|0\rangle + e^{i\varphi}\sin\frac{\theta}{2}|1\rangle \tag{7-27}$$

其中,θ 和 φ 都是实值参数。

这个克隆机只需要一个量子比特作为辅助系统,该克隆机对输入量子比特的作用表示为

$$U: |0\rangle_A|0\rangle_B|R\rangle \to \sqrt{\frac{2}{3}}|0\rangle_A|0\rangle_B|R_0\rangle + \sqrt{\frac{1}{6}}(|0\rangle_A|1\rangle_B + |1\rangle_A|0\rangle_B)|R_1\rangle \tag{7-28}$$

$$|1\rangle_A|0\rangle_B|R\rangle \to \sqrt{\frac{2}{3}}|1\rangle_A|1\rangle_B|R_1\rangle + \sqrt{\frac{1}{6}}(|0\rangle_A|1\rangle_B + |1\rangle_A|0\rangle_B)|R_0\rangle \tag{7-29}$$

其中，$|0\rangle_B$ 是备用量子比特，$|R\rangle$表示辅助系统（有时也称为克隆机系统）的初态。辅助系统的两个末态$|R_0\rangle$和$|R_1\rangle$相互正交，即$\langle R_0|R_1\rangle=0$。由式(7-28)和式(7-29)可以看出，该克隆变换对于输出量子比特 A 和 B 是对称的，因而该量子克隆机是对称的。当把该二维空间中的任意一个量子态$|\Psi\rangle$如式(7-26)或式(7-27)所示作为输入态时，利用态的叠加原理，可以得到克隆变换后的态为

$$\begin{aligned}|\Psi_{out}\rangle &= U|\Psi\rangle_A|0\rangle_B|R\rangle \\ &= \alpha\left[\sqrt{\frac{2}{3}}|0\rangle_A|0\rangle_B|R_0\rangle + \sqrt{\frac{1}{6}}(|0\rangle_A|1\rangle_B + |1\rangle_A|2\rangle_B)|R_1\rangle\right] + \\ &\quad \beta\left[\sqrt{\frac{2}{3}}|1\rangle_A|1\rangle_B|R_1\rangle + \sqrt{\frac{1}{6}}|0\rangle_A|1\rangle_B + |1\rangle_A|2\rangle_B)|R_0\rangle\right]\end{aligned} \tag{7-30}$$

通过对辅助系统 R 取偏迹（partial trace），得到该量子克隆机的输出态（量子比特 A 和 B 组成的复合系统的末态）的密度算子为

$$\begin{aligned}\rho_{out} &= \mathrm{Tr}_R(|\Psi_{out}\rangle\langle\Psi_{out}|) \\ &= \left(\alpha\sqrt{\frac{2}{3}}|00\rangle_{AB} + \beta\sqrt{\frac{1}{3}}|0,1\rangle_{AB}\right)\left(\alpha^*\sqrt{\frac{2}{3}}{}_{AB}\langle 00| + \beta^*\sqrt{\frac{1}{3}}{}_{AB}\langle 0,1|\right) + \\ &\quad \left(\beta\sqrt{\frac{2}{3}}|11\rangle_{AB} + \alpha\sqrt{\frac{1}{3}}|0,1\rangle_{AB}\right)\left(\beta^*\sqrt{\frac{2}{3}}{}_{AB}\langle 11| + \alpha^*\sqrt{\frac{1}{3}}{}_{AB}\langle 0,1|\right)\end{aligned} \tag{7-31}$$

其中，$|00\rangle_{AB}|0\rangle_A|0\rangle_B$ 是简写形式，$|0,1\rangle_{AB}=\frac{1}{\sqrt{2}}(|01\rangle_{AB}+|10\rangle_{AB})$是对称量子态，$\alpha^*$ 表示 α 的复共轭，β^* 表示 β 的复共轭。

为了考察该量子克隆机的性能，需要知道每个输出量子比特的量子态。由式(7-31)，对其中一个量子比特取偏迹，就可得到另一个量子比特所处状态的密度算子，经过计算知道 A 和 B 两量子比特的密度算子相等，并且有

$$\rho_A = \rho_B = \frac{5}{6}|\Psi\rangle\langle\Psi| + \frac{1}{6}|\Psi^{\perp}\rangle\langle\Psi^{\perp}| \tag{7-32}$$

其中，$|\Psi^{\perp}\rangle=\alpha^*|1\rangle-\beta^*|0\rangle$是与$|\Psi\rangle$正交的量子比特，满足$\langle\Psi|\Psi^{\perp}\rangle=0$。

为了度量量子克隆机的输出量子态与精确克隆时的量子态（即输入态）之间的

接近程度，需要用几个概念。首先，利用式(7-18)可以计算出对应的 Hibert-Schmidt 范数为 1/18。其次，利用式(7-21)可以计算出 $|\Psi\rangle$ 与 ρ_A 之间的保真度 $F=\langle\Psi|\rho_A|\Psi\rangle=\frac{5}{6}$。进一步可以把式(7-32)写成下面的形式

$$\rho_A=\rho_B=\frac{2}{3}|\Psi\rangle\langle\Psi|+\frac{1}{6}\vec{I} \tag{7-33}$$

由此可知该量子克隆机的收缩因子(shrinking factor)为 $\eta=\frac{2}{3}$。事实上，在这种情况下收缩因子也可以由关系 $\eta=2F-1$ 通过保真度的值计算得到。由此可以看出，该量子克隆机是对称且普适的。

由上面的讨论知道，该量子克隆机的输入态可以是 Bloch 球面上任意一个量子比特，并且以两个具有相同密度算子的量子比特作为输出，同时其保真度(或收缩因子等)是一个与输入态无关的常数，所以该克隆机是一个对称普适量子克隆机。随后，在文献[4]中，证明了这是一个最优的量子克隆机，即在对称和普适的情况下该 1→2 量子克隆机的保真度达到了最大值。

7.2.1.2 N→M 最优普适量子克隆机

在 Buzek 和 Hillery 提出了 1→2 最优普适量子克隆机后不久，Gisin 和 Massar 在 1997 年把这一结果进行了推广，提出了一个对称的 $N\to M$ 量子比特的普适量子克隆机。这里作为输入态的是都处于量子态 $|\Psi\rangle$ 的完全相同的 N 个量子比特，对应克隆机的幺正变换 U_{NM} 对这 N 个输入量子比特的作用如下：

$$U_{MN}|N\Psi\rangle\otimes|R\rangle=\sum_{k=0}^{M-N}\alpha_k|(M-k)\Psi,k\Psi^{\perp}\rangle\otimes|R_{k\Psi}\rangle \tag{7-34}$$

其中，系数 $\alpha_k(k=0,1,\cdots,M-N)$ 由下式给出

$$\alpha_k=\sqrt{\frac{N+1}{M+1}}\sqrt{\frac{(M-N)!(M-k)!}{(M-N-k)!M!}} \tag{7-35}$$

在式(7-34)中，$|N\Psi\rangle=|\Psi\rangle^{\otimes N}$ 表示作为输入的 N 个粒子都处于量子态 $|\Psi\rangle$。$(M-N)$ 个备用粒子和辅助系统的共同初始态为 $|R\rangle$，$|(M-k)\Psi,k\Psi^{\perp}\rangle$ 表示 M 个粒子构成的正交归一化的对称量子态：其中有 $(M-k)$ 个粒子处于量子态 $|\Psi\rangle$，k 个粒子处于量子态 $|\Psi^{\perp}\rangle$。$|R_{k\Psi}\rangle$ 是克隆变换后辅助系统所处的量子态，对所有的 k $(k=0,1,\cdots,M-N)$ 满足正交归一化关系，即 $\langle R_{k\Psi}|R_{l\Psi}\rangle=\delta_{kl}$。

从式(7-34)中，可以看出该克隆变换对于 M 个输出量子比特是对称的。对辅

助系统的末态和其他输出量子比特取偏迹运算后，得到单个输出量子比特的约化密度算子。由对称性可知它们都是相等的，进一步，可以得到它们的具体形式为

$$\rho_{\text{out}}^{i}=F\mid\Psi\rangle\langle\Psi\mid+(1-F)\mid\Psi^{\perp}\rangle\langle\Psi^{\perp}\mid\quad(i=1,2,\cdots,M)\tag{7-36}$$

其中，F 是该量子克隆机的保真度，它的取值由下式给出

$$F_{N\to M}=\sum_{k=0}^{M-N}\frac{M-k}{M}\alpha_k^2=\frac{M(N+1)+N}{M(N+2)}\tag{7-37}$$

当 $N=1$ 且 $M=2$ 时，得到 $F_{1\to 2}=\frac{5}{6}$，这与前面讨论的 $1\to 2$ 最优普适量子克隆机的保真度一致。同时 Gisin 和 Massar 给出了该克隆机最优性的证明[5]。紧接着 Bruss、Ekert 和 Macchiavello 在假定输出的 M 个量子比特处于对称子空间的前提下，用解析的方法证明了此处的 $N\to M$ 量子克隆机是最优的[6]。随后这一假定得到了证实，并且这一结论被推广到了任意维系统的情况。

在进一步讨论高维纯态量子克隆问题之前，还有一个问题需要解决。已知在式(7-34)中被克隆的 N 个量子比特处于相同的量子态 $|\Psi\rangle$，并且克隆变换也是相应地在以 $|\Psi\rangle$ 和 $|\Psi^{\perp}\rangle$ 为基矢的二维空间中作用的。这就有一个问题：克隆机采取操作的状态空间是确定的，而被克隆的量子态是未知的，即未知量子态的基矢空间未必与量子操作的基矢空间相一致。假设量子克隆变换的操作在计算基矢空间 $\{|0\rangle,|1\rangle\}$，那么由式(7-34)，有

$$\begin{cases}U_{NM}\mid N0\rangle\otimes\mid R\rangle=\sum_{k=0}^{M-N}\alpha_k\mid(M-k)0,k1\rangle\otimes\mid R_{k0}\rangle\\U_{NM}\mid N1\rangle\otimes\mid R\rangle=\sum_{k=0}^{M-N}\alpha_k\mid(M-k)1,k0\rangle\otimes\mid R_{k1}\rangle\end{cases}\tag{7-38}$$

事实上，$|R_{k0}\rangle$（或 $|R_{k1}\rangle$）与 $|R_{k\Psi}\rangle$ 之间并不存在简单的线性关系。这种情况下，如果输入的 N 个量子比特处于任意未知量子态 $|\Psi\rangle=\alpha|0\rangle+\beta|1\rangle$。那么 $N|\Psi\rangle$ 在计算基矢中可以表示为

$$\mid\Psi\rangle^{\otimes N}=\sum_{r=0}^{N}\alpha^{N-r}\beta^{r}\sqrt{\binom{N}{r}}\mid(N-r)0,r1\rangle\tag{7-39}$$

由式(7-39)，$r=0$ 和 $r=N$ 时对应量子态 $|N0\rangle$ 和 $|N1\rangle$，它们可以通过式(7-38)给出相应的克隆变换。然而当 r 取其他值时，相应的对称量子态 $|(N-r)0,r1\rangle$ 的克隆变换从式(7-34)和式(7-38)无法得知。于是需要有下面关于对称态 $|(N-r)0,r1\rangle$ 的克隆变换

$$U_{NM}(|(N-r)0,r1\rangle|R\rangle)=$$
$$\sum_{k=0}^{M-N}\beta_{rk}|(M-r-k)0,(r+k)1\rangle|R_{(M-N-k)0,k1}\rangle \tag{7-40}$$

通过计算，很容易就可以求得每个输出量子比特的保真度都相同，并且与输入量子比特所处的量子态无关，有 $F_{N\to M}=\dfrac{M(N+1)+N}{M(N+2)}$。

7.2.1.3 高维空间普适量子克隆机

Buzek 和 Hillery 提出了 d 维 Hilbert 空间中的普适量子克隆机[7]，并且指出随着空间维数的增加保真度趋向于极限值 1/2。Albeverio 和 Fei 把这一高维量子克隆机推广到了 $1\to M$ 的情况。Fan 与其合作者提出了一个 d 维 Hilbert 空间的最优化的 $N\to M$ 普适量子克隆机[8]。

H 是一个d维 Hilbert 空间，$\{|k\rangle\}_{k=0}^{d-1}$是该 Hilbert 空间中的一组标准正交基，则 H 中的任意量子纯态$|\Psi\rangle$可以在该组标准正交基下展开成如下形式

$$|\Psi\rangle=\sum_{k=0}^{d-1}x_k|k\rangle \tag{7-41}$$

其中，展开系数 $x_k(k=0,1,\cdots,d-1)$ 满足归一化关系 $\sum\limits_{k=0}^{d-1}|x_k|^2=1$。$N$ 个完全相同量子态 $|\Psi\rangle$ 有下面的展开式

$$|\Psi\rangle^{\otimes N}=\sum_{r=0}^{N}\sqrt{\frac{N!}{r_0!\cdots r_{d-1}!}}\,x_0\cdots x_{d-1}^{r_{d-1}}|r\rangle \tag{7-42}$$

其中，量子态 $|r\rangle=|r_0 0,r_1 1,\cdots,r_{d-1}(d-1)\rangle$ 是一个由 N 个粒子构成的完全对称量子态，此量子态中有 r_k 个粒子处于基态 $|k\rangle(k=0,1,\cdots,d-1)$。求和式 $\sum\limits_{r=0}^{N}$ 表示在满足粒子数守恒 $\sum\limits_{k=0}^{d-1}r_k=N$ 的前提下对所有可能的情况求和。d 维系统的 $N\to M$ 量子克隆变换如下：

$$U_{NM}|r\rangle\otimes|R\rangle=\sum_{k=0}^{M-N}\alpha_{rk}|r+k\rangle\otimes|R_k\rangle \tag{7-43}$$

其中，系数 α_{rk} 的取值由下式给出

$$\alpha_{rk}=\sqrt{\frac{(M-N)!(N+d-1)!}{(M+d-1)!}}\sqrt{\prod_{l=0}^{d-1}\frac{(r_l+k_l)!}{r_l!k_l!}} \tag{7-44}$$

在式(7-43)中,求和式 $\sum_{k=0}^{M-N}$ 表示在满足粒子数守恒 $\sum_{l=0}^{d-1} k_l = M-N$ 的前提下对所有可能的情况求和,量子态 $|R\rangle$ 表示 $M-N$ 个备用粒子和辅助系统的共同初始态,$|R_k\rangle$ 表示克隆变换之后辅助系统的量子态,对于不同的 k 量子态 $|R_k\rangle$ 之间相互正交。要实现式(7-43)和式(7-44)表示的克隆变换,辅助系统的维数应该是 $\frac{(M-N+d-1)!}{(M-N)!\,(d-1)!}$。

此处的 d 维空间的量子克隆机是对称的,即每个输出的 d 维量子态具有相同的密度算子,其保真度为

$$F_{N\to M}^{d} = \frac{N(M+d)+M-N}{(N+d)M} \tag{7-45}$$

这是一个与输入量子态无关的常数。当 $d=2$ 时,式(7-45)的结果与前面讨论的对二维量子比特克隆的保真度一致。

7.2.1.4 Werner 量子克隆机

Werner 提出了另外一种量子克隆机,该克隆机可以把 N 个相同的处于量子态 $\rho=|\Psi\rangle\langle\Psi|$ 的 d 能级粒子克隆到 M 个相同的 d 能级粒子,并且输出的每个粒子的量子态都同等地接近于输入态 ρ。

根据式(7-45),N 个相同的 d 维纯态 $|\Psi\rangle^{\otimes N}$ 可以在 $H^{\otimes N}$ 的对称子空间 $H_{+}^{\otimes N}$ 中完全展开,并且这个对称子空间的维数是

$$d_N = \binom{N+d-1}{N} = \frac{(N+d-1)!}{N!(d-1)!} \tag{7-46}$$

量子克隆变换是一个半正定的保迹变换 $T: H_{+}^{\otimes N} \to H^{\otimes N}$。这种量子克隆机的一个重要特点是:半正定变换的输出态属于对称子空间 $H_{+}^{\otimes N}$。这里的克隆变换 T 可以简单地表述为:首先把 $\rho_P^{\otimes N} = |N\Psi\rangle\langle N\Psi|$ 进行非对称扩展 $\rho_P^{\otimes N} \to \rho^{\otimes N} \otimes I^{\otimes M-N}$,然后使这个扩展结果对称归一化。具体的 $N\to M$ 最优化对称量子克隆机可以表述为

$$T(\rho^{\otimes N}) = \frac{d_N}{d_M} P_M (\rho^{\otimes N} \otimes I^{\otimes M-N}) P_M \tag{7-47}$$

其中,d_N,d_M 如式(7-46)所示,P_M 是 M 个粒子的全空间 $H^{\otimes M}$ 到对称空间 $H_{+}^{\otimes N}$ 的投影算符。同时,归一化系数 $\frac{d_N}{d_M}$ 的取值为

$$\frac{d_N}{d_M}=(\mathrm{Tr}(P_M(\rho^{\otimes N}\otimes I^{\otimes M-N})P_M))^{-1} \tag{7-48}$$

它保证了克隆变换 T 是保迹变换。每个输出粒子的量子态都可以写成下面的形式

$$\begin{aligned}\rho_{\text{out}}&=\frac{d_N}{d_M}\mathrm{Tr}_{M-1}(P_M(\rho^{\otimes N}\otimes I^{\otimes M-N})P_M)\\&=\eta_{N\to M}\mid\Psi\rangle\langle\Psi\mid+(1-\eta_{N-M})\frac{I}{d}\end{aligned} \tag{7-49}$$

其中，$|\Psi\rangle$是输入的单个粒子的量子态，Tr_{M-1}表示对其中任意 $M-1$ 个粒子取偏迹。计算得到 Werner 量子克隆机的收缩因子为

$$\eta_{N\to M}=\frac{N(M+d)}{M(N+d)} \tag{7-50}$$

对应的保真度为 $F_{N\to M}^{d}=\frac{1}{d}(1+(d-1)\eta_{N\to M})$，该结果与式(7-45)给出的结果相一致。因此，Werner 量子克隆机也是一个对任意 d 维粒子的最优普适量子克隆机。

另外需要说明的是，关于对称普适量子克隆机的研究除了上面这些理论结果外，还有很多相关的试验方案和试验结果被提出。

7.2.2 非对称量子克隆

非对称量子克隆机输出的单粒子量子态是不完全相同的，进而它们与输入量子态有着不同的接近程度。近年来，基于实际量子密码的安全性考虑，非对称量子克隆得到了广泛的研究。最早的 $1\to1+1$ 最优非对称普适量子克隆机是 Niu 和 Griffiths 在 1998 年提出来的。后来 Cerf 用代数的方法也独立地提出了相同的结果。Buzek 等提出了通过改进对称量子克隆中的量子线路的方法，进行非对称量子克隆。通过证明两个输出粒子的保真度 F_{A} 和 F_{B} 满足不可克隆不等式

$$\sqrt{(1-F_{\mathrm{A}})(1-F_{\mathrm{B}})}\geqslant\frac{1}{2}-(1-F_{\mathrm{A}})-(1-F_{\mathrm{B}}) \tag{7-51}$$

可以得出非对称量子克隆机是最优的结论。随后，这一非对称克隆机被推广到了 d 维系统的情况，同时它的最优性也得到了证明。

下面具体回顾由 Cerf 提出的 $1\to1+1$ 非对称量子克隆机。首先给出二维空间中的非对称量子克隆机，然后再给出它在 d 维空间中的推广形式。Cerf 提出的 d 维 $1\to1+1$ 非对称量子克隆机，需要一个 d 维的辅助系统。

任意未知的二维量子纯态可以表示 $|\Psi\rangle_A=\alpha|0\rangle_A+\beta|1\rangle_A\ (|\alpha|^2+|\beta|^2=1)$。而 EPR 态 $|\Phi^+\rangle_{BC}=\frac{1}{\sqrt{2}}(|00\rangle_{BC}+|11\rangle_{BC})$ 表示量子比特 B 和 C 处于最大纠缠状态。这三个量子比特 A、B 和 C 的联合量子态可以表示成

$$|\Psi\rangle_A|\Phi^+\rangle_{BC}=\frac{1}{2}[|\Phi^+\rangle_{AB}|\Psi\rangle_C+(\vec{I}\otimes\sigma_x)|\Phi^+\rangle_{AB}|\Psi\rangle_C+ (\vec{I}\otimes\sigma_z)|\Phi^+\rangle_{AB}\sigma_z|\Psi\rangle_C+(\vec{I}\otimes\sigma_x\sigma_z)|\Phi^+\rangle_{AB}\sigma_x\sigma_z|\Psi\rangle_C] \tag{7-52}$$

其中，$\vec{I}$ 是二维 Hilbert 空间 H_2 中的单位算子，σ_x 和 σ_z 是泡利(Pauli)算符。4 个 Bell 态构成空间 $H_2\otimes H_2$ 的一组标准正交基，并且有下面的关系

$$|\Phi^+\rangle=\frac{1}{\sqrt{2}}(|00\rangle+|11\rangle) \tag{7-53}$$

$$|\Phi^-\rangle=\frac{1}{\sqrt{2}}(|00\rangle-|11\rangle)=(\vec{I}\otimes\sigma_z)|\Phi^+\rangle \tag{7-54}$$

$$|\Psi^+\rangle=\frac{1}{\sqrt{2}}(|01\rangle+|10\rangle)=(\vec{I}\otimes\sigma_x)|\Phi^+\rangle \tag{7-55}$$

$$|\Psi^-\rangle=\frac{1}{\sqrt{2}}(|01\rangle-|10\rangle)=(\vec{I}\otimes\sigma_x\sigma_z)|\Phi^+\rangle \tag{7-56}$$

通过定义幺正变换 $U_{m,n}=\sigma_x^m\sigma_z^n(m,n=0,1)$，式(7-52)可以表示成

$$|\Psi\rangle_A|\Phi^+\rangle_{BC}=\frac{1}{2}\sum_{m,n=0}^{1}(\vec{I}\otimes U_{m,-n}\otimes U_{m,n})|\Phi^+\rangle_{AB}|\Psi\rangle_C \tag{7-57}$$

之所以采取式(7-57)的形式是为了便于把该结果直接推广到 d 维系统的情况。

非对称量子克隆机的克隆变换形式如下

$$|\Psi\rangle_A|\Phi^+\rangle_{BC}\rightarrow|\Psi\rangle_{ABC}=U|\Psi\rangle_A|\Phi^+\rangle_{BC} \tag{7-58}$$

其中，幺正变换有下面的形式

$$U=\sum_{k,r=0}^{1}\alpha_{k,r}(U_{k,r}\otimes U_{k,-r}\otimes\vec{I}) \tag{7-59}$$

把式(7-57)代入到式(7-58)中，并利用关系式 $(U_{k,r}\otimes U_{k,-r})|\Phi^+\rangle=|\Phi^+\rangle$，可以得到该克隆机的输出量子态为

$$
\begin{aligned}
|\Psi\rangle_{ABC} &= \sum_{k,r=0}^{1} \alpha_{k,r} (U_{k,r} \otimes U_{k,-r} \otimes \vec{I}) |\Psi\rangle_A |\Phi^+\rangle_{BC} \\
&= \sum_{k,r=0}^{1} \frac{1}{2} \sum_{m,n=0}^{1} (U_{k,r} \otimes U_{k,-r} U_{m,-n} \otimes U_{m,n}) |\Phi^+\rangle_{AB} |\Psi\rangle_C \\
&= \sum_{m,n=0}^{1} b_{m,n} (\vec{I} \otimes U_{m,-n} \otimes U_{m,n}) |\Phi^+\rangle_{AB} |\Psi\rangle_C
\end{aligned} \tag{7-60}
$$

其中，系数 $a_{k,r}$ 和 $b_{m,n}$ 之间满足关系式

$$
b_{m,n} = \frac{1}{2} \sum_{k,r=0}^{1} (-1)^{kn-rm} a_{k,r} \tag{7-61}
$$

式(7-60)中的概率幅满足归一化关系 $\sum_{k,r=0}^{1} |a_{k,r}|^2 = \sum_{m,n=0}^{1} |b_{m,n}|^2 = 1$ 这就是 Cerf 所提出的非对称量子克隆机。此时，量子比特 A 和 C 的约化密度算子分别为

$$
\rho_A = \sum_{k,r=0}^{1} |a_{k,r}|^2 U_{k,r} |\Psi\rangle\langle\Psi| U_{k,r}^{\dagger} \tag{7-62}
$$

$$
\rho_C = \sum_{m,n=0}^{1} |b_{m,n}|^2 U_{m,n} |\Psi\rangle\langle\Psi| U_{m,n}^{\dagger} \tag{7-63}
$$

它们之间由关系式(7-61)相联系。量子态 ρ_A 是输入量子比特在克隆操作后的量子态，而量子态 ρ_C 是复制出的量子态。如果使 $a_{0,0}=a_{0,1}=a_{1,0}=a_{1,1}=\frac{1}{2}$，相应的 $b_{0,0}=1$ 且 $b_{0,1}=b_{1,0}=b_{1,1}=0$。此时量子比特 A 和 C 的约化密度算子分别为 $\rho_A=\frac{1}{2}\vec{I}$，$\rho_C=|\Psi\rangle\langle\Psi|$。这表示量子克隆操作后，量子比特 A 的初始量子信息完全被破坏，而复制量子态与输入态完全相同，也就是说在这个过程中输入量子信息完全转移到了复制量子比特上。

这一结果可以被直接推广到 d 维量子系统上。在 d 维空间 H_d 中的任意量子纯态 $|\Psi\rangle$ 可以表示为 $|\Psi\rangle = \sum_{k=0}^{d-1} a_k |k\rangle$，其中的系数 a_k 满足归一化关系 $\sum_{k=0}^{d-1} |a_k|^2 = 1$。两个分别处于 d 维空间 H_d 中的粒子的最大纠缠态 $|\Phi^+\rangle = \frac{1}{\sqrt{d}} \sum_{k=0}^{d-1} |kk\rangle$。定义 d 维空间中推广的 Pauli 算符，其中 $\sigma_x |k\rangle = |(k+1) \bmod d\rangle$，$\sigma_z |k\rangle = \omega^k |k\rangle$。其中 $\omega = e^{2\pi i/d}$。通过计算，可以得到

$$|\Psi\rangle_A|\Phi^+\rangle_{BC}=\frac{1}{d}\sum_{m,n=0}^{d-1}(\vec{I}\otimes U_{m,-n}\otimes U_{m,n})|\Phi^+\rangle_{AB}|\Psi\rangle_C \tag{7-64}$$

利用推广的幺正变换 $U=\sum_{k,r=0}^{d-1}a_{k,r}(U_{k,r}\otimes U_{k,-r}\otimes\vec{I})$ 作用于式(7-64)，可以得到克隆机输出的量子态为

$$\begin{aligned}|\Psi\rangle_{ABC}&=\sum_{k,r=0}^{d-1}\alpha_{k,r}(U_{k,r}\otimes U_{k,-r}\otimes\vec{I})|\Psi\rangle_A|\Phi^+\rangle_{BC}\\&=\sum_{k,r=0}^{d-1}\frac{1}{d}\sum_{m,n=0}^{d-1}(U_{k,r}\otimes U_{k,-r}U_{m-n}\otimes U_{m,n})|\Phi^+\rangle_{AB}|\Psi\rangle_C\\&=\sum_{m,n=0}^{d-1}b_{m,n}(\vec{I}\otimes U_{m,-n}\otimes U_{m,n})|\Phi^+\rangle_{AB}|\Psi\rangle_C\end{aligned} \tag{7-65}$$

其中，系数 $a_{k,r}$ 和 $b_{m,n}$ 之间满足

$$b_{m,n}=\frac{1}{d}\sum_{k,r=0}^{d-1}\omega^{kn-rm}a_{k,r}\quad(\omega=e^{2\pi i/d}) \tag{7-66}$$

计算过程中不仅用到了关系式 $(U_{k,r}\otimes U_{k,-r})|\Phi^+\rangle=|\Phi^+\rangle$，还用到了推广的 Pauli 算符之间的对易关系 $\sigma_z^n\sigma_x^m=\omega^{mn}\sigma_x^m\sigma_z^n$。类似于二维空间的情况，可以计算得到量子态 A 和 C 的约化密度算子分别为

$$\rho_A=\sum_{k,r=0}^{d-1}|a_{k,r}|^2U_{k,r}|\Psi\rangle\langle\Psi|U_{k,r}^{\dagger} \tag{7-67}$$

$$\rho_C=\sum_{m,n=0}^{d-1}|b_{m,n}|^2U_{m,n}|\Psi\rangle\langle\Psi|U_{m,n}^{\dagger} \tag{7-68}$$

由于 $b_{m,n}$ 完全由 $a_{k,r}$ 确定，而后者是幺正变换 U 的参数，因此，可以通过改变幺正变换的参数 $a_{k,r}$ 来控制克隆机的输出量子态 ρ_C。这就是 Cerf 提出的 $1\to1+1$ 非对称量子克隆机。

如果输入量子态 $|\Psi\rangle$ 是完全未知，可以假定 $k,r\neq0$ 时，$a_{k,r}=\dfrac{\gamma}{d}$，根据归一化关系可得 $a_{0,0}=\sqrt{1-(d^2-1)\gamma^2/d^2}$。类似地可以假定 $b_{m,n}=\dfrac{\lambda}{d}(m,n\neq0)$，根据归一化关系得到 $b_{0,0}=\sqrt{1-(d^2-1)\lambda^2/d^2}$。把它们分别代入式(7-67)和式(7-68)可得

$$\rho_A=(1-\gamma^2)|\Psi\rangle\langle\Psi|+\frac{\gamma^2}{d^2}\vec{I},\quad\rho_C=(1-\lambda^2)|\Psi\rangle\langle\Psi|+\frac{\lambda^2}{d^2}\vec{I} \tag{7-69}$$

根据 $a_{k,r}$ 和 $b_{m,n}$ 的关系式(7-66)可以得到 $\gamma^2+\lambda^2+2\gamma\lambda/d=1$。考虑到此处的非对称量子克隆机是最优的，于是可以得到不可克隆不等式

$$\gamma^2+\lambda^2+2\gamma\lambda/d\geqslant 1 \tag{7-70}$$

当 $d=2$ 时，式(7-70)与式(7-51)一致。在实验上，非对称量子克隆机已经被实现[9]。

7.3 混合态量子克隆

纯态量子克隆已经有了较广泛的研究[1]，关于混合态的克隆只是最近才引起了人们的关注[10]。已有的混合态量子克隆机，可以分为态依赖量子克隆机[11]和普适量子克隆机[12]两大类。

输入量子态是任意未知的纯态量子比特时，可以构造一个普适量子克隆机(UQCM)，通过它输出的量子比特的性能不依赖于输入态。并且可以用 Hilbert-Schmidt 范数或被更广泛接受的保真度，来度量克隆机输出量子态与输入量子态之间的接近程度，从而衡量克隆机的优劣。然而对于混合态量子克隆，衡量克隆机的优劣要比纯态的情况复杂得多。最近，Chen 指出如果选用保真度描述混合态量子克隆机的品质，将无法得到普适的混合态量子克隆机。对于输入任意 $N(N\geqslant 2)$ 个相同的混合态到输出 M 个量子态的量子克隆，除非输入态是纯态或完全混合态时，输入态和输出态之间的单量子比特保真度才不依赖于输入态。然而，Fan 使用了收缩因子(shrinking factor)来衡量混合态量子克隆机的性能。并得到了在收缩因子意义下的最优普适混合态量子克隆机。对于普适混合态克隆，输出的单量子比特满足关系式

$$\rho_{\text{out}}^{\text{single}}=\eta\rho_{\text{in}}^{\text{single}}I+\frac{1-\eta}{2}\vec{I} \tag{7-71}$$

其中，$\rho_{\text{in}}^{\text{single}}$ 是输入的单量子比特的密度算子，$\vec{I}$ 是二维 Hilbert 空间中的单位算符。式(7-71)中的 η 就是收缩因子。从式(7-71)中，发现克隆机的输出态是由概率为 η 的输入态 $\rho_{\text{in}}^{\text{single}}$ 和概率为 $1-\eta$ 的完全混合态 $\frac{1}{2}\vec{I}$ 构成的。在量子信息处理中，通常认为完全混合态不包含任何信息。因此输入的单量子比特 $\rho_{\text{in}}^{\text{single}}$ 的所有信息都包含在输出量子态 $\rho_{\text{out}}^{\text{single}}$ 中。因此，认为收缩因子能够用来衡量混合态量子克隆机的性能。也可以理解为，量子态 $\rho_{\text{out}}^{\text{single}}$ 是输入量子态 $\rho_{\text{in}}^{\text{single}}$ 通过退极化通道后的输出

态,而 $1-\eta$ 表示这个通道的噪声。鉴于上述原因,在讨论混合态量子克隆时,将采用收缩因子作为衡量量子克隆机性能的参数。

7.3.1 态依赖混合态量子克隆机

Cirac, Ekert 和 Macchiavello 提出了一种任意 N 个相同的混合量子态 $\rho^{\otimes N}$ 的分解方法(简称为"CEM 分解方法")[11],并在该分解方法的基础上研究了 N 个相同混合态的提纯,同时还探讨了混合态的量子克隆问题。随后,他们还利用该分解方法研究了混合态的超量子克隆(superbroadcasting quantum cloning)问题。为了易于同其他混合态量子克隆机相比较,在保持与原量子克隆机等价的前提下,具体回顾一下这种基于 CEM 分解方法的混合态超量子克隆机。

在二维 Hilbert 空间中,任意一个未知的混合态量子比特的密度算子可以表示为

$$\rho=\frac{1}{2}(\vec{I}+r\vec{n}\cdot\sigma)=c_0|\uparrow\rangle\langle\uparrow|+c_1|\downarrow\rangle\langle\downarrow| \tag{7-72}$$

其中,$|\uparrow\rangle$和$\langle\downarrow|$构成二维 Hilbert 空间的一组标准正交基,$r=c_0-c_1$,并且有归一化关系 $c_0+c_1=1$。实际上,式(7-72)表示密度算子 ρ 的谱分解,c_0 和 c_1 是谱值,而$|\uparrow\rangle$和$\langle\downarrow|$为对应的态矢量。

下面来回顾 CEM 分解方法,即把任意 N 个相同的混合量子态 $\rho^{\otimes N}$ 在纯态空间中展开。

首先把量子态 $\rho^{\otimes N}$ 按二项式展开

$$\begin{aligned}\rho^{\otimes N}&=(c_0|\uparrow\rangle\langle\uparrow|+c_1|\downarrow\rangle\langle\downarrow|)^{\otimes N}\\&=\sum_{k'=0}^{N}c_0^{k'}c_1^{N-k'}\sum_{l}^{\binom{N}{k'}}\prod\nolimits_l((|\uparrow\rangle\langle\uparrow|)^{k'},(|\downarrow\rangle\langle\downarrow|)^{N-k'})\end{aligned} \tag{7-73}$$

其中,$\prod_l((|\uparrow\rangle\langle\uparrow|^{k'},(|\downarrow\rangle\langle\downarrow|)^{N-k'})$表示对 k' 个 $|\uparrow\rangle\langle\uparrow|$ 和 $N-k'$ 个 $|\downarrow\rangle\langle\downarrow|$ 组成 N 个量子比特的第 l 种全排列,$\binom{N}{k'}=\frac{N!}{k'!(N-k')!}$。令 $k=k'-\frac{N}{2}$,式(7-73)改写为

$$\rho^{\otimes N}=\sum_{k=-\frac{N}{2}}^{\frac{N}{2}}c_0^{\frac{N}{2}+k}c_1^{\frac{N}{2}-k}\sum_{l}^{\binom{N}{\frac{N}{2}+k}}\prod\nolimits_l((|\uparrow\rangle\langle\uparrow|)^{\frac{N}{2}+k},(|\downarrow\rangle\langle\downarrow|)^{\frac{N}{2}-k}) \tag{7-74}$$

在 N 个量子比特的耦合表象中,量子态

$$|jm\alpha\rangle=\sum_{l}h_{l}\prod_{l}|jm1\rangle=U_{j,\alpha}|jm1|\rangle=U_{j,\alpha}(|jm\rangle\otimes|\uparrow,\downarrow\rangle^{\otimes(\frac{N}{2}-j)})\tag{7-75}$$

构成正交归一完备基矢,即满足

$$\sum_{j=\langle\langle\frac{N}{2}\rangle\rangle}^{\frac{N}{2}}\sum_{m=-j}^{j}\sum_{\alpha=1}^{d_j}|jm\alpha\rangle\langle jm\alpha|=1\tag{7-76}$$

其中,当 N 是偶数时,$\langle\langle\frac{N}{2}\rangle\rangle=0$;当 N 是奇数时,$\langle\langle\frac{N}{2}\rangle\rangle=\frac{1}{2}$,并且有

$$\begin{cases}d_j=\begin{pmatrix}N\\\frac{N}{2}-j\end{pmatrix}-\begin{pmatrix}N\\\frac{N}{2}-j-1\end{pmatrix}, & j\neq\frac{N}{2}\\d_j=1, & j=\frac{N}{2}\end{cases}\tag{7-77}$$

式(7-75)中,$|jm\rangle=|(j-m)\uparrow,(j+m)\downarrow\rangle=\frac{1}{\sqrt{\begin{pmatrix}2j\\j-m\end{pmatrix}}}\left[\sum_{l=1}^{\binom{2j}{j-m}}\prod_{l}(|\uparrow\rangle^{j-m},|\downarrow\rangle^{j+2})\right]$,是完全对称量子态,而 $|\uparrow,\downarrow\rangle=\frac{1}{\sqrt{2}}(|\uparrow\rangle|\downarrow\rangle-|\downarrow\rangle|\uparrow\rangle)$ 是反对称量子态。所以,量子态 $|jm\alpha\rangle$ 中有 $\left(\frac{N}{2}+m\right)$ 个量子比特处于量子态 $|\downarrow\rangle$,而有 $\left(\frac{N}{2}-m\right)$ 个量子比特处于态 $|\uparrow\rangle$。

将式(7-74)中的量子态 $\rho^{\otimes N}$ 在完备基矢空间 $\{|jm\alpha\rangle\}$ 中展开,得到

$$\rho^{\otimes N}=\sum_{k=-\frac{N}{2}}^{\frac{N}{2}}c_0^{\frac{N}{2}+k}c_1^{\frac{N}{2}-k}\sum_{j=\langle\langle\frac{N}{2}\rangle\rangle}^{\frac{N}{2}}\sum_{m=-j}^{j}\sum_{\alpha=1}^{d_j}|jm\alpha\rangle\langle jm\alpha|$$

$$\sum_{l}^{\binom{N}{\frac{N}{2}+k}}\prod_{l}((|\uparrow\rangle\langle\uparrow|)^{\frac{N}{2}+k},(|\downarrow\rangle\langle\downarrow|)^{\frac{N}{2}-k})$$

$$\sum_{j'=\langle\langle\frac{N}{2}\rangle\rangle}^{\frac{N}{2}}\sum_{m=-j'}^{j'}\sum_{\alpha'=1}^{d_{j'}}|j'm'\alpha'\rangle\langle j'm'\alpha'|$$

$$= \sum_{j=\langle\langle \frac{N}{2}\rangle\rangle}^{\frac{N}{2}} \sum_{m=-j}^{j} \sum_{\alpha=1}^{d_j} \sum_{j'=\langle\langle \frac{N}{2}\rangle\rangle}^{\frac{N}{2}} \sum_{m=-j'}^{j'} \sum_{\alpha'=1}^{d_{j'}} \sum_{k=-\frac{N}{2}}^{\frac{N}{2}} c_0^{\frac{N}{2}+k} c_1^{\frac{N}{2}-k}$$

$$\langle jm\alpha \mid \sum_{l}^{\binom{N}{\frac{N}{2}+k}} \prod_l ((\mid \uparrow\rangle\langle\uparrow\mid)^{\frac{N}{2}+k}, (\mid\downarrow\rangle\langle\downarrow\mid)^{\frac{N}{2}-k}) \mid j'm'\alpha'\rangle \mid jm\alpha\rangle\langle j'm'\alpha' \mid \tag{7-78}$$

要使式(7-78)中系数项 $\langle jm\alpha \mid \sum_{l}^{\binom{N}{\frac{N}{2}+k}} \prod_l ((\mid \uparrow\rangle\langle\uparrow\mid)^{\frac{N}{2}+k}, (\mid\downarrow\rangle\langle\downarrow\mid)^{\frac{N}{2}-k}) \mid j'm'\alpha'\rangle$ 不为零,则必须有 $k=m=m'$,即

$$\langle jm\alpha \mid \sum_{l}^{\binom{N}{\frac{N}{2}+k}} \prod_l ((\mid \uparrow\rangle\langle\uparrow\mid)^{\frac{N}{2}+k}, (\mid\downarrow\rangle\langle\downarrow\mid)^{\frac{N}{2}-k}) \mid j'm'\alpha'\rangle$$

$$= \delta_{km}\delta_{km'}\langle jm\alpha \mid \sum_{l}^{\binom{N}{\frac{N}{2}+m}} \prod_l ((\mid \uparrow\rangle\langle\uparrow\mid)^{\frac{N}{2}+m}, (\mid\downarrow\rangle\langle\downarrow\mid)^{\frac{N}{2}-m}) \mid j'm'\alpha'\rangle \tag{7-79}$$

这样,只需要在由 $\left(\frac{N}{2}+m\right)$ 个量子态 $\mid\downarrow\rangle$ 和 $\left(\frac{N}{2}-m\right)$ 个量子态 $\mid\uparrow\rangle$ 通过全排列所能构成的全部联合量子态的子空间中考虑式(7-79)。在这个子空间中 $\sum_{l}^{\binom{N}{\frac{N}{2}+m}} \prod_l ((\mid \uparrow\rangle\langle\uparrow\mid)^{\frac{N}{2}+m}, (\mid\downarrow\rangle\langle\downarrow\mid)^{\frac{N}{2}-m}) = \vec{I}$ 是单位算符。所以,式(7-79)的计算结果为:

$$\langle jm\alpha \mid \sum_{l}^{\binom{N}{\frac{N}{2}+k}} \prod_l ((\mid \uparrow\rangle\langle\uparrow\mid)^{\frac{N}{2}+k}, (\mid\downarrow\rangle\langle\downarrow\mid)^{\frac{N}{2}-k}) \mid j'm'\alpha'\rangle$$

$$= \delta_{km}\delta_{km'}\langle jm\alpha \mid j'm'\alpha'\rangle = \delta_{km}\delta_{km'}\delta_{jj'}\delta_{\alpha\alpha'} \tag{7-80}$$

把式(7-80)代入到式(7-78)中,得到

$$\rho^{\otimes N} = \sum_{j=\langle\langle \frac{N}{2}\rangle\rangle}^{\frac{N}{2}} \sum_{m=-j}^{j} \sum_{\alpha=1}^{d_j} c_0^{\frac{N}{2}-m} c_1^{\frac{N}{2}+m} \mid jm\alpha\mid\langle jm\alpha\mid \tag{7-81}$$

这就是 N 个相同的混合态 $\rho^{\otimes N}$ 在纯态空间中的分解形式。

基于式(7-81)给出的纯态分解形式,下面开始讨论混合态超量子克隆机。之所以被称为超量子克隆,是因为在克隆的过程中要先对输入量子态进行纯化。具

体步骤如下：首先测量 N 个输入量子比特 $\rho^{\otimes N}$，如果测量结果是量子态 $|jm\alpha\rangle$，需要进行幺正操作 $U_{j,\alpha}$ 使其变成可分离的量子态 $|jm\rangle\otimes|\uparrow,\downarrow\rangle^{\otimes(\frac{N}{2}-j)}$。在该直积态中，由于后面处于反对称态的 $N-2j$ 个量子比特不包含输入量子态 ρ 的任何信息(因为相应的单量子比特约化密度算子是单位算符 $\vec{I}$)，可以舍去不予考虑。然后，对剩下的 $2j$ 个处于对称态的纯态量子比特进行最优化的对称克隆，得到了 M 个相同的输出量子比特

$$U_{2j,M}\ |\ jm\rangle\ |\ R\rangle = \sum_{k=0}^{M-2j}\beta_{mk}\ |\ (M-j-m-k)\uparrow,(j+m+k)\downarrow\rangle\ |\ R_{(M-2j-k)\uparrow,k\downarrow}\rangle \tag{7-82}$$

其中，系数 β_{mk} 的取值为

$$\beta_{mk}=\sqrt{\frac{(M-2j)!(2j+1)!}{(M+1)!}}\sqrt{\frac{(M-j-m-k)!(j+m+k)!}{(j-m)!(M-2j-k)!(j+m)!k!}} \tag{7-83}$$

式(7-82)中的幺正算符 $U_{2j,M}$，表示从 $2j$ 个量子比特到 M 个量子比特的克隆变换，该克隆变换取成前面讨论过的纯态量子克隆机。通过对辅助系统 $|R_{(M-2j-k)\uparrow,k\downarrow}\rangle$ 取偏迹，可以得到输出的 N 个量子比特的联合密度算子

$$\begin{aligned}\rho_{\text{out}} &= \mathrm{Tr}_R\Big(\sum_{j=\langle\langle\frac{N}{2}\rangle\rangle}^{\frac{N}{2}}\sum_{m=-j}^{j}c_0^{\frac{N}{2}-m}c_1^{\frac{N}{2}+m}d_jU_{2j,M}(|\ jm\rangle\langle jm\ |\otimes|\ \alpha\rangle\langle\alpha\ |)U_{2j,M}^{\dagger}\Big)\\ &= \sum_{j=\langle\langle\frac{N}{2}\rangle\rangle}^{\frac{N}{2}}\sum_{m=-j}^{j}c_0^{\frac{N}{2}-m}c_1^{\frac{N}{2}+m}d_j\sum_{k=0}^{M-2j}\beta_{mk}^2\rho_{jmk}\end{aligned} \tag{7-84}$$

其中，

$$\rho_{jmk}=|(M-j-m-k)\uparrow,(j+m+k)\downarrow\rangle\langle(M-j-m-k)\uparrow,(j+m+k)\downarrow| \tag{7-85}$$

利用量子态 ρ_{jmk} 的完全对称性，对其中任意 $M-1$ 个量子比特取迹，得到

$$\begin{aligned}\mathrm{Tr}_{M-1(\rho_{jmk})} &= \frac{\binom{M-1}{j+m+k}}{\binom{M}{j+m+k}}\ |\uparrow\rangle\langle\uparrow| + \frac{\binom{M-1}{j+m+k-1}}{\binom{M}{j+m+k}}\ |\downarrow\rangle\langle\downarrow|\\ &= \frac{M-j-m-k}{M}\ |\uparrow\rangle\langle\uparrow| + \frac{j+m+k}{M}\ |\downarrow\rangle\langle\downarrow|\end{aligned} \tag{7-86}$$

利用式(7-86)，可以得到克隆机式(7-82)的输出单量子比特的约化密度算子为：

$$
\begin{aligned}
\rho_{\text{out}}^{\text{single}} &= \mathrm{Tr}_{M-1}(\rho_{\text{out}}) \\
&= \sum_{j=\langle\langle \frac{N}{2}\rangle\rangle}^{\frac{N}{2}} \sum_{m=-j}^{j} c_0^{\frac{N}{2}-m} c_1^{\frac{N}{2}+m} d_j \sum_{k=0}^{M-2j} \beta_{mk}^2 \\
&\quad \frac{M-j-m-k}{M} \mid \uparrow\rangle\langle\uparrow \mid + \frac{j+m+k}{M} \mid \downarrow\rangle\langle\downarrow \mid \\
&= \bar{c}_0 \mid \uparrow\rangle\langle\uparrow \mid + \bar{c}_1 \mid \downarrow\rangle\langle\downarrow \mid \\
&= \bar{r} \mid \uparrow\rangle\langle\uparrow \mid + \frac{1-\bar{r}}{2} \vec{I}
\end{aligned} \tag{7-87}
$$

其中

$$
\vec{c}_0 = \sum_{j=\langle\langle \frac{N}{2}\rangle\rangle}^{\frac{N}{2}} \sum_{m=-j}^{j} c_0^{\frac{N}{2}-m} c_1^{\frac{N}{2}+m} d_j \sum_{k=0}^{M-2j} \beta_{mk}^2 \frac{M-j-m-k}{M},
$$

$$
\vec{c}_1 = \sum_{j=\langle\langle \frac{N}{2}\rangle\rangle}^{\frac{N}{2}} \sum_{m=-j}^{j} c_0^{\frac{N}{2}-m} c_1^{\frac{N}{2}+m} d_j \sum_{k=0}^{M-2j} \beta_{mk}^2 \frac{j+m+k}{M} \tag{7-88}
$$

$$
\begin{aligned}
\vec{r} = \vec{c}_0 - \vec{c}_1 &= \sum_{j=\langle\langle \frac{N}{2}\rangle\rangle}^{\frac{N}{2}} \sum_{m=-j}^{j} c_0^{\frac{N}{2}-m} c_1^{\frac{N}{2}+m} d_j \sum_{k=0}^{M-2j} \beta_{mk}^2 \frac{M-2(j+m+k)}{M} \\
&= \sum_{j=\langle\langle \frac{N}{2}\rangle\rangle}^{\frac{N}{2}} \sum_{m=-j}^{j} c_0^{\frac{N}{2}-m} c_1^{\frac{N}{2}+m} d_j \frac{-m(M+2)}{M(j+1)} \\
&= -\frac{M+2}{M} \sum_{j=\langle\langle \frac{N}{2}\rangle\rangle}^{\frac{N}{2}} \frac{d_j}{j+1} \sum_{m=-j}^{j} m \left(\frac{1+r}{2}\right)^{\frac{N}{2}-m} \left(\frac{1-r}{2}\right)^{\frac{N}{2}+m}
\end{aligned} \tag{7-89}
$$

式(7-89)中，$\vec{r}=\vec{c}_0-\vec{c}_1$ 可以表示混合态的纯度。当 $\vec{r}=0$ 时，对应 ρ 处于最大混合态；当 $|\vec{r}|=1$ 时，对应 ρ 为纯态。对式(7-84)进行简单的变换可得，输出的单量子比特约化密度算子具有如下形式

$$
\rho_{\text{out}}^{\text{single}} = \frac{\vec{r}}{r}\rho + \frac{1-\vec{r}/r}{2} \vec{I} \tag{7-90}
$$

显然，该克隆变换的收缩因子就是 $\eta=\dfrac{\vec{r}}{r}$，即

$$\eta=-\frac{M+2}{rM}\sum_{j=\langle\langle\frac{N}{2}\rangle\rangle}^{\frac{N}{2}}\frac{d_j}{j+1}\sum_{m=-j}^{j}m\left(\frac{1+r}{2}\right)^{\frac{N}{2}-m}\left(\frac{1-r}{2}\right)^{\frac{N}{2}+m} \tag{7-91}$$

由上式可以看出收缩因子依赖于 r，即与输入混合态 ρ 的纯度有关。当 $r=1$ 时，输入态是纯态，对应收缩因子的值为 $\eta=\frac{N(M+2)}{M(N+2)}$，这正是纯态的最优对称普适量子克隆机对应的收缩因子，所以上述超克隆变换达到了最优。另一方面，当 $r\neq 1$ 时，得到 $\eta>\frac{N(M+2)}{M(N+2)}$，也就是说，混合态超量子克隆的收缩因子可以大于最优化纯态克隆时的收缩因子，出现这种现象的原因是在进行量子克隆中包含了对输入混合量子态的纯化过程，但是该超量子克隆依赖于输入混合态的纯度，也就是说，这个混合态超量子克隆机不是普适的。

另一方面，如果把输入混合量子态限制为赤道量子比特，例如 Bloch 球上 $x-z$ 面内的量子比特，它们可以表示为

$$\begin{aligned}\rho_{\mathrm{p}} &= \frac{1}{2}(\vec{I}+r\cos\omega\sigma_x+r\sin\omega\sigma_z)\\ &=\lambda\mid\Psi_\omega\rangle\langle\Psi_\omega\mid+(1-\lambda)\mid\Psi_\omega^{\perp}\rangle\langle\Psi_\omega^{\perp}\mid\end{aligned} \tag{7-92}$$

其中，$\vec{I}$是单位算符，σ_x 和 σ_z 是 Pauli 算符，$|\Psi_\omega\rangle=\frac{1}{\sqrt{2}}(|\uparrow\rangle+\mathrm{e}^{i\omega}|\downarrow\rangle)$是赤道纯态量子比特，$|\Psi_\omega^{\perp}\rangle=\frac{1}{\sqrt{2}}(|\uparrow\rangle-\mathrm{e}^{i\omega}|\downarrow\rangle)$是$|\Psi_\omega\rangle$的正交态。类似于前面关于 Bloch 球上任意未知量子比特的超量子克隆机的讨论。当把输入态限制为赤道量子比特时，同样有式(7-81)给出的 CEM 分解形式，只是要把式(7-81)中的任意基矢$\{|\uparrow\rangle,|\downarrow\rangle\}$换成如式(7-92)中用到的相位协变基失$\{|\Psi_\omega\rangle,|\Psi_\omega^{\perp}\rangle\}$。对经过纯化处理的对称量子比特利用相位协变量子克隆变换，就得到 M 个相同的输出量子比特。为了得到显式形式，把输入态限制为 $\rho_{\mathrm{in}}=\frac{1}{2}(\vec{I}+r\sigma_x)$，仿照上面式(7-84)至式(7-91)的计算过程，可以得到该超克隆变换的收缩因子为

$$\eta_{\mathrm{p}}^{\mathrm{even}}=\frac{4}{rM}(r_+r_-)^{\frac{N}{2}}\sum_{j=\langle\langle\frac{N}{2}\rangle\rangle}^{\frac{N}{2}}\sum_{m=-j}^{j}d_j\left[\exp\left(J_X^j\ln\frac{1+r}{1-r}\right)\right]_{n,n+1}[J_X^{\frac{N}{2}}]_{n,n+1} \tag{7-93}$$

$$\eta_{\mathrm{p}}^{\mathrm{odd}}=\frac{4}{rM}(r_+r_-)^{\frac{N}{2}}\sum_{j=\langle\langle\frac{N}{2}\rangle\rangle}^{\frac{N}{2}}\sum_{m=-j}^{j}d_j\left[\exp\left(J_X^j\ln\frac{1+r}{1-r}\right)\right]_{n,n+1}[J_X^{\frac{N}{2}}]_{n-\frac{1}{2},n+\frac{1}{2}} \tag{7-94}$$

其中，$r_+ r_- = \frac{1 \pm r}{2}$，$J_X^j$ 有如下取值

$$[J_X^j]_{n+k,n+k+1} = \frac{1}{2}\sqrt{j(j+1)-(n+k)(n+k+1)} \tag{7-95}$$

由此可以看出，当把输入态限制为赤道量子比特时，对应上述超克隆变换的收缩因子同样依赖于 r，即与输入混合态的纯度有关，从而也不是普适量子克隆机。

7.3.2　最优普适的混合态量子克隆机

上节讨论的混合态超量子克隆机不是普适的，最早的混合态普适量子克隆机是由 Fan 等提出的。后来 Dang 又把这一结果推广到一般的情况，得到了 $N \rightarrow M$ 最优普适混合态量子克隆机。

7.3.2.1　2→M 最优普适混合态量子克隆机

这一小节，简单介绍由 Fan 等提出的 $2 \rightarrow M$ 最优普适混合态量子克隆机。在二维 Hilbert 空间 H 中，任意混合态量子比特的密度算子 ρ 可以表示为

$$\rho = z_0 \mid \uparrow \rangle\langle \uparrow \mid + z_1 \mid \uparrow \rangle\langle \downarrow \mid + z_2 \mid \downarrow \rangle\langle \uparrow \mid + z_3 \mid \downarrow \rangle\langle \downarrow \mid \tag{7-96}$$

其中，$\{|\uparrow\rangle, |\downarrow\rangle\}$ 构成空间 H 的一组标准正交基。对于四维空间 $H \otimes H$，$\left\{\chi_0 = |\uparrow\uparrow\rangle, \chi_1 = \frac{1}{2}(|\uparrow\downarrow\rangle + |\downarrow\uparrow\rangle), \chi_2 = |\downarrow\downarrow\rangle, \chi_3 = \frac{1}{2}(|\uparrow\downarrow\rangle - |\downarrow\uparrow\rangle)\right\}$ 构成它的一组标准正交基。密度算子均为 ρ 的两个量子比特在空间 $H \otimes H$ 中的展开形式为

$$\begin{aligned}\rho \otimes \rho = {} & z_0^2 A_{00} + \sqrt{2} z_0 z_1 A_{01} + z_1^2 A_{02} + \sqrt{2} z_0 z_2 A_{10} + (z_0 z_3 + z_1 z_2) A_{11} + \\ & \sqrt{2} z_1 z_3 A_{12} + z_2^2 A_{20} + \sqrt{2} z_2 z_3 A_{21} + z_3^2 A_{22} + (z_0 z_3 - z_1 z_2) A_{33}\end{aligned} \tag{7-97}$$

其中 $A_{ij} = \chi_i \chi_j^\dagger$。文献中提出的 $2 \rightarrow M$ 混合态量子克隆变换如下：

$$U_{\chi_0} \otimes R = \sum_{k=0}^{M-2} \alpha_{0k} \mid (M-k)\uparrow, k\downarrow \rangle \otimes R_k \tag{7-98}$$

$$U_{\chi_1} \otimes R = \sum_{k=0}^{M-2} \alpha_{1k} \mid (M-1-k)\uparrow, (k+1)\downarrow \rangle \otimes R_k \tag{7-99}$$

$$U_{\chi_2} \otimes R = \sum_{k=0}^{M-2} \alpha_{2k} \mid (M-2-k)\uparrow, (k+2)\downarrow \rangle \otimes R_k \tag{7-100}$$

$$U_{\chi_3}\otimes R=\sum_{k=0}^{M-2}\alpha_{3k}\mid(M-3-k)\uparrow,(k+3)\downarrow\rangle\otimes R_k \qquad (7\text{-}101)$$

其中：

$$\alpha_{jk}=\sqrt{\frac{6(M-2)!(M-j-k)!(j+k)!}{(2-j)!(M+1)!(M-2-k)!j!k!}}\quad(j=0,1,2) \qquad (7\text{-}102)$$

量子态 $|i\uparrow,j\downarrow\rangle$ 是完全对称态，其中 i 个量子比特处于量子态 $|\uparrow\rangle$，j 个量子比特处于量子态 $|\downarrow\rangle$。而非对称量子态 $|\overline{i\uparrow,j\downarrow}\rangle$ 与对称态 $|i\uparrow,j\downarrow\rangle$ 的差别在于，它在每一个相干叠加项都附加有一个不同的相位因子，即 1 的第 $\binom{i+j}{i}$ 个根。因而，这两个量子态相互正交。$|R_k\rangle$ 是克隆机的末态，并且对于不同的 k 它们之间相互正交。通过计算可得，输出的单量子比特约化密度算子是

$$\rho_{\text{out}}^{\text{single}}=\frac{M+2}{2M}\rho+\frac{M-2}{4M}\vec{I} \qquad (7\text{-}103)$$

其中，收缩因子为 $\frac{M+2}{2M}$，达到了纯态克隆的最优化值。因此，这个 $2\to M$ 的混合态量子克隆机是普适的而且是最优化的。

在这个 $2\to M$ 混合态克隆机中，对称态克隆的输出态仍然是对称态的，与前面介绍的纯态克隆机一致；而反对称态 $\chi_3=\frac{1}{2}(|\uparrow\downarrow\rangle-|\downarrow\uparrow\rangle)$ 被克隆后得到的 M 个输出量子比特同样处于非对称态。

7.3.2.2 $N\to M$ 最优普适混合态量子克隆机

为了把普适混合态量子克隆机推广到一般的情况，Dang 先引入了一种新的 N 个相同混合态在 N 量子比特纯态空间中的分解形式。

二维系统中的任意一个量子纯态可以在标准正交基 $\{|\uparrow\rangle,|\downarrow\rangle\}$ 下表示为 $|\Psi\rangle=a|\uparrow\rangle+b|\downarrow\rangle$，其中 a 和 b 表示概率幅，且满足归一化关系 $|a|^2+|b|^2=1$。于是，N 个完全相同的纯态可以展开为

$$|\Psi\rangle^{\otimes N}=\sum_{k=0}^{N}\sqrt{\binom{N}{k}}a^{N-k}b^k\mid(N-k)\uparrow,k\downarrow\rangle \qquad (7\text{-}104)$$

它是 N 个相同量子比特构成的所有对称态的相干叠加。在每个相干叠加项中有 $(N-k)$ 个量子比特处于量子态 $|\uparrow\rangle$，k 个量子比特处于量子态 $|\downarrow\rangle$。同样 $|\Psi\rangle^{\otimes N}$ 也是属于对称量子空间的，因此，当以 N 个相同的纯态作为输入态时，只需要考虑

对称态的量子克隆。为了保证输出的每个量子比特具有相同的量子态，可以把输出到 M 个量子比特限制在对称量子空间中。事实上，这样得到的克隆机仍然是最优化的。也就是说，最优化的普适纯态量子克隆机只与对称量子空间的量子态有关。

现在，考虑输入量子态是 N 个相同的混合态的情况。每一个未知的混合态的密度算子为

$$\rho = c_0 \mid \uparrow\rangle\langle\uparrow \mid + c_1 \mid \downarrow\rangle\langle\downarrow \mid \tag{7-105}$$

其中，c_0 和 c_1 分别是处于量子态 $|\uparrow\rangle$ 和 $|\downarrow\rangle$ 的概率，满足归一化关系 $c_0 + c_1 = 1$。那么，整个系统的量子态 $\rho^{\otimes N}$ 按二项式展开，可以写为

$$\begin{aligned}\rho^{\otimes N} &= (c_0 \mid \uparrow\rangle\langle\uparrow \mid + c_1 \mid \downarrow\rangle\langle\downarrow \mid)^{\otimes N} \\ &= \sum_{k=0}^{N} c_0^{N-k} - c_1^k \sum_{l=0}^{\binom{N}{k}} \prod\nolimits_l (\mid \uparrow\rangle\langle\uparrow \mid^{\otimes(N-k)} \mid \uparrow\rangle\langle\uparrow \mid^{\otimes k})\end{aligned} \tag{7-106}$$

其中，$\prod_l$ 表示第 l 个置换算符，$\prod_l \in S_N$，并且置换算符的个数为 $\binom{N}{k}$。在式(7-106)中插入单位算符

$$\begin{aligned}\rho^{\otimes N} = &\sum_{k=0}^{N} c_0^{N-k} c_1^k \sum_{m=0}^{N} \sum_{n=0}^{\binom{N}{m}-1} \sum_{m'=0}^{N} \sum_{n'=0}^{\binom{N}{m'}-1} {}_n\langle (N-m)\uparrow, m\downarrow \mid \\ &\sum_{l=0}^{\binom{N}{k}} \prod\nolimits_l (\mid \uparrow\rangle\langle\uparrow \mid^{\otimes(N-k)} \mid \uparrow\rangle\langle\uparrow \mid^{\otimes k}) \mid (N-m')\uparrow, m'\downarrow\rangle_{n'} \\ &\mid (N-m)\uparrow, m\downarrow\rangle_{m'}\langle (N-m')\uparrow, m'\downarrow \mid\end{aligned} \tag{7-107}$$

其中，

$$\mid (N-m)\uparrow, m\downarrow\rangle_n = \frac{1}{\binom{N}{m}} \sum_{l=0}^{\binom{N}{m}} e^{2\pi i n(l-1)/\binom{N}{m}} \prod\nolimits_l (\mid \uparrow\rangle^{\otimes(N-m)} \mid \downarrow\rangle^{\otimes m}) \tag{7-108}$$

当 $n=0$ 时，量子态 $|(N-m)\uparrow, m\downarrow\rangle_0 = |(N-m)\uparrow, m\downarrow\rangle$ 就是一个完全对称态。否则，由于每一叠加项前的不同相位因子，量子态 $|(N-m)\uparrow, m\downarrow\rangle_n$ 为非对称态。例如，当 $N=3$ 并且 $m=1$ 时，有 $n=0,1,2$。可以得到三个正交归一的量子态

$$\mid 2\uparrow, \downarrow\rangle_0 \equiv \mid 2\uparrow, \downarrow\rangle = \frac{1}{\sqrt{3}}(\mid \uparrow\uparrow\downarrow\rangle + \mid \uparrow\downarrow\uparrow\rangle + \mid \downarrow\uparrow\uparrow\rangle) \tag{7-109}$$

$$|2\uparrow,\downarrow\rangle_1=\frac{1}{\sqrt{3}}(|\uparrow\uparrow\downarrow\rangle+\omega|\uparrow\downarrow\uparrow\rangle+\omega^2|\downarrow\uparrow\uparrow\rangle) \tag{7-110}$$

$$|2\uparrow,\downarrow\rangle_2=\frac{1}{\sqrt{3}}(|\uparrow\uparrow\downarrow\rangle+\omega^2|\uparrow\downarrow\uparrow\rangle+\omega|\downarrow\uparrow\uparrow\rangle) \tag{7-111}$$

其中，$\omega=e^{2\pi i/3}$。对于三个量子比特中有两个处于量子态$|\uparrow\rangle$，一个处于量子态$|\downarrow\rangle$的情况，式(7-109)至式(7-111)表示的量子态构成一个完备的矢量空间。很显然，$|2\uparrow,\downarrow\rangle_1$和$|2\uparrow,\downarrow\rangle_2$在置换算符作用下是非对称的。

由式(7-107)可以得到，当且仅当$k=m=m'$时$\rho^{\otimes N}$中因子项才非零，于是有

$$\begin{aligned}&{}_n\langle(N-m)\uparrow,m\downarrow|\sum_{l=0}^{\binom{N}{k}}\prod_l(|\uparrow\rangle\langle\uparrow|^{\otimes(N-k)}|\uparrow\rangle\langle\uparrow|^{\otimes k})|(N-m')\uparrow,m'\downarrow\rangle_{n'}\\&=\delta_{mk}\delta_{km'}\,{}_n\langle(N-m)\uparrow,m\downarrow|(N-m')\uparrow,m'\downarrow\rangle_{n'}\\&=\delta_{mk}\delta_{km'}\delta_{nn'}\end{aligned} \tag{7-112}$$

把式(7-112)代入式(7-107)得到

$$\rho^{\otimes N}=\sum_{k=0}^{N}c_0^{N-k}c_1^k\sum_{n=0}^{\binom{N}{k}^{-1}}|(N-k)\uparrow,k\downarrow\rangle_n\langle(N-k)\uparrow,k\downarrow| \tag{7-113}$$

式(7-113)就是要推导的最终的分解形式。这样就把N个相同混合态的直积量子态$\rho^{\otimes N}$分解成了纯态$|(N-k)\uparrow,k\downarrow\rangle_n\langle(N-k)\uparrow,k\downarrow\rangle$的叠加形式，而这些纯态的一个重要性质是：它的每一个单量子比特约化密度算子与n无关，即与量子态的对称性质无关，并且它们的约化密度算子之间都相等。这一性质与完全对称量子态一致。

通过以上分析，我们知道N个相同混合态的直积量子态$\rho^{\otimes N}$的叠加态中不仅有对称态还有非对称态。Dang和Fan利用上面的分解式(7-113)，给出了$n\neq0$时的量子态$|(N-k)\uparrow,k\downarrow\rangle_n$的对称克隆变换。从而得到输入态是任意$N$个相同混合态的$N\rightarrow M$最优化的普适量子克隆机。具体克隆变化如下

$$\begin{aligned}&U_{NM}(|(N-k)\uparrow,k\downarrow\rangle_n\otimes|R\rangle)\\&=\sum_{l=0}^{M-N}\beta_{kl}|(M-k-l)\uparrow,(k+l)\downarrow\rangle_n\otimes|R_{(M-N-l)\uparrow,l\downarrow}\rangle_n\end{aligned} \tag{7-114}$$

其中，

$$\beta_{kl}=\sqrt{\frac{(M-N)!(N+1)!}{(M+1)!}}\sqrt{\frac{(M-k-l)!(l+k)!}{(N-k)!(M-N-l)!l!k!}} \tag{7-115}$$

通过对克隆机的量子态取偏迹,可以得到所有输出量子比特的密度算子为

$$\begin{aligned}\rho_{\text{out}} &= \text{Tr}_{R_S}(U_{NM}(\rho^{\otimes N}\otimes R)U_{NM}^{\dagger})\\ &= \sum_{k=0}^{N} c_0^{N-k}c_1^{k}\sum_{n=0}^{\binom{N}{k}^{-1}}\sum_{l=0}^{M-N}\beta_{kl}^2 \mid (M-k-l)\uparrow,(k+l)\downarrow\rangle_n\\ &\quad {}_n\langle (M-k-l)\uparrow,(k+l)\downarrow \mid \end{aligned} \tag{7-116}$$

由式(7-116),可知 M 个输出量子比特的约化密度算符完全相同。因此,对式(7-116)中任意 $M-1$ 个量子比特取偏迹,得到输出的单量子比特约化密度算子为

$$\begin{aligned}\rho_{\text{out}}^{\text{single}} &= \text{Tr}_{M-1}(\rho_{\text{out}})\\ &= \sum_{k=0}^{N} c_0^{N-k}c_1^{k}\sum_{n=0}^{\binom{N}{k}^{-1}}\sum_{l=0}^{M-N}\beta_{kl}^2\left(\frac{M-k-l}{M}\prod \mid\uparrow\rangle\langle\uparrow\mid + \frac{k+l}{M}\mid\downarrow\rangle\langle\downarrow\mid\right)\\ &= \frac{N(M+2)}{M(N+2)}\rho + \frac{M-N}{M(N+2)}\vec{I}\end{aligned} \tag{7-117}$$

由式(7-117)可知,该克隆机的收缩因子为 $\eta=\dfrac{N(M+2)}{M(N+2)}$,它与输入的量子态无关,并且与 $N\rightarrow M$ 纯态的最优化普适量子克隆机的收缩因子相同,由此可知该混合态量子克隆机是最优普适的。利用该克隆机,可以同时最优化克隆纯态和混合态。值得说明的是,最优化普适混合态量子克隆机并不唯一。

参考文献

[1] Scarani V, Iblisdir S, Gisin N, et al. Quantum cloning[J]. Rev Mod Phys,2005,77:1225-1256.

[2] Zou X,Mathis W. Linear optical implementation of ancilla-free 1→3 optimal phase covariant quantum cloning machines for the equatorial qubits[J]. Phys Rev A,2005,72:022306.

[3] Buzek V,Hillery M. Quantum copying:Beyond the no-cloning theorem[J]. Phys Rev A, 1996,54:1844-1852.

[4] Gisin N. Quantum cloning without signaling[J]. Phys Lett A, 1988, 242:1-3.

[5] Gisin N,Massar S. Optimal Quantum Cloning Machines[J]. Phys Rev Lett, 1997,79:2153-2456.

[6] Bruss D,Ekert A,Macchiavello C. Optimal Universal Quantum Cloning

and State Estimation[J]. Phys Rev Lett, 1998, 81: 2598-2601.

[7] Buzek V, Hillery M. Universal Optimal Cloning of Arbitrary Quantum States: From Qubits to Quantum Registers[J]. Phys Rev Lett, 1998, 81: 5003-5006.

[8] Fan H, Matsumoto K, Wang X B, et al. Quantum cloning machines for equatorial qubits[J]. Phys Rev A, 2001, 65: 012304.

[9] Zhao Z, Zhang A, Zhou X, et al. Experimental Demonstration of a Non-destructive Controolled-not Quantum Gate for Two Independent Photon Qubits [J]. Phys Rev Lett, 2005, 94: 030501.

[10] Barnum H, Caves C, Fuchs C, et al. Noncommuting Mixed States Cannot Be Broadcast[J]. Phys Rev Lett, 1996, 76: 2818-2812.

[11] Cirac J, Ekert A, Macchiavello C. Optimal Purification of Single Qubits [J]. Phys Rev Lett, 1999, 82: 4344-4347.

[12] Fan H, Liu B Y, Shi K J. Quantum cloning of identical mixed qubits [J]. Quantum Inf Comput, 2007, 7: 551-558.

第8章 两个常用的物理系统

8.1 腔量子电动力学

腔量子电动力学(cavity quantum electrodynamics,cavity QED)[1]主要研究在腔提供的特殊边界条件下量子化电磁场和实物粒子(如原子)的相互作用。腔是指一个光学的或微波的共振系统。腔决定腔内电磁场和物质交换能量的方式,它的改变能直接影响腔中发生的任何由电磁相互作用主导的物理过程。腔能改变(抑制或增强)原子的自发辐射率;与之对应,由于和原子耦合,腔内电磁场(光子)呈现非经典性质。

随着实验技术的进步,腔QED逐步建立和发展起来。特别是20世纪90年代随着冷原子技术和光电测试技术的发展,高品质微腔与俘获的冷原子相结合,使描述单原子和单光子作用的Jaynes-Cumming模型[2]得到了很好的试验验证。在强耦合区域,原子-腔耦合系统发生质的变化,成为一个具有重要潜在应用价值的量子装置。该装置不仅对于深刻理解量子电动力学基本原理十分重要,而且可控的原子-腔耦合作用在量子信息领域中有重要的应用前景。近年来,在光学频段和微波领域,利用小体积高品质因子(Q,$10^7\sim10^{11}$)腔,已经实验实现了单原子和腔场中单光子的强耦合。而且,腔量子电动力学还可以和其他系统相结合,如微柱腔、光子晶体和量子点耦合及Circuit QED等。

8.1.1 腔量子电动力学简介

1946年purcell在提交给美国物理学会春季会议的论文中,提出了腔QED的关键思想:结合原子的射频跃迁,原子的自发辐射率会被与之耦合的共振电路增强。其物理机制在于原子-腔耦合改变了空间辐射场的模密度。在量子电动力学中,原子的自发辐射率由电磁场中对应于原子跃迁频率的模密度决定。当原子跃迁射频和腔模共振时,原子在腔中的自发辐射率 γ_c 相对于在自由空间的辐射率 γ_f

提高了一个因子(由相应模密度的比值决定):

$$\gamma_c/\gamma_f = Q\lambda_0^3/4\pi^2 V_m \tag{8-1}$$

其中,V_m 是腔体积,Q 是腔的品质因子。对于工作在微波波段的微腔,其体积 $V_m \approx \lambda_0^3$,因此自发辐射率将会提高大约 Q 倍,原子自发辐射增强。然而,如果原子跃迁射频和腔模失谐,腔不能吸收原子辐射的光子,因此原子不辐射光子,而保持能量不变,原子的自发辐射被抑制。此时,原子与场模构成一个整体耦合系统,不再是两个独立的系统。Drexhage,Kuhn 和 Schafer 第一次在实验中发现在腔中原子的自发辐射受到抑制,后来又做了类似的实验。Gabrielse 和 Dehmelt 等也在实验中观测到自发辐射被抑制的现象。1983 年,Goy 等第一次在实验中观测到自发辐射增强的现象。后来在半导体微腔试验中人们还在不同条件下,观察到自发辐射的抑制和增强现象。

在腔 QED 系统中,原子和腔内光场通过交换光子实现相互作用,描述相互作用过程的主要参数[3]有:

①腔模的有效体积 V_m,取决于腔的几何参数。对于球面镜腔,有效体积为 $V_m = \pi\omega_0^2 l/4$,ω_0 是基模腰径,l 是腔的长度。

②腔内光场强度。对于限制在腔 V_m 内频率为 ω 的光场,其电矢量振幅为 $E = \sqrt{\dfrac{\hbar\omega}{2\varepsilon_0 V_m}}$,$\varepsilon_0$ 是真空介电常数。腔模体积越小,腔内光场强度越大,因此微腔有利于增强光场。

③原子的衰减率 γ,包括纵向衰减 $\gamma_{/\!/}$ 和横向衰减 $\gamma_{\perp}$。$\gamma_{/\!/}$ 描述激发态原子跃迁并辐射一个光子的概率,由爱因斯坦自发辐射概率决定,$\gamma_{/\!/} = A$,对于纯辐射 $\gamma_{\perp} = (1/2)\gamma_{/\!/}$。

④腔耗散率或消相干概率 κ。表征光子在腔内寿命,由腔镜透射、腔内吸收、散射等各种损耗因素决定。总损耗 δ_c 可以用腔的精细常数 F 表示为 $\delta_c = 2\pi/F$;腔衰减率 $\kappa = c\pi/2Fl$,c 为真空中的光速。如果采用反射率极高的腔镜(即超镜 Supper-mirror)可以获得非常高的 F 值,从而降低 κ。

⑤原子与场相互作用的耦合常数。该常数描述腔场与原子耦合的强弱,表征原子和腔场交换能量的快慢。单原子和单模腔的耦合常数为:$g = \sqrt{\dfrac{|\vec{\varepsilon} \cdot \vec{\mu}_0|^2 \omega_c}{2\hbar\varepsilon V_m}}$,$\vec{\mu}_0$ 是相关原子态之间的跃迁矩阵(跃迁频率为 ω_A),$\omega_c \approx \omega_A$ 是腔模的共振频率,相应极化矢量为 $\vec{\varepsilon}$,V_m 是腔模体积。

腔 QED 系统还可以用临界光子数 n_0 和临界原子数 N_0 描述。临界光子数 n_0

表征给定几何结构的光学微腔中足以饱和原子响应的平均光子数；临界原子数 N_0 表征原子-腔场耦合时足以影响腔内场的平均原子数。n_0 和 N_0 可用腔和原子的耦合系数、腔场的衰减系数 κ、原子的衰减系数 γ 等参数表示[4]：

$$n_0 \approx \frac{\gamma^2}{g^2} \tag{8-2}$$

$$N_0 \approx \frac{\kappa\gamma}{g^2} \tag{8-3}$$

腔 QED 分为弱耦合和强耦合。$(n_0, N_0) \gg 1$ 时，原子-腔系统表现为弱耦合。前面 Purcell 预测的现象都是在弱耦合情况下发生的。$(n_0, N_0) \ll 1$ 意味着原子和光腔发生强耦合。在强耦合区域，单个光子和单个原子都会对对方产生巨大的影响，或者说单个光子（原子）就可以完全改变原子（光子）的状态。在强耦合区域，单原子和腔模场的能量振荡交换，表现出有趣的纯量子行为，如共振腔中的原子呈现出崩塌和回复的拉比振荡等。下面介绍 CQED 系统中描述单原子和单模腔相互作用的基本理论模型：Jaynes-Cummings 模型和一些实验系统。

8.1.2　Jaynes-Cummings 模型

Jaynes-Cummings 由 Jaynes 和 Cummings 讨论微波激射器时提出，出发点是描述二能级原子和单模腔的耦合，耦合共振或近共振。Jaynes-Cummings 是一个理想模型，在实际情况下可以利用如高激发态原子（Redberg 原子）和高 Q 超导腔耦合实现，场模和原子的 Redberg 态 $|e\rangle \to |g\rangle$ 跃迁匹配，共振耦合排斥非共振原子跃迁和非共振腔场模式。一个二能级原子和单模腔发生相互作用的示意图如图 8-1 所示。在旋波近似下，该原子-腔耦合系统由 Jaynes-Cummings 哈密顿量描述（$\hbar = 1$）

$$H = H_0 + H_{\text{int}} \tag{8-4}$$

$$H_0 = \omega_c a^\dagger a + \omega_A \sigma_+ \sigma_- \tag{8-5}$$

$$H_{\text{int}} = g(a^\dagger \sigma_- + a\sigma_+) \tag{8-6}$$

式中，算符 $a^\dagger$ 和 a 分别表示单腔模的产生和湮灭算符，σ_+ 和 σ_- 分别是原子的上升和下降算符，ω_c 和 ω_A 分别是单模腔的共振频率和原子的跃迁频率。上述哈密顿量中，H_0 表示原子和腔模的自由哈密顿量，H_{int} 描述原子和腔模的偶极相互作用。

1. 弱耦合和强耦合

为简单起见，考虑共振情况（$\omega_c = \omega_A$）。在 Heisenberg 表象中，系统算符 a 和

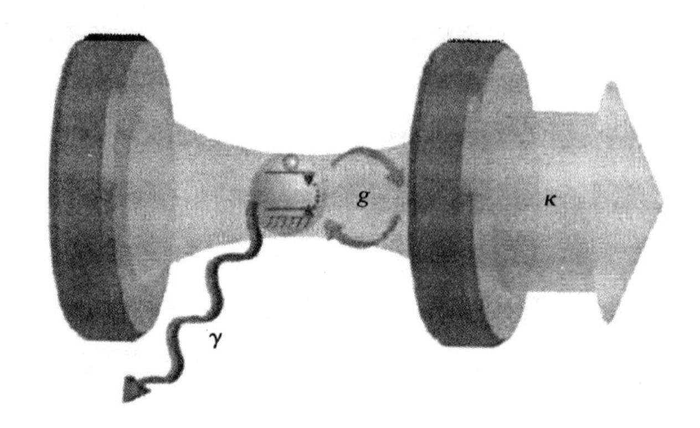

图 8-1 简单的原子-腔耦合系统示意图

图中三个主要参数(g,κ,γ)。g 为原子和腔模之间相干激发交换的比率。
κ 是腔的衰减率,γ 是原子的自发辐射率。

σ_- 的运动方程为

$$\frac{\mathrm{d}a(t)}{\mathrm{d}t}=-i[a,H]=-i\omega a-ig\sigma_- \tag{8-7}$$

$$\frac{\mathrm{d}\sigma_-(t)}{\mathrm{d}t}=-i[\sigma_-,H]=-i\omega\sigma_-+iga \tag{8-8}$$

腔内电场和原子极化的期望值分别可以表示为

$$a(t)=\langle a(t)\rangle \mathrm{e}^{i\omega t} \tag{8-9}$$

$$p(t)=\langle \sigma_-(t)\rangle \mathrm{e}^{i\omega t} \tag{8-10}$$

而且在弱激发条件($\langle\sigma_z(t)\rangle=-1$)下,根据式(8-7)和式(8-8),腔内电场和原子极化期望值分别满足方程

$$\frac{\mathrm{d}a(t)}{\mathrm{d}t}=-igp \tag{8-11}$$

$$\frac{\mathrm{d}p(t)}{\mathrm{d}t}=-iga \tag{8-12}$$

式(8-7)和式(8-8)假设腔完全封闭,即腔品质因子 Q 无穷大,因此上面的方程是无耗散耦合方程。对于实际情况,必须考虑腔耗散 κ,它与腔的品质因子 Q 和腔模频率 ω 都有关系:

$$\kappa\equiv\omega/2Q \tag{8-13}$$

同时考虑原子本身也会耗散到腔模之外的其他模上，并假定自发辐射率为 2γ，则式(8-11)和式(8-12)变为

$$\frac{\mathrm{d}a(t)}{\mathrm{d}t}=-\kappa a-igp \tag{8-14}$$

$$\frac{\mathrm{d}p(t)}{\mathrm{d}t}=-iga-\gamma p \tag{8-15}$$

假定 $a(t)$ 和 $p(t)$ 具有 $\mathrm{e}^{\lambda t}$ 的形式，代入式(8-14)和式(8-15)得到方程的本征值

$$\lambda_{\pm}=-(\kappa+\gamma)/2\pm[(\kappa-\gamma)^2/4-g^2]^{1/2} \tag{8-16}$$

此时，原子-腔耦合系统的演化由三个参数描述：原子-腔模耦合率 g，腔模耗散率 κ，原子自发辐射率 γ。根据它们的大小关系，可以定义弱耦合和强耦合两种不同的耦合区域。

(1) 弱耦合(weak coupling)

当 $g\ll(\kappa,\gamma)$(满足前面所述的条件 $(n_0, N_0)\gg1$)时，原子-腔耦合系统工作在弱耦合区域。在这个区域，腔模和原子仍遵从指数衰减概率，但衰减率被明显调制。下面分两种情况讨论。

①坏腔极限($\kappa\gg g^2/\kappa\gg\gamma$)下，原子的衰减率简化为

$$\lambda_{\pm}=-(\gamma+g^2/\kappa) \tag{8-17}$$

此时，原子自发辐射增强，导致原子在腔中辐射寿命变短。增强效应可以用 Purcell 因子[5]来描述，原子辐射在腔中的自发辐射率 γ_c 和在自由空间中的自发辐射率 γ_f 之比为

$$\frac{\gamma_c}{\gamma_f}=\frac{g^2}{A}\,\frac{\kappa}{2}=\frac{3Q}{4\pi}\,\frac{\lambda^3}{V_m} \tag{8-18}$$

此式即为式(8-1)，其中，A 是爱因斯坦系数，λ 为发射光子的波长，V_m 是腔模的有效体积。高的品质因子和小的腔模体积导致明显的增强因子。

②好腔极限(高 Q 区域，($\gamma\gg g^2/\gamma\gg\kappa$))。此时，由于原子的吸收，腔耗散率增加。如果腔内只有一个原子和腔作用，则调制后的耗散率可以表示为

$$\kappa'=\kappa+g^2/\gamma \tag{8-19}$$

此时品质因子降低，腔模的线宽加宽。如果腔内有 N 个全同原子，在调制后腔耗散率为

$$\kappa'=\kappa+Ng^2/\gamma \tag{8-20}$$

(2)强耦合(strong coupling)

强耦合区域对三个系统参数要求非常严格,$g^2 \gg \kappa\gamma$(满足前面所述的条件$(n_0, N_0) \ll 1$)。当系统工作在该区域时,原子辐射的光子在泄露出腔之前,可以被原子多次吸收、辐射,式(8-16)的本征值可以写为

$$\lambda_{\pm} = -(\kappa+\gamma)/2 \pm i\Omega_{\text{Rabi}} \tag{8-21}$$

其中,$\Omega_{\text{Rabi}} = [g^2 - (\kappa-\gamma)^2/4]^{1/2}$是真空拉比频率。在频率谱上,该耦合系统有两个新的共振峰,间距为$2\Omega_{\text{Rabi}}$,如图8-2所示。

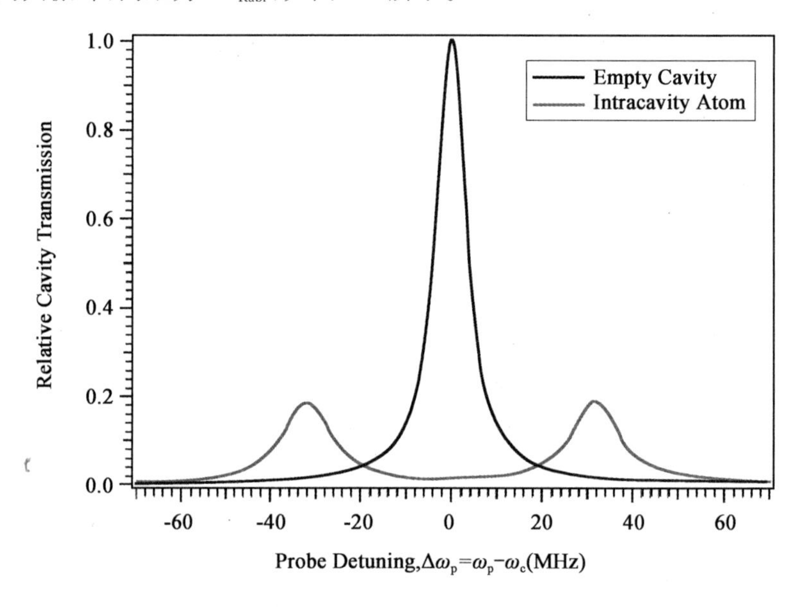

图 8-2 真空拉比劈裂

腔内原子单激发态能量本征态的真空拉比劈裂$\pm g$的双峰辐射谱。图对应共振情况($\omega_c = \omega_A$),其中ω_c和ω_A分别是腔的共振频率和原子的跃迁频率。单峰结构:空腔情况下,探测光的相对辐射谱关于探测失谐量$\Delta\omega_p = \omega_p - \omega_c$的函数(其中,$\omega_p$是探测光频率);半高宽位置为$\Delta\omega_p = \pm\kappa$($\kappa$是腔的衰减率)。双峰结构:腔内一个原子和腔模耦合(耦合率为g_0)情况下,探测光的相对辐射。能级劈裂为$\pm g_0$,因此峰的位置为$\Delta\omega_p = g_0$。图中所用系统处于弱场极限,相应的参数如下:耦合系数$g_0 = 32 \times 2\pi\text{MHz}$,腔衰减率$\kappa = 4 \times 2\pi\text{MHz}$以及原子的自发辐射率$\gamma = 2.61 \times 2\pi\text{MHz}$。

在不考虑原子和腔的耗散情况下,可以直接对角化哈密顿量,获得本征能量

$$E_n^{\pm} = n\omega_c \pm g\sqrt{n} \tag{8-22}$$

及其相应的本征态

$$|\pm\rangle_n = \frac{1}{\sqrt{2}}(|e\rangle|n-1\rangle + |g\rangle|n\rangle) \tag{8-23}$$

和基态$|g\rangle|0\rangle$(能量为 E_0)。n 代表体系的光子数;其缀饰态能谱如图 8-3 所示。

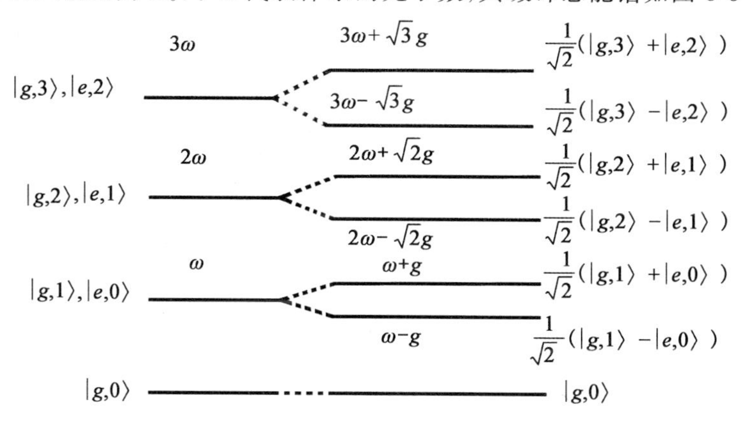

图 8-3　单个二能级原子和量子化单模腔场相互作用的本征能谱

基态能级为$|g,0\rangle$,其本征能量为 $E_0=0$;本征态$|g,n\rangle$和$|e,n-1\rangle$简并;其中 g 和 e 分别指原子的基态和激发态,n 指腔内光子数目。能级劈裂为$\pm\sqrt{n}g$。

2. 系统动力学演化

原子-腔耦合系统的演化由式(8-4)的 Hamiltonian 决定。用$|\Psi\rangle$表示原子-腔耦合系统的态,则该态随时间的演化由薛定谔方程确定

$$i\frac{\partial}{\partial t}|\Psi(t)\rangle = H|\Psi(t)\rangle \tag{8-24}$$

处理演化态演化问题采用相互作用表象比较方便,在相互作用表象中薛定谔方程变为

$$i\frac{\partial}{\partial t}|\Psi_{\mathrm{I}}(t)\rangle = V_{\mathrm{I}}|\Psi_{\mathrm{I}}(t)\rangle \tag{8-25}$$

其中,

$$|\Psi_{\mathrm{I}}(t)\rangle = U_0^{\dagger}|\Psi(t)\rangle \tag{8-26}$$

$$U_0 = e^{-iH_0 t} \tag{8-27}$$

$$V_I = U_0^\dagger H_{int} U_0 = g(\sigma_+ a e^{i\Delta t} + a^\dagger \sigma_- e^{i\Delta t}) \tag{8-28}$$

这里 $\Delta=\omega_A-\omega_c$ 为原子跃迁和腔场模的失谐量。因此有

$$|\Psi_I(t)\rangle = U_I(t)|\Psi_I(0)\rangle \tag{8-29}$$

这里，

$$U_I(t) = \exp\left[-i\int_0^t V_I(\tau)d\tau\right] \tag{8-30}$$

是相互作用表象中的时间演化算子。在共振情况下，有

$$\begin{aligned} U_I(t) &= \exp[-iV_I(t)t] \\ &= \cos\left(gt\sqrt{a^\dagger a+1}\right)|e\rangle\langle e| + \cos\left(gt\sqrt{a^\dagger a+1}\right)|g\rangle\langle g| \\ &- i\frac{\sin\left(gt\sqrt{a^\dagger a+1}\right)}{\sqrt{a^\dagger a+1}}a|e\rangle\langle g| - ia^\dagger\frac{\sin\left(gt\sqrt{a^\dagger a+1}\right)}{\sqrt{a^\dagger a+1}}a^\dagger|g\rangle\langle e| \end{aligned} \tag{8-31}$$

如果系统初始处于态

$$|\Psi(0)\rangle = \sum_{n=0}^{\infty} c_n(0)|e,n\rangle \tag{8-32}$$

经过时间演化之后系统的态为

$$\begin{aligned} |\Psi(t)\rangle &= U_I(t)|\Psi(0)\rangle \\ &= \sum_{n=0}^{\infty} c_n(0)\left[\cos(gt\sqrt{n+1})|e,n\rangle - i\sin(gt\sqrt{n+1})|g,n+1\rangle\right] \end{aligned} \tag{8-33}$$

(1)真空 Rabi 振荡

假设初始时刻处于激发态$|e\rangle$的两能级原子进入真空腔，腔模频率 ω_c 等于$|e\rangle\to|g\rangle$跃迁频率 ω_A。初始时刻原子-腔系统的态$|e\rangle|0\rangle$通过偶极作用跃迁到态$|g\rangle|1\rangle$，意味着原子跃迁到$|g\rangle$态，并向腔内辐射出一个光子。随后系统状态将在$|e\rangle|0\rangle$和$|g\rangle|1\rangle$两个态之间进行量子振荡，即为“真空 Rabi 振荡”，振荡频率为 $\Omega=2g$。而且，由式(8-33)可得，任意时刻系统处于态

$$|\Psi(t)\rangle = \cos gt|e,0\rangle - i\sin gt|g,1\rangle \tag{8-34}$$

反之，如果系统由$|g\rangle|1\rangle$出发，则在 t 时刻系统处于态

$$|\Psi(t)\rangle = \cos gt|g,1\rangle - i\sin gt|e,0\rangle \tag{8-35}$$

以上两式描述原子与腔之间的纠缠随时间的演化。

(2)Rabi 脉冲

当 $\Omega t=2gt=\frac{\pi}{2}$("$\frac{\pi}{2}$ Rabi 旋转")时,系统的量子态为

$$|\Psi(t)\rangle=\frac{1}{\sqrt{2}}(|e,0\rangle-i|g,1\rangle) \tag{8-36}$$

此时原子-腔处于 EPR 态。

当("π Rabi 旋转")时,如果原子-腔系统初始时刻处于态 $|e\rangle|0\rangle$ 则演化到态 $|g\rangle|1\rangle$;反之,如果初始时刻处于态 $|g\rangle|1\rangle$,则演化到态 $|e\rangle|0\rangle$。这意味着"π Rabi 旋转"交换了原子和腔场的态。更一般的情况,如果原子初始时刻处于 $|e\rangle$ 和 $|g\rangle$ 的叠加态,腔处于真空态,经过"π Rabi 旋转",原子将处于态 $|g\rangle$ 而腔场模处于光子数态 $|0\rangle$ 和 $|1\rangle$ 的叠加,即:

$$(c_e|e\rangle+c_g|g\rangle)|0\rangle\rightarrow|g\rangle(c_e|1\rangle+c_g|0\rangle) \tag{8-37}$$

反之亦然,即:

$$(c_1|1\rangle+c_0|0\rangle)|g\rangle\rightarrow|0\rangle(c_1|e\rangle+c_0|g\rangle) \tag{8-38}$$

因此,"π Rabi 旋转"将一个子系统的态映射到了另一个子系统,在两个子系统之间传递由量子态编码的信息。这种映射可以用于制备或探测腔场态,同时可以在两个不同量子位之间交换信息,实现量子网络中静止量子位和飞行量子位之间的信息交换。

当 $\Omega t=2gt=\pi$ 时,原子-腔系统存在演化:

$$|e\rangle|0\rangle\rightarrow-|e\rangle|0\rangle,\quad|g\rangle|1\rangle\rightarrow-|g\rangle|1\rangle \tag{8-39}$$

原子-腔系统经历整个过程将产生量子相移,而 $|g\rangle|0\rangle$ 不受原子-腔耦合影响。因此一个处于 $|g\rangle$ 态的原子进入光腔时,是否发生相移由腔中是否存在光子决定。这个条件动力学(conditional dynamics)正是实现量子逻辑门的基础。

8.1.3 腔量子电动力学实验系统

至今,可以进行 Cavity QED 研究的物理系统多种多样。从工作频率角度来看,可以分为微波腔(腔模处于微波波段)[6]和光波腔(腔模频率工作在光波波段)[7]。

1. 微波腔

微波区的腔 QED 系统由处于低温环境的超导微波腔和处于 Rydberg 态的热

原子束组成。图 8-4 给出微波腔系统具有代表性的实验装置。热源(O)中的原子可以在 B 中被制备在 Rydberg 态上,然后再通过一个超导腔(C),之后场电离作用对原子态进行探测。人们根据探测结果可以反推腔中的动力学演化过程。如果需要直接操控腔内原子,可以利用微波源(S)的经典场驱动来实现。

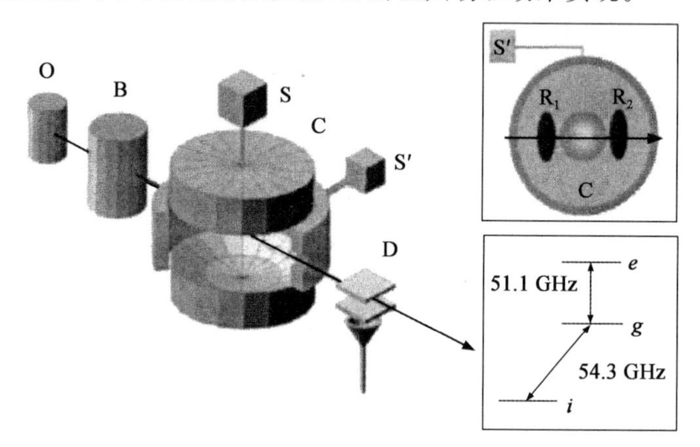

图 8-4　微波腔的典型实验装置

右上角为腔模的俯视图,其中 R_1 和 R_2 是 Ramsey 场区域;
右下角为里德堡原子的相关能级。

近年来,微波区的 QED 腔的工作主要集中在以下几个方面:

(1)对高品质腔中的单光子进行量子非破坏测量和实现基本的量子逻辑操作

1999 年,Negues 等在微波腔的 Rydberg 原子腔 QED 系统中成功实现了微波腔中单个光子的非破坏测量,由于在强耦合区域原子内部能级的变化对腔内光子的数目十分敏感,处于确定能级的原子通过高品质的光学微腔,出射时的状态可以告知腔中是否存在单个光子。利用同样方法他们还实现了量子逻辑相位门,通过调节原子跃迁和腔模之间的失谐量可以改变输出的原子的状态。

(2)产生和测量非经典光场

1997 年,Maitre 等利用激发态原子通过腔场实现原子-腔场相互作用,通过控制相互作用时间,使得原子从激发态跃迁到基态同时辐射出一个光子,原来无光子的微波腔内产生了一个光子,这样就制备了光子 Fock 态$|1\rangle$。2000 年,Vareoe 等用同样的方法控制第二个原子,在腔中产生光子 Fock 态$|2\rangle$。2001 年,Better 等利用一个激发态原子辐射一个光子到高品质微波腔的一个真空模上,同时将另一个非简并腔模中的光子通过拉曼过程转移到这个腔模上,从而在腔中制备了 Fock 态$|2\rangle$。1998 年,Walther 小组通过控制进入微腔的原子束成功观察到微波腔系统

中原子-腔系统的 Trapping 态。2000 年他们通过同样的方式在高品质微波腔中制备光子数为 1 的 Fock 态,成功概率为 97%。2002 年,Bertet 等利用单个 Rydberg 原子和腔场之间色散型相互作用测量了高品质腔中真空态和光子数为 1 的 Fock 态的 Wigner 函数。2003 年,Auffeves 等在单个 Rydberg 原子和高品质腔相互作用的过程中观察到由几十个微波光子形成的介观电磁场呈现出的量子特性。

(3)产生纠缠态

1996 年,Brune 等在实验上将原子内部能级叠加态成功地转换为腔场-原子能级的叠加态,实现了腔场-原子纠缠态。1997 年,Hagky 等在实验上以腔场作为中介产生了原子-原子纠缠态;相距 1 cm 的两个原子依次通过高品质超导腔,当第二个原子通过腔场时,腔场和第一个原子之间的纠缠转换为两个原子之间的纠缠,从而产生了原子 EPR 态。Rausehenbeutel 等利用同样的方法产生两个原子和光场的三组分纠缠及光场-光场纠缠。2001 年,Osnaghi 等利用两个 Rydberg 原子通过非共振腔场交换能量,产生两原子纠缠。

(4)研究原子和腔场相互作用过程和原子计数

1995 年,Brane 等观测到 Rydberg 原子中高品质腔中的 Rabi 振荡,验证了腔中量子化的光场。2004 年,Meuuier 等在腔 QED 系统中通过观察原子的 Rabi 振荡中时间上的回波信号,研究了原子和腔场的相互作用过程。回波信号说明了在原子拉比振荡的崩塌和回复之间的这段时间内腔场的介观叠加态具有相干性。次年,他们又在实验上利用高品质腔中 Rydberg 原子和介观场之间的色散相互作用,实现了高效的、特定原子态的非破坏计数。

由于微波腔 QED 系统中腔内原子通过热原子束提供,无法实现原子确定性控制,这种随机性成为微波腔 QED 系统面临的最大障碍。同时,系统要求精确控制飞行的 Rydberg 原子的速度,这一点也极大限制了其发展前途,因为原子是优秀的静止量子位,但不是很好的飞行量子位。近些年来,工作在微波领域的超导传输线腔(superconducting line cavity)即和人工 cooper-pair box 相结合,呈现令人惊奇的宏观量子效应,可以应用于量子信息处理和计算的研究,吸引了大批研究者。

2. 光学腔

相比微波区腔 QED 采用低温超导腔,光频区腔 QED 采用镀介质膜的高反镜形成的光学 Fabry-Perot 腔或者利用光学全反射的微腔,实验在常温下就可以进行。光频区腔 QED 系统利用光学微腔腔镜的透射通道作为信息的收发通道,可以方便地进行信息的传递,并且随着激光冷却技术和俘获原子技术的进步,人们可以在光学微腔内长时间确定地俘获单原子。因此,近年来光学腔前景看好。

总体来讲,目前的光学腔主要有三大类。第一类是传统的 Fabry-Perot(F-P)

腔;第二类是光子晶体缺陷;第三类是基于回音壁模式的微腔。

(1)F-P 腔

这种腔最早用于激光器中的谐振腔。通过改进腔的镀膜技术以提高腔镜的反射率,同时减小腔镜的面积,可以得到高品质因数小模式体积的微腔。腔内部是空的,便于飞行中的原子通过并存留于此。由于受到镀膜工艺的限制,腔的品质因数不可能很高(现在报道的最大不超过 10 000)。例如,国际上的 Rempe 小组和 Kimble 小组采用的就是 F-P 腔,Yamamoto 小组基于半导体工艺制作的分布反射式的柱状腔实际也是 F-P 腔。Yamamoto 小组在上下两个腔镜(分别由多层反射层构成)的中间嵌入了单个发光的量子点从而实现高效率的单光子光源,而且还在实验上实现了单光子源的量子密钥分配和量子隐形传态。

(2)光子晶体缺陷

光子晶体是一种折射率周期排布的介质结构,这种结构具有类似于天然晶体的能隙,能用来限制某一频率波段的光的传播。在这种周期结构中引入微小的缺陷,局部打破这种周期性,形成一个纳米微腔,可以在原来不透光的禁带内形成共振频率。光子晶体中的点缺陷或线缺陷都可以看成一个纳米腔,具有很高的品质因子和极小的模式体积,并具有良好的集成性。目前光子晶体谐振腔应用极为广泛,如用它来做激光器、滤波器和耦合器等传统光通信器件。这种微腔近来在腔量子电动力学和量子信息领域中也崭露头角。例如在光学微腔中掺入单个量子点实现单光子源并实现量子点与微腔的强耦合。

(3)耳语回廊模式的微腔

主要包括微球腔、微盘腔、微环腔和微芯圆环(microtoroid)微腔。这类光学微腔和光子晶体腔一样也是基于半导体加工工艺,并且相对于光子晶体腔具有更高的品质因数。由于具有这些特点,利用耳语回廊模式微腔进行强耦合物理和量子信息的研究,已经逐步成为一个新的热点。在低阈值激光器、传感器、非线性效应和上行下载器等各个方面都取得了重大的成果。在量子计算领域也有重要的突破,发展极为迅猛。国际上著名的研究小组包括加州理工学院的 Vahala 小组、Kimble 小组、Painter 小组、俄勒冈的 Wang 小组等。

近年来光频区段的腔实验工作主要集中在以下几个方面:

(1)光频区腔 QED 中非线性的研究及应用

1995 年,Turhette 等利用高精细度光学腔中的铯原子作为非线性介质,实验观察到腔内光子数仅改变 0.024 个,腔的透射功率将发生两个量级的变化,同时出射光强的变化也伴随着相位的变化。基于此现象 Turhette 等实现了光频区强相互作用腔 QED 中光子之间的量子逻辑门。2005 年,Birnbaum 等在实验上演示了强耦合腔 QED 系统的单光子阻塞(single photon blockade)效应;入射到微腔的泊淞分布光场经过腔 QED 系统后成为亚泊淞分布光场。

(2)腔内单光子俘获单原子和精确追踪原子运行轨迹的研究

强耦合腔 QED 系统中,单个光子就可以对原子施加非常强的作用,以至于腔内单个光子足以俘获单个原子。原子-腔场的耦合强度与原子所处位置的光场强度有关;光频区腔 QED 中腔内光场为高斯型分布的驻波场,从而微腔中原子-光场耦合强度与原子所处的位置有关;而且原子和腔场耦合强度的变化将引起腔场相位变化(或者腔出射光强变化),这种变化带有原子位置的信息。因此,可以通过监视微腔出射光场的变化,追踪原子进入腔模后的轨迹。2000 年,Kimble 小组和 Rempe 小组分别在铯原子和铷原子的腔 QED 系统中实验实现了单个光子俘获单个原子并以很高的精度追踪了原子的运行轨迹。

(3)单原子激光器的产生和确定性单光子的获得

利用腔内单光子和单原子的强耦合,McKeever 等 2003 年在实验上实现了腔内只有一个原子的激光器。单原子激光器每次只出射一个光子,并且没有阈值,可以用于集成量子计算。此后,他们又通过脉冲泵浦腔中的单个原子获得了确定性的单光子源。Rempe 小组利用原子-腔耦合系统的一个暗态的绝热演化过程,在腔中产生一个光子,避免了原子自发辐射的影响,并采用脉冲光泵浦产生了可以用于量子网络的单光子源。

(4)观测腔 QED 系统的演化过程

在光频区,微腔的出射光场可以用来研究腔内系统和环境之间的纠缠,Foster 等利用条件平衡零拍测量方法测量了腔 QED 系统中光场的波粒关联函数,演示了腔内系统的条件演化过程,观测到了腔内光场的非经典关联,并且他们还用实时反馈的方法证实了腔内量子态的演化和波粒关联函数之间的关联。

(5)腔内单原子的冷却和俘获

1999 年,Ye 等利用 869 nm 的光作为腔内偶极俘获光将落入微腔内的铯原子俘获,囚禁时间达 28 ms。2002 年,MeKeever 等采用波长为 935.6 nm(Magic wavelength)的光作为腔内偶极俘获光,将单个铯原子在腔模中的囚禁时间增加到 2～3 s,通过测量微腔的透射光强大小确认落入腔中的原子个数,并分析了腔内原子的动力学过程。2003 年,Sauer 等又用驻波偶极阱将确定的单原子输送到腔中。2005 年,Nubmann 等用同样的方法将一系列的单原子耦合到腔中,实现原子-腔的强耦合,并且通过三维冷却的方法可以将腔中囚禁原子的停留时间延长到 17 s。2006 年,Boozer 等利用拉曼跃迁过程以 95%的概率将腔内原子沿腔轴向的运动冷却到 25 μK 的振动基态上。最近,Chapman 小组也采用一维 Lattice 的方法将确定数目的原子传送到腔模中，并通过腔致冷却的方法将单原子在腔中的相互作用时间延长到 15 s。

(6)观测腔系统中原子-腔场耦合导致的系统能级劈裂

1991 年，Kimble 小组的 Thompson 等在强耦合腔 QED 系统中第一次观察到了由于原子-腔场强耦合导致的系统能级分裂。2004 年，Kimble 小组和 Rempe 小组分别在强耦合腔系统中观测到由于一个原子引起的耦合系统真空的拉比劈裂。

8.2 金刚石 NV 色心

作为固体中的发光缺陷，金刚石中的 NV 色心(nitrogen vacancy center，NV)是一种优秀的人造原子，是最有潜力的室温量子系统之一。作为一种优秀的人造原子，NV 色心具有荧光稳定，发光强度高等特点。作为一种量子系统，它带负电的状态 NV^- 带有电子自旋。这些电子自旋在室温下有较长的相干时间，可以被微波精确操控，并且可以通过光学方法极化和探测。这使得 NV 色心不仅是一种优秀的发光缺陷在量子光学上有广泛研究，也在量子信息、量子物理中备受关注。随着关于 NV 色心研究的实验技术的进展，它在量子测量、量子器件和生物探测等多个领域都开始有实际应用。除了 NV 色心，人们也在寻找和研究其他与 NV 色心有类似性质的缺陷，以及 NV 色心与其他体系的混合结构，希望能进一步提高 NV 色心拥有的优秀性质，或者弥补 NV 色心的某些不足。比如金刚石中硅-空穴色心(silicon-vacancy center，SiV)、硅中的磷掺杂(^{31}P in Si)等。

8.2.1 金刚石中 NV 色心的研究历史

由于天然的缺陷或者人工的制备，晶体中会存在缺陷并且这些缺陷会发出特定颜色的光，它们被称为色心(color center)。当金刚石晶体中的一个碳原子(carbon)被氮原子(nitrogen)替代，而相邻的碳原子缺失形成空穴(vacancy)时，这个缺陷称为 NV 色心(nitrogen-vacancy center，NV)，如图 8-5 所示。

最初人们用电子自旋共振方法研究半导体中的缺陷，包括金刚石中的各种缺陷。对 NV 色心的早期研究便来于此。较早的研究在 1965 年 Owen 的综述里有所回顾，主要集中在辐射(irradiation)在金刚石中产生的缺陷。之后 1978 年 Loubster 详细回顾了人们对金刚石中包括各种自然缺陷和人工缺陷的自旋性质的研究。同时，1979 年 Walker 详细回顾了人们对金刚石中各种缺陷的光学性质的研究，包括当时人们对金刚石的分类和发现的各种缺陷的光谱性质。在这些研究中,NV 色心的一些基本的自旋和光学性质已经得到。由于固体缺陷的复杂性和实验技术的限制,完全确定 NV 色心的性质依然比较困难,包括其能级结构,带电状态转换等。后续有一些研究,主要集中在 NV 色心的自旋探测技术、NV 色心的形成和能级结构上。在 1997 年,Wrachtrup 研究组在实验上演示了分立的 NV 色心的共聚焦扫描成像以及光学读出自旋磁共振。这些技术立即得到发展和推广,随后有大量的实验和理论研究围绕着金刚石中的 NV 色心进行,比如低温下单个 NV 色心的成像和光谱的研究,室温下 NV 色心的吸收谱和荧光谱的研究。随后研究者可以用光学和微波的方法来操控一个自旋,并且发现化学气相沉积法(CVD)制备的金刚石中,电子自旋的相干时间相对于其他量子系统非常长,在室温(300 K)下达到了 58 μs。这些技术的发展包括 NV 色心的制备技术、微波和光学操控技术、光学读出技术,使得人们认识到 NV 色心是一种优秀的室温量子系统。NV 色心迅速得到极大关注,在量子物理、量子计算器件、量子测量和超分辨成像等方向被广泛研究和应用。

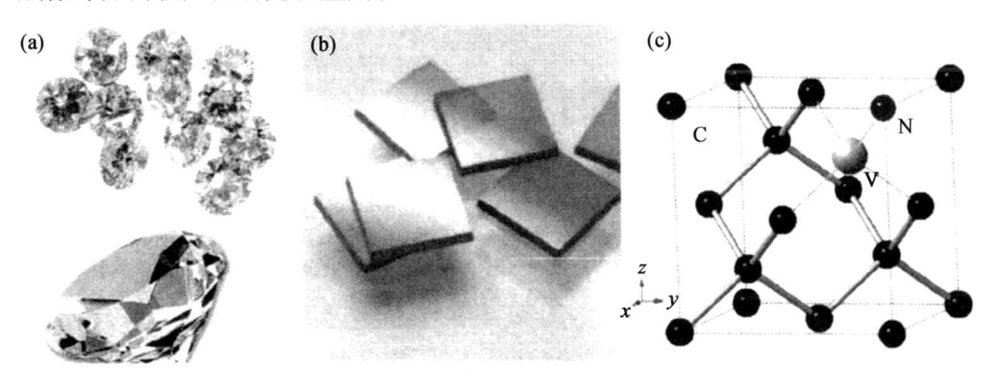

图 8-5　金刚石中的 NV 色心的结构

(a)天然的金刚石　(b)块状人造的金刚石　(c)金刚石中 NV 色心的结构

8.2.2　金刚石中 NV 色心的性质与制备

NV 色心是金刚石中的一种发光缺陷,它的结构和性质与金刚石的结构和性质有关,制备工艺也受到金刚石加工工艺的影响。

1. 金刚石的性质和分类

金刚石是自然界中最硬的矿石,它具有嵌套的面心立方结构,见图 8-5(c)。图中金刚石晶格的立方体边长为 0.356 0 μm,晶格中的每个碳原子都与周围的碳原子通过 sp^3 杂化轨道的共价键相连。金刚石是自然界中硬度最高的物质,有最高的杨氏模量和最好的热导率。金刚石的折射率较大，约为 2.418。由于它的导带和价带之间的能隙为 5.5 eV，它在紫外波段到红外波段，都是透明的。金刚石在空气中加热到高温会和氧气发生反应，但是常温下非常稳定。

自然界有天然存在的金刚石，也可以人工合成金刚石。天然金刚石主要用在首饰艺术品等领域。人工合成的金刚石可以有各种各样的性质，根据具体的工业需要选择使用。合成金刚石的方法主要有化学气相沉积法（CVD）、高温高压法、爆炸法等。金刚石的分类主要根据其中的杂质浓度和类型，分为Ⅰ型和Ⅱ型。最常见的是Ⅰ型金刚石，主要含有氮杂质，浓度为 0.1%。天然金刚石大都是Ⅰa 型的，氮杂质浓度 0.3%；合成金刚石大部分是Ⅰb 型，氮杂质的浓度约为 0.05%（200 μg/g）。Ⅱ型金刚石的氮杂质浓度非常低，分为Ⅱa 和Ⅱb 型，Ⅱa 是实验常用的，N 杂质（0.1～20 μg/g）和其他杂质都很少。Ⅱb 型则含有较多的硼杂质。现在通过 CVD 技术合成的金刚石，可以得到非常纯净的金刚石（杂质浓度在 μg/kg 量级）。甚至可以通过同位素提纯，将金刚石中的 1.1% 的天然同位素 ^{13}C 也降到很低，更适合在科研中使用。

2. 金刚石中的缺陷 NV 色心

金刚石中会有杂质，也会有空穴，会天然形成各种各样的发光缺陷，都称之为色心。金刚石的发光缺陷总共有上百种，常见的色心有 NV 色心、GR1（电中性的空位）、N3（3 个氮原子围绕一个空穴）、P1（单个氮原子）等。这里主要关注带负电的 NV 色心。

NV 色心可以在天然的金刚石中找到，也可以人为制备。通常的方法是采用高能氮离子注入，之后将金刚石退火，空穴会移动与氮原子结合形成 NV 色心。注入产生的 NV 色心的深度与注入的能量有关，通常在几纳米到几十纳米的深度。在 N 离子注入时，可以在金刚石上加掩膜，这样就可以制备 NV 色心的阵列。如果采用氮分子注入，则有一定概率生成距离在几十纳米的 NV 色心对。

3. 自旋的操控和光学读出技术

这里简要介绍实验中操控 NV 色心的技术。一般的，NV 色心的能级可以用图 8-6(a)表示。它有一个自旋为 $S=1$ 的基态，具有零场劈裂 2.87 GHz。NV 自旋的能级可以用磁场精细地控制，用来编码量子比特。用共振微波激发自旋能级，可以对自旋能级做拉比振荡从而操控自旋的量子态。光学上，激发态时 NV 色心的自旋 $m_s=\pm1$ 的态有很大概率弛豫到一个不发光的亚稳态，再由亚稳态弛豫到 $m_s=0$ 的基态。所以实验上可以用 532 nm 的绿光激发 NV 色心，即可将 NV 色心的自旋态初始化到 $m_s=0$。同时，由于 $m_s=\pm1$ 的激发态发光比 $m_s=0$ 的态发光要弱，用读出发光强弱的方法即可读出 NV 的自旋状态。也就是说，基于 NV 色心的量子态的表征、初始化、操作和读出都可以实现。NV 色心的吸收谱和荧光谱如

图8-6(b)所示,荧光的边带较宽,实验上通常收集650～800 nm之间的光子计数NV的荧光。

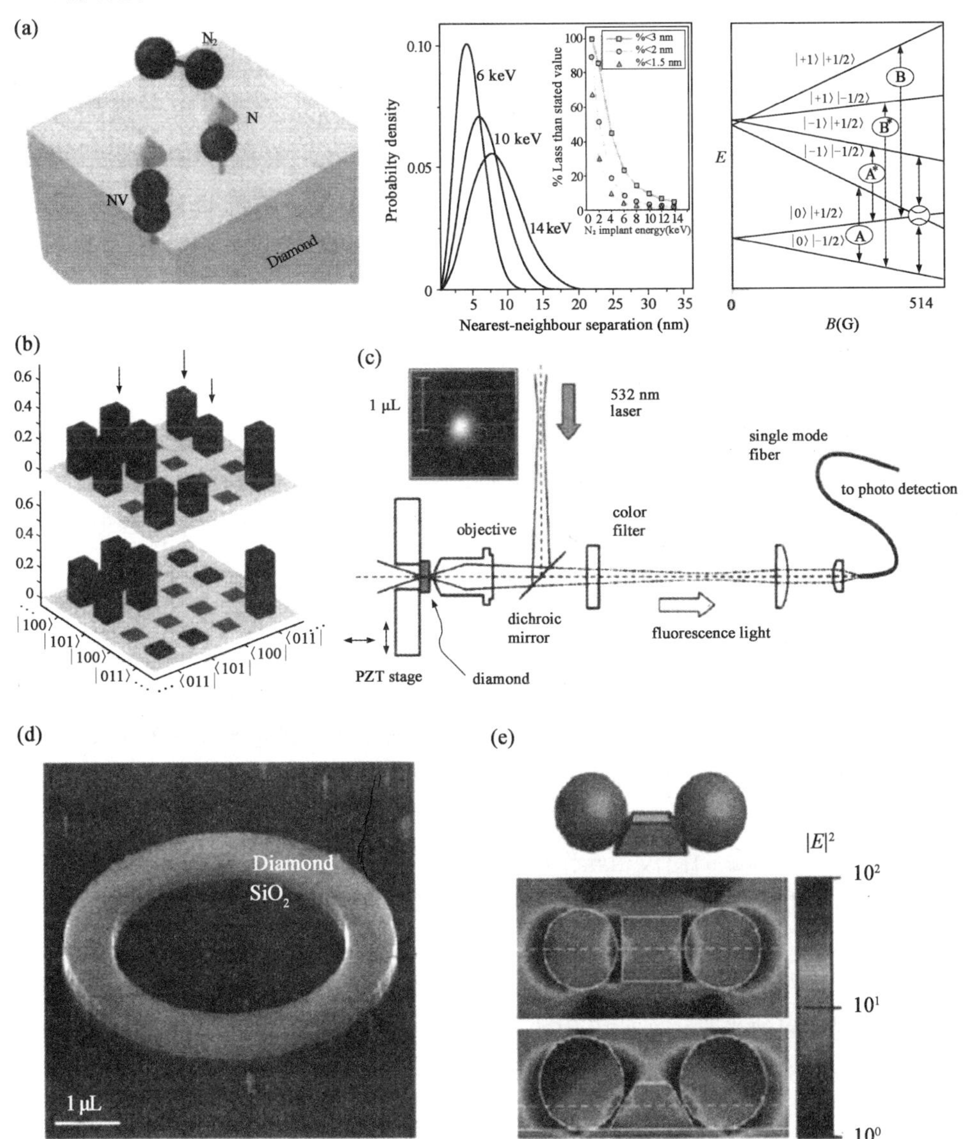

图8-6 NV色心在量子物理中的研究

(a)氮原子核自旋对的制备和耦合研究 (b)利用NV电子自旋和核自旋的耦合制备多粒子纠缠
(c)基于NV的固态单光子源 (d)金刚石微环腔的制备 (e)NV色心和自组织金颗粒的耦合研究

8.2.3 NV色心的研究进展

NV色心作为一种优秀的室温量子系统，它具有光学稳定、不易被漂白(bleach)、闪烁小(blinking)、亮度高(brightness)等特点[8]。同时，NV的电子自旋具有相干时间长、能被微波和光学操控等特点。这是它各种广泛应用的条件。

1. 量子物理里的研究

NV色心的自旋具有很好的相干性，并且可以用光学方法读出其状态，是一个研究自旋耦合等量子物理的理想实验平台。研究者研究了自旋之间耦合的动力学，比如电子自旋和核自旋的耦合[9]。用NV色心的电子作为探针，基于它的自旋和光学性质可以来研究不发光的核自旋。比如研究者研究了NV色心自旋和金刚石中^{13}C的核自旋的各向异性相互作用。该研究组的Hanson等随后又研究室温下用NV色心的电子自旋极化、操作和读出相邻的N原子的核自旋。在室温下用氮气分子注入金刚石，可以产生核自旋对，进行核自旋的耦合研究，见图8-6(c)。电子自旋和核自旋的耦合动力学之后被详细研究，并且由此发展了一些测量磁场的方案。

基于NV色心的自旋或者周围与它耦合的自旋，可以制备固体的纠缠态，研究量子纠缠物理。2008年制备三体的量子纠缠。之后有研究者重新制备了自旋的Bell态，来验证无回路空洞(Loophole-free)的Bell不等式的违反。当两个NV色心与微腔比如光子晶体腔耦合时，有丰富的动力学现象，研究者计算了这种耦合系统的态传输和量子动力学。纠缠是量子物理里的重要现象，制备固态纠缠一直得到关注。之后，Hanson研究组在NV色心上演示通过测量制备纠缠，Dolde等演示了室温下基于自旋的偶极相互作用制备两个电子自旋的纠缠。而Bemien等则演示了通过先制备单个NV的自旋和光子的纠缠，然后通过联合测量的方法制备两个远距离的NV的纠缠。

NV色心的稳定光学性质，也使得它发光的单光子特性受到关注。人们研究了块状金刚石和纳米晶体金刚石中的NV色心的光子的聚束和反聚束效应，并且展示了它可以作为固态单光子源以及用在量子加密通信等方面。之后人们发现金刚石中的另外一种色心，镍-氮色心(Nickel-Nitrogen center，NE8)有相对于NV色心更优的作为单光子源的性质。NE8在室温下发光波长797 nm，在光纤中传播时损耗更低。谱线宽度1.5 nm，远小于NV色心的100 nm，有更小的色散。寿命为11 ns，与NV相当。虽然NV也可以作为单光子源，但NE8优势明显，使得NV从此很少再做这方面的研究。NV色心性质稳定，不像量子点那样容易被漂白，仅它的稳定发光也可以用作一个微纳尺度的经典光源，用来当作 SNOM 的照明，得到扫描图像。

NV 色心也用于研究微腔量子电动力学和微纳光学。如 Park 等将纳米金刚石中的 NV 色心和高品质的二氧化硅微球腔结合，通过温度调节使得 NV 的光学能级和微球腔的模式达到强耦合[46]。Schietinger 等将 NV 色心确定性地移动到微腔附近，实现微腔与逐个的 NV 分别耦合。在纳米晶金刚石薄膜上制备光子晶体微腔，在 NV 色心的零声子线附近的品质因子达到 585。惠普实验室的研究人员用单晶金刚石制备微环腔，品质因子达到 4 000，并且可以通过温度调节到和 NV 的零声子线共振，实现 NV 色心的发光增强。在微纳光学中，研究者将自组织的金属颗粒和纳米金刚石混合，增强 NV 的发光。随着加工技术的发展，研究者也展示了集成量子光学芯片的制备。

2. 量子信息器件中的应用

量子物理的一个重要领域是量子信息，关注量子物理在实际信息处理中的研究和应用。这个领域的一些重要方向，比如量子通信、量子计算、量子模拟等，展示了许多未来技术。其中，随着信息时代的到来，人们对信息处理的速度要求越来越高。量子计算机因为其并行计算特性，备受关注。人们寻找各种体系来实现量子计算，包括线性光学、离子阱、光晶格等。如今，固态自旋体系是留下来最有竞争力的平台之一。

在人们用 NV 色心研究自旋耦合等物理的过程中，意识到 NV 色心是量子信息处理的优秀载体，而研究 NV 色心及自旋耦合的技术也都可以被量子信息所用。早期 Wrachtrup 等综述回顾了金刚石中单个 NV 色心的性质及其在量子信息处理中的应用潜力[10]，展示了 NV 在包括自旋光子通过光诱导透明实现转换（微波波段和光子波段）、控制自旋的量子态和读出、实现 CNOT 门等方面的应用。之后，金刚石中的 NV 色心作为固态自旋体系的代表，被广泛用于研究各种量子信息需要的器件，包括存储器、寄存器、中继器、逻辑门、量子总线等（图 8-7）。

在量子存储器方面，Awschalom 小组用 NV 色心的本征 N 原子的核自旋作为存储器，用 Laudau-Zener 跃迁将电子自旋态转移到核自旋里。存取时间可以达到 120 ns。而 Hanson 小组展示了高保真度的多自旋的量子寄存器的态读出和写入。随后 Lukin 小组报道了在同位素纯化的金刚石中的近邻 NV 的 ^{13}C 自旋上实现了室温下存储时间 1 s 的量子存储器。在处理器芯片方面，研究包括逻辑门。由于基于单个自旋的量子比特，可以由微波脉冲精确操控其量子态，单比特的逻辑门比较成熟。逻辑门方面的研究集中在 CNOT 门的研制。2004 年时 Jelezko 基于电子自旋和核自旋的耦合实现了 CNOT 门，之后研究者加入动态去耦合，实现了高

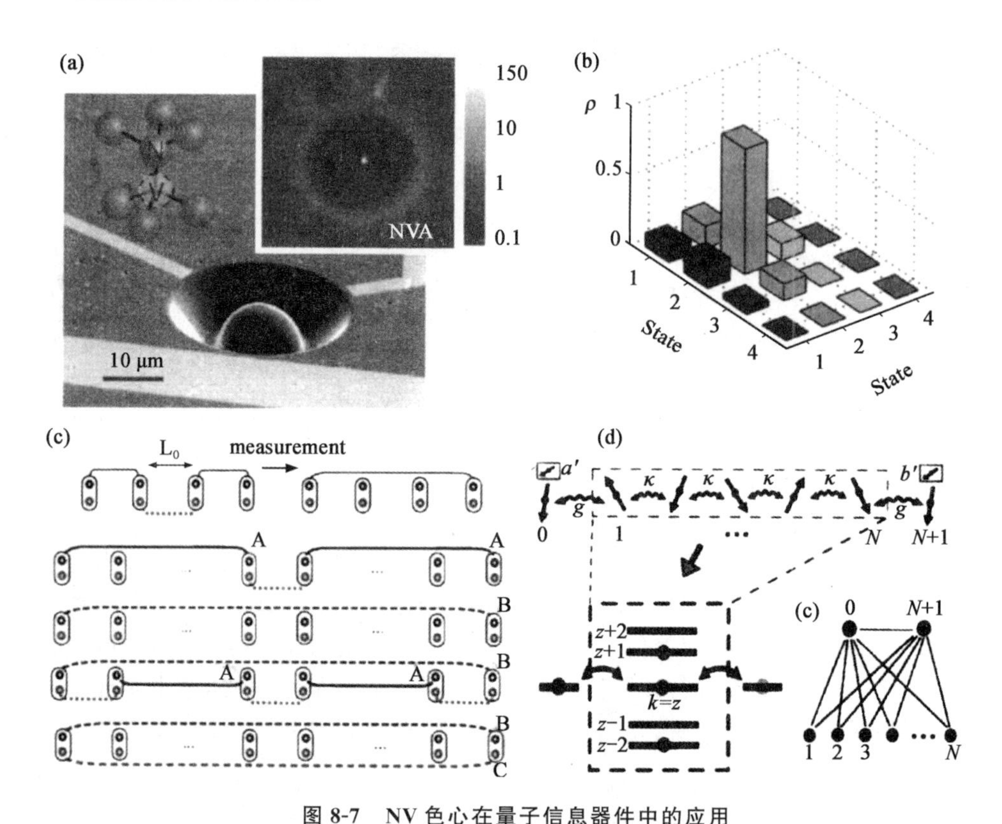

图 8-7　NV 色心在量子信息器件中的应用

(a)基于 NV 色心的存储器　(b)基于 NV 色心的量子门　(c)基于 NV 的量子中继器方案和容错量子通信的研究　(d)基于耦合自旋链的量子态传输

质量的量子逻辑门。Duan 的研究组还演示基于 NV 色心的几何相的量子门。量子网络器件,包括中继器、量子总线(quantum bus)、自旋和光子接口等。基于电子自旋和核自旋耦合,研究者进行了量子中继器方案和容错量子通信的研究。Yao 等提出可以通过自旋链中的态传输用作量子总线。基于 NV 色心光学偶极的特性,Togan 等直接通过单个 NV 色心的圆偏振跃迁实现了态自旋和光子态的转换接口。由于目前技术的限制,量子系统的相干性有限,或者集成扩展能力不足,量子计算需要的计算资源相对较多而未能发挥威力。但是需要更少资源、相对宽松条件的量子模拟器在目前已经可以展示。如彭新华小组利用 5 个自旋,实现了模拟 32 个自旋的 Ising 哈密顿量,未来在 NV 技术不断进步时也可以用 NV 实现这些量子模拟。另外,研究者还演示了室温下的量子克隆机、量子隐形传态等量子信息应用。

如今,研究者看好固态量子计算[11],认为基于金刚石的量子计算机很有可能,其中的器件单元为 NV 色心或者与之类似的其他掺杂色心。量子计算需要的条件,基于金刚石平台的方案各个条件都进展良好,展示了很好的前景。

3. 物理量测量中的应用

NV 色心带有自旋,有很长的自旋相干性,且对磁场敏感。同时由于 NV 色心作为晶体中的缺陷,具有原子级的大小,因此可以用作高灵敏度高空间分辨率的磁场测量(考虑到金刚石的键长和电子云的分布,可以认为 NV 的体积为 0.5 nm)。Maze 等研究了用块状金刚石中的 NV 和纳米金刚石中的 NV 进行磁场测量,用块状金刚石测量精度达到了 3 nT,而用大小为 30 nm 的粉末金刚石实现了灵敏度为 0.3 $\mu T/\sqrt{Hz}$的磁场测量,如图 8-8(a)。随后又有大量的基于 NV 的磁场测量,包括高动态范围的磁场测量、矢量磁场测量等。

磁场测量的空间分辨精度受限于金刚石粉末的大小和质量。人们也仔细研究了如何制备高质量的纳米金刚石,例如 Rabeau 在研究了块状金刚石中的制备阵列的 NV 色心之后,又研究了纳米金刚石 CVD 沉积的方法以及得到纳米金刚石的 NV 色心的性质。虽然实验上可以制备更精细的纳米金刚石,但是该研究发现包含单个 NV 色心的最佳尺寸是 60～70 nm。后来,研究者进一步研究了含有 NV 色心的纳米金刚石的制备方法和能达到的最小体积,以方便它在测量和生物成像等方面的应用。发现纳米颗粒可以小到 25 nm 仍然保持 NV 良好的光学性质,对于生物成像的标记和追踪来说,是一个很好的长时间高空间分辨的选择。

NV 色心电子的相干时间决定了它探测磁场能达到的精度。两种提高相干时间的方法被研究。一种是纯化金刚石样品,减少晶体中的杂质自旋。金刚石中主要的天然自旋是 1.1%丰度的^{13}C 的 1/2 核自旋,研究者通过纯化^{13}C 到 0.3%,使得电子自旋的相干时间可以达到 $T_2=1.8$ ms。另一种是通过微波脉冲序列,实现动态去耦合。后一种方法使用了 NMR 上成熟的技术,并且效果显著,使得基于 NV 的测量大显身手。使得人们可以用 NV 色心来探测各种各样的弱磁场,甚至其他单自旋产生的磁场。如用 NV 来探测核自旋对,用单电子来探测远处的单个核自旋,将 NV 色心制备在扫描针尖上,对单个电子的磁场成像。Yacoby 小组发展了金刚石尖端的制备技术,可以扫描精细的磁场分布,比如磁盘的存储。随着技术的迅速进步,基于 NV 的磁场测量由于其高精度和高空间分辨,成为微纳尺度下的重要测量工具,可以用来探测单质子自旋,探测带自旋的分子类,基于分子类带自旋的不同用作蛋白质分子谱仪。

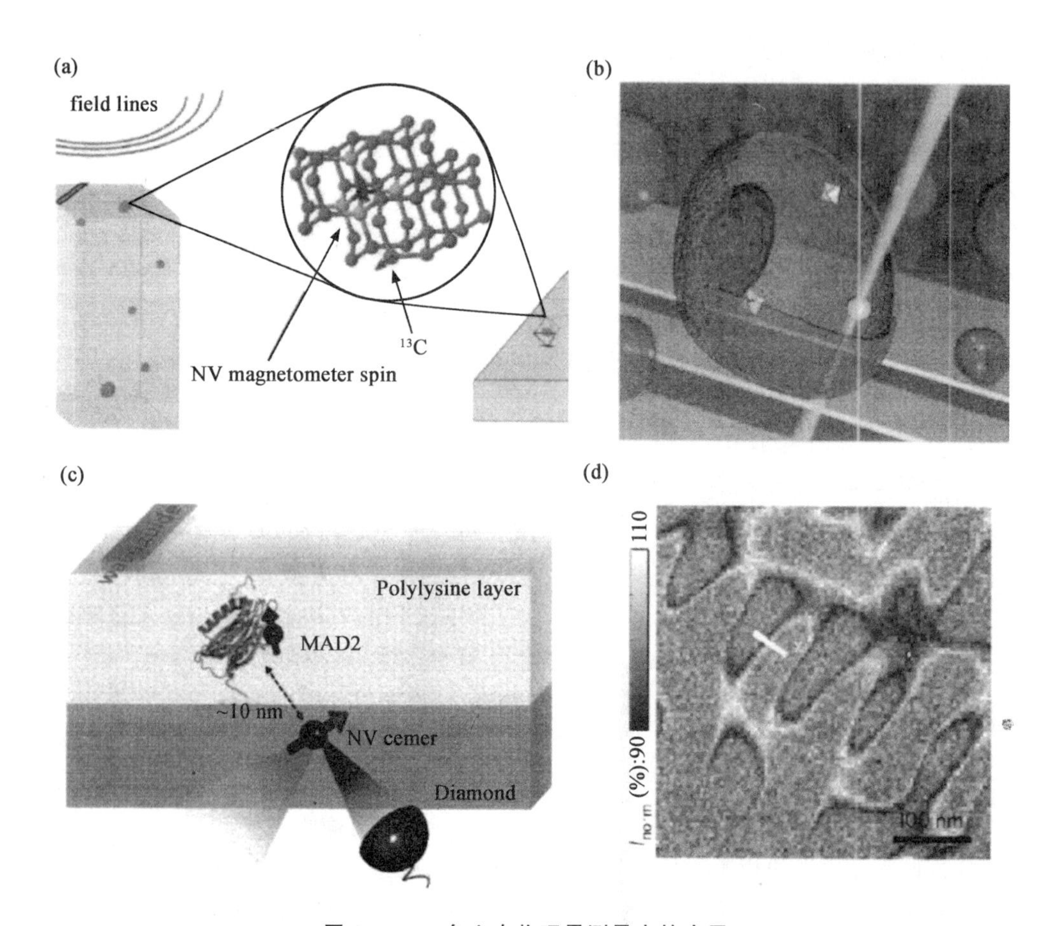

图 8-8 NV 色心在物理量测量中的应用

(a)利用 NV 色心的电子自旋探测弱磁场 (b)利用 NV 色心探测细胞内的温度变化
(c)基于 NV 色心的磁场探测用作蛋白质谱仪 (d)利用 NV 色心测磁场高灵敏度高空间分辨的特性,可以成像磁盘出处器的磁场分布

其他的物理量,也可以被 NV 色心探测。可以直接测量也可以转化为磁场测量,同样可以利用 NV 的优点实现高精度或者空间分辨。比如测量电场,比如通过热噪声产生的磁场测量热噪声。基于 NV 色心的温度测量,由于纳米金刚石的稳定性和与生物细胞的兼容性还可以用在生物中,探测细胞环境的温度变化。将含有 NV 色心的纳米金刚石置于 SiC 的悬臂上,使其在磁场中运动,可以通过自旋读出悬臂微小的运动变化。

4. 超分辨成像中的应用

分辨成像一直是人们重要的关心领域，可以让人们看到更深层次的世界。普通的光学分辨由于衍射极限的限制，分辨率在波长量级，对可见光来说有几百纳米。在包括生物和化学动力学过程的研究中，经常需要高于可见光的分辨率，即超分辨成像技术(super resolution techniques)。研究者发展了各种超分辨的成像技术，包括随机光学重建技术(stochastic optical reconstruction microscopy, STORM)，受激辐射耗尽技术(stimulated emission depletion, STED)，基态耗尽技术(ground state depletion, GSD)和量子光谱学等。基于 NV 色心的超分辨成像由于之前提到的生物兼容和稳定性，有广泛的应用前景。Hell 研究组，利用 NV 色心的 STED 方法，实现了精度高达纳米的分辨率，见图 8-9(a)。Cui 等利用 NV 的单光子特性，用关联函数方法可以分辨距离 8.5 nm 的 NV 色心，见图 8-9(b)。Chen 等用 NV 色心的电荷转换方法，类似于 STED 实现了 4.1 nm 的两个 NV 的成像分辨。

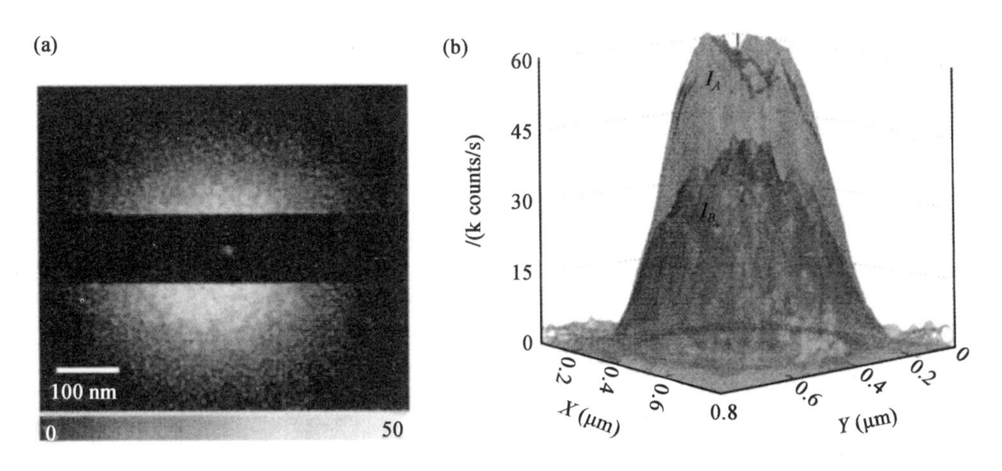

图 8-9　NV 色心在超分辨成像中的应用

(a)利用 NV 色心的 STED 成像，达到纳米的分辨率

(b)利用 NV 色心的单光子特性用量子光学成像，精度达到 8.5 nm。

5. 其他应用和研究方向

除了上述的应用，研究者还利用 NV 色心实现核自旋库的极化。极化的自旋库能减少一个量子系统在其中的退相干，为量子信息应用提供更好的环境。用激光极化电子自旋，通过电子自旋和核自旋的耦合或者其他作用过程，来冷却周围的大量^{13}C的核自旋。在激光冷却的同时还可以实时测量周围的核自旋环境。

混合的量子系统可以发挥各自的优势,从而弥补单个系统的不足。NV色心和其他系统的混合体系也开始得到研究,比如利用超导腔和NV色心系综的混合体系已经能达到强耦合,NV与微腔的混合体系来制备纠缠。随着人们对光力系统(Optomechanics)的研究,研究者也开始进行将机械和自旋耦合。还有研究者将NV和石墨烯耦合实现快速电学读出或者研究它们的发光性质等。

为了更加清楚地理解和利用NV色心的光学性质,人们进一步仔细地研究NV的能级结构和它的两种带电状态的控制。能级结构上,研究者研究了NV的理论能级,激发态性质,基态自旋性质等。对电荷态的转换研究中,包括电荷转换机制的研究,电荷态转换的电控制等。

8.2.4 金刚石中NV色心的能级理论研究

NV色心作为固态体系中缺陷,它的结构决定了它有一系列优秀的性质,适合于量子信息、物理量测量、超分辨成像等。

1. NV色心的结构

金刚石晶体中的一个碳原子(carbon)被氮原子(nitrogen)替代,而相邻的碳原子缺失形成空穴(vacancy)时,这个缺陷称为NV色心(nitrogen vacancy center, NV),如图8-5所示。仅仅考虑缺陷处的原子,则如图8-10(a)所示。根据这个缺陷的带电性质的不同,可以分为负电NV色心(NV^-),中性NV色心(NV0)和正电NV色心(NV^+)。各种不同带电性质的NV色心在缺陷的电荷转换和光致变色研究中被严格区分,而在通常的应用中,一般只关心一种特定的NV色心。在本书中,NV色心统一指NV^-,而中性和正电NV色心会被严格记为NV0和NV^+。NV^+是在电荷态转化过程中提出的一种状态,实验上被光谱确认的是NV^-和NV0。NV^-和NV0的荧光光谱不同,见图8-10(b),它们的零声子线(Zero Phonon Line,ZPL)分别位于637 nm和575 nm。虽然在实验中,NV^-和NV0有一定的概率相互转化,但可以通过带通滤波片,仅观测一种NV的状态。比如,实验中采用532 nm的激光激发NV^-,用650~800 nm的滤波片收集它的发射光子。

NV色心是固体中的一种缺陷,能级相对于单原子来说较为复杂,研究者进行了持续不断的理论和实验研究,比较接受的能级结构是Manson等的模型[12]。随后人们对NV的能级又进行了持续的研究,包括金刚石中单个NV色心的斯塔克频移的控制,偏振选择的NV色心的激发和荧光性质,NV色心在轴向应力下红外发光光谱的变化以及提出NV色心能级结构的一个新模型及其激发态的哈密顿量

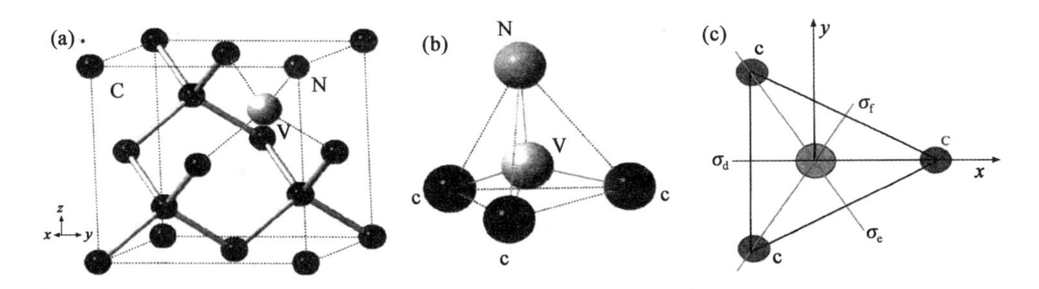

图 8-10　NV 色心 C_{3v} 群的对称操作

(a)金刚石的晶格结构和其中的 NV 色心　(b)NV 色心的结构

(c)NV 色心 C_{3v} 群的对称操作及坐标系选择

描述。为了能够操控光学能级，人们还研究了对 NV 色心的光学能级进行拉比操作，激发态的自旋拉比振荡，光学 CNOT 门的实现，全光控制 NV 色心的理论等。NV 色心的能级对于各种研究和应用都至关重要，最近 Maze 和 Doherty 等分别用电子理论计算了 NV 的能级，给出目前普遍采用的能级结构。这里，将采用他们的方法，仔细地介绍和计算 NV 的能级结构。

2. NV 色心的能级结构

如果给出一个系统的哈密顿量描述，就可以计算其能级。哈密顿量的本征值和本征矢对应于系统的能级和相应的电子轨道波函数。对于原子和分子的能级(即其电子的能级)，可以用原子物理学中的方法进行计算，每个原子核产生的势场 ϕ 认为是中心球对称势场。晶体中的电子的能级或者说能带，可以对其哈密顿量进行近似，认为势场 ϕ 是周期性平均场，然后进行计算。晶体中缺陷的电子能级，与晶体中计算能带相比，ϕ 需要考虑缺陷带来的场，缺少平移对称性；但与原子和分子能级的计算相比，需要考虑晶格场。下面将从哈密顿量出发，分析 NV 的能级结构。

(1)NV 色心的哈密顿量

对于 NV 色心(本书中统一指 NV^-)，空间对称性为 C_{3v} 结构见图 8-10。这个缺陷有 8 个电子，那么在最外层有 2 个电子没有配对。稳定的第一壳层不考虑的话，NV 色心可以当成一个 6 电子模型或者 2 空穴模型。这里采用 2 空穴模型。空穴模型和电子模型仅在特殊的情况需要注意符号，比如轨道自旋相互作用。因此之后不予区分空穴和电子的用词，按照双电子模型计算。NV 色心的总的哈密顿量可以写成：

$$H=\sum_{k=1,2}\left(\frac{p_k^2}{2m}+V_k\right)+V_c+\sum_{k=1,2}H_{k,\mathrm{so}}+H_{\mathrm{ss}}+\sum_{k=1,2}(H_{k,\mathrm{strain}}+H_{k,\mathrm{elec}})$$

(8-40)

其中

$$H_k=\frac{p_k^2}{2m}+V_k \tag{8-41}$$

是单个电子的哈密顿量。$V_k=e\phi$ 是电子在原子核附近势场中的哈密顿量。势场 ϕ 不是中心球对称势场，具有 C_{3v} 对称性。其他各项分别是：

- V_c，两个电子的库伦相互作用，大小～eV；
- $H_{k,\mathrm{so}}$，每个电子的自旋轨道相互作用，～GHz；
- H_{ss}，两个电子之间的自旋自旋相互作用，～GHz；
- $H_{k,\mathrm{strain}}$，应变给每个电子增加的哈密顿量，可以达到～GHz；
- $H_{k,\mathrm{elec}}$，外加电场与电子相互作用带来的哈密顿量，可以达到～GHz。

如果考虑更精细的能级结构，需要考虑核自旋带来的哈密顿量，通常为 MHz 量级。将对能级结构进行微扰分析，先分析零级哈密顿量，然后逐级微扰。

(2)电子的对称化轨道

①哈密顿量的对称群和能级　电子所处的势场 ϕ 只有它有对称性。虽然因此无法准确计算能级，但是可以用它的对称群来分析能级结构。哈密顿量的对称群对应的不可约表示和本征能级也是对应关系。于是可以运用对称群来分析能级。用哈密顿量的对称群虽然不能准确地计算能级，但能够分析能级的结构和简并。这是固体物理里分析缺陷能级的一种常用方法[13]。

②单电子的对称化轨道　这里首先计算单电子对称化轨道，类似于缺陷的分子轨道(molecular orbital，MO)。选取坐标系如图 8-10(c)所示，标记相应的对称操作和原子也如图 8-10(c)所示。C_{3v} 群的群元素为：$G=\{E,C_3^+,C_3^-,\sigma_d,\sigma_e,\sigma_f\}$ 或者记为 $G=\left\{E,Z\left(\frac{2\pi}{3}\right),Z\left(-\frac{2\pi}{3}\right),S_{23},S_{31},S_{12}\right\}$。群的不可约表示见表 8-1，相应的不可约表示的对称元素和特征标见表 8-2，二维表示选择的是以(x,y)为基矢。

用投影算符来计算群的不可约基矢。在紧束缚模型下，金刚石晶体是靠 sp3 杂化轨道相互作用形成的。当出现空穴缺陷时，有 4 个共价键没配对，它们的波函数有如下的形式：$\{\sigma_1,\sigma_2,\sigma_3,\sigma_N\}$，可以作为单电子的所有可能轨道。其中，$\sigma_N$ 为氮原子附近的未配对共价键，而 $\sigma_1,\sigma_2,\sigma_3$ 为空穴附近 3 个碳原子的未配对共价键。更极端地，可以近似认为各个共价键是各个位置点上的彼此无交叠的波函数，仅区分氮原子和碳原子的不同。利用准投影算符将它们对称化得到对称化的轨道：

$$\varphi_k^r = P_{kk}^r \sigma_i \tag{8-42}$$

表 8-1　群 C_{3v} 的不可约表示

C_{3v}	E	C_3^+	C_3^-	σ_d	σ_e	σ_f
A_1	1	1	1	1	1	1
A_2	1	1	1	−1	−1	−1
E	$\begin{pmatrix}1 & 0\\0 & 1\end{pmatrix}$	$\begin{pmatrix}\frac{-1}{2} & \frac{-\sqrt{3}}{2}\\\frac{\sqrt{3}}{2} & \frac{-1}{2}\end{pmatrix}$	$\begin{pmatrix}\frac{-1}{2} & \frac{\sqrt{3}}{2}\\\frac{-\sqrt{3}}{2} & \frac{-1}{2}\end{pmatrix}$	$\begin{pmatrix}1 & 0\\0 & -1\end{pmatrix}$	$\begin{pmatrix}\frac{-1}{2} & \frac{-\sqrt{3}}{2}\\\frac{-\sqrt{3}}{2} & \frac{1}{2}\end{pmatrix}$	$\begin{pmatrix}\frac{-1}{2} & \frac{\sqrt{3}}{2}\\\frac{\sqrt{3}}{2} & \frac{1}{2}\end{pmatrix}$

表 8-2　群 C_{3v} 的不可约表示的特征标

C_{3v}		E	$2c_2$	$3\sigma_v$
A_1	x^2+y^2, z^2, z	1	1	1
A_2	R_z	1	1	−1
E	$(x^2-y^2, xy), (xz, yz)$ $(x, y), (R_x, R_y)$	2	−1	0

结果为：

- A_1 的基矢 $a_c=(\sigma_1+\sigma_2+\sigma_3)/3, a_N=\sigma_N$；
- E 的基矢为 $e_x=(2\sigma_1-\sigma_2-\sigma_3)/\sqrt{6}, e_y=(\sigma_2-\sigma_3)/\sqrt{2}$。

这种通过原子轨道构建分子轨道的方法也称为原子轨道的线性组合(linear combination of atomic orbitals，LCAO)。进一步的，考虑能级的混合，但不影响后面的分析，这里就暂不考虑。

③双电子对称化轨道　上面为单电子的对称化轨道，而 NV 色心有两个电子(空穴)，这里计算双电子即整理系统的对称化轨道。当系统含有两个电子时，系统的任意函数是单电子波函数的直积。可以选取每个电子自己的对称化波函数作为任意函数，直积后对系统重新进行对称化计算，得到系统的对称化轨道：

$$\begin{aligned}\Psi_{kk}^r &= P_{kk}^r \varphi_1\varphi_2 = \frac{l_r}{h}\sum_R D^r(R)_{kk}^* P_R(\varphi_1\varphi_2)\\&= \frac{l_r}{h}\sum_R D^r(R)_{kk}^* P_{1R}\varphi_1 P_{2R}\varphi_2\end{aligned} \tag{8-43}$$

当考虑电子自旋时，群变成复 C_{3v} 群，重新进行上面的单电子的对称化计算；然后考虑两个电子的系统，再进行一次对称化计算。或者对电子空间波函数和自旋波函数都进行对称化计算，然后写成对称形式，再利用费米子的性质进行组合，能简化计算。这里采用后一种。

首先计算双电子的空间对称化轨道和自旋对称化轨道。C_{3v} 群的群表示的直积的直和约化，除了二维表示的直积需要直和约化并重新对称化，其他的直积函数即为相应表示的对称化基矢。由于 e_x，e_y 函数的变化和 x，y 向量基矢一样，用 x，y 来表示且进行计算。具体的变化形式即是按照不可约表示的那一列进行变化：

$$P_R\phi_j^r = \sum_j D^r(R)_{ij}\phi_j^r \tag{8-44}$$

得到：

$$\begin{aligned}
|O_{A_1}\rangle &= \frac{1}{\sqrt{2}}(xx + yy) \\
|O_{A_2}\rangle &= \frac{1}{\sqrt{2}}(xy - yx) \\
|O_{E_1}\rangle &= \frac{1}{\sqrt{2}}(xx - yy) \\
|O_{E_2}\rangle &= \frac{-1}{\sqrt{2}}(xy + yx)
\end{aligned} \tag{8-45}$$

类似的，计算自旋的对称化基矢，得到：

$$\begin{aligned}
|S_{A_1}\rangle &= \frac{1}{\sqrt{2}}(\alpha\beta - \beta\alpha) \\
|S_{A_2}\rangle &= \frac{1}{\sqrt{2}}(\alpha\beta + \beta\alpha) \\
|S_{E_1}\rangle &= \frac{-i}{\sqrt{2}}(\alpha\alpha + \beta\beta) \\
|S_{E_2}\rangle &= \frac{-i}{\sqrt{2}}(\alpha\alpha - \beta\beta)
\end{aligned} \tag{8-46}$$

计算激发态的对称化基矢，得到：

$$
\begin{aligned}
|X\rangle &= \frac{1}{\sqrt{2}}(ax - xa) \\
|\bar{X}\rangle &= \frac{1}{\sqrt{2}}(ax + xa) \\
|Y\rangle &= \frac{1}{\sqrt{2}}(ay - ya) \\
|\bar{Y}\rangle &= \frac{-1}{\sqrt{2}}(ay + ya)
\end{aligned}
\tag{8-47}
$$

接着利用电子波函数的反对称性质，将空间部分和自旋部分组合起来。对于基态，由电子波函数的反对称性质得到：$\{{}^3A_2, {}^1A_1, {}^1E_1, {}^1E_2\}$。对于第一激发态，需要相对空间波函数部分进行组合得到对称态，如上面的 X, Y。即两个二维不可约表示重组为反对称和对称的(X,Y)，$(\bar{X},\bar{Y})$。激发态的波函数利用反对称性可以得到的有 8 个。其中，由于 $E\otimes E = A_1 \oplus A_2 \oplus E$，反对称组合$\{XS_{E_1}, XS_{E_2}, YS_{E_1}, YS_{E_2}\}$需要重新对称化计算。对于第二激发态，由对称性得到：${}^1A_1 = |a_1a_2\rangle \otimes |S_{A_1}\rangle$，$A_1 \otimes A_1 = A_1$。定义符号：

$$
\begin{aligned}
e_+ &= \frac{-1}{\sqrt{2}}(e_x + ie_y) \\
e_- &= \frac{1}{\sqrt{2}}(e_x - ie_y) \\
E_+ &= \frac{1}{\sqrt{2}}(a_1e_+ - e_+a_1) \\
E_- &= \frac{1}{\sqrt{2}}(a_1e_- - e_-a_1)
\end{aligned}
\tag{8-48}
$$

后得到表 8-3 列出的 NV 的所有基矢，即本征态能级。群论可以解释为什么激发态时超精细相互作用即电子和原子核的自旋自旋相互作用要强很多。因为激发态时有电子在 a 态主要分布在 N 原子附近，而基态 e_x, e_y 可主要分布在空穴处。

(3)能级的逐级能级分析

①库仑相互作用和能级排序　能级排序的因素依次有：不同的电子结构决定的能级，即电子和原子核的相互作用决定的能级；相同电子结构，电子的空间分布，导致相互库仑作用不同，反对称的电子分布能量小于对称的电子分布；然后，考虑轨道自旋相互作用，自旋自旋相互作用，外场造成的微扰能级。电子和原子核的相互作用决定的能级，在 NV 中由低到高依次是(ee)、(en)、(aa)。由于库仑作用 V_c 任意对称操作不变，选等式(8-40)的第一项为零阶哈密顿量。

表 8-3 NV 色心的对称化本征态

结构	电子态	对称性
ee(T)	${}^3A_{2-}=(xy-yx)\beta\beta/\sqrt{2}=(E_1-iE_2)/\sqrt{2}=O_{A_2}\beta\beta$	E_1-iE_2
	${}^3A_{20}=(xy-yx)(\alpha\beta+\beta\alpha)/2$	$A_2\otimes A_2=A_1$
	${}^3A_{2+}=(xy-yx)\alpha\alpha/\sqrt{2}=(E_1+iE_2)/\sqrt{2}=O_{A_2}\alpha\alpha$	E_1+iE_2
ee(S)	$1E_1=(xx-yy)(\alpha\beta-\beta\alpha)/2$	$E_1\otimes A_1=E_1$
	$1E_2=-(xy+yx)(\alpha\beta-\beta\alpha)/2$	$E_2\otimes A_1=E_2$
	$1A_1=(xx+yy)(\alpha\beta-\beta\alpha)/2$	$A_1\otimes A_1=A_1$
ea(T)	$\|A_1\rangle==\frac{1}{\sqrt{2}}(XS_{E_1}+YS_{E_2})=\frac{-i}{\sqrt{2}}(E_-\alpha\alpha-E_+\beta\beta)$	
	$\|A_2\rangle==\frac{1}{\sqrt{2}}(XS_{E_2}-YS_{E_1})=\frac{-1}{\sqrt{2}}(E_-\alpha\alpha+E_+\beta\beta)$	
	$\|E_1\rangle=\frac{1}{\sqrt{2}}(XS_{E_1}-YS_{E_2})=\frac{-i}{\sqrt{2}}(E_-\beta\beta-E_+\alpha\alpha)$	
	$\|E_2\rangle=\frac{-1}{\sqrt{2}}(XS_{E_2}+YS_{E_1})=\frac{-1}{\sqrt{2}}(E_-\beta\beta+E_+\alpha\alpha)$	
	$E_y=-\|Y\rangle\otimes\|S_{A_2}\rangle=-(ay-ya)(\alpha\beta+\beta\alpha)/2$	$-E_y\otimes A_2=E_x$
	$E_x=\|X\rangle\otimes\|S_{A_2}\rangle=(ax-xa)(\alpha\beta+\beta\alpha)/2$	$E_x\otimes A_2=E_y$
ea(S)	${}^1E_x=\|\bar{X}\rangle\otimes\|S_{A_1}\rangle=(ax+xa)(\alpha\beta-\beta\alpha)/2$	$E_x\otimes A_1=E_x$
	${}^1E_y=\|\bar{Y}\rangle\otimes\|S_{A_1}\rangle=(ay+ya)(\alpha\beta-\beta\alpha)/2$	$E_y\otimes A_1=E_y$
aa(S)	${}^1A_1=\|a_1a_1\rangle\otimes\|S_{A_1}\rangle=\|a_1a_1\rangle(\alpha\beta-\beta\alpha)/\sqrt{2}$	$A_1\otimes A_1=A_1$

首先考虑库仑相互作用。相同电子结构时，电子电子之间库仑相互作用 V_c 是最强的。空间反对称分布有最小的 V_c，所以最大多重态有最低的能量，这就是第一洪德定则。库仑相互作用的哈密顿量表达为：

$$V_{ee}=V(|\vec{r}_1-\vec{r}_2|)=\frac{e^2}{4\pi\varepsilon_0}\frac{1}{|\vec{r}_1-\vec{r}_2|} \tag{8-49}$$

则某个态的库仑相互作用为：

$$C = \langle c(\vec{r}_1,\vec{r}_2) \mid V_{ee} \mid c(\vec{r}_1,\vec{r}_2)\rangle = \int \mathrm{d}V_1 \int \mathrm{d}V_2 c^*(\vec{r}_1,\vec{r}_2) V_{ee} c(\vec{r}_1,\vec{r}_2) \tag{8-50}$$

定义符号：

$$C_{abcd} = \int \mathrm{d}V_1 \int \mathrm{d}V_2 a^*(\vec{r}_1) b^*(\vec{r}_2) V_{ee}\, c(\vec{r}_1) d(\vec{r})_2 \tag{8-51}$$

可以依次计算各个态的库仑相互作用，得到基态：$C(^1E_2) - C(^3A_2) = C(^1A_1) - C(^1E_1) = 2J$，其中 $J \equiv C_{xxyy}$。激发态：$C_s - C_T = 2C_{axxa}$。此时的能级如图 8-11 所示。另外，电子态$^1E_{x,y}$，和$^1E_{1,2}$之间也有库仑相互作用，导致两个能级进一步排斥分离。激发态三重态^3E 和基态三重态$^3A_2$ 之间的跃迁即为 637 nm 的零声子线，而单重态电子态$^1A_1$ 和^1E 之间也存在跃迁，波长为 1 042 nm 的红外光。

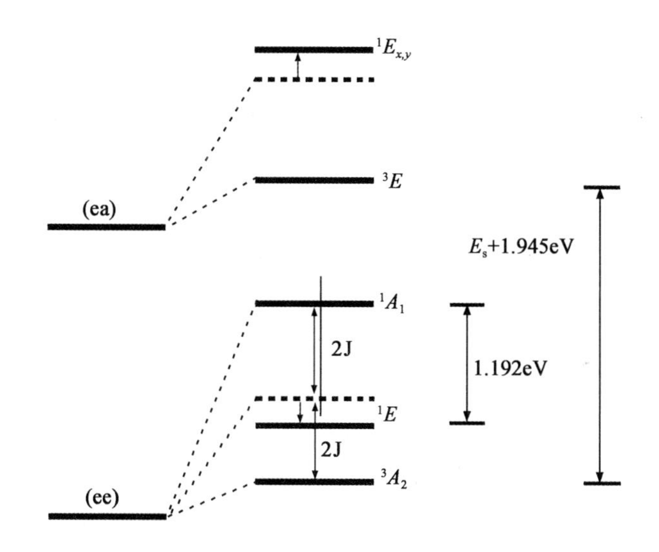

图 8-11　电子结构和库仑相互作用下的能级

②自旋轨道相互作用　定义电子的轨道算符为

$$\vec{O} = \nabla V \times \vec{p} \tag{8-52}$$

其中，$V = e\phi$ 是电子在原子核势场中的能量，$\vec{p}$ 是电子的动量。选取电子轨道（e_x，e_y，a）为轨道基矢，可以得到单电子的轨道算符的矩阵表达

$$O_x = -Al_x,\ O_y = -Al_y,\ O_z = Bl_z \tag{8-53}$$

其中，

$$A = \langle e_y \mid O_x \mid a \rangle,\ B = \langle e_x \mid O_z \mid e_y \rangle \tag{8-54}$$

$$l_x = \frac{1}{\sqrt{2}}\begin{pmatrix} 0 & 0 & 0 \\ 0 & 0 & -i \\ 0 & i & 0 \end{pmatrix},\ l_y = \frac{1}{\sqrt{2}}\begin{pmatrix} 0 & 0 & i \\ 0 & 0 & 0 \\ -i & 0 & 0 \end{pmatrix},\ l_z = \begin{pmatrix} 0 & -i & 0 \\ i & 0 & 0 \\ 0 & 0 & 0 \end{pmatrix} \tag{8-55}$$

如果继续定义

$$l_+ = l_x + il_y = \frac{1}{\sqrt{2}}\begin{pmatrix} 0 & 0 & -1 \\ 0 & 0 & -i \\ 1 & i & 0 \end{pmatrix},\ l_- = l_x - il_y = \frac{1}{\sqrt{2}}\begin{pmatrix} 0 & 0 & 1 \\ 0 & 0 & -i \\ -1 & i & 0 \end{pmatrix} \tag{8-56}$$

这些轨道算符类似于是 NV 的轨道角动量算符。与原子的轨道角动量相比，轨道(e_x, e_y, a)相当于原子轨道$(\mathrm{p}_x, \mathrm{p}_y, \mathrm{p}_z)$，$(e_+, e_-)$相当于$(\mathrm{p}_+, \mathrm{p}_-)$。进一步计算可以得运算关系：

$$l_\pm a = e_\pm,\ l_+ e_- = a,\ l_- e_+ = a,\ l_z e_\pm = \pm e_\pm,\ l_z a = 0 \tag{8-57}$$

与自旋算符的关系也类似：

$$s_\pm = s_x \pm is_y,\ s_+ \beta = \alpha,\ s_- \alpha = \beta,\ s_z \alpha = \alpha,\ s_z \beta = -\beta \tag{8-58}$$

自旋轨道相互作用的哈密顿量为：

$$H_{\mathrm{so}} = \sum_{k=1,2} \frac{1}{2} \frac{\hbar}{c^2 m_e^2} (\nabla_k V \times \vec{p}_k) \cdot \left(\frac{\vec{s}_k}{\hbar}\right) \tag{8-59}$$

其中第一个括号内的式子就是上面的轨道算符 O。在 xyz 坐标系下，$\vec{O} = (O_x, O_y, O_z)$取$\{e_x, e_y, a)$这组基矢表示相应算符，可得到：

$$\begin{aligned} H_{\mathrm{so}} &= \sum_k (\lambda_{xy}(l_k^x s_k^x + l_k^y s_k^y) + \lambda_z l_k^z s_k^z) \\ &= \sum_k (\lambda_{xy}(l_k^+ s_k^- + l_k^- s_k^+) + \lambda_z l_k^z s_k^z) \end{aligned} \tag{8-60}$$

其中 $\lambda_z = 5.5$ GHz，$\lambda_{xy} = 7.3$ GHz 分别是 B 和 A 乘以等式(8-60)中的常系数。如果取表(8-3)中的所有对称化轨道为基矢，将相互作用等式(8-60)在 15 个态中都计算一遍，可以得到关心的轨道自旋耦合造成的能级劈裂。其中在激发态三重态中：

$$H_{\mathrm{so}} = \lambda_z(\mid A_1\rangle\langle A_1 \mid + \mid A_2\rangle\langle A_2 \mid - \mid E_1\rangle\langle E_1 \mid - \mid E_2\rangle\langle E_2 \mid) \tag{8-61}$$

使激发态三重态分裂为三组。其他的项，有的使能级分裂，有的产生混合，但都是非对角项，是更高级的微扰，见图 8-12。

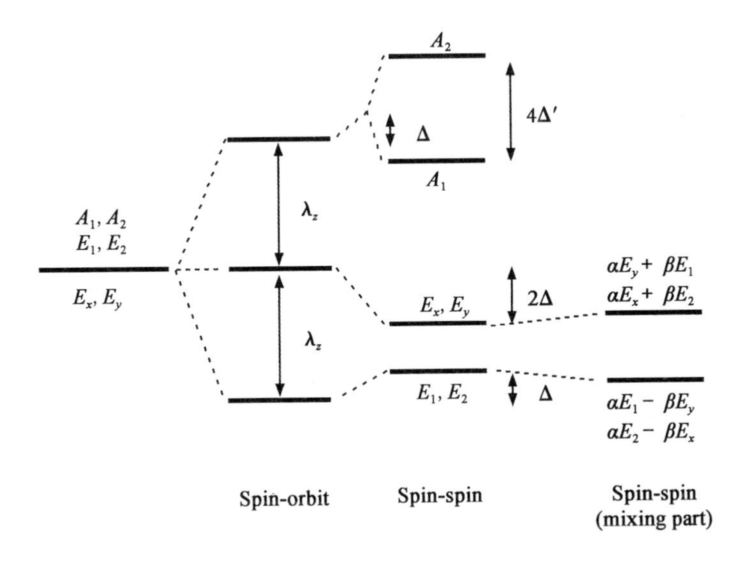

图 8-12　自旋轨道和自旋自旋相互作用导致的能级分裂

③自旋自旋相互作用　自旋自旋相互作用的哈密顿量为

$$H_{ss} = -\frac{\mu_0}{4\pi}\frac{g^2\beta^2}{r^3}(3(\vec{s}_1 \cdot \hat{r})(\vec{s}_2 \cdot \hat{r}) - \vec{s}_1 \cdot \vec{s}_2) \tag{8-62}$$

可以分解写成 C_{3v} 群的不可约对象之和：

$$\begin{aligned} H_{ss} = -\frac{\mu_0 g^2\beta^2}{4\pi}\Bigg[& \frac{1-3\hat{z}^2}{4r^3}(s_{1+}s_{2-} + s_{1-}s_{2+} - 4s_{1z}s_{2z}) \\ & + \frac{3}{4}\frac{\hat{x}^2 - \hat{y}^2}{r^3}(s_{1-}s_{2-} + s_{1+}s_{2+}) + i\,\frac{3}{4}\frac{\hat{x}\hat{y} + \hat{y}\hat{x}}{r^3}(s_{1-}s_{2-} - s_{1+}s_{2+}) \\ & + \frac{3}{4}\frac{\hat{x}\hat{z} + \hat{z}\hat{x}}{r^3}(s_{1-}s_{2z} + s_{1z}s_{2-} + s_{1+}s_{2z} + s_{1z}s_{2+}) \\ & + i\,\frac{3}{4}\frac{\hat{z}\hat{y} + \hat{y}\hat{z}}{r^3}(s_{1-}s_{2z} + s_{1z}s_{2-} - s_{1+}s_{2z} - s_{1z}s_{2+})\Bigg] \end{aligned} \tag{8-63}$$

其中 $\hat{x},\hat{y},\hat{z}$ 是方向余弦，是坐标算符。它们作用在波函数上没有作用，所以可以交换位置，写成上面的成对称形式。

对于激发态三重态而言，空间波函数只有 X,Y 两种波函数重新组合。先写出在这个基矢下的 H_{ss} 的矩阵表示，结果为

$$
\begin{aligned}
&\frac{\mu_0 g^2\beta^2}{4\pi}\frac{1-3\hat{z}^2}{4r^3}=\Delta(|X\rangle\langle X|+|Y\rangle\langle Y|)\\
&\frac{\mu_0 g^2\beta^2}{4\pi}\frac{3}{4}\frac{\hat{x}^2-\hat{y}^2}{r^3}=\Delta'(|X\rangle\langle X|-|Y\rangle\langle Y|)\\
&\frac{\mu_0 g^2\beta^2}{4\pi}\frac{3}{4}\frac{\hat{x}\hat{y}+\hat{y}\hat{x}}{r^3}=i\Delta'(|X\rangle\langle Y|+|Y\rangle\langle X|)\\
&\frac{\mu_0 g^2\beta^2}{4\pi}\frac{3}{4}\frac{\hat{x}\hat{z}+\hat{z}\hat{x}}{r^3}=\Delta''(|X\rangle\langle X|+|Y\rangle\langle Y|)\\
&\frac{\mu_0 g^2\beta^2}{4\pi}\frac{3}{4}\frac{\hat{z}\hat{y}+\hat{y}\hat{z}}{r^3}=\Delta'''(|X\rangle\langle Y|+|Y\rangle\langle X|)
\end{aligned}
\tag{8-64}
$$

接下来把哈密顿量的自旋算符部分也表示成基矢$\{|\alpha\rangle,|\beta\rangle\}\otimes\{|\alpha\rangle,|\beta\rangle\}$下的矩阵形式，比如可以得到完整的矩阵形式：

$$
\begin{aligned}
s_{1-}s_{2-}+s_{1+}s_{2+}&=|\beta\beta\rangle\langle\alpha\alpha|+|\alpha\alpha\rangle\langle\beta\beta|\\
s_{1-}s_{2-}-s_{1+}s_{2+}&=|\beta\beta\rangle\langle\alpha\alpha|-|\alpha\alpha\rangle\langle\beta\beta|
\end{aligned}
\tag{8-65}
$$

将上面两式代入 H_{ss}的不可约对象和的表达式中，得到：

$$
\begin{aligned}
H_{ss}=&\Delta(|X\rangle\langle X|+|Y\rangle\langle Y|)(|\alpha\alpha\rangle\langle\alpha\alpha|+|\beta\beta\rangle\langle\beta\beta|-|\alpha\beta+\beta\alpha\rangle\langle\alpha\beta+\beta\alpha|)\\
&-\Delta'(|X\rangle\langle X|-|Y\rangle\langle Y|)(|\alpha\alpha\rangle\langle\beta\beta|+|\beta\beta\rangle\langle\alpha\alpha|)\\
&-i\Delta'(|X\rangle\langle Y|+|Y\rangle\langle X|)(|\beta\beta\rangle\langle\alpha\alpha|-|\alpha\alpha\rangle\langle\beta\beta|)\\
&-\frac{\Delta''}{2}(|X\rangle\langle X|-|Y\rangle\langle Y|)(|\alpha\beta+\beta\alpha\rangle\langle\alpha\alpha-\beta\beta|+|\alpha\alpha-\beta\beta\rangle\langle\alpha\beta+\beta\alpha|)\\
&+i\frac{\Delta''}{2}(|X\rangle\langle Y|+|Y\rangle\langle X|)(|\alpha\beta+\beta\alpha\rangle\langle\alpha\alpha+\beta\beta|-|\alpha\alpha+\beta\beta\rangle\langle\alpha\beta+\beta\alpha|)
\end{aligned}
\tag{8-66}
$$

转到不可约基矢下：

$$
\begin{aligned}
H_{ss}=&\Delta(|A_1\rangle\langle A_1|+|A_2\rangle\langle A_2|+|E_1\rangle\langle E_1|+|E_2\rangle\langle E_2|)\\
&-2\Delta(|E_x\rangle\langle E_x|+|E_y\rangle\langle E_y|)+2\Delta'(|A_2\rangle\langle A_2|-|A_1\rangle\langle A_1|)\\
&-\sqrt{2}\Delta''(|E_1\rangle\langle E_y|+|E_y\rangle\langle E_1|+|E_2\rangle\langle E_x|+|E_x\rangle\langle E_2|)
\end{aligned}
\tag{8-67}
$$

其中：

$$\Delta = \frac{\mu_0 g^2 \beta^2}{4\pi} \cdot \langle X \mid \frac{1-3z^2}{4r^3} \mid X \rangle = -D_{zz}/2$$

$$\Delta' = \frac{\mu_0 g^2 \beta^2}{4\pi} \cdot \langle X \mid \frac{3}{4}\frac{x^2-y^2}{r^3} \mid X \rangle = D_{x^2-y^2} \tag{8-68}$$

$$\Delta'' = \frac{\mu_0 g^2 \beta^2}{4\pi} \cdot \langle X \mid \frac{3}{4}\frac{xz-zx}{r^3} \mid X \rangle$$

此时,能级劈裂为图 8-12。其中主对角项里,3Δ 为 1.42 GHz 为激发态零场劈裂,$2\Delta'$为 1.55 GHz 造成 A_2 和 A_1 能级的进一步分裂。非对角项 Δ 约为 140 MHz 造成能级的混合。对于基态三重态里的 H_{ss} 即 NV 色心的基态自旋零场劈裂。由群论对称性,空间轨道基矢下等式(8-61)右侧只有第一项不为 0,令其为 Δ''',则:

$$\Delta''' = \frac{\mu_0}{4\pi} g^2 \beta^2 \cdot \langle A_2 \mid \frac{1-3z^2}{4r^3} \mid A_2 \rangle \tag{8-69}$$

考虑自旋部分后

$$\begin{aligned} H_{ss} &= \Delta''' \mid A_2 \rangle\langle A_2 \mid (\mid \alpha\alpha \rangle\langle \alpha\alpha \mid + \mid \beta\beta \rangle\langle \beta\beta \mid - \mid \alpha\beta + \beta\alpha \rangle\langle \alpha\beta + \beta\alpha \mid) \\ &= \Delta'''(\mid A_{21} \rangle\langle A_{21} \mid + \mid A_{2-1} \rangle\langle A_{2-1} \mid - 2 \mid A_{20} \rangle\langle A_{20} \mid) \end{aligned} \tag{8-70}$$

其中,$D=3\Delta'''=2.87$ GHz,即为基态零场劈裂。

没有外场的情况下,此时的能级图如图 8-13 所示。

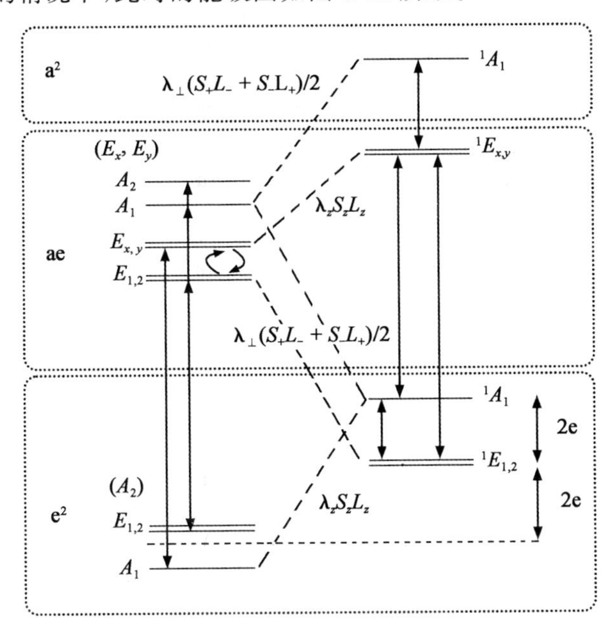

图 8-13　无外场时 NV 色心的能级图

3. 应变、电场、磁场对 NV 能级的调控

在没有外场的作用时,NV 的能级如上所述。实验和应用中需要对 NV 的能级进行调节,常用的方法包括用电场、磁场、应变(strain)等调节。

(1)应变的作用

在 xyz 坐标系下的应变$\vec{e}$带来的单电子的哈密顿量为

$$
\begin{aligned}
H_{\text{strain}} &= \sum_{k=1,2} \frac{1}{|r_0|} \frac{\partial V_k}{\partial r} \delta \vec{r} \cdot \vec{e} \cdot \delta \vec{r} \\
&= \sum_{k=1,2} g_k \vec{e}
\end{aligned} \tag{8-71}
$$

其中,V_k 是原子核附近的电子 k 的势能,r 是原子核间距,r_0 是无应变时原子核间距,$\delta \vec{r}$是原子核间距在应变下的变化。由第一性原理,可以估计 $g_k \approx 2\text{pHz}$ 即 2×10^{15} Hz。应变总可以写成对称和反对称应变之和,反对称部分相当于对结构做了一个旋转,不会改变能级结构。因此这里只考虑其对称部分。应变 9 个分量总可以写成

$$
e = \begin{pmatrix} e_{xx} & e_{xy} & e_{xz} \\ e_{yx} & e_{yy} & e_{yz} \\ e_{zx} & e_{zy} & e_{zz} \end{pmatrix} \tag{8-72}
$$

因为基矢(e_x,e_y,a)和(x,y,z)的变换性质相同,上面也是应变在不可约基矢(e_x,e_y,a)下的表示形式。把它在 C_{3v}的不可约基矢下写出来,看看它对对称性的影响。C_{3v}的矩阵不可约基矢,可以由投影算符得到,即把矩阵看成两个矢量的并矢进行计算,得:

$$
\begin{aligned}
&A_1^a = \begin{pmatrix} 1 & 0 & 0 \\ 0 & 1 & 0 \\ 0 & 0 & 0 \end{pmatrix},\ E_1^a = \begin{pmatrix} 1 & 0 & 0 \\ 0 & -1 & 0 \\ 0 & 0 & 0 \end{pmatrix},\ E_2^a = \begin{pmatrix} 0 & 1 & 0 \\ 1 & 0 & 0 \\ 0 & 0 & 0 \end{pmatrix} \\
&A_1^b = \begin{pmatrix} 0 & 0 & 0 \\ 0 & 0 & 0 \\ 0 & 0 & 1 \end{pmatrix},\ E_1^b = \begin{pmatrix} 0 & 0 & 1 \\ 0 & 0 & 0 \\ 1 & 0 & 0 \end{pmatrix},\ E_2^b = \begin{pmatrix} 0 & 0 & 0 \\ 0 & 0 & 1 \\ 0 & 1 & 0 \end{pmatrix}
\end{aligned} \tag{8-73}
$$

把应变哈密顿量写到这组基矢下:

$$
H_{\text{strain}} = \delta_{A_1}^a A_1^a + \delta_{A_1}^b A_1^b + \delta_{E_1}^a E_1^a + \delta_{E_2}^a E_2^a + \delta_{E_1}^b E_1^b + \delta_{E_2}^b E_2^b \tag{8-74}
$$

其中,

$$
\begin{aligned}
\delta_{A_1}^a &= (e_{xx} + e_{yy})/2, \delta_{A_1}^b = e_{zz} \\
\delta_{E_1}^a &= (e_{xx} - e_{yy})/2, \delta_{E_2}^a = (e_{xy} + e_{yx})/2 \\
\delta_{E_1}^b &= (e_{xz} + e_{zx})/2, \delta_{E_2}^b = (e_{yz} + e_{zy})/2
\end{aligned}
\tag{8-75}
$$

可以看到，应变的不同不可约分量对能级的影响是不一样的，并且非常明确：$A_1^a + A_1^b$ 平移能级；E_1^a、E_2^a 分裂能级，即 $E_1^a + E_2^a$ 会降低对称性，改变跃迁定则；$E_1^b + E_2^b$ 和 $E_1^a + E_2^a$ 类似，但是可以忽略，因为 e_x, e_y 和 a 能级差很大。于是仅需考虑降低对称性的 $E_1^a + E_2^a$ 的哈密顿量

$$
H_{\text{strain}} = \delta_{E_1}^a (|e_x\rangle\langle e_x| - |e_y\rangle\langle e_y|) + \delta_{E_2}^a (|e_x\rangle\langle e_y| - |e_y\rangle\langle e_x|) \tag{8-76}
$$

的影响。应变给两个电子带来的哈密顿量，为它们各自应变哈密顿量的和，即：

$$
H_{\text{strain}} = \sum_{k=1,2} H_{k,\text{strain}} \tag{8-77}
$$

取无外场时 NV 的能级本征态为基矢，可以写出它的矩阵表示。

其中，在激发态三重态 $\{A_1, A_2, E_x, E_y, E_1, E_2\}$ 下为：

$$
\begin{pmatrix}
0 & 0 & 0 & 0 & \delta_{E_1}^a & i\delta_{E_2}^a \\
0 & 0 & 0 & 0 & -i\delta_{E_2}^a & \delta_{E_1}^a \\
0 & 0 & \delta_{E_1}^a & \delta_{E_2}^a & 0 & 0 \\
0 & 0 & \delta_{E_1}^a & -\delta_{E_1}^a & 0 & 0 \\
-i\delta_{E_2}^a & \delta_{E_1}^a & 0 & 0 & 0 & 0
\end{pmatrix}
$$

在单重态 $\{{}^1E_1, {}^1E_2, {}^1A_1\}$，$\{{}^1E_x, {}^1E_y\}$ 和基态三重态 $\{{}^3A_{2-}, {}^3A_{20}, {}^3A_{2+}\}$ 中的表示为：

$$
\begin{pmatrix}
0 & 0 & 2\delta_{E_1}^a \\
0 & 0 & 2\delta_{E_2}^a \\
2\delta_{E_1}^a & 2\delta_{E_2}^a & 0
\end{pmatrix},
\begin{pmatrix}
\delta_{E_1}^a & \delta_{E_2}^a \\
\delta_{E_2}^a & -\delta_{E_1}^a
\end{pmatrix},
O_{3\times 3}
$$

在基态三重态里，应变的哈密顿量为 0，也就是说应变下基态能级稳定。

应变哈密顿量的对角线部分，为：

$$
H_{k,\text{strain}} = \delta_{A_1}^a (|e_x\rangle\langle e_x| + |e_y\rangle\langle e_y|) + \delta_{A_1}^b |e_z\rangle\langle e_z| \tag{8-78}
$$

平移各组能级。激发态和基态平移的值不一样，仅造成光学跃迁的谱线有移动。在 NV 的波函数基矢下，它们的矩阵表示为：$(\delta_{A_1}^a + \delta_{A_1}^b) I_{6\times 6}$，$2\delta_{A_1}^a I_{3\times 3}$，$(\delta_{A_1}^a + \delta_{A_1}^b)$

$I_{2\times2}$，$2\delta^{a}_{A_1}I_{3\times3}$。有了哈密顿量的矩阵表示，计算矩阵的本征值得到本征能级。偶极允许的本征能级之间的能量差，就是可以观测到的发光谱线。

(2)电场的作用

电场和应变共生，可以相互转化。采用矩阵记号的方法，可以方便地计算。电场给NV色心带来的哈密顿量为

$$H_E = -\sum_{k=1,2} g_k \overleftrightarrow{\varepsilon} \tag{8-79}$$

其中，g_k 与应变能等式(8-63)中的系数是一样的，应变$\overleftrightarrow{\varepsilon}$与电场的关系为：

$$\varepsilon_{jk} = d_{ijk}E_i \tag{8-80}$$

这相当于压电效应的反向作用的表达式，其中 d_{ijk} 是压电系数，是一个3阶的张量。由于晶体的对称性，压电系数张量的27个元素具有某些对称性，可以将张量用矩阵记号表示。在NV的C_{3v}结构里，由对称性得到 d_{ijk} 不为零的元素为：

$$a = d_{111} = -d_{221} = -d_{122}, d = d_{333}, b = d_{311} = d_{322}, c = d_{131} = d_{232} \tag{8-81}$$

用矩阵记号：

$$d_{ijk} = \begin{pmatrix} a & -a & 0 & 0 & 2c & 0 \\ 0 & 0 & 0 & 2c & 0 & -2a \\ b & b & d & 0 & 0 & 0 \end{pmatrix}, E = \begin{pmatrix} E_x \\ E_y \\ E_z \end{pmatrix} \tag{8-82}$$

则：

$$\varepsilon = d_{ijk}E = (aE_x + bE_z \quad -aE_x + bE_z \quad dE_z \quad 2cE_y \quad 2cE_x \quad -2aE_y) \tag{8-83}$$

再化为二维矩阵形式：

$$\varepsilon = \begin{pmatrix} aE_x + bE_z & -aE_y & cE_x \\ -aE_y & -aE_x + bE_z & cE_y \\ cE_x & cE_y & dE_z \end{pmatrix} \tag{8-84}$$

对应到应变的6个不可约分量，即：

$$\begin{aligned} &\delta^{a}_{A_1} = (e_{xx} + e_{yy})/2 = bE_z, \delta^{b}_{A_1} = e_{zz} = dE_z \\ &\delta^{a}_{E_1} = (e_{xx} - e_{yy})/2 = aE_x, \delta^{a}_{E_2} = (e_{xy} + e_{yz})/2 = -aE_y \\ &\delta^{b}_{E_1} = (e_{xz} + e_{zx})/2 = cE_x, \delta^{b}_{E_2} = (e_{xy} + e_{yz})/2 = cE_y \end{aligned} \tag{8-85}$$

则电场引起的应变带来的哈密顿量写成矩阵形式，在激发态三重态中为：

$$H_E = g(b+d)E_z I_{6\times6} + ga\begin{pmatrix} 0 & 0 & 0 & 0 & E_x & -iE_y \\ 0 & 0 & 0 & 0 & iE_y & E_x \\ 0 & 0 & E_x & -E_y & 0 & 0 \\ 0 & 0 & -E_y & -E_x & 0 & 0 \\ E_x & -iE_y & 0 & 0 & 0 & 0 \\ iE_y & E_x & 0 & 0 & 0 & 0 \end{pmatrix} \tag{8-86}$$

基态三重态中为：

$$H_E = 2gbE_z I_{3\times3} \tag{8-87}$$

可以看到电场直接对应相应的应变的不可约分量，对能级的调节比较明确。比如，在 E_z 的电场下，NV 对称性不变，但是激发态和基态的能级差会有线性变化为：

$$H = g(d-b)E_z \tag{8-88}$$

电场对能级的调节，称为斯达克频移(Stark shift)，上面的压电系数可以通过第一性原理估算，约为：

$$a \sim b \sim c \sim 0.3\ \mu/(\mathrm{MV/m}),\ d \sim 3\ \mu/(\mathrm{MV/m}) \tag{8-89}$$

则 E_z 电场对能级的调节约为：4 GHz/(MV/m)。相对于加张力产生应变，电场对能级的调节相对明确，并且电场容易控制，是一种较好的调节方法。

(3)磁场调节

磁场主要调节 NV 的自旋能级，从而影响光学能级。实验上磁场一般可以从几个高斯(Gauss，1 T=10^4 Gauss)到几个特斯拉(Tesla，T)。在 NV 色心里，电子自旋能级劈裂随磁场的变化约为 2.8 MHz/Gauss，而核自旋约为 3.2 kHz/Gauss。光学波段的调节能级需要很强的磁场，所以磁场一般在微波波段精细调节自旋能级。

4. NV 色心的电子自旋

NV 色心基态有单重态和三重态，三重态的自旋 $S=1$。NV 自旋的量子态的性质是目前各种应用的基础。

(1)自旋的性质

①电子的自旋和磁矩　电子由于绕原子核的运动具有轨道磁矩，它与轨道角动量的关系为：

$$\mu_l = -\frac{\mu_B}{\hbar}L = -\gamma_e L \tag{8-90}$$

其中，$\gamma_e = e/2m_e$ 为核质比，负号是因为电子带负电荷，$\mu_B = \gamma_e \hbar = 9.27 \times 10^{-24}$ J/T 为波尔磁子，$L^2 = l(l+1)\hbar^2$ 为轨道角动量。电子的磁矩使其具有磁偶极子的性质，在均匀磁场中磁矩 μ 受到力矩 $\tau = \mu \times B$，由运动方程可得进动的拉莫尔频率为：$\omega = \gamma B$。偶极在磁场中的能量为：$U = -\mu \cdot B$。由此可得在磁场中受到力为：$F = -\nabla U = -\mu \nabla B$ 。可见，在非均匀磁场中，磁矩还受到一个平移力的作用。

电子还具有自旋角动量和自旋磁矩。这是一个纯粹的量子力学图像，是电子的内禀属性。没有经典图像可以想象，不能够由电子自身的旋转来解释。电子的自旋角动量为：

$$S^2 = s(s+1)\hbar^2,\ s = 1/2;\ S_z = m_s \hbar,\ m_s = \pm 1/2 \tag{8-91}$$

相应的，自旋磁矩为：

$$\mu_s = -g_s \frac{\mu_B}{\hbar} S;\ \mu_{sz} = -g_s m_s \mu_B,\ m_s = \pm 1/2 \tag{8-92}$$

其中，$g_s = 2$ 为耦合 g 因子。可以把轨道磁矩和轨道角动量的 g 因子视为 1。电子的量子态为轨道态和自旋态共同描述，即一般情况下电子的状态需要描述为总的磁矩和总的角动量，记为：$\mu_J = -g \frac{\mu_B}{\hbar} J$ 。

原子核由质子和中子组成，各个核子都有其内禀的角动量和自旋，核子在核内空间相对运动还会造成它们的轨道角动量。这些因素的总和，构成了原子核的总角动量。一般的，核自旋就是指原子核处在基态时由内部核子造成的总角动量。由于核子带有正电荷，对应的，原子核也有相应的磁矩，与电子类似。核磁矩与核自旋的关系为：$\mu_1 = g \frac{\mu_N}{\hbar} I$。由于原子核带正电，此处没有负号。核自旋的 g 因子不同的原子不同，因此不同原子的核自旋与电子自旋的耦合强度不同，可以如核质比一样探测不同的原子。NV 系统中常用的 g 如下：NV 电子，2.002 3；^{13}C，1.404 8；^{12}C，0；^{15}C，−0.566；^{14}N，0.404。

②自旋耦合的哈密顿量　经典物理中，两个磁矩相互作用的能量为：

$$E = \frac{\mu_0}{4\pi}\left[\frac{\mu_1 \cdot \mu_2}{r^3} - \frac{3(\mu_1 \cdot r)\cdot(\mu_2 \cdot r)}{r^5}\right] \tag{8-93}$$

对应的，量子物理中的哈密顿量为：

$$H=\frac{\mu_0}{4\pi}\left[\frac{\mu_1\cdot\mu_2}{r^3}-\frac{3(\mu_1\cdot r)\cdot(\mu_2\cdot r)}{r^5}\right] \tag{8-94}$$

对于一个电子自旋和一个核自旋在磁场中的哈密顿量，比如 NV^- 的电子自旋 S 和 N14 核自旋 I，则有：

$$H=H_e+H_n+H_{\text{int}} \tag{8-95}$$

$$H_e=-\mu_s\cdot B=g_e\gamma_e S\cdot B\equiv\gamma_s S\cdot B \tag{8-96}$$

$$H_n=-\mu_I\cdot B=-g_I\gamma_N I\cdot B\equiv-\gamma_I I\cdot B \tag{8-97}$$

$$H_{\text{int}}=-\frac{\mu_0}{4\pi}\frac{\gamma_I\gamma_s}{R^3}[S\cdot I-3(S\cdot\hat{r})(I\cdot\hat{r})] \tag{8-98}$$

这里采用 SI 单位制，经常由于单位制的不同（高斯单位制）或约定的不同（S 采用 $\hbar$ 作为单位），系数会略有差异。文献中也常用 β_e、β_n 来表示 γ_e、γ_n。一般的，取算符 S 和 I 以 $\hbar$ 为单位（保留量子数），上式变化为：

$$H_{\text{int}}=-\frac{\mu_0}{4\pi}\frac{g_n\mu_N g_B\mu_B}{R^3}(S\cdot I-3(S\cdot\hat{r})(I\cdot\hat{r})) \tag{8-99}$$

其中，定义

$$g_0=\frac{\mu_0}{4\pi}\frac{g_n\mu_N g_B\mu_B}{R^3}\frac{1}{h} \tag{8-100}$$

为（基本）耦合系数，后面的系数 $1/h$ 表示以频率作为单位（即 Hz）。NV 系统中常用的耦合系数 g_0 在距离两个自旋距离 1 nm 时为：^{13}C—^{13}C，7.6 Hz；^{13}C—S(NV)，19.9 kHz；S(NV)—S(NV)，52.0 MHz。还可以由此定义电子自旋产生磁场：

$$B_e=\frac{\mu_0}{4\pi}\frac{g_B\mu_B}{R^3}S\cdot(\overleftrightarrow{1}-3\hat{r}\hat{r}) \tag{8-101}$$

则 NV^- 电子产生的磁场随 R 立方变化，一般的量级估计为：$B_e=\frac{\mu_0}{4\pi}\frac{g_B\mu_B}{R^3}m_s$。如在 $R=1$ nm 处为 19 Gs，在键长 0.155 nm 处，不考虑电子云分布的话则非常大。

（2）NV 的自旋

在自旋自旋相互作用一节里讨论过一些自旋的性质，这里用另外一种方法描述，从自旋自旋偶极作用的哈密顿量写到自旋为 1 的自旋哈密顿量：

$$\begin{aligned}H_{ss} &= \frac{\mu_0 g^2\beta^2}{4\pi r^3}(\vec{s}_1 \cdot \vec{s}_2 - 3(\vec{s}_1 \cdot \hat{r}) \cdot (\vec{s}_2 \cdot \hat{r})) \\ &= \frac{\mu_0 g^2\beta^2}{4\pi} \vec{s}_1^T \cdot \frac{(1-3\vec{r}\,\vec{r})}{r^3} \cdot \vec{s}_2 \\ &= \frac{\mu_0 g^2\beta^2}{8\pi} \vec{S}^T \cdot \frac{(1-3\vec{r}\,\vec{r})}{r^3} \cdot \vec{S} \\ &= \vec{S}^T \cdot D \cdot \bar{S}\end{aligned} \tag{8-102}$$

其中,最后一步在空间轨道上积分了哈密顿量,得到了 H_{ss} 仅考虑自旋的表达形式,总自旋 $\vec{S}=\vec{s}_1+\vec{s}_2$。由于基态的空间轨道对称性为 A_1,D 仅有对角元素不为0。同样,由于

$$\mathrm{Tr}(D)=0 \tag{8-103}$$

可以定义 $D_0=\frac{3}{2}D_{zz}$,$E=\frac{1}{2}(D_{xx}-D_{yy})$,得到

$$\begin{aligned}H_{ss} &= D_{xx}s_x^2 + D_{yy}s_y^2 + D_{zz}s_z^2 \\ &= D_0 s_z^2 + E(s_x^2 - s_y^2) - \frac{D}{3}\vec{S}^2 \\ &= D_0 s_z^2 + E(s_x^2 - s_y^2) - \frac{D}{3}S(S+1)\end{aligned} \tag{8-104}$$

其中 $S=0,1$ 是自旋量子数,D_0 是基态零场分裂,E 是晶体中波函数(e_x,e_y)的形变带来能级 $S=\pm1$ 的分裂。注意,这里并不是应变带来的波函数的形变,因为应变下基态稳定。即应变虽然降低了对称性,但是依然 $D_{xx}=D_{yy}$。通常情况取 $E=0$。

于是,在有磁场时,NV 色心在基态的自旋哈密顿量为:

$$H = D_0 s_z^2 + E(s_x^2 - s_y^2) - \frac{D}{3}S(S+1) + g\gamma_e S \cdot B \tag{8-105}$$

参考文献

[1] Berman P R. Cavity quantum Electrodynamics[M]. New York: Academiac Press, INC,1994.

[2] Jaynes E T,Cummings F W. Comprison of Quantum and Semiclassical radiation theories with application to the beam maser[J]. Proc IEEE, 1963,(51): 89-109.

[3] 张天才，王军民，彭堃墀. 光学腔量子电动力学的实验进展[J]. 物理 2000，32(11):751-756.

[4] Turchctte Q A. Quantum optics with single atoms and single photons [J]. PhD thesis，California institute of technology，1997.

[5] Purcell E M. Spontaneous Emission Probality at Radio Frequeneis (Abstract)[J]. Phys Rev，1946(69):681.

[6] Walther H J. Strong interation of single atoms and photons in cavity QED[J]. Phys Scr T，1998(176): 127-137.

[7] Kimble H J. Strong interaction of single atoms and photons in cavity QED[J]. Phys Scr T，1998(176):127-137.

[8] Jelezko F，Wrachtrup J. Read—out of single spins by optical spectroscopy. Journal of Physics:Condensed Matter，2004，16(30):1089-1104.

[9] Popa I，Gaebel T，Domhan M，et al. Energy levels and decoherence properties of single electron and nuclear spins in a defect center in diamond. Phys Rev B，2004，70:201203.

[10] Jelezko F，Wrachtrup J. Single defect centers in diamond: A review. Phys Status Solidi A，2006，203(13):3207-3225.

[11] Hanson R，Awschalom D D. Coherent manipulation of single spins in semiconductors. Nature，2008，453(7198):1043-1049.

[12] Manson N B，Harrison J P，Sellars M J. Nitrogen-vacancy center in diamond:Model of the electronic structure and associated dynamics. Phys Rev B，2006，74:104303.

[13] Xu W，Xinglin K. Group theory and its applications in solid physics. Higher Education Press，1999.

附录　希腊字母及其读法

大写字母	小写字母	英文注音	国际英标读音	中文读音
Α	α	alpha	a:lf	阿尔法
Β	β	beta	bet	贝塔
Γ	γ	gamma	ga:m	伽马
Δ	δ	delta	delt	德尔塔
Ε	ε	epsilon	ep′silon	伊普西龙
Ζ	ζ	zeta	zat	截塔
Η	η	eta	eit	艾塔
Θ	θ	theta	θit	西塔
Ι	ι	iota	aiot	约塔
Κ	κ	kappa	kap	卡帕
Λ	λ	lambda	lambd	兰布达
Μ	μ	mu	mju	缪
Ν	ν	nu	nju	纽
Ξ	ξ	xi	ksi	克西
Ο	ο	omicron	omik′ron	奥密克戎
Π	π	pi	pai	派
Ρ	ρ	rho	rou	肉
Σ	σ	sigma	sigma	西格马
Τ	τ	tau	tau	套
Υ	υ	upsilon	ju:p′sailon	宇普西龙
Φ	φ	phi	fai	佛爱
Χ	χ	chi	phai	西
Ψ	ψ	psi	psai	普西
Ω	ω	omega	o′miga	欧米伽